Marc Bekoff

Tugend und Leidenschaft im Tierreich

Gedanken zu einer neuen Sicht der Natur

Ausgewählte Essays

animal learn Verlag

Die amerikanische Original-Ausgabe erschien im Jahr 2006 unter dem Titel
Animal Passions and Beastly Virtues
bei Temple University Press, Philadelphia, USA.

Deutsche Erstausgabe

1. Auflage 2010

Hinweise auf den Ersterscheinungsort der einzelnen Essays finden sich im Quellenverzeichnis.

Lektorat: Christian Weischer, Elke Franz
Umschlaggestaltung: chw
Satz: Lagrev-Verlag, München & Feldkirchen-Westerham
Druck: Druckerei Mack GmbH, Schönaich

ISBN 978-3-936188-39-4

Für Jan,

die meine Sinne, meinen Geist
und mein Herz wiedererweckt.

Wir brauchen eine andere, eine aufgeklärtere und vielleicht mystischere Vorstellung von Tieren. Fern der universalen Natur und in einem von komplexer Geschicklichkeit geprägten Leben betrachtet der zivilisierte Mensch das Tier durch das Vergrößerungsglas seines Wissens und nimmt dabei eine Feder als verzerrtes Bild wahr.

Wir behandeln Tiere wegen ihrer Unvollkommenheit, wegen ihres tragischen Schicksals, eine so weit unter uns stehende Lebensform angenommen zu haben, mit Herablassung. Doch hier irren wir, wir irren uns gewaltig. Denn das Tier soll nicht am Menschen gemessen werden. In einer Welt, die älter, weiser und vollkommener ist als unsere, bewegen sie sich vollendet und vollkommen.

Ausgestattet mit erweiterten Sinnen, die wir verloren oder nie erworben haben, leben sie ihr Leben geleitet von Wahrnehmungen, die uns verschlossen bleiben. Sie sind keine Brüder, sie sind keine Untergebenen; sie sind andere Völker, mit uns gefangen im Netz des Lebens und der Zeit, Mitgefangene im Glanz und Elend der Erde.

Henry Beston
The Outermost House

Inhalt

JANE GOODALL

Vorwort

TUGEND UND LEIDENSCHAFT IM TIERREICH ist eine Sammlung von Essays von Marc Bekoff. Es ist gleichermaßen ein Buch für Wissenschaftler und für Laien. Wissenschaftlichen Lesern bieten viele der Erörterungen intellektuelle Anregungen, Laien bietet das Buch Inspiration und Faszination. Ein klarer Schreibstil sorgt dafür, dass selbst komplexe Themen für die allgemeine Öffentlichkeit leicht verständlich sind.

Die Essays in diesem Buch decken viele Themen ab und erlauben einen Einblick in die Entwicklung von Marcs Forschung und seine Ideen über einen Zeitraum von dreißig Jahren. Einige beschreiben seine Arbeit im Bereich des sozialen Spiels und der Verhaltensökologie von Karnivoren. Dann wächst sein Interesse an den komplexen Themen der Wahrnehmung, der Emotionen und des Selbstbewusstseins bei Tieren. Zunehmend konzentrieren sich seine Essays auf moralische Themen, so in der Diskussion über die Ethik von Tierversuchen und die soziale Verantwortung von Wissenschaftlern und der Wissenschaft.

Marcs Forschung hat in einigen Fällen Essays hervorgebracht, die Themen berühren, die weit außerhalb des ursprünglichen Rahmens der Studie liegen. So führte ihn sein Studium des Sozialspiels dazu, über die Entwicklung menschlicher Verhaltensweisen zu spekulieren, die wir als Fairness, Vertrauen und Moral bezeichnen – er beschreibt scheinbare Vorstufen dieser Verhaltensweisen und bezeichnet sie als „tierische Gerechtigkeit". Seine Forschung auf dem Gebiet des Bewusstseins und der Emotionen bei Tieren, denen er einen großen Teil seiner beruflichen Karriere gewidmet hat, verhalf ihm zu einem wachsenden Verständnis für die Leidensfähigkeit von Tieren, sodass er kompetent gegen die grausame und ausbeuterische Nutzung von Tieren sowohl in freier Wildbahn als auch in Gefangenschaft eintreten kann.

Marcs Besorgnis über die Zerstörung der Umwelt durch Menschenhand kommt in einigen seiner Essays ebenfalls klar zum Ausdruck. Er schreibt über die enge Verflechtung des Lebens auf der Erde, über die engen Verbindungen zwischen allen Geschöpfen und den natürlichen Ökosystemen. Er kritisiert diejenigen, die für ihre eigenen Zwecke die Natur „umgestalten", die Strukturen der Natur verändern, Habitate zerstören, Wildtiere umsiedeln oder töten.

Marc ist ein außerordentlich produktiver Autor. Er hat Bücher für Wissenschaftler und Laien geschrieben, und viele seiner Artikel wurden sowohl in wissenschaftlichen Fachzeitschriften als auch in der Tagespresse veröffentlicht. Er hat dazu beigetragen, Kindern ein Verständnis für das Verhalten von Tieren zu vermitteln – kürzlich durch das vom Jane Goodall Institute initiierte Programm ROOTS & SHOOTS, das junge Menschen weltweit ermutigt, mitfühlende und sachkundige Aktionen durchzuführen, um die Welt zu einem besseren Ort für Tiere, Menschen und die Umwelt zu machen. Marc hat im Rahmen von ROOTS & SHOOTS auch mit Senioren und Strafgefangenen gearbeitet.

Seine eindrucksvollsten Essays sind vielleicht jene, die Marcs Entschlossenheit widerspiegeln, eine Stimme für diejenigen zu sein, die keine Stimme haben. Er kritisiert scharf, dass viele Tiere häufig wie Sachen und nicht wie die empfindungsfähigen Wesen, als die er – und ich – sie kennen, behandelt werden. Seine Besorgnis, und auch meine, gilt sowohl den in freier Wildbahn als auch den in Gefangenschaft lebenden Tieren. Marc fürchtet sich nicht davor, sich mit umstrittenen Themen zu beschäftigen, zum Beispiel mit der Jagd, der Qual von Tieren in Zoos und Zirkussen, der Ethik von medizinischen Tierversuchen und der Verwendung von Tieren für die Bildung an Schulen und Universitäten. Diese Artikel, die wie viele seiner Bücher in viele verschiedene Sprachen übersetzt wurden, enthalten Informationen, die von anderen Tierschützern und Tierrechtlern weltweit genutzt werden.

Marc vertritt mutig seine Überzeugungen und hat keine Angst davor, seine Meinung zu äußern – selbst wenn diese den meisten seiner Kollegen zuwiderläuft oder seiner Karriere schaden könnte. Als er die Wiedereinbürgerung des kanadischen Luchses in ein unzureichendes Habitat in Colorado (USA) kritisierte (während der viele Luchse starben), wurde die University of Colorado aufgefordert, seine Veröffentlichungen zu unterbinden – glücklicherweise unterstützte die Universität sein Recht auf Redefreiheit. Außerdem schrieb er leidenschaftliche Essays über das berüchtigte Hundelabor, das Hunderte von Hunden an der medizinischen Fakultät der Universität unnötigem Leid aussetzte, und verwies darauf, dass ähnliche Labore an zahlreichen renommierten medizinischen Fakultäten ohne negative Auswirkungen für die Ausbildung geschlossen wurden. Das Labor wurde im Frühling 2002 geschlossen.

Darüber hinaus ist Marc ein ausgezeichneter Fürsprecher der Tiere, da er sich nicht schämt, seine Bewunderung für sie und seine Liebe zu ihnen einzugestehen. Diese Tatsache kommt in seinen Schriften zum Ausdruck, ebenso wie seine reine Freude an der Gesellschaft von Tieren – und das wird viele seiner Leser bewegen und inspirieren.

Marc hat sehr viel durch die Beobachtung von Tieren und seine Bereitschaft, sich in sie hineinzuversetzen, gelernt. Durch die Veröffentlichung dieser Essaysammlung möchte er so viele Menschen wie möglich an seinem Wissen teilhaben lassen.

Ich werde TUGEND UND LEIDENSCHAFT IM TIERREICH Kollegen und Freunden weltweit ans Herz legen.

Bournemouth, England

Einleitung

Wie fühlt es sich an, ein Fuchs zu sein?

Meine wunderbaren Eltern rufen sich gerne zahlreiche Anekdoten ins Gedächtnis, die mein lebenslanges Interesse an Tieren belegen. Mein Vater erinnert sich immer wieder gerne breit grinsend, wie ich ihn im Alter von sechs Jahren auf einem Skiausflug fragte, wie sich der Rotfuchs wohl fühlen würde, der fröhlich unseren Weg kreuzte, als wir einen gefrorenen See überquerten. Ich war so von seinem großartigen roten Fell und seiner weißen Schwanzspitze fasziniert, dass ich völlig aus der Spur geriet. Er erinnert sich auch gut daran, dass ich im Alter von vier Jahren einen Mann anbrüllte, der seinen Hund anschrie – und der Mann jagte meinem Vater nach! Diese beiden Ereignisse prägten sich unauslöschlich in mein Herz und in meinen Kopf ein. Ich wollte unbedingt Tiere studieren, wenn ich einmal groß sein würde.

Lange Zeit war ich Freizeitverhaltensforscher und hatte das Glück, mein langjähriges Interesse am Verhalten von Tieren mit meinem Beruf verbinden zu können. Meine Eltern haben mir erzählt, dass mich Tiere immer beschäftigt haben, dass ich ständig wissen wollte, was sie denken und wie sie fühlen. „Wie ist es, ein Hund, eine Katze, eine Maus oder eine Ameise zu sein? Was fühlen sie?“ Bis heute interessiere ich mich leidenschaftlich für das Verhalten von Tieren – allen Tieren – und möchte mehr darüber erfahren. Wenn ich Kojoten studiere, bin ich ein Kojote, und wenn ich Diademhäher studiere, bin ich ein Häher. Wenn ich Hunde studiere, bin ich ein Hund. Obwohl ich beschloss, nicht aus erster Hand die Gerüche, die olfaktorischen Symphonien, zu erleben, die das bilden, was Paul Auster in seinem Buch Timbuktu als „Paradies für die Nase“ beschreibt, habe ich „gelben Schnee“ von einer Stelle zur anderen getragen, sehr zum Erstaunen mir entgegenkommender Wanderer.

Glück

Seit über drei Jahrzehnten lebe ich in den Bergen um Boulder, in Colorado. Gerne teile ich das umliegende Land mit vielen tierischen Freunden – Kojoten, Berglöwen, Rotfüchsen, Stachelschweinen, Waschbären, Schwarzbären, Streifenhörnchen, Eichhörnchen und einer Vielzahl von Vögeln, Eidechsen und Insekten sowie vielen Hunden und Katzen. Sie waren meine Lehrer und Heiler, und sie sorgen immer noch dafür, dass ich bescheiden bleibe. Sie haben mir klargemacht, dass sie zuerst hier waren und ich auf ihrem Gebiet nur auf der Durchreise bin. Ich bin fast über Berglöwen gestolpert und habe Rotfüchse direkt vor meiner Bürotür beim Spielen beobachtet. Erwachsene Bären und ihr Nachwuchs haben vor meinem Küchenfenster gespielt. Ich schätze mich glücklich, diese und andere Erfahrungen gemacht zu haben, und wenn ich Änderungen an meiner Lebensweise vornehmen muss, um mich an meine Freunde anzupassen, ist das für mich absolut in Ordnung. Ich liebe es, sie zu sehen, zu riechen, dem wilden Durcheinander ihrer Stimmen zu lauschen und sie in mein Herz aufzunehmen. Das Fehlen eines Anzeichens ihrer Gegenwart würde einen erheblichen Verlust in meinem täglichen Leben darstellen.

Ich studiere jetzt seit über dreißig Jahren auf wissenschaftlicher Basis das Verhalten von Tieren und Verhaltensökologie. Und: Ich liebe meine Tätigkeit. Was für eine aufregende und abenteuerliche Erfahrung! Ich arbeite in wundervollen Landschaften, erwäge faszinierende Fragen über das geheimnisvolle Leben großartiger Tiere und sammle Daten, um diese zu beantworten – und natürlich werfen die Antworten viele weitere Fragen auf. Ich habe mich immer für eine Vielzahl von Fragen interessiert, so zum Beispiel dafür, warum Hunde so spielen, wie sie es tun, und ob wir daraus etwas über Fairness, Vergebung, Vertrauen und Moral – die „tierische Gerechtigkeit" – lernen können, indem wir etwa detailliert studieren, wie Individuen im Spiel aufeinander reagieren und gemeinsame Spielinteraktionen vereinbaren. Warum verbringen Hunde und andere Tiere sehr viel Zeit damit, an verschiedenen Körperteilen des anderen und an Gerüchen zu schnüffeln, die mich zurückschrecken lassen? Wie erkennen Tiere, wer sie sind? Wie kommunizieren Tiere mit Hilfe von Tönen, die für mich unhörbar sind? Wie stark ist jeweils der Einfluss der Gene (Natur) und der Umwelt (Umwelteinfluss) auf verschiedene Verhaltensphänomene? Ich habe mich aber auch gefragt, ob Tiere sich ineinander hineinversetzen und wie Tiere in den unterschiedlichsten Situationen, in denen sie sich befinden, etwa im Lauf oder im Flug, komplexe und schnelle Entscheidungen treffen.

Diese und andere Fragen führten mich zur kognitiven Verhaltensforschung, der vergleichenden und evolutionären Studie des Tierbewusstseins. Meine Kollegen und ich untersuchten zum Beispiel folgende Fragen: „Wie ist es, ein Hund zu sein?", „Was wissen Hunde?" und „Was fühlen Hunde?" Ich habe auch die Wechselbeziehungen zwischen Tieren und Menschen im Hinblick darauf studiert, wie unser Wohlwollen ihr Wohlbefinden beeinflusst und wie sie im Gegenzug unser Wohlbefinden beeinflussen. Die vorliegende Sammlung einiger meiner Essays, TUGEND UND LEIDENSCHAFT IM TIERREICH, deckt diese und weitere Forschungsbereiche ab. Ich glaube, Tiere sind deshalb perfekte Begleiter für uns, weil sie uns ergänzen. Mit zunehmendem Wissen über das Leben von Tieren lernen wir, ihre Begabungen und Fähigkeiten immer mehr zu schätzen und genießen ihre Anwesenheit auch dann noch, wenn wir sie als Belästigung empfinden.

In den letzten vier Jahrzehnten stieg die Anzahl der Tierverhaltensstudien rasant an. Überall interessieren sich die Menschen für das Verhalten von Tieren, da das Wissen über Tiere ihr Leben bereichert. Es gibt viel mehr Fachzeitschriften zur Tierverhaltensforschung und Verhaltensökologie als vor dreißig oder vierzig Jahren, und viele Universitäten bieten Abschlüsse in Verhaltenswissenschaften an. Die von mir herausgegebene, preisgekrönte, dreibändige ENCYCLOPEDIA OF ANIMAL BEHAVIOR, enthält über dreihundert Essays von Kollegen aus aller Welt, und es gibt eine große Auswahl an Videos und Filmen über Tiere. Viele Menschen möchten mit Tieren verbunden bleiben oder wieder eine Verbindung zu Tieren aufbauen. Das Interesse am Verhalten von Tieren ist so weit verbreitet, weil sich unser Gehirn nicht so sehr von dem unserer Vorfahren unterscheidet. Sie hatten eine größere Verbundenheit mit den Tieren, mit denen sie sich ihren Lebensraum teilten. Unsere „alten Hirne" (d.h. der entwicklungsgeschichtlich alte Teil des Gehirns) scheinen uns dazu zu drängen, mit den Tieren und der Natur in Verbindung zu bleiben. Für Menschen ist es nicht normal, abgegrenzt von anderen zu leben, und es ist ein gutes Gefühl, mit anderen Geschöpfen zu interagieren und zu wissen, dass sie dort draußen sind und das tun, was sie von Natur aus tun, selbst wenn man isoliert in der Stadt lebt oder viel Zeit in fensterlosen Räumen verbringt.

Die vergleichende Tierverhaltensforschung: Ökologische und evolutionäre Aspekte

Das Gebiet der Verhaltensforschung erhielt großen Auftrieb, als 1973 ein aufregendes und absolut unerwartetes Ereignis eintrat: Konrad Lorenz, Nikolaas Tinbergen und Karl von Frisch wurde der Nobelpreis für Physiologie und Medizin für ihre Pionierarbeit im Bereich der Verhaltensforschung zuerkannt. Lorenz und andere betonten, dass Verhalten etwas sei, was ein Tier „hat" und was es „tut" und dass es einer anatomischen Struktur oder einem Organ ähnelt, das der natürlichen Auslese unterliegt. Es war beachtlich, als Forscher, die sich mit Phänomenen wie der Prägung von Gänsen, dem Heimfindevermögen von Wespen, dem Jagdverhalten von Füchsen und dem Tanz der Bienen beschäftigten, mit dem Nobelpreis geehrt zu werden. Einige Wissenschaftler, insbesondere diejenigen, die biomedizinische Forschungen durchführten, fühlten sich auf den Schlips getreten, weil solche belanglosen Beschäftigungen die angesehenste Auszeichnung, „den Preis" für wissenschaftliche Forschungen, zuerkannt bekommen hatten. Außerdem hatten diese drei Männer Spaß bei ihrer wegweisenden Forschung, was in vielen wissenschaftlichen Kreisen als inakzeptabel galt. So war Lorenz dabei gefilmt worden, wie er sich ein Fuchsfell überwarf und damit herumhüpfte, um zu sehen, wie Gänse auf ihn reagieren würden! Ich erinnere mich an ein Treffen mit Lorenz auf einer ethologischen Konferenz im italienischen Parma, und seine Leidenschaft und Begeisterung waren unglaublich ansteckend. Stundenlang erzählte er Geschichten von Tieren, mit denen er sein Leben geteilt hatte, und wiederholte sich nicht ein einziges Mal. Es war eindeutig: Er liebte, was er tat, und er liebte seine tierischen Freunde.

Eine andere wichtige Persönlichkeit im Bereich der Verhaltensforschung, Charles Darwin, hob hervor, dass die verschiedenen Lebewesen untereinander durch eine *evolutionäre Kontinuität* miteinander verbunden sind, so dass es beispielsweise unwahrscheinlich ist, dass nur Menschen Werkzeuge verwenden und „Kultur" entwickeln können. Darwins Vorstellung der evolutionären Kontinuität – nach der auf das Verhalten bezogene, kognitive, emotionale und moralische Variationen zwischen verschiedenen Lebewesen lediglich Unterschiede in der individuellen Ausprägung statt in der Art sind – wird oft herangezogen, um Fragen zur Entwicklung unterschiedlicher charakteristischer Verhaltensweisen zu beantworten. Aus dieser Sicht gibt es fließende Übergänge zwischen verschiedenen Tieren und zwischen Tieren und Menschen; die Unterschiede zwischen ihnen sind nicht schwarz-weiß, sondern vielmehr Grautöne und keine unerklärlichen Sprünge. Aktuelle Arbeiten der Evolutionsbiologie und der Anthropologie lassen darauf schließen, dass lineare Evolutionssysteme, in denen große Lücken zwischen Menschen und einigen Tierarten bestehen, lediglich vereinfachte Betrachtungsweisen des Evolutionsprozesses darstellen. Wir wissen inzwischen, dass Individuen verschiedener Spezies Werkzeuge verwenden, Kultur besitzen, ja, zeichnen können, bewusst handeln und sich ihrer selbst bewusst sind, logisch denken und folgern können, sich selbst medizinisch behandeln und sehr komplexe

Kommunikationsmuster zeigen können, die dem, was wir „Sprache“ nennen, in nichts nachstehen.

Darwin hatte also Recht. Wir können viel über Menschen lernen, indem wir die Wurzeln des menschlichen Verhaltens bei Tieren untersuchen, und häufig sind die Unterschiede gar nicht so ausgeprägt, wie wir denken. Damit soll nicht gesagt werden, dass Menschen nicht einzigartig seien, sondern vielmehr, dass *alle* Tiere (der Mensch mit eingeschlossen) einzigartig sind und wir sehr viel lernen können, indem wir die so genannte *Vergleichsmethode* anwenden, bei der verschiedene Spezies mit Blick (oder mit der Nase oder einem Ohr) darauf erforscht werden, etwas darüber zu erfahren, warum sie auf ihre eigene unnachahmliche Art tun, was sie tun.

Obschon eine Reihe von Personen zu den Grundlagen der Verhaltenslehre beigetragen haben, stellen die Konzepte von Charles Darwin die wichtigsten Beiträge während des letzten Drittels des neunzehnten Jahrhunderts dar. Er scheint der erste gewesen zu sein, der die vergleichende Evolutionsmethode ernsthaft auf die Verhaltensforschung angewendet hat, um Fragen in Bezug auf den Ursprung von Gefühlsäußerungen bei Menschen und (beispielsweise) Hunden zu beantworten.

Der wichtigste Teil meiner Forschungen konzentriert sich auf Kaniden – die Hundeartigen – und Vögel. Einige dieser Tiere, besonders *soziale* Hundeartige (wie zum Beispiel Wölfe), haben uns viel über die Entwicklung menschlichen Verhaltens mitzuteilen. Die meisten Primatologen schenken vergleichender Literatur zu Verhalten, Kognition und Bewusstsein wenig Beachtung, doch ich empfehle ihnen, ihren Horizont zu erweitern, da eine auf Primaten beschränkte Sichtweise die Vielfältigkeit der im Tierreich vorkommenden Verhaltensweisen unberücksichtigt lässt. Wie der Primatologe Benjamin Beck einst seine Kollegen zu Recht warnte, besteht die Gefahr, sich zu sehr auf Affen zu konzentrieren.

Bei meiner eigenen Forschung zum Sozialverhalten und zur Verhaltensökologie konzentriere ich mich auf evolutionäre, ökologische und ontogenetische (die Entwicklung des Individuums betreffende) Aspekte. Ich folge dabei dem Beispiel klassischer Verhaltensforscher wie Lorenz und Tinbergen. Auch versuche ich, individuelle Unterschiede innerhalb einer Spezies und zwischen den Spezies zu verstehen. Es ist spannend, individuelle Unterschiede im Verhalten der Studienobjekte zu untersuchen, da Variationen Informationen darüber bieten, wie sehr sich Individuen einer Art voneinander unterscheiden können. Dies gilt auch für eng verwandte Individuen. Keinesfalls darf man solche Variationen als lästige „Störfaktoren" betrachten, die außer Acht gelassen werden können.

Meine Vorgehensweise wird *vergleichende Verhaltensstudie* genannt. Ich habe viele interdisziplinäre Forschungen mit Genetikern, Anatomen, Theologen und Philosophen durchgeführt. Gelehrte der verschiedenen Disziplinen müssen miteinander reden und insbesondere einander auch zuhören. Meine Arbeit mit Dale Jamieson, Colin Allen, Bernard Rollin, Gay Bradshaw, Lori Gruen und Jane Goodall, mit denen ich Essays und Bücher veröffentlicht habe, war unglaublich lohnend und geprägt von ständig neuen Anregungen. Sie alle, sowie die Psychologin Laura Sewall, Autorin des Buches SIGHT AND SENSIBILITY: THE ECOPSYCHOLOGY OF PERCEPTION, stimulierten mich auf unterschiedlichste Art und Weise und verbesserten meine Forschung – ich habe heute noch mehr Fragen und stelle höhere Ansprüche an meine Ergebnisse. Colin Allen, mit dem ich viel zusammengearbeitet habe und Tausende von Kilometern durch die USA und das Ausland gereist bin, ist immer zur Stelle, um mich zu bremsen und zu fragen „Meinst du das wirklich so?" oder „Was versuchst du zu sagen?" Dale Jamieson ging mit mir geduldig oftmals verworrene philosophische Literatur durch und bleibt ein echter Freund, obwohl ich ihn oft frage „Verbringt ihr wirklich so viel Zeit damit, diese offensichtlichen Tatsachen zu überdenken?" Benjamin Beck hat mich oft auf den Boden der Tatsachen zurückgeholt, und durch ihn habe ich zu schätzen gelernt, wie engagiert viele Leute sind, die mit Tieren in Gefangenschaft arbeiten. Das alles waren sehr wertvolle Lektionen für mich.

Obwohl wir viel über das Leben von Tieren wissen, haben wir noch enorme Wissenslücken zu füllen, bevor wir allgemeingültige Aussagen über die Evolution und die Entwicklung von Verhaltensmustern treffen können. Bei allen Generalisierungen ist sicherlich Vorsicht angebracht, dies gilt besonders in Bezug auf komplexe Verhaltensmuster und das Denken und Fühlen von Tieren. Es gibt nicht nur Unterschiede im Verhalten von verschiedenen Spezies (*zwischenartliche Variation*), sondern auch deutliche individuelle Unterschiede innerhalb einer Spezies (*innerartliche Variation*). Diese Unterschiede führen zu aufregenden und aufschlussreichen Forschungen; zum Beispiel darüber, warum Wölfe und Hunde sich unterscheiden und selbst Wurfgeschwister und andere Geschwister sich verschieden entwickeln. Viele der von mir im Grand Teton National Park in Wyoming studierten Kojoten lebten in Rudeln; doch nur wenige Kilometer entfernt lebten Kojoten entweder alleine oder in Paaren. Daher sind allgemeine Aussagen, dass sich Kojoten so oder so verhalten, sehr irreführend, weil es „den" Kojoten eigentlich nicht gibt.

Das Gleiche gilt für die Nutzung von Werkzeugen bei Schimpansen und Orang-Utans. Nicht jeder Großaffe verwendet Werkzeuge, und es ist reizvoll herauszufinden, warum das so ist. Innerartliche Variationen des Verhaltens wurden bei vielen Tierarten beobachtet, einschließlich den Insekten. Alle Mitglieder einer Spezies in einen Topf zu werfen, kann also sehr irreführend sein; eine Biene ist nicht wie alle anderen Bienen, und eine Person ist nicht wie alle anderen Personen. Menschen wie Tiere sind immer zunächst Individuen.

Ich arbeite zudem mit vielen verschiedenen Analysestufen. Der größte Teil meiner Forschungen findet auf einer Mikroebene statt (z.B. der Einzelbildanalyse von Filmen spielender Tiere oder von Tieren, die nach möglichen Raubtieren Ausschau halten), doch ich bevorzuge im Grunde die interdisziplinäre, ganzheitliche Betrachtungsweise. Ich beschäftige mich am liebsten mit den „großen" Fragen. Ich scheue zwar auch nicht davor zurück, detaillierte Statistikanalysen durchzuführen, doch die von mir erforschten Tiere werden nie als Nummer zur Seite geschoben und zu namenlosen Variablen einer Gleichung oder Punkten in einem Diagramm reduziert. Es ist wichtig, dass die „Schutzhülle der Statistik", wie Mary Lou Randour es nennt, uns nicht von der Welt der Tiere abschneidet, von ihrer Freude und ihrem Leid, ihrer Weisheit und ihrer Einzigartigkeit.

Ein weiterer roter Faden in meiner Forschung ist deshalb, dass ich immer an Individuen interessiert bin. Ein Großteil meiner Forschung konzentrierte sich darauf, zu verstehen, wie individuelle Unterschiede im Verhalten während der frühen Entwicklung eines Lebewesens auftreten und was sie für seine spätere Entwicklung bedeuten. Ich interessiere mich außerdem für die Entwicklung von *Verhaltensvariationen* – also der Frage, warum eine Selektion in Bezug auf Verhaltensvariation und Flexibilität stattgefunden hat.

Ich schreibe über Wissenschaft, Tierverhalten, Evolution und Verhaltensökologie. Mich haben jedoch immer auch Fragen des Bewusstseins interessiert und ich hatte das Glück, an zwei aufregenden, reizvollen interdisziplinären Programmen teilzunehmen: dem SCIENCE AND THE SPIRITUAL QUEST II (WWW.SSQ.NET), finanziert vom Center for Theology and the Natural Sciences in Berkeley, Kalifornien; und dem DIALOGUE ON SCIENCE, ETHICS, AND RELIGION, der von der American Association for the Advancement of Science (AAAS) organisiert wurde, die auch die Fachzeitschrift SCIENCE verlegt. Bei den Treffen dieser beiden Programme sprechen die Teilnehmer offen über

Wissenschaft (Evolutionsbiologie, Anthropologie, Psychologie), Spiritualität, Theologie, Religion und Gott, und es werden große Fortschritte in der Hinsicht erreicht, wie Wissenschaft und Religion (wieder) miteinander versöhnt werden können.

„Ach so, es ist nur Wissenschaft..."

Obwohl meine Ausbildung streng wissenschaftlich war, hatte ich nie den Eindruck, dass „Wissenschaft" die einzige Betrachtungsweise auf die Welt um uns herum sein sollte. Meine frühe wissenschaftliche Ausbildung im Grund- und Hauptstudium basierte auf dem, was der Philosoph Bernard Rollin den „gesunden Menschenverstand der Wissenschaft" nennt, wobei er unter Wissenschaft die wertfreie Aktivität des Faktensammelns versteht. Die Annahme, dass Wissenschaft frei von Werten sei, hat mir nie gefallen, da Wissenschaftler in erster Linie Menschen sind und von allem individuelle Vorstellungen haben. Außerdem ist eine schablonenhafte, rein normative Wissenschaft einfach zu einschränkend.

Ich glaube vielmehr, dass die Einflüsse geistiger und religiöser Sichtweisen auf die Wissenschaft einen wichtigen Beitrag zum besseren Verständnis des Verhaltens von Tieren leisten, insbesondere bei der Entwicklung der *Moralität.* Gleichzeitig denke ich nicht, dass „die Wissenschaft" oder auch nur die Gewohnheiten der einzelnen Wissenschaftler sich durch Einflüsse aus der Theologie heraus verändern werden. Obwohl in vielen Essays dieses Buchs deutlich wird, dass ich interdisziplinäre Diskussionen und Kooperationen für entscheidende Auslöser für Veränderung halte, erwachsen diese Änderungen aus der Wissenschaft selbst. Zwar wächst das neue Feld der *Neurotheologie* unter Wissenschaftlern, die sich für die biologischen Grundlagen von Spiritualität, Meditation und mystischen und religiösen Erfahrungen interessieren. Trotzdem behauptet der Philosoph Holmes Rolston, dass „die Wissenschaft den Menschen nicht erklären kann, was sie am dringendsten verstehen müssen: den Sinn des Lebens und dessen Wert." Dem stimme ich zu. Wissenschaft bietet normalerweise keinen Raum für Sentimentalität oder Spiritualität. Die Hinterfragung der Wissenschaft und das Eingeständnis der Beschränktheit der Wissenschaftsgläubigkeit führen zu einer besseren Wissenschaft, da sie dabei in Wissenszusammenhänge gestellt wird, in denen es möglich wird, Fragen nach Spiritualität, Seele, Leben, Tod, Liebe und Gott zu integrieren.

Dessen ungeachtet möchte ich betonen, dass ich der Wissenschaft nicht negativ gegenüberstehe und wirklich liebe, was ich tue. Die Hinterfragung der Wissenschaft macht mich nicht zum Wissenschafts- oder Fortschrittsfeind. Ich denke außerdem, dass Wissenschaft Spaß machen sollte und Spaß an der Wissenschaft die Wissenschaft verbessert. Ich hoffe, dass meine Begeisterung und Liebe für die Tierverhaltensforschung ansteckend ist, denn das ist einer der Gründe, warum ich das vorliegende Buch geschrieben habe. Ich liebe es, etwas über Tiere und die Natur zu lernen.

Tierverhalten und das Wohlergehen von Tieren

Mein Weg zur Tierverhaltensforschung – insbesondere von Tieren in freier Wildbahn – war kein direkter. Wenn ich auf meine akademische Laufbahn zurückblicke, stelle ich fest, dass meine Eltern Recht hatten – ich habe mich immer dafür interessiert, was Tiere wissen und zugleich dafür, was sie fühlen. Ich habe immer ihre Freuden, Qualen und Nöte empfunden – ich habe immer mit ihnen mitgefühlt und versucht, mich an ihre Stelle, in ihre Pfoten und Herzen, zu versetzen. Ich war Menschen gegenüber immer misstrauisch, die versuchen, tierische Qual und Not aus dem Kontext der Natur zu reißen. Leid und Qual haben sich als adaptive Antworten auf Situationen entwickelt, die (lebens)gefährlich sind. Sie sind Teil der Natur eines Tieres und beeinflussen, wie die einzelnen Individuen in der Natur miteinander umgehen. Qual und Leid nicht im Kontext der Natur zu sehen, wäre fehlerhafte Biologie.

Während einer Physiologiestunde spazierte einer meiner Professoren stolz ins Labor und tötete (lachend) ein Kaninchen mit einem Genickschlag, wodurch mein seit langem bestehendes Interesse am Tierschutz in den Vordergrund rückte. Daher war es nicht wirklich überraschend, dass ich während des Hauptstudiums an einer renommierten medizinischen Fakultät beschloss, dieses Studienprogramm zu verlassen, ebenso ein weiteres angesehenes in Neurobiologie und Verhalten, da ich für meine Bildung keine Hunde und Katzen opfern wollte. Ich dachte gründlich nach und entdeckte – wiederentdeckte eigentlich – was ich wirklich tun wollte. Ich wollte das Sozialverhalten von Tieren studieren und die Tiere nicht, wenn ich mit einer Studie fertig war, „entsorgen" müssen; Individuen opfern, zu denen ich eine enge Beziehung aufgebaut und denen ich Namen gegeben hatte. Nachdem ich zur Washington University in St. Louis gewechselt war, um bei dem besten Mann zu promovieren, den man sich denken kann, bei Michael W. Fox, führte ich eine Studie an in Gefangenschaft lebenden Tieren durch und ließ zu, dass Mäuse und Küken von Kojoten in von uns arrangierten Begegnungen getötet wurden. Es tut mir sehr Leid und es quält mich, dass ich diese Art von Forschung betrieben habe. Ich würde es nie wieder tun. Ich kann diesen Mäusen und Küken ihr Leben nicht zurückgeben, aber ihr durch mich verursachter Tod trifft mich noch immer.

Achtung gegenüber Tieren und Tiefenethologie

Achtung gegenüber Tieren bedeutet für mich zweierlei: Erstens, Aufmerksamkeit und Respekt ihnen gegenüber und dafür, wer sie sind, Würdigung ihrer Weltsicht sowie die Entwicklung eines Interesses dafür, was und wie sie fühlen und warum. Zweitens, die Anerkennung, dass viele Tiere ein sehr aktives Bewusstsein haben.

Die Achtung vor Tieren führte dazu, dass ich den Begriff der *Tiefenethologie* geprägt habe, um einige der Tiefenökologie zugrunde liegenden Vorstellungen auszudrücken. Die Tiefenökologie betont, dass Menschen nicht nur anerkennen müssen, dass sie ein wesentlicher Bestandteil der Natur sind, sondern auch, dass sie eine einzigartige Verantwortung für die Natur haben. Als Tiefenethologe, in der Tradition der Ökopsychologie, versuche ich als *Sehender der Gesehene* zu werden. Ich werde zum Kojoten. Ich werde zum Pinguin. Ich versuche, in die sensorische und motorische Welt des Tieres einzutreten, um zu entdecken, wie es sein *könnte*, ein bestimmtes Individuum zu sein, wie es seine Umgebung wahrnimmt und wie es sich in bestimmten Situationen verhält.

Als intelligente und allgegenwärtige Säugetiere haben wir eine gewaltige soziale Verantwortung dafür, unsere Forschungen so ethisch wie möglich durchzuführen, unsere Erkenntnisse mit Nichtwissenschaftlern zu teilen und um Beiträge von Nichtwissenschaftlern zu bitten und diese einzusetzen, um herauszufinden, welche Fragen bei unserer Wissenssuche am dringendsten sind. Wir müssen auch jene um Rat bitten, die eine andere Sicht der Dinge haben, zum Beispiel indigene Völker, die seit Äonen in enger Verbundenheit mit den Wildtieren und der Natur leben. Alle unterschiedlichen Sichtweisen sollten berücksichtigt werden. In der Vergangenheit sind viele westliche Forscher in andere Länder regelrecht eingedrungen, studierten deren exotische Tierwelt und verschwanden bei nachlassendem Interesse ohne Rücksprache mit den Einheimischen oder ohne Beachtung lokaler Probleme, wie zum Beispiel dem Einfluss der Beweidung landwirtschaftlicher Flächen in Indien oder der Auswirkungen der globalen Erwärmung auf Tierpopulationen. Diese Vorgehensweise hat sich sehr verändert, als westliche Forscher die Einheimischen in ihre Arbeit einbezogen und ihre Erkenntnisse anwendeten, um zur Lösung lokaler Probleme beizutragen. Informationen zu vielen Aspekten des Tierverhaltens – Bewegungsmuster, Sozialstruktur und Fortpflanzungsgewohnheiten – sind nützlich für Menschen, die in den Bereichen Arten- und Biotopschutz und Wildtiermanagement tätig sind, aber auch für diejenigen, die Seite an Seite mit den erforschten Tieren leben. Es gibt eine sehr praktische Seite der aufregenden Erforschung des Tierverhaltens.

Tierschutz und Tierrechte

In einigen Essays schreibe ich über das Wohlergehen von Tieren und verwende die Begriffe Tierschutz und Tierrechte. Diese Begriffe sind nicht untereinander austauschbar. (Zusammenfassungen der verschiedenen Philosophien im Bereich Tierschutz finden sich unter anderem in den Büchern von Michael W. Fox, Peter Singer, Tom Regan und Gary Francione.)

Viele Tiere empfinden Schmerzen und können leiden. Obwohl einige Leute glauben, dass es in Ordnung ist, Tieren Schmerzen zuzufügen, wenn die Forschung dem Menschen dient, glauben andere, dass der Vorteil für den Menschen keine Entschuldigung dafür ist, Tieren Schmerzen zuzufügen. Wieder anderen sind Tiere überhaupt keine Überlegung wert – zumindest lassen ihre Handlungen darauf schließen.

Menschen, die die Ansicht vertreten, dass wir Tieren zwar Schmerzen zufügen dürfen, sie jedoch keinen übermäßigen oder unnötigen Schmerzen aussetzen sollten, argumentieren, dass wir alles Notwendige tun, wenn wir das Wohlergehen der Tiere im Auge haben. Diese Menschen werden *Tierschützer* genannt. Menschen, die die Ansicht vertreten, dass es falsch ist, Tieren Schmerz oder Leid anzutun, und dass Tiere nicht gegessen, in Zoos in Gefangenschaft gehalten oder für schmerzhafte Tierversuche oder irgendeine Form von Forschung benutzt werden dürfen, werden *Tierrechtler* genannt. Sie glauben, dass Tiere bestimmte moralische und gesetzliche Rechte haben, die das Recht auf Unversehrtheit einschließen.

Viele Menschen unterstützen die Position des Rechtsgedankens. Laut dem Anwalt und Tierrechtsvertreter Gary Francione bedeutet das Recht eines Tieres auf die Wahrung seiner Interessen einen geschützten Rechtsanspruch darauf, dass seine Interessen gewahrt werden, selbst wenn es uns andernfalls Vorteile bringen würde. Menschen sind verpflichtet, diesen Anspruch von Tieren, die keine eigene Stimme haben, zu achten, genauso wie den kleiner Kinder und geistig Behinderter. Wenn also ein Hund das Recht hat, gefüttert zu werden, sind Sie verpflichtet sicherzustellen, dass er gefüttert wird. Wenn ein Hund das Recht darauf hat, gefüttert zu werden, dürfen Sie nichts tun, was seine Nahrungsaufnahme behindert. Gleiches gilt für das Recht des Hundes, keinem unnötigen Leid ausgesetzt zu werden. Das verpflichtet Sie, alles zu vermeiden, was Schmerzen oder Leid verursachen würde, selbst wenn (beispielsweise) diese „Forschung“ Menschen zugute kommen würde.

Tom Regan, Professor für Philosophie an der North Carolina State University, wird häufig als der „moderne Vater der Tierrechte“ bezeichnet. Sein Buch THE CASE FOR ANIMAL RIGHTS, das 1983 erschienen ist, weckte viel Aufmerksamkeit für dieses Konzept. Befürworter der Auffassung, dass Tiere Rechte haben, betonen, dass das Leben der Tiere einen *inhärenten Wert* hat, der sich nicht darin begründet, was Tiere für Menschen tun können oder dass sie so wie wir aussehen oder sich wie wir verhalten. Tiere sind kein Eigentum oder Sachen, sondern Lebewesen mit einem eigenen Leben, die unser Mitgefühl, unseren Respekt, unsere Freundschaft und unsere Unterstützung verdienen. Sie sind nicht rangniedriger oder weniger wertvoll als Menschen. Tiere sind kein Eigentum, das man missbrauchen und quälen oder über das man herrschen kann.

Hingegen glauben Tierschützer in der Regel nicht, dass Tiere Rechte haben. (Einige Tierschützer glauben nicht einmal, dass Menschen Rechte zustehen.) Sie sind stattdessen der Ansicht, dass Menschen Tiere zwar nicht quälen oder ausbeuten sollten, doch solange sie den Tieren das Leben physisch und psychisch angenehm machen, sorgen sie für sie und respektieren ihr Wohlbefinden. Tierschützer beschäftigen sich mit der Lebensqualität der Tiere. Doch Tierschützer glauben nicht, dass das Leben der Tiere einen Wert an sich hat und ihr Leben schon allein deswegen wichtig ist, weil sie am Leben sind.

Tierschützer glauben also, dass wir bereits unseren Verpflichtungen ihnen gegenüber nachgekommen sind, wenn unsere Tiere komfortabel leben, glücklich zu sein scheinen, einige der Genüsse des Lebens erfahren und frei von verlängertem oder intensivem Schmerz und anderen unangenehmen Zuständen sind. Sie gehen davon aus, dass es den Tieren gut geht, wenn die einzelnen Individuen normales Wachstum und Fortpflanzung aufweisen und frei von Krankheiten, Verletzungen, Fehl- und Mangelernährung sowie anderen Leiden sind.

Diese Tierschutzposition geht auch davon aus, dass es in Ordnung ist, Tiere für menschliche Zwecke zu verwenden, solange bestimmte Schutzmaßnahmen ergriffen werden. Sie vertritt, dass die Verwendung von Tieren für Tierversuche und ihre Schlachtung für den menschlichen Verzehr in Ordnung ist, solange eine „humane" Durchführung gewährleistet ist. Tierschützer möchten nicht, dass Tiere unnötigem Leid ausgesetzt werden, doch manchmal sind sie untereinander uneinig darüber, wie viel Schmerz notwendig und was human ist. Doch sie stimmen darin überein, dass von Tieren empfundene Schmerzen und ihr Tod aufgrund der für Menschen gewonnenen Vorteile manchmal gerechtfertigt sind. Der Zweck (Vorteile für den Menschen) rechtfertigt die Mittel: Die Nutzung von Tieren, selbst wenn diese leiden, weil ihre Nutzung zum Vorteil des Menschen als notwendig erachtet wird.

Weshalb sollen wir uns um Tiere kümmern und sie in unser Herz schließen?

Warum kümmern sich Menschen um Tiere? Wie ich in vielen der vorliegenden Essays darlege, tun wir es, weil sie wirklich perfekte Begleiter sind, selbst wenn wir sie nie aus der Nähe und persönlich kennen lernen. Ich behaupte, wir fühlen uns gut, wenn wir an Tiere denken und ihre Anwesenheit fühlen oder wissen, dass sie dort in der Natur sind, selbst wenn wir sie nicht sehen, hören oder riechen können, weil der entwicklungsgeschichtlich alte Teil unseres Gehirns eine Verbindung zu den Tieren und der gesamten Natur hält.

Es ist bekannt, dass Hunde helfen, Stress bei Kindern und Erwachsenen zu reduzieren. DREAMWORKERS, eine in Atlanta ansässige Gruppe für Tiergestützte Therapie, kann mit der Nachfrage an Tieren durch bedürftige Menschen nicht Schritt halten. Tatsächlich handelt es sich hierbei um eine Beziehung zum *gegenseitigen* Vorteil. Das Berühren und Streicheln eines Hundes kann beruhigend wirken, sowohl für den Menschen als auch für den Hund. Marty Becker hat das wunderbare Buch HEILENDE HAUSTIERE geschrieben, in dem er aufzeigt, wie Haustiere Menschen gesund halten und glücklich machen können – sie können helfen, einsame Menschen in Pflegeheimen, Krankenhäusern und Schulen zu heilen. Viele herzerwärmende Geschichten über die Bedeutung der Hunde für unser eigenes Wohlbefinden finden sich auch in HOSPICE HOUNDS von Michelle Rivera.

Und in seinem Buch KINDRED SPIRITS: HOW THE REMARKABLE BOND BETWEEN HUMANS AND ANIMALS CAN CHANGE THE WAY WE LIVE zeigt der ganzheitliche Tierarzt Allen Schoen vierzehn Möglichkeiten auf, wie Beziehungen zwischen tierischen Begleitern und Menschen Stress reduzieren können. Sie umfassen so unterschiedliche Aspekte wie die Senkung des Blutdrucks, ein gestärktes Selbstbewusstsein bei Kindern und Jugendlichen, die Erhöhung der Überlebensrate bei Herzinfarktpatienten, die Verbesserung der Lebensqualität von Senioren, die Förderung sozialer Einstellungen bei Kindern, die Entwicklung der emotionalen Stabilität bei Pflegekindern, die Senkung des Bedarfs an ärztlicher Versorgung bei geringfügigen Problemen bei Senioren und die Reduzierung der Einsamkeit in der frühen Jugend. Tiere am Arbeitsplatz etwa können Stress reduzieren, die Zufriedenheit mit der Arbeitsstelle erhöhen, soziale Interaktionen fördern und die Produktivität steigern.

Einmal, als ich meine Eltern in Florida besuchte, rief mein Vater seine Freundin Ginger an, damit sie mir ihren neuen Schatz zeigen konnte: einen Toy-Pudel, der, nicht überraschend, Tiny hieß und den sie in ihrer Bluse herumtrug. Ginger verhätschelte und liebte Tiny; anders herum bereitete Tiny ihr viel Freude, insbesondere nachdem ihr Mann erst kürzlich verstorben war. Doch die Vorschriften des Wohnkomplexes erlaubten keine Hunde auf dem Anwesen. Ich kann Ihnen garantieren, dass dieser wunderbare kleine Hund sehr viel weniger störend war als die meisten von Gingers menschlichen Nachbarn. Trotzdem musste Ginger umziehen. Ich fand es besonders interessant, dass meine Mutter, die in ihrer Jugend von einem Hund gebissen worden war und seitdem Angst vor Hunden hatte, Tiny ebenfalls als willkommenen und tröstenden Freund empfand. Zu dieser Zeit konnte sie sich nicht alleine bewegen, und wir hatten alle Angst, dass meine Mutter sich zu sehr aufregen würde. Doch zu unserer Überraschung erlaubte sie Tiny, auf ihrem Schoß zu liegen, und strahlte von einem Ohr zum anderen, als Tiny sich auf ihre Decke und in ihr Herz schlich.

Bei einem anderen Besuch bei meinen Eltern las ich von einem Obdachlosen namens Jackie Tresize, der überfallen, beraubt und verprügelt worden war und dessen bester Freund, ein Shih-Tzu namens Champion, verschwand, während er schlief. Über seinen vierbeinigen Freund sagte Jackie: „Wir waren eine kleine Familie, er verhinderte, dass ich mich einsam fühlte. Ich wäre wunschlos glücklich, wenn ich nur meinen Hund wieder hätte."

In meinem Heimatstaat kümmern sich die Häftlinge des Colorado-Frauengefängnisses um Hunde. Sie leben und arbeiten mit Hunden, die ansonsten im lokalen Tierheim eingeschläfert worden wären. Die Erfahrung, mit den Hunden spazieren zu gehen, sie zu pflegen und selbst ihre Hinterlassenschaften zu beseitigen, ist unglaublich positiv und von Vorteil für die Hunde, die Insassinnen und das Gefängnispersonal. Der Gefängniswärter

Jim Abbott etwa bemerkt: „Sie haben einen sagenhaft beruhigenden Einfluss, der für die Gefangenen und die Mitarbeiter therapeutisch sehr wertvoll ist – allein durch ihre Anwesenheit entschärfen sie angespannte Situationen oder lassen diese gar nicht erst entstehen." Stephanie Timothy, die Pflegerin des geretteten Hundes Charlie sagt: „Dass sie dir die Verantwortung geben, hilft, sich wichtig zu fühlen (...). Zu wissen, dass Charlie nach seiner Vermittlung jemand anderen so glücklich machen wird wie mich, macht die Sache lohnenswert." Eine andere Pflegerin, Mary Johnson, lernte durch die Ausbildung von Max einen Beruf für die Zeit nach der Entlassung. Und während ich diesen Essay schreibe, lese ich, dass ein Hund in Toronto den Amoklauf eines Mannes stoppte. Der Hund ging einfach auf den Mann zu und spielte mit ihm – und der Mann stellte sich der Polizei!

Die Bedeutung von Haustieren ist sogar dem US-Senat bekannt. In einer wegweisenden Rede im Senat über Schlachthäuser sprach der Senator Robert Byrd von West Virginia über die Bedeutung von Haustieren – unseren „selbstlosen Freunden" – für unser Wohlbefinden.

Es wird häufig gesagt, dass Hunde aufgrund ihrer langen und engen Verbundenheit mit dem Menschen und den starken gegenseitigen Bindungen, die zwischen diesen vier- und uns zweibeinigen Säugetieren entstehen, unsere menschlichen Gesichtsausdrücke, unsere Körpersprache, Gesten und Tonfälle sowie sogar einzelne Wörter deuten können. In vielen Bereichen der sozialen Kommunikation sprechen wir eine gemeinsame Sprache, und die Fähigkeit des Hundes, uns zu verstehen, scheint ein tiefsitzender Instinkt zu sein. Kürzlich traf ich Hogan, einen Mischling aus Malamut und Deutschem Schäferhund, in Fort Lauderdale, Florida, und nachdem sein menschlicher Begleiter mir sagte, dass Hogan freundlich sei, machte ich eine kurze Verbeugung und drehte meinen Kopf seitwärts hin und her. Sofort versuchte Hogan, mit mir zu spielen. Er verstand, was ich ihm mit dieser Vorderkörpertiefstellung oder Spielverbeugung mitteilen wollte, und teilte meinen Wunsch, zu spielen. Ich bin sicher, dass viele von Ihnen bei unzähligen Gelegenheiten ähnliche sofortige Verbundenheit erlebt haben.

Warum sind Hunde so gute Heiler? Hunde – ebenso wie Katzen, Lamas und Delfine – unterstützen die Behandlung menschlichen Leids auf Grund tödlicher Krankheiten, endloser Schmerzen und starker Demenz durch tierischen Trost. Pfleger und Patienten berichten, dass Tiere Sicherheit geben und Bedürftigen Entspannung, Freundschaft und viel Liebe bieten. Wenn wir Hunde in unser Leben aufnehmen, erwecken und beleben sie unsere Sinne, unseren Geist und unsere Seele. Sie und viele andere Tiere bieten uns unverfälscht, rein, ungefiltert und bedingungslos Respekt, Ergebenheit, Mitgefühl, Vertrauen und Liebe. Sie sind keine sozialen Parasiten, die hinterlistig und selbstsüchtig unsere Gutmütigkeit ausnutzen, wie einige namhafte Autoren uns glauben machen wollen. Stattdessen sind Hunde, wie Michelle Rivera anmerkt, treue Freunde, mit denen wir enge Bindungen eingehen und in einer Form von gegenseitiger Bewunderung verbunden sind.

Hunde sind intuitive Therapeuten. Sie möchten wirklich dafür sorgen, dass wir uns besser fühlen, möchten uns heilen, und wir vernachlässigen sie, wenn wir ihnen das nicht erlauben, wenn wir ihnen nicht erlauben, unsere besten Freunde zu sein. Wir nehmen ihnen die Möglichkeit, ihre natürlichen Instinkte auszuleben. Ich denke, wahrscheinlich werden wir, wenn wir Hunden erlauben, das zu tun, was sie am Besten können, nämlich uns in schwierigen Zeiten zu trösten, sogar noch mehr gegenseitige Vorteile in ihren bedingungslosen Geschenken erkennen. Ich bin mir sicher, dass dieses gegenseitige Geben und Nehmen sogar zu noch bedeutungsvolleren und tieferen Wechselbeziehungen führen wird. Hunde und viele andere Tiere sind wirklich die perfekten Begleiter für uns Menschen.

Natürlich wollen einige Menschen nur deswegen mehr über Tiere erfahren, um die Einzigartigkeit des Menschen nachzuweisen. Für gewöhnlich behaupten sie, dass Menschen über den Tieren stehen und besser als Tiere sind. Doch je besser wir Tiere erforschen und je mehr wir über sie und uns lernen, desto öfter entdecken wir, dass es keinen unüberbrückbaren Graben zwischen Tieren und Menschen gibt, weil der Mensch zuallererst einmal auch nur eine Tierart ist. Stattdessen gibt es eine *evolutionäre Kontinuität.* Kunst, Kultur, Sprache sowie Gebrauch und Herstellung von Werkzeugen sind nicht länger Unterscheidungskriterien, um eine Trennung zwischen ihnen und uns zu begründen. Grenzlinien zwischen Spezies in Bezug auf ihre kognitiven Fähigkeiten oder ihre Fähigkeit, Gefühle zu empfinden, kann irreführend sein, besonders dann, wenn Menschen die Ansicht vertreten, dass bestimmte Tiere „niedriger“ sind bzw. „weniger wertvoll“ als „höhere“ Tiere, wobei „höher“ normalerweise Primaten und Menschen bezeichnet. In vielerlei Hinsicht sind wir gleich.

Es ist deshalb entscheidend, immer mehr über das Leben von Tieren zu lernen, weil dies zum Verständnis von Tieren als Individuen und Mitglieder einer bestimmten Spezies führt. Dieses Verständnis führt wiederum zu Würdigung und Respekt für die eindrucksvollen und mysteriösen Tiere, mit denen wir die Welt teilen. Vergleichsstudien an Tieren zeigen uns, wie verschiedene Spezies und einzelne Individuen ihre unzähligen Probleme lösen.

Zweifellos können wir viel über Menschen lernen, indem wir unsere tierischen Verwandten sorgfältig studieren und ihnen zuhören. Ein Grund für meine Faszination an der Tierverhaltensforschung (insbesondere für Fragen nach tierischer Kognition, tierischen Emotionen, tierischer Moral und menschlicher Einmischung in das Leben von Tieren) ist, dass ich mehr darüber erfahren möchte, weshalb sich Ähnlichkeiten aber auch Unterschiede zwischen Menschen und Tieren entwickelt haben. Je besser wir Tiere verstehen, desto mehr werden wir sie als die sensationellen Lebewesen schätzen, die sie sind – und desto besser werden wir auch uns selbst verstehen.

Über die verschwommenen Grenzen zwischen Tieren und Menschen

Es ist unbestritten, dass das Lernen über Tiere – wie sie ihre Zeit verbringen, mit wem sie interagieren, wo und wie sie tun, was sie tun und wie sie es tun, welche intellektuellen und kognitiven Fähigkeiten sie haben und wie sich ihr Gefühlsleben gestaltet – wichtig für eine volle Würdigung des menschlichen Bewusstseins und dessen ist, was einzigartig menschlich ist. Forscher haben inzwischen entdeckt, dass Werkzeugbenutzung, Sprache, Reflektionsvermögen, Kultur, Kunst und Vernunftbegabtheit nicht mehr verlässlich als Argument verwendet werden können, mit dem sich der Mensch von Tieren abgrenzt. Das heißt, die Behauptung, dass nur Menschen Werkzeuge und Sprache einsetzen, sich ihrer selbst bewusst sind, Künstler sind, Kultur haben oder logisch denken und folgern können, ist nicht länger vertretbar.

Das Nachdenken über unsere eigene Sterblichkeit scheint einzigartig für den Menschen zu sein, ebenso wie möglicherweise das Kochen von Lebensmitteln. (Manchmal frage ich mich, ob nicht auch Sadismus ein ausschließlich beim Menschen anzutreffendes Merkmal ist.)

Primatologen haben ca. 40 verschiedene Verhaltensmuster gefunden, die kulturelle Unterschiede bei Schimpansen zeigen (Werkzeugverwendung, Pflegeverhalten, Werbeverhaltensmuster). Weibliche Orcas verbringen Jahre damit, ihrem Nachwuchs die „lokale“ Jagdmethode für die Jagd auf Seeelefanten zu zeigen. Forscher haben eine Liste mit fast zwanzig Verhaltensmustern bei Walen und Delfinen erstellt, die durch *lokale Traditionen* beeinflusst sind und *kulturelle Abweichungen* zeigen. Frans de Waal, ein Primatologe an der Emory University, erzählt, wie begeistert einige Kunstkritiker von einem

Gemälde waren, ihre Meinung jedoch änderten, als sie herausfanden, dass der Künstler ein Schimpanse war. Laut der angesehenen Zeitschrift SCIENCE berichten Forscher in Deutschland von einem Hund namens Rico, der ein Vokabular von ca. zweihundert Wörtern beherrscht und in der Lage ist herauszufinden, dass ein unbekanntes Wort sich auf ein unbekanntes Spielzeug bezieht. Rico folgert die Bezeichnung des unbekannten Spielzeugs durch Ausschluss und zeigt ein Lernverhalten, das dem junger Menschen ähnelt. Die Studie über Rico erinnerte mich an einen Artikel in QUARTERLY REVIEW OF BIOLOGY von 1928 über die sensorischen Fähigkeiten von Hunden, insbesondere des Rüden Fellow. Am besten gefiel mir an diesem Artikel die Meinung des Autors, dass „vieles, was der Durchschnittsmensch über seinen eigenen Hund und natürlich über Hunde im Allgemeinen *weiß*, dem Tierpsychologen nicht bekannt ist".

Am besten sollte man für alles offen bleiben. Nur weil Tiere etwas nicht tun, wenn wir sie unter bestimmten Versuchsbedingungen dazu auffordern, oder nur, weil wir nicht sehen, wie Tiere etwas tun, von dem wir aufgrund unserer Erwartungen ausgehen, dass sie es tun sollten, bedeutet nicht, dass sie unter anderen Bedingungen nicht sensationelle Dinge vollbringen können.

Zum Status als „Person" bei Mensch und Tier: Meine Mutter Beatrice und mein Hund Jethro

Dies ist eine persönliche Geschichte über meine Mutter, die viele Fragen aufwirft, mit denen ich mich in diesem Buch beschäftige. Die Frage nach dem Menschsein hat viele Philosophen, Rechtswissenschaftler und eine Handvoll Biologen beschäftigt. Sie betrifft Fragen praktischer und theoretischer Natur hinsichtlich der Art, wie wir Tiere sehen, und ihren moralischen und rechtlichen Status – sind sie Sachen, Eigentum oder Lebewesen? –, der häufig darüber entscheidet, wie wir Tiere behandeln. Die Diskussion über den Status von Tieren zwingt uns darüber nachzudenken, was uns *menschlich* macht. Die Erforschung tierischer Kognition und Emotionen ist der Schlüssel zu Fragen des Menschseins.

Als ich meine Eltern einmal besuchte, bat mich mein Vater: „Marc, kannst du Mutter bitte in die Küche rollen und für das Essen vorbereiten?" Ich antwortete: „Gerne, Vater", und nahm die kurze Strecke in Angriff. Doch die Reise brachte mich weit über die Grenzen meines Elternhauses hinaus. Es bleibt eine schwierige und vielschichtige Pilgerreise, für die es keine Reisepläne oder Generalproben gibt. Ich beobachtete mich dabei, wie ich Mutter beobachtete. Der Rollentausch war fesselnd; ich war zum Betreuer meiner Betreuerin geworden. Ich fragte mich: „Wo (und wer) ist die Person, die ich ‹Mama› genannt habe?“

Meine Mutter, Beatrice Rose, die ich innig liebte, verlor größtenteils ihre motorischen, kognitiven und physiologischen Fähigkeiten. Sie wusste nicht, wer ich war, und verlor sehr wahrscheinlich einen Teil ihrer Selbst- und Körperwahrnehmung. Sie wurde, wie die Rechtswissenschaftlerin Rebecca Dresser solche Menschen nennt, zu einer „Vermissten Person“. Kurz gesagt, meine Mutter verlor ihre Unabhängigkeit und besaß nur noch wenig Selbstbestimmung. Trotzdem gibt es keinen Zweifel, dass andere sie noch immer als Person ansahen, deren Bewusstsein und Seele sehr aktiv war und die ein Anrecht auf einen bestimmten moralischen und rechtlichen Status hatte. Und meiner Ansicht nach sollten sie das auch.

Im Allgemeinen gelten die folgenden Kriterien zur Bestimmung einer „Person“: die bewusste Wahrnehmung der eigenen Umgebung, die Fähigkeit, logisch zu denken und zu folgern, die Fähigkeit, Emotionen zu erleben, sich seiner selbst bewusst zu sein, die Anpassung an sich verändernde Situationen und die Ausführung kognitiver und intellektueller Aufgaben. Obschon viele Menschen die meisten, wenn auch möglicherweise nicht alle, dieser Kriterien erfüllen, gibt es Menschen, die dies nicht tun, beispielsweise Kleinkinder und hochgradig geistig behinderte Erwachsene. Doch auch sie werden zu Recht als Personen angesehen.

Wie steht es da um meinen verstorbenen Hund Jethro? Er war aktiv, konnte sich selbst füttern und pflegen und war sehr emotional. Jethro war so unabhängig, wie ein Hund nur sein kann. Trotzdem würden nur wenige Menschen ihn als Person bezeichnen. Diese Respektlosigkeit ist ein erstklassiges Beispiel dafür, was mit akademischen Überlegungen nicht stimmt! Delfine, Elefanten und Großaffen, um nur einige Tiere zu nennen, könnten mit Recht ebenfalls als „Personen“ bezeichnet werden.

Warum gibt es unterschiedliche Einstellungen bezüglich meiner Mutter und Jethro? Warum zögern einige Menschen, insbesondere in westlichen Kulturen, zum Beispiel Schimpansen, Gorillas, Delfinen, Elefanten, Wölfen und Hunden einen Status als Personen zuzugestehen, obschon diese die Kriterien für das Menschsein besser erfüllen als so manche Menschen? Vielleicht aus Angst. Viele Leute fürchten, dass die Aufwertung von Tieren die Vorstellung des Menschseins abwertet. Einige fürchten auch, dass Tiere als Personen den selben rechtlichen und moralischen Status wie Menschen hätten und uns somit gleichgestellt wären.

Einige mögen diese Überlegungen für haarsträubend halten, doch sie betreffen einige wichtige Punkte. Dass ich Jethro (und andere Tiere) so sehr liebe, wie ich es tue, bedeutet nicht, dass ich meine Mutter (oder andere Menschen) weniger liebe. Jethro und anderen Tieren den Status einer Person zuzugestehen und ihnen damit moralischen und rechtlichen Status zuzugestehen, setzt Menschen nicht herab und wertet deren moralischen und rechtlichen Status in keinster Weise ab.

Sicherlich ging Jethro anders durchs Leben als die meisten Menschen (und manch andere Hunde), doch das bedeutet nicht, dass er kein Leben hatte. Menschen variieren stark. Es gibt unzählige unterschiedliche Persönlichkeiten, doch der Begriff Person ist so weit gefasst, dass er diese wunderbare Vielseitigkeit umfasst und gebührend berücksichtigt.

Die Ausweitung der Definition des Menschseins auf Tiere wertet den Begriff des Menschseins nicht ab, sondern würde lediglich erfordern, dass Tiere mit angemessenem Respekt und Mitgefühl behandelt werden, dass ihr Interesse daran, nicht zu leiden, in gleichem Maße berücksichtigt wird, wie das der Menschen. Ich hoffe, Sie davon überzeugen zu können, dass es kaum einen Verlust bedeutet, wenn einige Tiere „Person" genannt werden, und dass das Gleiche für *alle* menschlichen Wesen gilt.

Verständnis und Würdigung der Welt von Tieren: Die Bedeutung von Neugier, Offenheit, Geduld und Beharrlichkeit

Was wir über Tiere lernen, kann ihr Wohlergehen und unser eigenes verbessern. Die gesammelten Informationen über ihre kognitiven Fähigkeiten, ihre Intelligenzstufe und ihr Gefühlsleben – ihre gefühlvolle Natur – lehrt uns, dass Individuen vieler Spezies keine Roboter oder Automaten, sondern denkende und fühlende Wesen sind. Wenn Tiere nur Maschinen wären, warum sollte uns ihr Verhalten faszinieren und warum sollten wir Bindungen zu ihnen aufbauen, wie wir es tun?

Neue Forschungen zeigen, wie faszinierend und komplex Tierverhalten sein kann. Tiere, denen kaum die Fähigkeit des Denkens zugetraut wurde, bewiesen erstaunliche kognitive Fähigkeiten. Wer hätte sich vorgestellt, dass Mäuse von den Labyrinthen träumen können, in denen sie am Tag herumgelaufen sind; dass Bonobos anderen Bonobos mitteilen können, wohin sie gehen, indem sie ihren Freunden Zeichen hinterlassen; dass Schimpansen bewusst ist, was andere Schimpansen wissen; dass Elefanten, ebenso wie Wale, über mehr als 100 Kilometer miteinander kommunizieren können; dass Honigbienen komplexe Unterscheidungsaufgaben lernen und gelernte Reaktionen für neue Stimuli generalisieren können oder dass ein Papagei lernen kann, anhand von Form, Farbe oder Beschaffenheit zwischen Objekten zu unterscheiden?

Es wurde auch entdeckt, dass einsame Schafe glücklicher sind und sich wohler fühlen, wenn ihnen Bilder verwandter Schafe oder von Freunden gezeigt werden. Carol Buckley, die Leiterin des Elefantenasyls in Tennessee, berichtete, dass die Elefantenkuh Sissy zwei Tage am Grab ihrer verstorbenen Freundin Tina stand und schließlich dort ihren Reifen hinterließ, den sie immer wie eine „Schmusedecke" mit sich herumgetragen hatte.

Fische weisen nicht nur komplexe Muster von Kultur und sozialer Kognition auf; neuere Forschungen haben gezeigt, dass Fische auf das Schmerzmittel Morphin reagieren und somit schmerzbedingte Verhaltensweisen nicht mehr als reine „Reflexe" bezeichnet werden können. Hausgeflügel kann die produzierte Spermamenge je nach der Promiskuität der weiblichen Tiere kontrollieren. Hühner können über 100 andere Hühner in ihrer Hackordnung wiedererkennen und sich an sie erinnern. Viele Individuen besitzen eine ausgeprägte Persönlichkeit und zeigen Eigenarten, genau wie wir Menschen. Es gibt extrovertierte, introvertierte, liebenswürdige Individuen und neurotische Tiere. Scheue Laborratten leben möglicherweise nicht so lange wie abenteuerlustigere Ratten. So wird etwa davon ausgegangen, dass der Stress des Lebens in einer Laborsituation bei Ratten zur vorzeitigen Alterung führt.

Darüber hinaus gibt es noch sehr viele weitere Fakten. Drei Jahre, nachdem Schimpansen eine Aufgabe durchgeführt hatten, bei der sie zählen mussten, erinnerten sie sich daran, wie man zählt, und eine Robbe zeigte, dass sie sich nach zwölf Jahren noch an das Konzept der „Gleichheit" erinnern konnte. Zwei Elefanten, Shirley und Jenni, erinnerten sich aneinander, als sie nach zwanzig Jahren zufällig wieder zusammengeführt wurden.

Einige Tiere besitzen möglicherweise Moral (siehe Teil III dieses Buches). Angesichts der linguistischen Fähigkeiten des Hundes Rico denke ich nicht, dass wir uns irren, wenn wir erwägen, dass Tiere ein Gefühl für „Gut und Böse" haben können. Warum denken wir, dass der Mensch der Maßstab dafür sein sollte, was richtig und was falsch ist, angesichts dessen, was wir mit Tieren, anderen Menschen und unserer Umwelt anstellen?

Die Liste neuer, faszinierender Entdeckungen scheint endlos. So scheinen Fische und Schlangen zum Beispiel mittels Blähungen zu kommunizieren. Welch gute und ökonomische Nutzung einer natürlichen Körperfunktion! Tiere sind nicht unempfänglich für seltene Naturereignisse. Bei in Gefangenschaft lebenden Mantelpavianen etwa wurde beobachtet, dass sie ihre Bewegung und ihr Drohverhalten während einer Sonnenfinsternis reduzierten. Brüllaffen zeigten eine Verringerung der Population um 42 % und ein erheblich gestörtes Sozialsystem, nachdem Hurrikan Iris im Oktober 2001 den von ihnen bewohnten Wald in Südbelize zerstörte.

Ich halte mich für einen Pluralisten – ich bin offen für alternative Ansichten und akzeptiere, dass es viele verschiedene Möglichkeiten zur Erforschung und Erklärung von Tierverhalten gibt. Wir benötigen solide wissenschaftliche Daten, Geschichten, Anekdoten, Mythen und Überlieferungen als Grundlage, um so viel wie möglich über Tierverhalten zu lernen. Ich glaube, dass die Erforschung und die Erklärungen für Verhaltensweisen von der Wissenschaft, der sozialen Verantwortung, Statistiken, Geschichten und Skepsis vorangetrieben werden. Harte wissenschaftliche Fakten erzählen nicht die einzig mögliche Geschichte, und meiner Ansicht nach ist es absolut in Ordnung, vorsichtig von uns Menschen auf andere Lebewesen zu schließen. In Teil I dieses Buches diskutiere ich den Vorwurf des *Anthropomorphismus*, der oft eingesetzt wird, um Studien zur Erforschung der „Seele" von Tieren zu dis-kreditieren. Natürlich sind detaillierte Beschreibungen von Verhaltensmustern, sorgfältige Beobachtungen und ethisch vertretbare Experimente, die den Tieren, für die wir uns interessieren, nicht schaden, wichtige Komponen-ten einer umfassenden Vorgehensweise zur Erforschung von Tierverhalten.

Eine Reihe meiner Essays zeigt, dass wir, wenn wir invasive Forschung betreiben, die von uns gestellten Fragen oft nicht beantworten können. Häufig sind die Tiere durch unsere bloße Anwesenheit gestresst, darum können wir ihre natürlichen Verhaltensmuster nicht studieren. Gemeinsam mit meinen Kollegen vertrete ich die Ansicht, dass dies das Hauptproblem ist, das erforscht und verstanden werden sollte, damit die von uns gesammelten Daten so vertrauenswürdig wie möglich werden, und die Fragen, für die wir uns interessieren, möglichst eindeutig beantwortet werden können.

Tiere können sensationelle Dinge und unglaubliche Meisterleistungen vollbringen, doch manchmal tun sie nicht, worum wir sie bitten. Sie haben ihre eigenen Ansichten und gelegentlich bringen sie diese offen zum Ausdruck. Ein Individuum ist möglicherweise nicht motiviert, etwas zu tun, weil es müde oder nicht hungrig oder durstig ist oder vielleicht einfach nur in Ruhe gelassen werden möchte. Möglicherweise sind uns die sensorischen Welten der Tiere fremd und wir bitten sie, auf Stimuli zu reagieren, für die sie nicht empfänglich sind – ein Ton, der außerhalb ihres Hörvermögens liegt, eine Farbe oder einen Geruch außerhalb ihres Wahrnehmungsvermögens.

Die sensorische Welt vieler Tiere unterscheidet sich sehr von Spezies zu Spezies und auch sehr von der unseren.

Menschen – Wissenschaftler und Nichtwissenschaftler gleichermaßen – versuchen oft, die Natur zusammenzufassen und Tierverhalten zu sterilisieren und zu vereinfachen oder es gleich aus dem Kontext der Natur zu reißen. Manchmal genügen einfache Antworten auf komplexe Fragen, manchmal jedoch nicht. Experten können im Widerspruch zueinander stehen, das ist gut für die Wissenschaft im Allgemeinen und insbesondere für die Erforschung des Tierverhaltens. Widersprüchliche Meinungen fördern weitere Forschungen durch neugierige Geister. Gerade wenn wir denken, dass wir alles wissen, was es zu wissen gibt, stellen wir fest, dass das nicht der Fall ist. „Ich weiß nicht" ist einer der besten Sätze, die ein Forscher von sich geben kann, da gerade das Eingeständnis, dass es noch ungelöste Rätsel gibt und Widersprüche bestehen, weitere Nachforschungen fördern wird. Die Dichterin und Gewinnerin des Pulitzerpreises Mary Oliver beschrieb es am besten in DAS GRAB: „Ein Hund kann dir nie sagen, was er durch die Gerüche über die Welt weiß, doch indem du ihn beobachtest, erkennst du, dass *du* fast gar nichts weißt."

Obschon es viele Verhaltensphänomene gibt, die uns gut bekannt sind – wir können sehr genaue und zuverlässige Vorhersagen machen, was ein Individuum in einer bestimmten Situation wahrscheinlich tun wird – , gibt es einige Bereiche, über die wir fast nichts wissen. Das Bewusstsein von Tieren ist Privatsache (ebenso wie das menschliche), und die sensorischen Fähigkeiten von Tieren unterscheiden sich oft stark von unseren und denen anderer Tiere. Selbst wenn wir möglicherweise, aus akademischer Sicht, viel über die Physiologie und Anatomie der Nase eines Hundes oder die Ohren einer Fledermaus wissen, können wir trotzdem nicht mit Sicherheit – aufgrund von Erfahrung – sagen, wie es ist, ein Hund oder eine Fledermaus zu sein. Wäre es nicht nett, für eine Weile ein Hund, eine Fledermaus oder eine Termite zu sein?

Wenn wir mit Spiegeln das Konzept der Selbsterkenntnis bei Tieren erforschen, ist es möglich, dass die Verwendung eines Spiegels diese Fähigkeit gar nicht nachweist. Selbst wenn wir Daten sammeln, die suggerieren, dass Hunde kein so hohes Maß an Selbsterkenntnis wie Schimpansen haben, weil Hunde, anders als Schimpansen, beim Anblick ihres Spiegelbildes nicht mit auf sich gerichteten Bewegungen reagieren, ist es trotzdem möglich, dass Hunde ein hohes Maß an Selbsterkenntnis entwickeln können.

Vielleicht würde die Beurteilung der Reaktion von Hunden auf verschiedene Gerüche statt auf Spiegelbilder zu ganz anderen Ergebnissen führen. Meine eigene Studie zur Reaktion eines Hundes auf seinen eigenen „gelben Schnee" und den anderer Hunde, lässt darauf schließen, dass das der Fall ist.

Wir müssen berücksichtigen, dass Tiere ihre Welt mit unterschiedlichen sensorischen Fähigkeiten wahrnehmen, und dass die einzelnen Sinne mehr oder weniger wichtig für sie sind.

Ungezügelte Neugier, gepaart mit Klugheit, Kreativität und Geduld, ist eine wertvolle Eigenschaft bei der Erforschung von Tierverhalten. Ich erinnere mich gut, wie viele Stunden ich in der Kälte in Gesellschaft von 250.000 Adeliepinguinen der Cape-Crozier-Kolonie in der Antarktis verbracht und nur darauf gewartet habe, dass sie irgendetwas anderes tun, außer Steine aus fremden Nestern zu stehlen, zu schlafen oder mich anzustarren, um herauszufinden, wer ich bin (ein neugieriger Beobachter oder ein neues Landraubtier?). Ich erinnere mich auch, dass ich einschlief, während ich darauf wartete, dass ein Kojote aufwachen und sich anderen Rudelmitgliedern anschließen würde, die beschlossen hatten, in ein anderes Jagdgebiet zu ziehen.

Geduld ist auch bei der Datenanalyse nötig. Videos immer wieder anzusehen und die notwendigen Statistikanalysen durchzuführen, stellt die Geduld auf eine harte Probe, doch diese Tätigkeiten sind genauso wichtig und aufregend wie das Sammeln verlässlicher Daten. (Möglicherweise machen sie nicht genauso viel Spaß, doch sie sind wichtig.) Geben Sie eine Idee nicht auf, nur weil andere denken, dass Sie falsch liegen. Manchmal verrennen Sie sich vielleicht, aber manchmal auch nicht. Seien Sie geduldig und analysieren Sie die Argumente von Unterstützern und Kritikern gleichermaßen. Wenn William Hamilton III. nicht hartnäckig an seinen revolutionären Ideen zur Entwicklung des Sozialverhaltens durch Verwandtschaftsselektion festgehalten hätte, wäre das ein großer Verlust für die Tierverhaltensforschung gewesen. Hätte Jane Goodall nicht darauf bestanden, den von ihr am Gombe-Fluss in Tansania studierten Schimpansen Namen zu geben, hätten wir erst viel später erkannt, dass Individuen unterschiedliche Persönlichkeiten haben. Goodall war auch die erste, die feststellte, dass Schimpansen Grashalme benutzen, um Termiten aus ihren Höhlen zu angeln, doch viele andere Forscher glaubten ihr nicht, bis sie ihnen ein Video davon zeigte. Hätte ich die Erforschung des Sozialspiels aufgegeben, wie einige meiner Kollegen es mir in meiner Studienzeit vorgeschlagen haben, hätte ich in den nächsten fünfundzwanzig Jahren nie die wichtigen Verbindungen zwischen Sozialspiel und der Entwicklung von Fairness, Vertrauen und Moral entdeckt. Jahre detaillierter Videoanalyse (die einige Studenten in den Wahnsinn trieb), Diskussionen mit Kollegen verschiedener Disziplinen und der Glaube, dass ich etwas Wichtigem auf der Spur war, hielten mich bei der Stange. Stellen Sie sich vor, Charles Darwin hätte seinen Kritikern nachgegeben, als er über seine Theorie der natürlichen Auslese schrieb!

Ich betone in meinem Unterricht etwas, das ich für wirklich wichtig halte: „*handelt* nicht" bedeutet nicht „*kann* nicht". Nur weil ein Tier eine bestimmte Aufgabe nicht durchführt, bedeutet das nicht, dass es sie nicht durchführen kann. Ein Wolf entscheidet sich vielleicht dagegen, einen Elch zu jagen, doch das bedeutet nicht, dass er es nicht kann. Eine Wanderdrossel lernt möglicherweise nicht, Freund von Feind zu unterscheiden, doch das bedeutet nicht, dass sie es nicht kann. Wir müssen herausfinden, warum das so ist, warum Individuen oft die Entscheidungen treffen, die sie treffen – und eine dieser Entscheidungen ist die Entscheidung, etwas nicht zu tun. Etwas nicht zu tun, bedeutet, etwas zu tun. Keine Entscheidung zu treffen, ist bereits eine Entscheidung.

Wie Donna Haraway in ihrem Buch THE COMPANION SPECIES MANIFESTO bemerkt: „Um Biologie glaubwürdig zu betreiben, muss der Biologe eine Geschichte erzählen, muss die Fakten sammeln, den Hunger nach Wahrheit haben und eine Lieblingstheorie aufgeben können, wenn Fakten sich als falsch erwiesen haben. Der Biologe muss auch den Mut haben, für eine Geschichte durch dick und dünn zu gehen, gegensätzliche Ansichten aushalten und mit ihren Widersprüchen leben, wenn sie auf eine Wahrheit über das Leben trifft." Ich stimme ihren Ansichten hier zu.

Es ist mir wichtig, hier noch einmal anzumerken, dass es reichlich Beweise gibt, dass Mitgefühl wiederum Mitgefühl erzeugt und Grausamkeit Grausamkeit hervorbringt. Es besteht ein enger Zusammenhang zwischen Tierquälerei und Grausamkeit gegenüber Menschen. Verständnis und Wertschätzung für Tiere zu entwickeln, ist der erste Schritt dazu, diese Welt mitfühlender zu machen. Ein praktischer Vorteil der Wertschätzung für Tiere besteht außerdem darin, dass ein Sinneswandel zur Schwächung des Widerstands gegen die Erhaltung wichtiger Lebensräume für viele gefährdete Tierarten führen könnte, deren Fortbestand auf dieser Erde ernsthaft gefährdet ist. Der Verlust von Lebensräumen wird von den meisten Erhaltungsbiologen als größte Bedrohung für die Artenvielfalt von Pflanzen und Tieren angesehen. Unsere Fürsorge könnte hier zur gemeinsamen Nutzung führen.

Eine kurze Leseanleitung zu diesem Buch

TUGEND UND LEIDENSCHAFT IM TIERREICH richtet sich gleichermaßen an eine akademische wie eine nichtakademische Leserschaft. Wie in meinen anderen Büchern habe ich versucht, keine Kompromisse in Bezug auf solide Wissenschaft einzugehen, um die Hauptinformationen einer breiten Leserschaft zugänglich zu machen. TUGEND UND LEIDENSCHAFT IM TIERREICH ist auch ein hochgradig interdisziplinäres Buch, das Biologen, Psychologen, Anthropologen, Soziologen, Philosophen, Theologen, Juristen und die allgemeine Öffentlichkeit anspricht. Ich arbeite regelmäßig nicht nur mit anderen Biologen, sondern auch mit Philosophen, Theologen und religiösen Führern zusammen, die sich für Tierverhalten interessieren, normalerweise mit dem Schwerpunkt auf den Bereichen tierische Kognition, Intelligenz, Emotionen und Moral (Kooperation, Fairness, Vertrauen und Vergebung). Außerdem gibt es, obwohl viele der Essays meine Ansichten wiedergeben, auch eine Reihe von Anmerkungen zu diesen Themen aus einer Vielzahl anderer Perspektiven.

Dieses Buch ist nicht das Ergebnis dessen, was manche „Freizeitethologie" nennen würden, sondern eine Mischung aus Naturwissenschaft (datenorientiert, reich an Statistik, experimentell) und Geisteswissenschaft (anekdotengeladen, beschreibend, nichtexperimentell), und zeigt, dass Geisteswissenschaften eine Notwendigkeit bei der Erforschung von Tieren sind. Bei einigen für Fachzeitschriften verfassten Essays habe ich den kurzen Ergebnisabschnitt beibehalten, da einige Leser sich für die Zahlen interessieren werden. Andere können ihn einfach überspringen und direkt zu den Haupterkenntnissen der jeweiligen Studie gehen. Die Vorüberlegungen zu jedem Teil des Buches fassen die in dem jeweiligen Teil enthaltenen Essays zusammen, geben einen Überblick über die geschichtliche Entwicklung der vorgestellten Konzepte und erstrecken sich auf jene Ideen, die den Abschnitt abrunden.

Auf vielerlei Art bildet das vorliegende Buch ein Gesamtbild von den Tieren, der Kultur und der Gesellschaft. Es gibt allgemeine Überlegungen zu Themen wie Bewusstsein, Selbst, Emotionen und Empathie sowie eine Erörterung des Sozialverhaltens von Haushunden, Kojoten und Wölfen. Ich berücksichtige auch die wesentlichen Details des Sozialspielverhaltens – was Tiere tun, wenn sie spielen – das nach Jahrzehnten der Erforschung des Spiels zu meiner Theorie der *tierischen Gerechtigkeit* geführt hat. Ich erörtere außerdem einige Aspekte der Beziehungen zwischen Menschen und Tieren (die „menschliche Dimension") und die Ethik von Wechselbeziehungen zwischen Menschen und Tieren. Die enge Zusammenarbeit mit einer Reihe von Kollegen aus den Bereichen Tierverhalten, Philosophie und Theologie führte zu einer umfassenderen Perspektive. Ich habe gelernt, über den Tellerrand der Biologie hinauszusehen, doch einige dieser Querdenkerideen haben sich erst nach jahrelangen Diskussionen und Debatten durchgesetzt.

Obwohl jeder Abschnitt eine gemeinsame Perspektive besitzt, sind einige Essays zeitgebunden, daher bestehen einige Widersprüchlichkeiten in Ton, Stil und Inhalt. Ich habe nicht versucht, alle meine Gedanken mit meinen derzeitigen Ansichten in Einklang zu bringen oder alle Widersprüchlichkeiten auszuräumen. Möglicherweise scheinen hier und da Unwissenheit und Engstirnigkeit aus den Anfängen meiner Laufbahn durch (und bestehen vielleicht sogar fort). Zur Fehlerbehebung und Aktualisierung von Quellenangaben habe ich kleinere Änderungen an einigen der Essays vorgenommen.

TUGEND UND LEIDENSCHAFT IM TIERREICH zeigt daher auch, wie Wissenschaft funktioniert. Sie ist weder wertfrei noch perfekt, und es ist unsere Unvollkommenheit, die uns dazu treibt, die Welt, in der wir leben, zu erforschen. Ich vertrete die Ansicht, dass die Identifikation grundlegender Muster und die Dynamik, aus der heraus sie in gründlicherer Forschung auftauchen, vielen Kollegen und Nichtwissenschaftlern als Beispiel für die Nützlichkeit einer langjährigen Forscherkarriere dienen kann. In ihr kamen faszinierende Ideen auf, die dann weiterentwickelt, in andere integriert oder frustriert aufgegeben wurden, nur um später wieder aufgegriffen zu werden.

In der Einleitung und dem Nachwort des vorliegenden Buches stelle ich eine Vielzahl von Ideen vor, die für meine Forschung bedeutend waren, von denen viele über drei Jahrzehnte in mir gereift sind. Der rote Faden meines Denkens und Fühlens, der sich auch durch meine Forschung zieht, war nicht immer offensichtlich, doch die Zusammenstellung der Essays für das vorliegende Buch hat mir sehr geholfen, vieles von dem zu ergründen, was in meinem Kopf und meinem Herzen in den letzten dreißig Jahren vorgegangen ist. In vielerlei Hinsicht führte mich vieles an meiner Arbeit, manchmal direkt und manchmal indirekt, zu meinem Interesse an der Ethik – wie wir Tiere behandeln, wie sie einander behandeln – und der Unausgewogenheit der Wechselbeziehungen zwischen Menschen und Tieren, bei denen arrogante Anthropozentrik fast immer die Sicht des Tieres und seinen Platz in der Welt ausblendet.

In Teil I, Emotionen, Kognition und tierisches Selbst, erörtere ich verschiedene Aspekte der tierischen Kognition und die Disziplin der *kognitiven Verhaltensforschung*. Des Weiteren präsentiere ich Material, das sich mit Begriffen wie *Anthropomorphismus*, tierische *Emotionen*, *Selbsterkenntnis* und *Empathie* befasst; heiß diskutierte Themen unter Forschern wie Nichtforschern.

In Teil II, Das Sozialverhalten von Hunden und Kojoten, präsentiere ich Essays zu verschiedensten Aspekten des Verhaltens von Hunden und Kojoten – einschließlich Überlegungen zur *Sozialstruktur* und *Verhaltensökologie*, sozialen *Kommunikation* und der *Verhaltensbiologie* von wild lebenden Hunden – welche die Bedeutung *vergleichender Verhaltensforschung* und vergleichender Verhaltensökologie hervorheben.

In Teil III, Sozialspiel, soziale Entwicklung und soziale Kommunikation, erörtere ich die Entwicklung der sozialen Kooperation, von Fairness, Vergebung und Moral im Kontext dessen, was Tiere tun, wenn sie am Anfang ihres Lebens miteinander spielen und aufeinander reagieren. Der Terminus „*tierische Gerechtigkeit*" wird eingeführt. Er bezieht sich auf die Entwicklung sozialer Regeln für Interaktionen, Fairness und Vergebung.

In Teil IV, Die menschliche Dimension, wird der *menschliche* Einfluss auf das Leben von Tieren diskutiert.

Die Aufsätze in Teil V, Ethik, Mitgefühl, Arterhaltung und Aktivismus, handeln von der Art, wie Menschen Tiere für ihre Zwecke gebrauchen und in die Natur eindringen und sie umgestalten. In diesem Abschnitt erörtere ich auch wissenschaftstheoretische Themen, Fragen nach der sozialen *Verantwortung* und dem Aktivismus, die mich zwingen, den akademischen Elfenbeinturm zu verlassen. Ich bin der Meinung, dass Akademiker, wenn etwas sie so bewegt, ihrem Kopf und ihrem Herzen folgen und offen ihre Meinung sagen müssen, da das Schicksal vieler Tiere erheblich von der menschlichen Einstellung ihnen gegenüber abhängt und weniger davon, wie gut wir ihr Sozialverhalten und andere Gewohnheiten kennen.

Mein Nachwort vereinigt meine derzeitigen Gedanken und Gefühle und zeigt, worauf ich mich zukünftig konzentrieren werde. Es versammelt die Themen des vorliegenden Buches – tierische Kognition, tierische Emotionen, Sozialspiel und die Entwicklung von Moral und tierischer Gerechtigkeit, Kooperation und Vergebung sowie allgemein die Einwirkung des Menschen auf die Natur. Der ursprüngliche Entwurf entstand für eine von Seiner

Heiligkeit dem Dalai Lama in Graz einberufenen Veranstaltung im Rahmen seiner Kalachakra für den Weltfrieden 2002, die sich mit der Weisheit der Natur beschäftigte.

Wie ich selbst wissen auch viele meiner Kollegen sehr gut, wie schwierig, langwierig und frustrierend es sein kann, die einfache Frage zu beantworten: „Wie ist es, ein Hund, eine Katze, ein Schimpanse, eine Drossel oder eine Ameise zu sein?“ Die Herausforderung besteht darin, Schicht für Schicht die Komplexität abzutragen, doch die uns erwartenden Geheimnisse treiben uns an. So wird es auch Ihnen ergehen.

Die meisten meiner Essays im vorliegenden Buch werfen mehr Fragen auf, als sie beantworten. Meiner Ansicht nach ist das gut so, da das Interesse an Tierverhalten gar nicht groß genug sein kann. Dieses Interesse wird dadurch entfacht, dass wir nicht nur beachten, wie viel wir wissen, sondern auch wie viel wir nicht wissen. Wie ist es also, ein Hund, eine Fledermaus, eine Gottesanbeterin oder ein Octopus zu sein? Weder ich noch sonst jemand kann Ihnen das mit hundertprozentiger Sicherheit sagen, doch ich hoffe, Sie bekommen ein gutes Gefühl für die Tierverhaltensforschung und dafür, wie faszinierend und geheimnisvoll der Verstand und das Leben von Tieren ist.

Danksagung

Viele Menschen und Tiere haben mein Leben beeinflusst, so viele, dass ich nicht alle aufzählen kann. Meine Eltern waren immer für mich da, tolerierten alle meine Entscheidungen und machten immer klar, dass sie mich dafür liebten, wer ich bin, und nicht dafür, was ich tue. Ich bin allen meinen Studenten und anderen dankbar, die mit mir in einer Vielzahl von Forschungssituationen zusammengearbeitet haben. *Janet Francendese* und *Clint Sanders* haben mich sehr bei dieser Buchproduktion unterstützt, und ich bin ihnen ewig für ihre Hilfe dankbar. *Bobbe Needham* war ein großartiger Lektor. *Colin Allen* und *Dale Jamieson* sind gute Freunde, und ich arbeite noch immer an verschiedenen Projekten mit ihnen zusammen. Colin und Dale haben mir die Augen über die Bedeutung der kognitiven Verhaltensforschung in akademischen und praktischen Bereichen geöffnet, und ihr Einfluss auf meine Arbeit und andere Aspekte meines Lebens ist unermesslich. *Jane Goodall* hatte ebenfalls einen großen Einfluss auf meine Denkweise über Tierverhalten und das Leben im Allgemeinen, und ich schätze ihre Freundschaft und ihre Unterstützung sehr. Außerdem hat meine beste Freundin, *Jan Nystrom*, mir in vielfältiger Weise geholfen. Jans kritische Überarbeitung, ihre unerschütterliche Unterstützung, ihr warmes Lächeln und ihre Leichtigkeit weiß ich aus tiefstem Herzen zu schätzen.

Teil I

Emotionen, Kognition und tierisches Selbst:

„Wow! Das bin ich!“

Vorbemerkung

Einer der umstrittensten Bereiche der Tierverhaltensforschung ist die Erforschung des tierischen Gehirns – seiner Beschaffenheit und seines Inhalts. Forscher vieler Disziplinen fragen sich z.B. „Wie ist es, ein bestimmtes Tier zu sein?", „Wie ist es, dieses Tier zu sein?" und „Was wissen Tiere über sich selbst, über andere und über ihre Umwelt?"

Dieser Teil des Buches, Emotionen, Kognition und tierisches Selbst, behandelt zuerst die Emotionen, weil ein weit verbreitetes Interesse daran besteht, was Tiere fühlen und wie sie ihre Gefühle ausdrücken. Für das Verständnis, warum zahllose Menschen enge Bindungen zu Tieren aufbauen können und weshalb wir uns überhaupt damit beschäftigen, wie Tiere behandelt werden, ist es wichtiger zu erkennen, was sie *fühlen*, als was sie *wissen*.

Die vier Essays in diesem Teil spiegeln mein langjähriges Interesse am Bewusstsein von Tieren wider und bieten eine umfassende und interdisziplinäre Übersicht über die wichtigsten wissenschaftlichen Fragen der *kognitiven Verhaltensforschung*. Darunter versteht man die vergleichende, evolutionäre und ökologische Erforschung des Bewusstseins von Tieren und schließt die Begriffe der Denkprozesse, der Anschauungen, der Rationalität, der Informationsverarbeitung und der Selbstreflektion mit ein. Diese Essays bauen thematisch aufeinander auf, obwohl sie nicht in der Reihenfolge ihrer Entstehung angeordnet sind. Ich präsentiere außerdem Material, dass sich auf die Verwendung dessen konzentriert, was ich die beiden A-Wörter nenne, nämlich den *Anthropomorphismus* (im Grunde bezeichnet dies, Tieren menschliche Eigenschaften zuzuweisen) und die *Anekdoten* zur Erklärung des Bewusstseins, der Emotionen, des Selbstbewusstseins und der Empathie von Tieren. Das alles sind kontrovers diskutierte Themen unter Wissenschaftlern und Nichtwissenschaftlern.

Beim erneuten Lesen dieser Essays stelle ich fest, dass die meisten der darin vorgestellten Ideen (wenn nicht gar alle) für Jahrzehnte in meinem Geist und meinem Herzen präsent waren. Sie tauchen ab Mitte der 1970er in einigen meiner Essays auf; zu jener Zeit, als ich ernsthaft über die Art und Weise nachzudenken begann, wie Hunde, Kojoten und Füchse ihre Absicht mitteilen, ein Sozialspiel zu beginnen (siehe auch Teil III dieses Buches). Ich hatte jedoch noch nicht mit den Philosophen Dale Jamieson und Colin Allen zusammen gearbeitet, daher war meine Argumentation in einigen Bereichen nicht besonders klar oder schlüssig. Als ich Dale traf, war ich bereit für einen umfassenden und tiefgehenden interdisziplinären Meinungsaustausch über tierische Kognition, Emotionen von Tieren und Geistesphilosophie und darüber, wie das Bewusstsein das individuelle Wohlbefinden beeinflussen kann. Dale und ich fanden unsere gemeinsame Arbeit so anregend, dass wir die Grundzüge unseres zweibändigen Werks INTERPRETATION AND EXPLANATION IN THE STUDY OF ANIMAL BEHAVIOR bei einem Mittagessen auf einem Parkplatz entwarfen. Einen Großteil unserer Arbeit verrichteten wir, während wir Margaritas tranken und auf langen Wanderungen mit unseren Hunden Grete und Jethro, die unsere Überlegungen scheinbar langweilig fanden, denen wir jedoch trotzdem diese Bücher widmeten.

Was ich besonders interessant und wichtig finde, ist, wie meine eigenen und die Vorstellungen anderer sich über die Jahre geändert haben. Dies erfolgte aufgrund (1) der Ansammlung von Vergleichsdaten für unterschiedliche Organismen, denen viele meiner Kollegen extrem ungern Bewusstsein zusprechen würden, (2) der weit verbreiteten Akzeptanz der Unausweichlichkeit der Vermenschlichung und (3) der Beeinflussung der Theorie durch philosophische Diskurse, gesunden Menschenverstand sowie volkstümliche und psychologische Erklärungen.

Die A-Wörter: Anekdoten und Anthropomorphismus

Keines dieser A-Wörter wird später noch explizit erörtert, daher möchte ich kurz erklären, warum *Anekdoten* und *Anthropomorphismus* häufig genutzt werden, um das Feld der kognitiven Verhaltensforschung zu diskreditieren.

Es gibt viele verschiedene Möglichkeiten zu beschreiben, was Tiere tun. Wie jemand zusammenfasst, was Tiere sehen, hören oder riechen, hängt von den Fragen ab, für die sich derjenige interessiert. Es gibt mehr als eine korrekte Art zu beschreiben oder zu erklären, was Tiere tun oder fühlen.

Anekdoten oder Geschichten prägen die Sicht der Menschen auf Tiere. Einige meiner Kollegen mögen keine Anekdoten oder ignorieren sie, da diese „lediglich Geschichten" mit geringer oder gar ohne jegliche Substanz sind; es sind keine harten Fakten. Obwohl ein Großteil unserer Theorie über die

Entwicklung des Verhaltens auf mehr oder weniger guten Geschichten beruht, haben nur wenige Menschen Einwände gegen die Abhängigkeit von Anekdoten; vielleicht weil die zu Grunde liegende, alle einigende Theorie der *natürlichen Auslese* allgemein akzeptiert wird.

Anekdoten sind wichtig für die Erforschung des Verhaltens, da sie viel zur Wissenschaft beitragen. Durch die Sammlung immer weiterer Geschichten über gezeigtes Verhalten entwickeln wir eine solide Datenbank, die verwendet werden kann, um weitere empirische Forschungen anzustoßen und, ja, weitere Geschichten zu hören.

Der Plural von Anekdote lautet Daten. Stephen J. Gould betont in seinem Vorwort zum Buch THE SMILE OF A DOLPHIN die Bedeutung von Fallstudien für die Wissenschaft. Anekdoten, ähnlich wie der Anthropomorphismus, können dazu dienen, die Wissenschaft zu verbessern, wenn wir sorgfältig berücksichtigen, *wie* wir sie verwenden.

Biozentrischer Anthropomorphismus: Die behutsame Vermenschlichung von Tieren

1908 schrieb die Professorin Margaret Washburn: „Wir müssen eingestehen, dass alle psychischen Interpretationen tierischen Verhaltens auf der Analogie menschlicher Erfahrungen beruhen (...). Ob wir wollen oder nicht, wir sind unausweichlich anthropomorphisch, wenn wir eine Vorstellung davon entwickeln, was im Gehirn eines Tieres vorgeht."

Zwei Jahre zuvor schrieb der Naturalist William J. Long in seinem wunderbaren Buch BRIER-PATCH PHILOSOPHY BY „PETER RABBIT": „Es ist daher möglich, dass der einfache Mann, der naturnah lebt und dessen Sprache von beständigen menschlichen Begriffen geprägt ist, die Wahrheit über das Leben von Tieren besser erfasst als der Psychologe, der in einer Bibliothek lebt und heute eine Sprache spricht, die morgen vergessen sein wird."

Leider haben viele Forscher ignoriert, was so offensichtlich ist – wir sind Menschen und haben daher eine menschliche Sicht auf die Welt. Die Art, wie wir das Verhalten von Tieren beschreiben und erklären, ist durch die Sprache beschränkt, die wir verwenden. Durch *Anthropomorphismus* verschaffen wir uns und anderen Menschen Zugang zur Welt der Tiere. Der Anthropomorphismus ermöglicht es uns, die Emotionen oder Gefühle von Tieren leichter zu verstehen und zu erklären. Doch das bedeutet nicht, dass Tiere auf die gleiche Weise glücklich oder traurig sind wie wir Menschen (ja, nicht einmal wie andere Individuen derselben Spezies). Natürlich kann ich nicht absolut sicher sein, ob Jethro glücklich, unglücklich, verärgert, traurig oder verliebt war, doch mit diesen Worten kann erklärt werden, was er empfunden haben mag.

Einige Menschen argumentieren, dass Anthropomorphismus nutzlos und falsch sei. Der Psychologe und Verhaltensforscher Clive Wynne glaubt, dass anthropomorphische Erklärungen äußerst ungenau sind, aber das ist eigentlich eine empirische Frage. Er belegt dies nicht wissenschaftlich. Seine Ansicht ist typisch für diejenigen, die reduktionistische Reiz-Reaktions-Erklärungen gegenüber anderen Erklärungsversuchen bevorzugen, die sich der Begriffe *Bewusstsein*, *Absichten* und *Ansichten* bedienen (d.h. die Überzeugung vertreten, dass wir Recht haben und die anderen falsch liegen). Viele, die mechanistische Erklärungen bevorzugen, haben nicht viel Zeit damit zugebracht, Tiere in freier Wildbahn zu beobachten.

Sicherlich ist keines der Erklärungsmodelle angesichts der Komplexität und der Flexibilität von Verhalten immer korrekt. Wichtiger ist jedoch, dass Wynne und andere die Tatsache ignorieren, dass die Verwendung und Genauigkeit der verschiedenen Erklärungsweisen nicht empirisch untersucht wurden. Daher wissen wir eigentlich nicht, ob seine Erklärungsmethode zu einem besseren Verständnis von und besseren Vorhersagen über das Verhalten führen, als die von ihm abgelehnten Erklärungsmethoden. Bis genaue Daten vorliegen, sollten daher Aussagen darüber, welche Erklärungsweise besser ist, nur mit Vorsicht geäußert werden. Es ist nicht sehr wissenschaftlich, angesichts mangelnder Beweisdaten eine einseitige Arbeitsweise vorzuziehen.

Um die Verwendung von Anthropomorphismus und von Anekdoten für Kritiker akzeptabler zu machen, schlägt Gordon Burghardt den Begriff des *kritischen Anthropomorphismus* vor, bei dem verschiedene Informationsquellen zur Findung von Ideen herangezogen werden, die für zukünftige Forschungen nützlich sein könnten. Diese Quellen umfassen die Naturgeschichte, die Wahrnehmungen von Individuen, die Intuition, die Gefühle, die sorgfältige Beschreibung von Verhalten, die Identifizierung mit dem Tier sowie verschiedene Optimierungsmodelle und Vorgängerstudien.

Um den Widerstand gegen diese Art des Anthropomorphismus zu überwinden, folgte ich Burghardts Beispiel und bot den Begriff des *biozentrischen Anthropomorphismus* an, um zu betonen, dass wir tatsächlich zuverlässige Erklärungen zu Phänomenen wie Schmerzen, Leiden und Verhalten geben können, ohne zu vergessen, wer und wie Tiere in ihrer eigenen Welt sind. Ich argumentierte auch, dass es unvermeidlich ist, anthropomorphisch zu sein, weil wir auf die menschliche Sprache und auf menschliche Erfahrungen zurückgreifen müssen, um tierisches Verhalten und die Gefühle von Tieren sinnvoll beschreiben und erklären zu können.

Das Verhalten und die Emotionen von Tieren lediglich unter Bezugnahme auf das Abfeuern von Neuronen oder Muskelbewegungen zu beschreiben, lässt den sozialen Kontext und die sonstigen Umwelteinflüsse außer Acht. Diese sind jedoch von entscheidender Bedeutung, um herauszufinden, warum Tiere tun, was sie tun, und was sie (wahrscheinlich) dabei empfinden.

So habe ich z.B. den Eindruck, dass verschiedene Verhaltensmuster (wie etwa: zusammenkauern, verstecken, erschlaffen, sich ducken, zittern, wegrennen oder vermeiden bestimmter Situationen, geschlossene Augen, Gangart, Haltung, urinieren, koten, ausscheiden von Drüsensekreten, Veränderung der Atmung und des Herzschlags, um nur einige zu nennen) im Zusammenhang mit Veränderungen bei physiologischen Messungen den Schluss zulassen, dass Tiere in vielen Situationen, denen sie absichtlich von Menschen ausgesetzt werden, leiden und Schmerzen empfinden.

Einige Wissenschaftler sind außerhalb ihrer Laboratorien offen anthropomorphistisch. Bernard Rollin weist darauf hin, dass einige Forscher beispielsweise ihren Haustieren ohne Unbehagen menschliche Eigenschaften zuweisen. Sie erzählen Geschichten darüber, wie glücklich ihr Hund Bello ist, wenn sie nach Hause kommen, wie traurig er aussieht, wenn sie ihn zu Hause lassen oder ihm seinen Kauknochen wegnehmen, wie Bello seine Freunde vermisst oder wie schlau Bello ist, wenn es darum geht herauszufinden, wie er eine geschlossene Tür öffnen oder um ein Hindernis herumgehen kann. Wenn die gleichen Wissenschaftler jedoch ihre Laboratorien betreten, werden Hunde (und andere Tiere) zu Objekten, und Gespräche über ihr Gefühlsleben und darüber, wie intelligent sie sind, sind tabu. Eine mögliche Erklärung für dieses Phänomen ist, dass diese Hunde einer Vielzahl von Behandlungen ausgesetzt werden, die man seinem eigenen Haustier nicht oder nur sehr ungern antun würde.

Ich frage mich auch, warum einige Menschen nicht realisieren, dass die Nahrungsmittel, die sie genießen, die Kleidung, die sie tragen, oder die Zirkusnummern, an denen sie sich erfreuen, empfindungsfähige Lebewesen betreffen, die für unser Vergnügen immens gelitten haben. Warum sind diese Erkenntnisse so schwierig? Ich schätze, weil es schwer ist zuzugeben, dass sie Teil haben an Formen von Tierquälerei; und das ist kein schöner Gedanke.

Ich höre häufig „Oh, das wusste ich nicht!“ von Leuten, die es eigentlich besser wissen sollten. Die Distanz ist dabei sicherlich auch ein Faktor, da sehr viel Tierquälerei abseits des täglichen Lebens der Menschen erfolgt und wenige Menschen, die Tiere verzehren oder anderweitig nutzen, die Quälerei aus nächster Nähe erleben. Frans de Waal prägte in seinem Buch DER AFFE UND DER SUSHIMEISTER den Begriff *Anthroponegation*, eine Sichtweise, bei der eine klare Trennung zwischen Menschen und Tieren vorgeschlagen wird. Hier werden Unterschiede statt Ähnlichkeiten oder evolutionäre Kontinuität betont.

Die Verwendung einer zwangsläufig anthropomorphistischen Sprache zwingt uns nicht, die Sichtweise des Tieres unberücksichtigt zu lassen. Anthropomorphismus bietet uns vielmehr einen Zugang zum Verhalten und zu den Emotionen von Tieren. Ich glaube, dass sich *biozentrischer Anthropomorphismus* und exakte Wissenschaft nicht gegenseitig ausschließen. Dieser Anthropomorphismus hilft uns, das Verhalten, die Gedanken und Gefühle von Tieren zu verstehen, mit denen wir eine bestimmte *Erfahrung* teilen.

Die Erforschung tierischer Emotionen: Kennenlernen, Schätzen und Respektieren tierischer Gefühlswelten

Im ersten Essay, DAS GEFÜHLSLEBEN DER TIERE, das die Allgemeinheit anspricht, wird die Natur tierischer Emotionen erwogen; ein Thema vieler meiner Aufsätze und entsprechender Sekundärliteratur. Dieser Forschungsbereich lässt einige meiner Kollegen ungehalten reagieren, wohingegen die meisten Nichtwissenschaftler die Vorstellung bereitwillig akzeptieren, dass viele Tiere zahlreiche tiefgehende Emotionen haben. Diese Menschen sind bereit, ihren gesunden Menschenverstand einzusetzen und führen häufig und unbewusst die Argumente der evolutionären Kontinuität an, die ihre Ansichten und Argumente zur Natur tierischer Emotionen prägt. Selbst angesehene Wissenschaftler reden hier ungezwungen. Frans de Waal wurde in der New York Times folgendermaßen zitiert: „Manchmal lese ich über jemanden, der sehr souverän behauptet, dass Tiere keine Absichten und keine Gefühle haben, und frage mich: Hat der Typ keinen Hund?“

Stephen Jay Gould merkt an, dass Streit über das Thema „tierische Emotionen“ herrscht. Die meisten Menschen, die mit Tieren vertraut sind, einschließlich vieler Forscher, glauben (einige würden sagen, sie „wissen“), dass viele Tiere ein tiefgehendes Gefühlsleben haben, doch dass es schwierig ist, die Existenz dieses Gefühlslebens zweifelsfrei nachzuweisen. Es ist aber auch sehr schwierig, kategorisch zu erklären, dass Tiere sich beim Spielen nicht amüsieren, sich beim Wiedersehen nicht freuen oder beim Verlust eines nahestehenden Freundes nicht traurig sind. Denken Sie an Wölfe bei einem Wiedersehen, ihre Ruten wedeln und sie jaulen und springen herum. Oder an die Begrüßungszeremonie von Elefanten, sie wedeln mit den Ohren, drehen sich und stoßen Laute aus, die als „Begrüßungskollern" bezeichnet werden. Denken Sie auch darüber nach, was Tiere fühlen, wenn sie sich aus ihrer Sozialgruppe zurückziehen, wegen eines toten Freundes trauern, aufhören zu fressen und schließlich sterben.

Es gibt inzwischen mehr und mehr Beweise, dass die Individuen vieler Spezies z.B. Spaß, Liebe, Trauer, Eifersucht und Verlegenheit empfinden. In THE SMILE OF A DOLPHIN berichten viele angesehene Wissenschaftler, die in ihrem Leben mit einer Vielzahl von Tieren gelebt und diese studiert haben, deren Geschichten und bieten damit zugleich empirisches Datenmaterial zum Gefühlsleben der Tiere, die sie am besten kennen. Ihre Geschichten zeigen auch, dass Wissenschaftler starke Gefühle zu den von ihnen studierten Tieren hegen, trotz der Warnungen einiger ihrer Kollegen, dass sie ihre „Forschungsobjekte" nicht lieb gewinnen sollten, da diese Beziehung ihre wissenschaftliche Objektivität beeinträchtigen könne.

Meiner Meinung nach ändern sich die Zeiten und immer mehr Forscher akzeptieren, dass viele Tiere Gefühle erleben – sie benehmen sich nicht nur so, als ob sie Emotionen verspüren. Oberflächliche Diskussionen, die die gute alte Zeit des Behaviorismus heraufbeschwören, in der Gehirne als Black Box angesehen wurden, in die wir mit Erklärungen zu Verhalten nicht einzudringen wagten, werden nicht länger als Freifahrtschein akzeptiert. Inzwischen können wir offen und sicher unsere Studien mit der Annahme beginnen, dass zumindest einige Tiere eine Vielzahl von Emotionen erfahren, und Forschungen durchführen, um herauszufinden, ob unsere Hypothesen untermauert werden können, statt von der Annahme auszugehen, dass sie keine Emotionen verspüren und dann „nachweisen" müssen, dass sie doch welche verspüren. Die Beweislast hat sich auf die Seite der Skeptiker verlagert.

Es gibt reichlich Beweise dafür, dass in Bezug auf viele Tiere, insbesondere Wirbeltiere, die wirklich interessante Frage nicht die ist, *ob* sie ein Gefühlsleben haben, sondern vielmehr, *warum* sich unterschiedliche Emotionen entwickelt haben. Wozu dienen sie? Es ist ziemlich klar, dass Emotionen, ebenso wie andere Verhaltensmerkmale, eine lange Evolutionsgeschichte haben. Damit soll nicht gesagt werden, dass die Emotionen von Tieren mit unseren identisch sind, da selbst bei Menschen Gefühle, z.B. der Freude, von unterschiedlichen Menschen verschieden empfunden werden, und Menschen auch Angst, Trauer, Kummer und Ärger auf viele unterschiedliche Weisen zeigen.

Einige Skeptiker argumentieren weiterhin, dass wir gar nicht die Mittel haben, das Bewusstsein anderer zu erforschen, einschließlich das anderer Menschen, da die „Inhalte" der Gehirne nicht zugänglich sind. Wir haben jedoch die Werkzeuge, um tierische Emotionen exakt zu erforschen. Viele der in anderen Bereichen der Verhaltensforschung angewendeten Methoden können auch zur Erforschung tierischer Emotionen eingesetzt werden. Nicht-invasive Techniken zur Erkennung neuraler Aktivität wie bei der Messung der Entladungsraten und des Zellmetabolismus haben sich bei der Erforschung menschlicher Kognitionsprozesse als nützlich erwiesen und schließen die Messung von evozierten Reaktionspotenzialen sowie die Verwendung der Positronenemissionstomographie (PET-Scans) oder der funktionellen Magnetresonanztomographie (fMRT) ein. Diese Techniken können mit anderen gekoppelt werden, zum Beispiel mit der transkranialen Magnetstimulation (TMS), die minimale Störungen neuraler Aktivitäten in bestimmten Gehirnregionen verursacht. Die Entschärfung und Verminderung der Skepsis ist größtenteils auf neue und sich häufende Beweise für die Ähnlichkeit zwischen unseren Gehirnen und denen von Tieren zurückzuführen, und viele Argumente führen Darwins *evolutionäre Kontinuität* an.

In Das Gefühlsleben der Tiere diskutiere ich Primär- und Sekundäremotionen. Lassen Sie mich die Unterschiede hier kurz analysieren. *Primäremotionen*, die als angeborene Basisemotionen angesehen werden, schließen generalisierte schnelle, reflexartige („automatische" bzw. vorprogrammierte) Angst- sowie Kampf-oder-Flucht-Reaktionen auf Angst repräsentierende Stimuli ein. Primäremotionen werden im evolutionsgeschichtlich alten limbischen System kontrolliert, insbesondere in der Amygdala, dem Mandelkern, wie er 1952 vom Neurobiologen Paul MacLean benannt wurde. Tiere können eine Primärreaktion auf Angst zeigen, z.B. die Meidung eines Objekts, ohne das Objekt zu erkennen, das diese Reaktion hervorruft. Laute, wilde Geräusche, bestimmte Gerüche und über den Kopf hinwegfliegende Objekte haben häufig angeborene Meidereaktionen auf alle Stimuli zur Folge, die auf „Gefahr" hindeuten. Die natürliche Auslese führte zu angeborenen Reaktionen, die für das Überleben des Einzelnen entscheidend sind. Es gibt wenig oder keinen Raum für Fehler, wenn ein Individuum mit gefährlichen Reizen konfrontiert ist.

Sekundäremotionen – Freude, Ärger, Neid, Zorn, Trauer, Scham und Liebe – sind Emotionen, die verspürt oder erfahren werden, die eingeschätzt werden und über die nachgedacht wird. Bei ihnen sind höhere Hirnzentren im Kortex beteiligt. Gedanken und Reflektion ermöglichen die Flexibilität der Reaktion in sich ändernden Situationen, nachdem das Individuum eingeschätzt hat, welche der zahlreichen Aktionen im jeweiligen Kontext am angemessensten ist. Obwohl die meisten emotionalen Reaktionen unbewusst erzeugt zu werden scheinen, ermöglicht das Bewusstsein einem Individuum, eine Verbindung zwischen Gefühlen und Aktion herzustellen und erlaubt so eine hohe Verhaltensvariabilität und –flexibilität.

Zukunftsaussichten: Erforschung tierischer Emotionen in der Natur

Feldforschungen zu tierischen Emotionen sind von entscheidender Bedeutung, da sich Emotionen in einem bestimmten Kontext entwickelt haben. Die Erforschung tierischer Emotionen in der Natur wird zuverlässigere Daten liefern als Informationen, die unter unnatürlichen Umständen gesammelt wurden (obwohl in reizarmen Umgebungen aufgezogene Tiere beispielsweise tiefe Trauer zeigen). Emotionen haben sich genauso wie andere Verhaltensmuster und Organsysteme wie Mägen, Herzen, Nieren oder Gehirne entwickelt. Die Evolution ist so individuell wie das Bewusstsein unterschiedlicher Individuen. Während wir mehr oder weniger gute Annahmen darüber formulieren können, warum sich ein bestimmtes Verhaltensmuster entwickelt hat, können wir nicht mit Sicherheit wissen, ob unsere Rekonstruktion *die* richtige Antwort ergibt.

Wahrscheinlich bietet eine Kombination aus vergleichender und evolutionär-ethologischer, neurobiologischer und endokrinologischer Forschung die beste Methode zur Erforschung des Gefühlslebens von Tieren. Dabei sollte der Widerstand gegen die Behauptung, dass bei diesen Unternehmungen kein Platz für Anthropomorphismus sei, überwunden werden. Zu behaupten, dass wir Elefanten, Delfine oder andere Tiere nicht verstehen können, wenn wir nicht selbst zu dieser Spezies gehören, führt uns nirgendwohin. Es ist wichtig, den Versuch zu unternehmen, herauszufinden, wie Tiere in ihrer eigenen Welt leben, um ihre Sichtweise zu verstehen. Tiere haben sich in bestimmten und einzigartigen Situationen entwickelt, und wir schätzen ihr Leben gering, wenn wir versuchen, sie nur aus unserer eigenen Sichtweise heraus zu verstehen. Natürlich ist es schwierig, verlässliche Informationen über die Gefühle von Tieren zu sammeln, doch es ist nicht unmöglich.

Den Elfenbeinturm für die Feldforschung verlassen

Es ist wichtig, dass die Forscher verschiedener Disziplinen – Ethologie, Neurobiologie, Endokrinologie, Psychologie und Philosophie – ihre Anstrengungen koordinieren, um etwas über die Emotionen von Tieren zu erfahren. Keine der einzelnen Disziplinen wird alleine alle wichtigen und noch offenen Fragen beantworten können. Laborwissenschaftler, Feldforscher und Philosophen müssen Daten und Vorstellungen untereinander austauschen.

Eine zukünftige Forschung muss sich auch auf eine breitere Palette von Spezies konzentrieren, nicht nur auf jene Tiere, mit denen wir vertraut sind (Haustiere) oder jene, mit denen wir eng verwandt sind (Primaten). Diesen Tierarten sprechen viele von uns Sekundäremotionen und eine Vielzahl von Stimmungen zu. Spezies unterscheiden sich aber darin, wie sie Emotionen ausdrücken, und auch *wie* sie empfinden, muss berücksichtigt werden. Selbst wenn Freude und Trauer von Hunden nicht der Freude und Trauer von Schimpansen oder Menschen gleichen, bedeutet das nicht, dass es nicht auch so etwas wie Hundefreude, Hundetrauer, Schimpansenfreude oder Elefantentrauer gibt. Selbst die Natur des Gefühlslebens von Wildtieren, beispielsweise von Wölfen, und ihren domestizierten Verwandten, den Hunden, kann sich voneinander unterscheiden.

Die Offenheit für die Vorstellung, dass viele Tiere ein reiches Gefühlsleben haben, bedeutet, selbst wenn wir uns in einigen Fällen irren, tatsächlich einen Gewinn für uns alle. Wenn wir uns vor der Möglichkeit verschließen, dass viele Tiere ein reiches Gefühlsleben haben, selbst wenn sich ihres von unserem eigenen oder dem der uns am vertrautesten Tiere unterscheidet, verlieren wir großartige Gelegenheiten, etwas über ihr Leben zu lernen.

Es gibt viele Welten jenseits menschlicher Erfahrung. Es gibt keinen Ersatz für das Zuhören und die unmittelbare eigene Erfahrung mit Tieren. Wir können solche Fragen stellen wie: Lieben Tiere einander? Betrauern Sie den Verlust eines Freundes oder einer geliebten Person bzw. eines geliebten Tieres? Ärgern sie sich über andere? Können sie verlegen werden? Sicherlich wird unser eigenes Leben durch diese Anstrengung reicher und das Leben von Tieren für uns Menschen besser verständlich. Vielleicht lernen wir sie dann mehr zu schätzen und zu respektieren.

Die Wissenschaft der kognitiven Ethologie

Der zweite Essay in diesem Abschnitt, KOGNITIVE VERHALTENSFORSCHUNG, ist eine allgemeine und kritische Übersicht über die kognitive Verhaltensforschung. Die behandelten Themen umfassen die Naturalisierung des Bewusstseins von Tieren, die Bedeutung der Arbeiten von Charles Darwin und Donald Griffin für die Entwicklung und Wiederbelebung des wissenschaftlichen Interesses an der kognitiven Ethologie, Forschungsmethoden, Kritik an der Disziplin und mögliche zukünftige Richtungen. Welche Forschungsbereiche wären am nützlichsten für uns, um etwas über die Natur des tierischen Gehirns und dessen Inhalt zu lernen?

Der dritte Essay, ZIELE UND METHODEN DER KOGNITIVEN ETHOLOGIE, der in Zusammenarbeit mit Dale Jamieson entstand, baut auf der wichtigen Arbeit des Nobelpreisträgers Nikolaas Tinbergen auf, der 1963 einen klassischen Essay mit dem Titel ON AIMS AND METHODS OF ETHOLOGY veröffentlichte, in dem er ein Programm für die ethologische Forschung skizzierte. Darin definiert Tinbergen Ethologie als die „biologische Erforschung von Verhalten" und sieht Ethologie als eine *integrierte* Wissenschaft an. Er beschreibt vier Hauptbereiche, auf die sich die ethologische Forschung konzentrieren sollte: Evolution, Anpassung, Kausalität und Ontogenese.

Kognitive Ethologen möchten erfahren, wie sich Gehirne und mentale Fähigkeiten entwickelt haben – wie sie zum Überleben beitragen – und welcher Selektionsdruck zu der Vielzahl von Gehirnen und mentalen Fähigkeiten geführt hat, die heute bei den verschiedenen Spezies beobachtet werden können. Im Grunde wollen kognitive Ethologen wissen, wie es ist, ein Tier zu sein. Die Beantwortung dieser Frage erfordert, dass wir versuchen, wie Tiere zu denken, um in ihre Welt einzutreten. Durch dieses Verfahren können wir viel über tierisches Bewusstsein und tierische Emotionen lernen.

Ethologen, Psychologen, Anthropologen und Philosophen haben zahlreiche richtungsgebende Meinungen zur Natur des tierischen Bewusstseins geäußert. Die Bedeutung einer evolutionären Biologie des Gehirns – Tieren Bewusstsein und Intelligenz zuzugestehen – ist von größter Bedeutung für fachkundige Diskussionen über das Wohlbefinden von Tieren und über ihre Rechte. In einem weiteren, 1991 veröffentlichten Essay, REFLECTIVE ETHOLOGY, APPLIED PHILOSOPHY, AND THE MORAL STATUS OF ANIMALS, entwickelten Dale Jamieson und ich den Begriff der *reflexiven Ethologie* und betonten darin, dass Forscher „davon geleitet werden müssen, unsere eigene [menschliche] evolutionäre Position vorsichtig zu nutzen".

Selbsterkenntnis: Reflektionen über das tierische Selbst

Ich frage mich oft, ob Jethro, mein verstorbener Hund, wusste, wer er war. Leute, die mich kennen, sind nicht überrascht, dass ich mir so eine Frage stelle. Ich überlege auch, ob Schimpansen, Katzen, Elefanten, Delfine, Elstern, Mäuse, Lachse, Ameisen oder Bienen sich ihrer selbst bewusst sind. Was halten diese Tiere von sich selbst, wenn sie in den Spiegel schauen, ihr Spiegelbild im Wasser sehen, ihr eigenes Bellen oder Heulen oder das eines anderen hören oder sich selbst oder andere riechen? Kann es möglich sein, dass der Ausruf „Wow! Das bin ich!“ eine Erfahrung ist, die nur uns Menschen vorbehalten ist? Einige Menschen möchten die Möglichkeit tierischen Bewusstseins nicht anerkennen, weil dann die Grenzen zwischen Menschen und Tieren verschwimmen und ihre eigene, engstirnige, hierarchische und anthropozentrische Weltsicht in sich zusammenstürzen würde. Aber, sind wir tatsächlich einzigartig? Erinnern Sie sich an Darwins These der evolutionären Kontinuität, nach der Unterschiede im Verhalten zwischen verschiedenen Spezies Unterschiede in der Ausprägung statt in der Art sind. Selbstkenntnis ist also eine *praktische* Angelegenheit: Was Tiere möglicherweise über sich selbst wissen, ist entscheidend für die Erforschung tierischen Schmerzes und tierischen Leids.

Viele Forscher brennen darauf herauszufinden, was Tiere über sich selbst wissen. Einige argumentieren, dass eine Vielzahl von Tieren ein hohes Selbsterkenntnisniveau bzw. eine hochgradig entwickelte Selbstkenntnis haben, wohingegen andere glauben, dass nur Großaffen einen klaren Begriff des Selbst haben, wissen, wer sie sind, und so etwas wie Einfühlungsvermögen besitzen. Damit hätten sie auch die Fähigkeit, Rückschlüsse auf fremde psychologische Zustände zu ziehen. Wieder andere argumentieren, dass es methodologisch zu schwierig ist, diese Frage zu beantworten, weil das Bewusstsein von Tieren (und auch von Menschen) subjektiv ist und nicht offen daliegt. Einige der letzteren Kategorie glauben nicht, dass sich Tiere ihrer selbst bewusst sind und bezweifeln, dass Tieren überhaupt irgendetwas bewusst ist.

Wissen Tiere, wer sie sind?

Ich gehe im Allgemeinen davon aus, dass sich Tiere ihrer selbst bewusst sind und eine Vorstellung von ihrem Selbst haben. Ich vertrete einen evolutionären Ansatz bei diesem Thema und frage, *warum* (nicht ob) sich Bewusstsein und eine Vorstellung vom Selbst bei bestimmten Tieren entwickelt haben.

Wozu dient Bewusstsein? Um solche Fragen beantworten zu können, müssen wir anerkennen, dass es viele Ausprägungen des Selbst gibt und wir die sozialen Bedürfnisse und die sensorischen Welten von Individuen nicht außer Acht lassen dürfen.

In MINDING ANIMALS argumentiere ich, dass ein Bewusstsein für die Körperlichkeit bei den meisten Tieren für die erforderlichen sozialen Aktivitäten und ihre ökologische Nische, in der sie leben, notwendig und ausreichend ist. Viele Tiere kennen Fakten wie „Das ist mein Schwanz“, „Das ist mein Revier“, „Das ist mein Stück vom Elch“, „Das ist mein Partner“ und „Das ist mein Urin“. Alles, was Jethro wissen musste, um sich in seiner hundlichen Welt zurechtzufinden, war, dass der eigene nicht der Körper eines anderen ist, sowie einige Fakten darüber, was ihm gehörte und was nicht. Er, seine wilden Verwandten (z.B. Wölfe, Kojoten, Schakale und Füchse) und viele weitere Tiere haben ein Gefühl für Besitz, Jemeinigkeit oder Körperlichkeit. Ihr Begriff der Jemeinigkeit oder der Körperlichkeit ist ihr Bewusstsein des Selbst. Jethro konnte eine große Palette an Mitteilungen ausdrücken, war zu sozialen Interaktionen in zahlreichen und unterschiedlichen Kontexten fähig und genoss sein Leben als Hund. Er zeigte insofern soziales Bewusstsein, als er sich seiner zahlreichen und unterschiedlichen sozialen Beziehungen bewusst war. Er konnte spielen, kooperative und täuschende Aktivitäten durchführen und Gefallen erwidern.

In ACHTUNG VOR TIEREN argumentiere ich gemeinsam mit Kollegen auch, dass Studien, die nur auf dem Gesichtssinn beruhen (z.B. solche, die Spiegel verwenden, um die Reaktion von Tieren auf ihr Spiegelbild zu erkunden, d.h. um zu sehen, ob sie auf sich selbst gerichtete Bewegungen machen), zur Erforschung der Selbsterkenntnis einer Vielzahl von Tieren unzureichend sind. Dies gilt insbesondere für Tiere, die sich in ihrem täglichen Leben mehr auf ihren Geruchssinn und ihr Gehör verlassen. Ich folgere auch, dass viele Tiere einen Begriff der Jemeinigkeit oder Körperlichkeit haben, jedoch kein „Ich-Bewusstsein“. Um das tierische Selbst zu studieren, eignen sich deshalb besonders vergleichende Verhaltensstudien.

Im vierten Essay dieses Abschnitts, REFLEXIONEN ÜBER DAS TIERISCHE SELBST, den ich mit Paul Sherman geschrieben habe, argumentieren wir, dass es Abstufungen der Selbsterkenntnis gibt, präsentieren einen neuen Maßstab für tierisches Selbst und Selbstkenntnis als Überbegriff für eine kontinuierliche Entwicklung vom Selbstbezug zum Selbstbewusstsein. Vielleicht *haben* einige Tiere ein „Ich-Bewusstsein“, eines das nicht durch Methoden zugänglich ist, die nicht auf den neuralen Unterbau des Selbstseins beruhen. Tatsächlich wissen wir nur sehr wenig über die Verteilung der Selbsterkenntnis in verschiedenen Tiergruppen. Darwins These der evolutionären Kontinuität, warnt in Verbindung mit empirischen Daten und gesundem Menschenverstand jedoch vor der unbeirrbaren Behauptung, dass Menschen und vielleicht Großaffen und Wale die einzigen Spezies sind, die ein Bewusstsein vom Selbst entwickelt haben.

Sherman und ich glauben jedoch keineswegs, dass wir abschließende Antworten gefunden haben. Unser Essay soll dazu dienen, Forscher und andere dazu anzuregen, auf unsere grundlegenden Annahmen zurückzukommen und interdisziplinäre Diskussionen fördern.

Warum soll man sich mit tierischer Selbsterkenntnis beschäftigen?

Wie ich bereits erwähnt habe, haben die Antworten auf die faszinierenden Fragen zur Selbsterkenntnis weitreichende Konsequenzen, weil sie häufig von Forschern und Juristen als eine Art Lackmustest verwendet werden, um die Art und Weise der Behandlung zu verteidigen, der Tiere unter ethischen Gesichtspunkten ausgesetzt werden dürfen. Es ist jedoch *nicht* klar, ob Selbstbewusstsein oder andere kognitive Fähigkeiten für solche Entscheidungen herangezogen werden sollten. Einige argumentieren, dass ein „Ich-Bewusstsein“ moralisch relevant und für das Erleben von Schmerzen erforderlich sei. Doch selbst wenn ein Tier nicht weiß, wer es ist, kann es fühlen, dass „etwas Schmerzhaftes mit seinem Körper passiert“. Selbst wenn die Erfahrung des Schmerzes bei den verschiedenen Spezies nicht gleich ist, können Individuen unterschiedlicher Spezies ihre eigenen Formen von Schmerz erleiden. Selbstbewusstsein ist kein zuverlässiger Test zur Beurteilung des Wohlbefindens. Jeremy Bentham, ein utilitaristischer Philosoph, beschrieb tierisches Leiden folgendermaßen: „Die Frage lautet nicht: Können sie *schlussfolgern*?, oder: Können sie *sprechen*?, sondern: Können sie *leiden*?“

Rufen Tiere also jemals aus „Wow! Das bin ich!“? Das wissen wir nicht, besonders nicht bei Wildtieren. Es ist Zeit, sich nicht mehr nur auf akademische Überlegungen zu verlassen und endlich mit der Feldforschung zu beginnen. Spekulationen sind kein Ersatz für eine sorgfältige Verhaltensforschung. Es steht viel auf dem Spiel, denn die Antworten auf Fragen zur Selbsterkenntnis bestimmen häufig, wo Menschen sich im Gesamtschema der Evolution sehen und wie Tiere behandelt werden.

MARC BEKOFF

Das Gefühlsleben der Tiere

(2000)

Es begann mit einer Berührung. Bald liebkosten sich Butch und Aphro langsam. Dann rollten sie zueinander und umarmten sich, verhakten die Flossen, bevor sie wieder zurückrollten. Für vielleicht drei Minuten lagen die beiden Südlichen Glattwale Seite an Seite und stießen Wasser aus ihren Blaslöchern. Dann schwammen die Wale davon, sich berührend und gemeinsam auf- und untertauchend. Als er das beobachtete, war Bernd Wursig von der Texas A&M Universität überzeugt, dass Butch und Aphro dabei waren, eine starke Bindung zueinander zu entwickeln. Könnte das Liebe unter Riesen sein?

Das ist eine umstrittene Frage. Biologen sind sich über die Art der Emotionen bei Tieren uneinig, insbesondere darüber, ob sie ihre Emotionen bewusst erleben. Viele würden es nicht wagen zu sagen, dass sich ein Wal verlieben kann, doch einige, wie Wursig, die diese Idee nicht von der Hand weisen, können ihre Denkweise mindestens bis zu Charles Darwin zurückführen. In THE EXPRESSION OF THE EMOTIONS IN MAN AND ANIMALS argumentierte er, dass es eine Kontinuität zwischen den Gefühlsleben von Menschen und Tieren gibt. An anderer Stelle schrieb Darwin: „Niedere Tiere empfinden offensichtlich ebenso wie Menschen Freude und Schmerz, Glück und Not."

Trotz Darwins Interesse an diesem Thema wissen wir noch immer wenig darüber, welche Tiere ein Gefühlsleben haben. Vielleicht wird so wenig Fortschritt bei diesem Thema erzielt, weil Forscher fürchten als „nicht wissenschaftlich" oder als zu anthropomorphistisch abgestempelt zu werden. Doch die Zeiten ändern sich. Heutzutage ist es zulässig, Fragen wie die folgenden zu stellen: Lieben Tiere einander, trauern sie um verlorene Freunde und können sie Verlegenheit empfinden? Aktuelle Forschungen zum Verhalten von Tieren und auf dem Gebiet der Neurobiologie belegen überzeugend, dass zumindest einige Wirbeltiere die Gesamtheit der Emotionen von Furcht und Ekel bis hin zu Freude, Eifersucht, Ärger und Mitgefühl empfinden.

Emotionen sind schwer zu erfassen. Ich weiß, dass sie real sind, weil ich meine eigenen jeden Tag erfahre, aber ich kann nicht sicher *wissen*, wie Sie als Leser sich fühlen. Sie können versuchen, Ihre Emotionen mit Worten zu beschreiben, doch selbst wenn Sie das nicht tun, kann ich etwas über Ihre Stimmung aus Ihrer Körpersprache und Ihrem Verhalten ableiten. Das Gleiche gilt für Tiere – deutliche Hinweise darauf, was sie fühlen, kann aus den Veränderungen des Muskeltonus, aus der Haltung, dem Gang, dem Gesichtsausdruck, der Pupillengröße, dem Blick, den Lautäußerungen und Gerüchen geschlossen werden. Sie müssen kein Experte sein, um diese Zeichen zu deuten. Auch Leute mit geringer Erfahrung im Beobachten von Tieren sind sich normalerweise darüber einig, *was* sie sehen. Die im Anschluss gezeigten Verhaltensweisen von Tieren lassen oft darauf schließen, dass sie Recht hatten.

Das Verhalten sagt viel über die Emotionen von Tieren aus, weil Emotionen psychologische Phänomene sind, die einem Individuum helfen, seine Aktionen zu steuern und zu kontrollieren. Zu untersuchen, was im Gehirn vor sich geht, ist jedoch schwieriger. Aus neurologischer Sicht ist es zweckmäßig, Emotionen in zwei Gruppen zu unterteilen. Die grundlegendsten oder *Primäremotionen* sind angeboren – sie erfordern keinen bewussten Gedanken bzw. kein bewusstes Gefühl. Diese Emotionen sind wahrscheinlich im Tierreich weit verbreitet, da sie geeignet sind, die Überlebenschancen der Individuen einer Art zu erhöhen. Umstrittener ist die Vorstellung, dass Tiere auch *Sekundäremotionen* haben – Emotionen, die kompliziertere mentale Prozesse erforderlich machen.

Das offensichtlichste Beispiel für eine Primäremotion ist die Kampf-oder-Flucht-Reaktion, die Tieren erlaubt, schnell auf Zeichen von Gefahr zu reagieren. Sie agieren dabei oft ohne Anzeichen von Angst. Beispielsweise wird eine junge Gans, die niemals Raubfeinden ausgesetzt war, fliehen und Schutz suchen, wenn sich von oben die Silhouette eines Falken oder Habichts nähert, jedoch auf den Umriss einer Gans nicht reagieren. Die natürliche Auslese begünstigt die Individuen, die so reagieren – je schneller, desto besser. Ein Falke oder Habicht kann schnell herabstürzen und ein Gänseküken schlagen, während es noch darüber nachdenkt, was es tun soll. Daher hat ein Küken, das den Raubvogel rein aus Instinkt meidet, eine größere Überlebenschance als eines, das Zeit benötigt, um sich für eine mögliche Reaktion zu entscheiden.

Der Geruch der Angst

Töne und Geräusche können ebenfalls Primäremotionen auslösen, einschließlich angeborene Ängste. Haushunde gehören zu den Tieren, die angeborene Reaktionen auf einige Gerüche zeigen. Mein Haushund Jethro fühlte sich normalerweise wohl, wenn er zum Tierarzt ging, aber er zeigte Zeichen von Angst, wenn er in einen Behandlungsraum kam, in dem der zuvor behandelte Hund Angst gehabt hatte. Es ist eine instinktive Reaktion auf einen stechenden Geruch, der von den Analdrüsen eines verängstigten Hundes abgesondert wird. Genauso reagieren Laborratten, die niemals Katzen oder anderen Raubfeinden begegnet sind, instinktiv mit Erstarren auf den Geruch dieser Tiere. Selbst Teile von Katzenhaar scheinen Angst auszulösen – Ratten spielen und fressen weniger und sind vorsichtiger als sonst.

Neurobiologen haben Primäremotionen bis zu einem evolutionsgeschichtlich alten Bereich des Gehirns, dem limbischen System, zurückverfolgt und hier insbesondere zu einer kleinen mandelförmigen Struktur, der Amygdala. Dieses so genannte „emotionale" Gehirn, bei dem davon ausgegangen wird, dass es sich entwickelt hat, um komplizierte Geruchsanalysen zu ermöglichen, findet sich bei Fischen, Amphibien, Vögeln und Säugetieren. Die Amygdala erhält unverarbeitete Informationen der Sinnesorgane vom Thalamus – einer Schaltstelle des Nervensystems – und ist durch ein Bündel von Nerven mit dem Hirnstamm verbunden, wodurch sie den Körper auf schnelle Reaktionen vorbereiten kann.

Geschwindigkeit ist in Überlebenssituationen entscheidend, doch der Nachteil der Primäremotionen ist ihre Inflexibilität. Darin sind ihnen die Sekundäremotionen überlegen. An ihnen sind höhere Hirnzentren im Kortex beteiligt. Dies ermöglicht dem Individuum in bestimmten Situationen die relativen Vorteile verschiedener Aktionen zu überdenken und gegeneinander abzuwägen. Wir wissen nicht, welche Tiere in der Lage sind, bewusst über ihre Emotionen nachzudenken. Doch die bei Menschen mit den so genannten „gefühlten Emotionen" verbundenen Hirnstrukturen und die entsprechende Biochemie finden sich auch bei anderen Spezies. Daher sind einige Forscher überzeugt, dass Sekundäremotionen sehr wahrscheinlich nicht nur beim Menschen vorkommen.

Wenn wir akzeptieren, dass nicht nur wir Emotionen empfinden, wo sollen wir dann die Grenze ziehen? Neue Erkenntnisse lassen vermuten, dass Reptilien die ersten Tiere waren, die Emotionen empfunden haben. Im Jahr 1999 hat Michel Cabanac von der Laval University in Kanada bewiesen, dass Leguane versuchen, „angenehme" Situationen zu maximieren – sie ziehen es vor, warm zu bleiben, statt sich in die Kälte hinauszuwagen, um Nahrung zu suchen. Wenn sie sich in einer warmen Umgebung aufhalten, durchleben sie physiologische Veränderungen, die bei Menschen und anderen Wirbeltieren mit *Vergnügen* in Verbindung gebracht werden, z. B. „emotionales Fieber" – eine Erhöhung der Körpertemperatur – und eine erhöhte Herzfrequenz. Amphibien und Fische zeigen keine dieser Verhaltensreaktionen und auch keine physiologischen Veränderungen. Cabanac geht davon aus, dass zu den ersten mentalen Ereignissen, die ins Bewusstsein traten, die Fähigkeit eines Individuums gehörte, Freude oder Missfallen zu empfinden. Seine Forschungen lassen darauf schließen, dass Reptilien grundlegende Gemütsverfassungen erleben, und er folgert, dass sich solche Emotionen irgendwo zwischen Amphibien und frühen Reptilien entwickelt haben.

Viele Wirbeltiere scheinen durch Vergnügen motiviert zu werden, und nirgends ist das offensichtlicher als in ihrem Spiel. Unzweifelhaft scheinen spielende Tiere Spaß zu haben. Junge Delfine schießen häufig durchs Wasser, genießen aber auch ein langsames Treiben mit dem Strom. Büffel gehen Eis laufen und brüllen aufgeregt „Gwaaa!", während sie über den gefrorenen Boden gleiten. Ich habe einmal einen jungen Elch im Rocky Mountain National Park, Colorado, beobachtet, der über ein Schneefeld rannte, hochsprang und seinen Körper in der Luft drehte, stoppte, Atem holte und dieses Verhalten ständig wiederholte. Es gab viele Grasflächen im Umkreis, aber der Elch wählte das Schneefeld.

Offensichtlich scheinen sich diese Tiere zu vergnügen, und es gibt neurobiologische Erkenntnisse, die diese Schlussfolgerung stützen. Studien zur Chemie des Spiels zeigen, dass es Spaß macht. Jaak Panksepp von der Bowling Green State University, Ohio, hat Beweise dafür gefunden, dass Ratten beim Spielen Opiate produzieren. Sie weisen gemäß der Erkenntnisse von Steven Siviy vom Gettysburg College, Pennsylvania, auch eine erhöhte Dopaminaktivität im Gehirn auf, wenn sie Spielaktivitäten *erwarten*. Bei Menschen werden sowohl Opiate als auch Dopamin mit Vergnügen in Verbindung gebracht.

Das Spiel ist wichtig für die Entwicklung, da ein Jungtier dadurch Fähigkeiten erlernt und schult, die es für das Überleben benötigt, wenn es unabhängig wird. Wenn Tiere spielen, weil sie es genießen, dann bieten die mit dem Spiel verbundenen positiven Gefühle einen evolutionären Vorteil, genauso wie die Kampf-oder-Flucht-Reaktion. Ein ähnliches Argument wird zur Erklärung dessen verwendet, was wie romantische Liebe zwischen Tieren aussieht.

Vögel tun es

Bienen tun es vielleicht nicht, aber Vögel scheinen es offensichtlich zu tun. Raben verlieben sich, laut dem angesehenen Biologen Bernd Heinrich von der University of Vermont, Burlington, der viele Jahre mit diesen Vögeln lebte und sie studierte. In seinem Buch MIND OF THE RAVEN schreibt Heinrich: „Da Raben Langzeitpartner haben, vermute ich, dass sie sich wie wir verlieben, einfach weil eine innere Belohnung erforderlich ist, um eine langfristige Paarbeziehung zu pflegen."

Bei vielen Tieren, einschließlich den Südlichen Glattwalen, scheint sich romantische Liebe während des Werbens und der Paarung zu entwickeln. Das ist oft langwierig, wobei beide Partner Rituale durchführen, die zeit- und energieaufwändig sind und riskant sein können. Es ist, als ob sie einander ihren Wert beweisen müssen, bevor sie eine Beziehung miteinander eingehen. Interessanterweise scheinen unsere nächsten Verwandten, die Schimpansen, sich nicht zu verlieben. Männliche Schimpansen verbringen nicht viel Zeit mit dem Werben und der Paarung und bleiben nicht bei den Weibchen, deren Junge sie gezeugt haben.

Viele Dinge gehen bei Menschen als Liebe durch, doch streiten wir ihre Existenz nicht ab. Es ist unwahrscheinlich, dass sich die romantische Liebe ohne eine evolutionäre Vorstufe erst beim Menschen entwickelt hat. Viele Vögel und Säugetiere haben die gleiche Hirnstruktur und die gleiche Chemie, die bei Menschen der Liebe zugrunde liegt. Zum Beispiel ist der Dopaminspiegel sowohl bei sexuell erregten Menschen als auch bei Nagetieren, die Geschlechtsverkehr erwarten, erhöht. Außerdem weisen Säugetiere das von der Hirnanhangdrüse abgegebene Hormon Oxytocin auf, das mit Werbeverhalten und Sex in Verbindung gebracht wird. Vögel und Reptilien haben eine ähnliche Chemikalie, Vasotocin, die mit vergleichbaren Verhaltensweisen in Verbindung gebracht wird. Zusammengenommen belegen diese Erkenntnisse, dass zumindest einige Tierarten zu romantischer Liebe fähig sind.

Die Kehrseite der Liebe ist die Trauer um einen geliebten Menschen oder ein geliebtes Tier. Einige Tiere zeigen typische, für Trauer charakteristische Verhaltensweisen. Oft gibt es eine Trauerzeit. Trauernde Tiere ziehen sich möglicherweise aus ihrer Gruppe zurück, sitzen an einer Stelle und starren wie gelähmt ins Leere. Sie reagieren nicht auf Versuche anderer, mit ihnen zu interagieren oder sie zu trösten. Manchmal stellen sie das Fressen ein, verlieren das Interesse an Sex oder sind besessen von dem verstorbenen Individuum. Einige versuchen sogar, die Leiche wiederzubeleben oder tragen sie herum, bis sie sich auflöst.

Seelöwenmütter, die beobachten, wie ihre Jungen von Orcas gefressen werden, schreien schauerlich und heulen erbärmlich. Delfine wurden dabei beobachtet, wie sie versuchten, ein totes Jungtier wiederzubeleben. Im Gombe Stream National Park in Tansania hat die Primatologin Jane Goodall das achtjährige Schimpansenmännchen Flint beobachtet, der sich nach dem Tod seiner Mutter Flo von seiner Gruppe zurückzog, aufhörte zu fressen und schließlich starb. Elefanten halten manchmal tagelang Totenwache für ein Totgeborenes, ruhig, mit hängenden Köpfen und Ohren. Junge Elefanten, die den Tod ihrer Mütter erleben, wachen häufig schreiend auf. Joyce Poole ist nach Jahrzehnten der Erforschung wilder Elefanten überzeugt, dass die Waisen Trauer und Depression empfinden.

Selbst Vögel scheinen zu trauern. „Eine Graugans, die ihren Partner verloren hat, zeigt alle Symptome, die John Bowlby bei jungen Menschenkindern in seinem berühmten Buch INFANT GRIEF beschrieben hat", schrieb der Nobelpreisträger Konrad Lorenz. „Die Augen sinken tiefer in ihre Höhlen und das Individuum macht einen ermatteten Eindruck, lässt buchstäblich den Kopf hängen."

Eine trauernde Graugans verhält sich unter Umständen wie ein trauernder Mensch, doch *fühlt* sie Trauer, wie es eine Person tut? Diese Frage ist schwierig zu beantworten, weil wir noch keine biologische Erklärung dafür haben, wie Menschen ihre Emotionen erleben. Antonio Damasio von der University of Iowa offeriert eine Möglichkeit in seinem Buch THE FEELING OF WHAT HAPPENS. Er schlägt vor, dass einige Regionen des Gehirns sowohl dem mentalen Innenleben unseres Körpers als auch den uns beeinflussenden externen Objekten oder Situationen zugeordnet werden können. Damasio glaubt, dass diese die Emotionen begleitenden physiologischen Prozesse nicht nur Nebenprodukte, sondern vielmehr Teil des Mechanismus sind, der Gefühle erzeugt. Durch *gleichzeitige Zuordnung* unserer internen und externen Welt empfinden wir unsere Erfahrungen als unsere eigenen. Wenn Damasio Recht hat, dann gilt seine Erklärung möglicherweise auch für einige Tierarten, insbesondere für unsere nächsten Verwandten, die Primaten.

Möglicherweise verlieben sich Schimpansen nicht, doch sie scheinen eine Vielzahl von Emotionen zu empfinden, einschließlich der Verlegenheit. Die Voraussetzung für diese Emotion ist die Fähigkeit eines Individuums, sich fragen zu können, was andere über es denken. Goodall hat verlegene Schimpansen beobachtet. Sie beschreibt beispielsweise ein junges Männchen, das sich vor einem dominanten Männchen aufspielt, indem es an einem jungen Baum schwingt. Als der Ast bricht, fällt das Jungtier kopfüber ins hohe Gras. Es dreht sich um, überprüft, ob sein Sturz beobachtet wurde, erklettert anschließend einen anderen Baum und beginnt dann zu fressen.

Ein weiterer bekannter Primatologe, Marc Hauser von der Harvard University, hat Verlegenheit bei Rhesusaffen beobachtet. Nach der Paarung stolzierte das Männchen davon und fiel versehentlich in einen Graben. Hauser erzählt, dass der Affe aufstand und schnell um sich schaute. Nachdem er sich überzeugt hatte, dass niemand seinen Sturz gesehen hatte, marschierte er mit geradem Rücken und erhobenem Kopf und Schwanz los, so, als ob nichts geschehen wäre.

Die Beobachtungen lassen darauf schließen, dass die Unterschiede zwischen menschlichen und tierischen Emotionen häufig in ihrer *Ausprägung* und nicht in der Artzugehörigkeit zu finden sind. Selbst wo die Ähnlichkeiten zu uns selbst nicht so offensichtlich sind, haben sie (wenn wir akzeptieren, dass Tiere auch Gefühle haben) wichtige Auswirkungen auf die Art und Weise, wie wir uns ihnen gegenüber verhalten. Wenn Tiere als Roboter ohne Emotionen angesehen werden, ist es einfach, sie wie reines Eigentum zu behandeln, mit dem Menschen tun können, was ihnen gefällt. Doch wenn wir sie als empfindungsfähige, fühlende Individuen ansehen, wird es schwieriger, einige unserer Grausamkeiten und gedankenlosen Handlungen zu rechtfertigen.

Wenn wir uns vor der Möglichkeit verschließen, dass viele Tiere ein reiches Gefühlsleben haben – das sich möglicherweise von unserem unterscheidet – verlieren wir großartige Möglichkeiten, das Leben der Kreaturen kennen zu lernen, mit denen wir diesen großartigen Planeten teilen. Es gibt viele mentale Welten jenseits der menschlichen Erfahrung, die nur darauf warten, erkundet zu werden.

Weiterführende Literatur

Bekoff, M.(Hg): „The Smile of a Dolphin: Remarkable Accounts of Animal Emotions“, Discovery Books, 2000

Bekoff, M.: „Minding Animals: Awareness, Emotions, and Heart“, Oxford University Press, 2002

Cabanac, M.: „Emotion and Phylogeny“, In: Journal of Consciousness Studies“, Bd. 6 (1999), S 176 ff.

Darwin, Ch.: „The Expression of the Emotions in Man and Animals“, Oxford University Press, 1998[3]

Poole, J.: „An exploration of a commonality between ourselves and elephants“, In: Etica & Animali, Bd. 9 (1998), S. 85 ff.

Panksepp, J.: „Affective Neuroscience“, Oxford University Press, 1998

Marc Bekoff

Kognitive Verhaltensforschung: Die vergleichende Erforschung des tierischen Bewusstseins
(1998)

Naturalisierung des Bewusstseins der Tiere

Die kognitive Verhaltensforschung ist die vergleichende, evolutionäre und ökologische Erforschung des tierischen Bewusstseins, einschließlich seiner Denkprozesse, Anschauungen, Rationalität und Informationsverarbeitung. Es handelt sich um ein schnell wachsendes, interdisziplinäres Wissenschaftsgebiet, das viel Aufmerksamkeit von Forschern zahlreicher, verschiedenartiger Disziplinen auf sich zieht, einschließlich der von Tierrechtlern (Cheney/ Seyfarth, 1990; Ristau, 1991; Griffin, 1992; Allen/ Bekoff, 1995, 1997; Bekoff/ Allen, 1997; Bekoff/ Jamieson, 1996). Die kognitive Ethologie kann ihre Anfänge bis zu den Schriften von Charles Darwin, einem „anekdotischen Kognitivisten" (Jamieson/ Bekoff, 1993), und einigen seiner Zeitgenossen und Anhänger zurückverfolgen. Ihr Ansatz umfasst Verweise auf die Evolutionstheorie, Interesse an mentaler Kontinuität, Beschäftigung mit individuellen und intraspezifischen Variationen sowie ein Interesse an der Welt der Tiere allgemein und eine enge Verbundenheit mit der Naturgeschichte. Dazu gehören Versuche, mehr über das Verhalten von Tieren unter Bedingungen zu erfahren, die so genau wie möglich der natürlichen Umgebung entsprechen, in der die natürliche Auslese stattgefunden hat. Sie greift zur Erklärung und als Ansporn für weitere genauere Forschungen auch auf Anekdoten und den Anthropomorphismus zurück.

Außerdem beschäftigen sich kognitive Ethologen häufig mit der Vielfältigkeit der Lösungen, die lebende Organismen für gemeinsame Probleme gefunden haben. Sie legen zudem Gewicht auf weit reichende taxonomische Vergleiche und stützen sich nicht nur auf wenige ausgewählte Repräsentanten einer beschränkten Untersuchungsgruppe. Die Sicht vieler Menschen auf die kognitive Ethologie ist von den immer gleichen Studien geprägt (normalerweise jenen an nicht-menschlichen Primaten), wobei die Tatsache ignoriert wird, dass es viele weitere Tiere gibt, die interessante Verhaltensmuster zeigen, die sich ebenfalls für kognitive Verhaltensforschungen eignen.

Die vergleichende kognitive Ethologie ist eine wichtige Erweiterung der klassischen Ethologie, da sie in der Tradition klassischer Ethologen wie den Nobelpreisträgern Nikolaas Tinbergen und Konrad Lorenz ausdrücklich Hypothesen über den Bewusstseinszustand von Tieren zulässt. Obwohl Ethologen wie Lorenz und Tinbergen Begriffe wie *Intentionsbewegungen* benutzt haben, verwendeten sie diese jedoch anders als sie in der philosophischen Literatur verwendet werden. *Intentionsbewegungen* sind Andeutungen des ersten Teils von Bewegungen, die zeigen, welche Aktion Individuen wahrscheinlich als nächstes durchführen werden. Sie spiegeln nicht notwendigerweise ihre Ansichten oder Wünsche wider, obwohl angenommen werden kann, dass das Individuum tatsächlich z.B. auffliegen wollte und glaubte, dass es fliegt, wenn es seine Flügel auf eine bestimmte Art bewegt. Diese Unterscheidung ist wichtig, da die Verwendung solcher Begriffe nicht notwendigerweise die Vorstellungen der klassischen Ethologie um eine kognitive Dimension erweitert, obwohl das möglich wäre.

In seinen frühen Arbeiten identifiziert Tinbergen vier sich überschneidende Bereiche, mit der sich die ethologische Forschung beschäftigen sollte: Evolution (Phylogenese), Anpassung (Funktion), Kausalität und Entwicklung (Ontogenese). Diese Grundstruktur eignet sich auch für all diejenigen, die sich für tierische Kognition interessieren (Jamieson/ Bekoff, 1993). Die Methoden zur Beantwortung von Fragestellungen variieren von Bereich zu Bereich, doch alle beginnen mit sorgfältiger Beobachtung und genauer Beschreibung der von den studierten Tieren gezeigten Verhaltensmuster. Die durch diese anfänglichen Beobachtungen gewonnenen Daten erlauben Forschern, das normale Verhaltensrepertoir des Tieres zu nutzen, um Fragen zur Evolution, Funktion, Kausalität und Entwicklung der in verschiedenen Kontexten gezeigten Verhaltensmuster zu beantworten.

Donald R. Griffin und die moderne Kognitionsethologie

Die moderne Ära der Kognitionsethologie mit Schwerpunkt auf der Evolution und der evolutionären Kontinuität der tierischen Kognition begann nach allgemeiner Ansicht mit der Veröffentlichung von Donald R. Griffins (1976/ 1981) Buch THE QUESTION OF ANIMAL AWARENESS: EVOLUTIONARY CONTINUITY OF MENTAL EXPERIENCE. Griffin erforschte hauptsächlich tierisches Bewusstsein; er wollte herausfinden, wie es ist, ein bestimmtes Tier zu sein (für eine kritische Erörterung von Griffins Arbeit siehe Jamieson und Bekoff, 1993). Griffin beschäftigte sich hauptsächlich mit der Phänomenologie tierischen Bewusstseins, doch das ist nur einer von vielen wichtigen und interessanten Aspekten tierischer Kognition (Allen/ Bekoff, 1997). Tatsächlich sehen viele die Kognitionsethologie aufgrund der breiten Auslegung und den weit greifenden Zielsetzungen als einen wichtigen Beitrag zur allgemeinen Kognitionswissenschaft. Für all jene mit anthropozentrischer Sichtweise sollte angemerkt werden, dass die Erforschung tierischer Kognition z.B. auch Fragen zur Autismusforschung beim Menschen beeinflusst hat.

Forschungsmethoden

Am Bewusstsein von Tieren interessierte Ethologen bevorzugen Forschungen unter Bedingungen, die so genau wie möglich der natürlichen Umgebung entsprechen, in der die natürliche Auslese stattfand oder derzeit auftritt. Bei Bedarf kann auch Forschung an in Gefangenschaft lebenden Tieren die Vergleichsstudie der tierischen Kognition beeinflussen; doch kognitive Ethologen widersprechen der Ansicht, dass (1) Feldforschungen zu tierischer Kognition unmöglich sind (schwierig, ja, aber nicht unmöglich); (2) sie ihre Versuche aufgeben sollten, das Bewusstsein von Tieren unter natürlichen Bedingungen zu erforschen; und (3) Forschungen zum Lernverhalten und Gedächtnis tierische Kognition umfassend abdecken. Die *Naturalisierung* der Erforschung der Kognition und des Bewusstseins von Tieren unter Laborbedingungen und im Freiland sollten zu einer erhöhten Wertschätzung der kognitiven Fähigkeiten von unter natürlichen Bedingungen lebenden Tieren führen. Das Bewusstsein von Tieren kann mit naturwissenschaftlichen Methoden exakt erforscht werden und muss nicht reduziert oder gar ausgeschlossen werden.

Bei kognitiven Fragen kommen verschiedene Vergleichsmethoden zur Anwendung, um Schlussfolgerungen auf kognitive Zustände und Fähigkeiten zuzulassen. Kognitive Forschung kann arrangierte soziale Begegnungen, Wiedergabe aufgezeichneter Lautäußerungen, die Präsentation von Reizen unter verschiedenen Bedingungen, Beobachtungen von Raubtier-Beute-Interaktionen, Beobachtung des Fressverhaltens, sowie Anwendung neurobiologischer Techniken und Studien zu sozialem und anderem Lernen umfassen. Computeranalysen eignen sich für diejenigen, die herausfinden möchten, welche Daten für ein adäquates Computermodell benötigt werden.

Es gibt keine großen Unterschiede zwischen den Methoden, die zur Erforschung tierischer Kognition und zur Erforschung anderer Aspekte tierischen Verhaltens eingesetzt werden. Die Unterschiede zeigen sich nicht darin, was und wie es getan wird, sondern vielmehr darin, wie die Daten *erklärt* werden. Daher argumentieren Allen/ Bekoff (1997), dass der Hauptunterschied zwischen Kognitionsethologie und klassischer Ethologie nicht in den gesammelten Daten liegt, sondern in den zur Erklärung der Daten verwendeten Konzepten.

Ein Bereich, der vielleicht mehr zur Erforschung des tierischen Bewusstseins beitragen wird als die meisten anderen Bereiche der vergleichenden Ethologie ist die Neurobiologie. All jene, die an den auf Zellen oder Nerven basierenden Grundlagen von Verhalten, tierischer Kognition und Bewusstsein interessiert sind, können Techniken wie die Positronenemissionstomographie (PET) verwenden, die auch in anderen Wissenschaftszweigen eingesetzt wird. Im Allgemeinen haben Studien, die Neurobildgebungsverfahren verwendet haben, extrem wertvolle Daten für mit zahlreichen Aktivitäten beschäftigte Menschen geliefert, wohingegen die Verwendung dieser und anderer bildgebender Verfahren bei in Gefangenschaft lebenden Tieren nicht umfassend für Individuen eingesetzt wurden, die sich mit etwas anderem als Lernen oder Erinnern beschäftigen. Obwohl neurobiologische Studien für den an tierischer Kognition interessierten Personenkreis extrem wichtig sind, bleibt eine Erklärungslücke zwischen neurophysiologischen Vorgängen und gezeigtem Verhalten.

Verhaltensstudien beginnen normalerweise mit der Beobachtung, Beschreibung und Kategorisierung von Verhaltensmustern. Das Ergebnis dieses Prozesses ist die Entwicklung eines Ethogramms oder Verhaltenskatalogs für diese Aktionen. Ethogramme stellen Informationen über die Form oder Morphologie einer Aktion und deren Codebezeichnung dar. Beschreibungen können sich auf visuelle Informationen (wie eine Aktion aussieht), akustische Merkmale (Sonogramme) oder chemische Bestandteile (z.B. Ergebnisse chromatographischer Analysen von Drüsenabsonderungen oder anderer Körperflüssigkeiten) stützen. Die Erstellung eines Ethogramms sollte sehr sorgfältig erfolgen, da diese Bestandsaufnahme von anderen Forschern jederzeit fehlerfrei reproduziert werden können muss. Ständige Aufzeichnungen von Beobachtungen ermöglichen anderen, ihre Beobachtungen und Beschreibungen mit den Originalaufzeichnungen zu vergleichen. Die Anzahl der Aktionen und die Breite der in einer Verhaltensstudie identifizierten Kategorien hängen von der Fragestellung ab; im Allgemeinen ist es jedoch besser, in den Anfangsstadien Aktionen in mehrere Schritte aufzuteilen, statt sie zusammenzufassen, und sie erst später miteinander zu verknüpfen, wenn die Fragestellungen sorgfältig erarbeitet wurden.

Bei Studien zur Verhaltensforschung ist es wichtig, die Sinnesleistungen der studierten Tiere so gut wie möglich zu kennen. In Experimenten sollten Tiere nicht aufgefordert werden, Dinge zu tun, die sie nicht tun können, weil sie den im Experiment eingesetzten Reiz nicht wahrnehmen oder von ihm nicht motiviert werden. Die Beziehungen zwischen normalen ökologischen Bedingungen und Unterschieden in der Fähigkeit von Tieren, Informationen wahrzunehmen, zu verarbeiten und darauf zu reagieren, bilden die Domäne des wachsenden Bereichs der *sensorischen Ökologie*. Ein guter Ethologe fragt, wie es ist, das studierte Tier zu sein, und entwickelt ein Bewusstsein für die Sinne, die das Tier einzeln oder im Verbund mit anderen Sinnen einsetzt. Es ist sehr unwahrscheinlich, dass Individuen einer anderen Spezies die Welt genauso wahrnehmen wie wir, auch ist es unwahrscheinlich, dass Mitglieder der gleichen Art sie immer identisch wahrnehmen, daher ist es wichtig, die Möglichkeit individueller Variation zu berücksichtigen.

Reizkontrolle und reizarme Umfelder

Obwohl im Labor oder Feld bei sorgfältig durchgeführten Experimenten der Einfluss von Variablen, die gezeigte Verhaltensreaktionen beeinflussen, oft gesteuert werden können, kann normalerweise die Möglichkeit des Einflusses einiger anderer Variablen nicht berücksichtigt werden. Feldstudien hingegen sind noch anfälliger für mangelnde Kontrolle, da die Bedingungen, unter denen sie durchgeführt werden, von Natur aus komplexer und weniger kontrollierbar sind.

Eine Darstellung der Bedenken hinsichtlich der Kontrolle findet sich in der exzellenten kognitionsethologischen Feldstudie von Cheney/ Seyfarth (1990) zum Verhalten (insbesondere der Kommunikation und Täuschung) und der Erkenntnisfähigkeit von Grünen Meerkatzen. Zur Erforschung, ob und wie Meerkatzen sich gegenseitig Wissensinhalte zukommen lassen können, spielten Cheney und Seyfarth anderen Gruppenmitgliedern die Lautäußerungen vertrauter Individuen vor. Die Forscher waren jedoch beunruhigt, weil sie nicht „alle visuellen oder akustischen Anzeichen der physischen Präsenz des [vertrauten] Tieres" eliminieren konnten. Dieses Unvermögen ist jedoch möglicherweise nicht problematisch, wenn das Ziel darin besteht zu verstehen, „wie Meerkatzen die Welt wahrnehmen".

Normalerweise ist es in den meisten sozialen Situationen wichtig, die körperliche Anwesenheit von Individuen und den Zugang zu Reizen unter verschiedenen Bedingungen zu berücksichtigen. Grüne Meerkatzen können, wie andere Tiere und auch Menschen, anderen Individuen Bewusstseinszustände mit Hilfe einer Kombination von Variablen übermitteln, die experimentell schwer voneinander getrennt werden können. Negative oder keinen Aufschluss gebende Ergebnisse können also von der Reizverarmung ihres Umfelds herrühren, d.h. dem Entzug von Informationen, die sie normalerweise zur Verfügung haben. Die Forscher suchen möglicherweise nach komplexen Mechanismen zur Übermittlung von Bewusstseinszuständen und übersehen dabei unter Umständen relativ einfache, von den Versuchsobjekten dafür eingesetzte Mittel.

Nur weil ein Tier etwas nicht tut, bedeutet das nicht, dass es das nicht tun kann (vorausgesetzt, dass das von uns Geforderte „vernünftig" ist: d.h. innerhalb seiner sensorischen und motorischen Fähigkeiten liegt). Daher kann das Bestehen auf absoluter Experimentkontrolle, die das Halten von Individuen in Gefangenschaft und ihre Gewöhnung an unter Umständen unnatürliche Testsituationen umfasst, die Ergebnisse erheblich beeinflussen. Die sich daraus ergebenden Behauptungen können, wenn sie falsch sind, verheerende Auswirkungen auf Diskussionen über die evolutionäre Kontinuität tierischer Kognitionsfähigkeiten haben. Cheney und Seyfarth erkannten einige dieser Probleme in ihrer Erörterung zu den Schwierigkeiten der Unterscheidung alternativer Erklärungen. So vertraten sie die Ansicht, dass eine Meerkatze entweder das Wissen anderer erfasst oder das Verhalten anderer beobachtet und ihr eigenes Verhalten daran anpasst.

Obwohl die Kontrolle bei Feldforschungen möglicherweise ein größeres Problem darstellt als bei Untersuchungen unter Laborbedingungen, sollten kognitive Ethologen die Feldforschung sicherlich nicht aufgeben. Kognitive Ethologen und vergleichende kognitive Psychologen können wichtige Lektionen voneinander lernen. Einerseits können kognitive Psychologen, die sich auf extrem kontrollierte Experimente spezialisiert haben, kognitiven Ethologen, die solche Forschungen nicht durchführen, etwas über die Wichtigkeit von Kontrolle beibringen. Auf der anderen Seite können jene, die Menschen und Tiere unter stark kontrollierten und häufig künstlichen und reizarmen Laborbedingungen studieren, ihren Horizont erweitern und etwas über die Bedeutung naturnaher Methoden lernen: Sie können zur Entwicklung von Verfahren angeregt werden, die mögliche Interaktionen zwischen Reizen unter verschiedenen Umständen unter natürlicheren Bedingungen berücksichtigen.

Bei jenen Forschern, die sich für wichtige, kontrovers diskutierte Themen in Bezug auf die Gedächtnisleistungen von Tieren interessieren, die typischerweise unter kontrollierten Haltungsbedingungen studiert werden (z.B. bei Fragen zur Möglichkeit der Selbsterkennung), wächst beispielsweise die Erkenntnis, dass naturnahe Vorgehensweisen vonnöten sind. Die Verwendung eines einzigen Tests, der hauptsächlich auf *einer* Sinnesleistung beruht – zum Beispiel dem Gesichtssinn – stellt eine zu eingeschränkte Vorgehensweise für vergleichende Studien dar. Im Grunde sollten alle Methoden zur Erforschung der Verhaltensflexibilität bzw. -vielfalt der studierten Tiere eingesetzt werden.

Kritik der kognitiven Ethologie

Eine ausgewogene Sicht auf die kognitive Ethologie erfordert die Berücksichtigung der Ansichten ihrer Kritiker. Kritik an der kognitiven Ethologie kommt aus verschiedenen Richtungen, konzentriert sich aber normalerweise auf die folgenden Vorstellungen und Annahmen: (1) Tiere haben keinen Verstand; (2) (viele, die meisten, alle) Tiere handeln nicht bewusst oder nur ein geringer Teil ihres Verhaltens wird bewusst gesteuert (egal wie weit der Begriff „bewusst" gefasst wird), sodass es Zeitverschwendung ist, das Bewusstsein von Tieren zu erforschen (kognitive Ethologie ist tatsächlich eine viel weiter gefasste Disziplin, als dadurch suggeriert wird, s.u.); (3) es ist unmöglich, die Bewusstseinszustände von Tieren und die Beschaffenheit ihrer Gehirne bzw. deren Inhalt (falls vorhanden) exakt zu erforschen; (4) Tiere haben keine Ansichten und Anschauungen, da diese denen von Menschen nicht ähneln; (5) die Datensammlung zeichnet sich durch mangelnde Exaktheit aus; (6) es mangelt an umfangreichen empirischen Datenbanken; (7) die (rein unterstützenden) Erklärungen fußen von Natur aus auf wenigen Grundlagen, sind ausschweifend und trotzdem komplex, sie stützen sich stark auf theoretische Konstrukte (z.B. Gedächtnis, Bewusstseinszustände), die für den studierten Verhaltensphänotyp angeboten werden (sie sind zu anthropomorphisch, zu volkstümlich-psychologisch oder zu sehr „als ob" – Tiere verhalten sich, als ob sie Anschauungen, Wünsche oder andere Gedanken über etwas haben); und (8) das starke Vertrauen, aus dem beobachteten Verhalten kognitive Erklärungen hervorzubringen (doch das gilt nicht ausschließlich für kognitive Untersuchungen).

Da die größten Kritiker diejenigen sind, die den Erfolg der kognitiven Ethologie ignorieren, sollten jene, die sie aufgrund starker, radikaler behavioristischer Ausrichtung ablehnen oder die die grundlegenden philosophischen Prinzipien der kognitiven Ethologie nicht verstehen, darauf hingewiesen werden, dass mechanistischere Verfahren zur Erforschung tierischer Kognition ebenfalls eigene Probleme aufwerfen. Beispielsweise ignorieren vergleichende

Psychologen häufig die Frage der Bedeutung einer Studie über das natürliche Vorkommen des jeweiligen Tieres und interessieren sich zu sehr für die logische Struktur des durchgeführten Experiments, ohne naturnahe Vorgehensweisen ausreichend zu berücksichtigen. Nicht-kognitive, mechanistische Faustregeln können ebenfalls sehr ungeeignet und zu umfangreich sein und werden häufig bei schwer vorstellbaren, längst vergangenen Ereignissen angewendet. Außerdem ist nicht klar, ob Unterschiede zwischen nicht-kognitiven Faustregeln und kognitiven Erklärungen Unterschiede in der Ausprägung einzelner Individuen oder aber der ganzen Art anzeigen. Sowohl nicht-kognitive als auch kognitive Erklärungen können lediglich Geschichten sein (genauso wie viele evolutionäre Erklärungen), die sich auf hypothetische Konstrukte stützen, und keine dieser Methoden ist in allen Situationen anwendbar.

Fallstudien

Drei Fallstudien, die die Anwendung einer breitgefassten, vergleichenden kognitiv-ethologischen Vorgehensweise unterstützen, finden sich in der neueren Feldforschung zur Raubfeindabwehr bei Vögeln (Ristau, 1991; Bekoff, 1995b) sowie in Feld- und Laborforschungen zum Sozialspielverhalten bei verschiedenen Kaniden (Haushunden, Wölfen und Kojoten; Bekoff, 1995a). Viele weitere Beispiele finden sich in Cheney und Seyfarth, 1990; Ristau, 1991; Griffin, 1992; Allen/ Bekoff, 1995, 1997; Bekoff/ Jamieson, 1996; und den darin enthaltenen Verweisen. Obwohl Griffin die Ergebnisse vieler exzellenter Studien über die Möglichkeit von Sprache bei nicht-menschlichen Primaten, Walen und Vögeln in seine breitgefasste Erörterung des tierischen Bewusstseins eingebunden hat, fallen diese nicht direkt in den Hauptbereich kognitiver Ethologie, wie ich sie verstehe: Die Erforschung natürlichen Verhaltens in natürlichen Umgebungen aus evolutionärer und ökologischer Sicht. (Das soll natürlich die Bedeutung kognitionsethologischer Forschungen an in Gefangenschaft gehaltenen Tieren nicht schmälern.) Nur die weitere Forschung wird beweisen können, ob das Verhalten einiger weniger in Gefangenschaft lebender Tiere, die intensiven Forschungen im Bereich Sprache unterzogen wurden, dem Verhalten wild lebender Tiere der gleichen Spezies entspricht oder ob die Daten von in Gefangenschaft lebenden Tieren eher ein, zugegebenermaßen wichtiges, Beispiel für Verhaltensplastizität und Verhaltenspotenzial einer bestimmten Art sind.

Ristau (1991) erforschte das Vortäuschen von Verletzungen bei Flötenregenpfeifern (z.B. gebrochenen Flügeln), um herauszufinden, ob sie mehr über das Vortäuschen von Verletzungen erfahren könne, wenn sie das Vortäuschen verletzter Flügel als absichtliches, zweckgerichtetes Verhalten ansähe („Der Regenpfeifer möchte den Eindringling von seinem Nest oder seinen Jungen weglocken"), anstatt dieses Verhalten als angeborene Reflexreaktion auf das Vorhandensein eines bestimmten Reizes, z.B. eines potenziell störenden Raubfeindes, einzustufen. Sie studierte die Richtung, in die sich die Vögel beim Vortäuschen gebrochener Flügel bewegten, wie sie die Position des Raubfeindes beobachteten sowie die Flexibilität des Reaktionsverhaltens. Ristau fand heraus, dass die Vögel ihre Verletzung in die Richtung vorspielten, die den ihnen folgenden Raubfeind weiter vom bedrohten Nest oder den bedrohten Jungen wegführte. Die Vögel beobachteten die Vorgehensweise des Eindringlings und passten ihr Verhalten in Reaktion auf die Bewegungsvariationen des Raubtieres an. Diese und weitere Daten ließen Ristau darauf schließen, dass das Vortäuschen gebrochener Flügel durch die Regenpfeifer als *absichtliche Handlung* erklärt werden kann. Die Regenpfeifer führen den Raubfeind absichtlich von ihrem Nest oder ihren Jungen weg und passen dazu ihr Verhalten an das des Raubtieres an.

In einer anderen Studie zur Raubtierabwehr bei Vögeln fand Bekoff (1995b) heraus, dass Abendkernbeißer ihre Wachsamkeit und ihr Sicherungsverhalten abhängig von der Art und Weise anpassen, wie die Individuen zueinander positioniert sind. Abendkernbeißer und andere Vögel wägen häufig das Ausschauhalten nach potenziellen Raubfeinden und das Fressverhalten gegeneinander ab: Im Grunde (und stark vereinfacht) halten einige Vögel Ausschau, während andere fressen, und handeln danach andersherum. Daher wird angenommen, dass die einzelnen Individuen wissen möchten, was die Anderen tun. Sie erfahren etwas über das Verhalten anderer, indem sie versuchen, sie zu beobachten.

Bekoffs Studie der Abendkernbeißer zeigte, dass wenn ein Schwarm aus vier oder mehr Vögeln bestand, es erhebliche Änderungen im Sicherungsverhalten und in anderen Verhaltensweisen gab, die davon abzuhängen schienen, wie die Abendkernbeißer versuchten, Informationen über andere Schwarmmitglieder zu gewinnen. Verglichen wurde eine kreisförmige Anordnung der Vögel, bei der sie sich sehen konnten, mit einer linearen Anordnung, bei der die gegenseitige Beobachtung von Schwarmmitgliedern erschwert war. Sie waren hier (1) wachsamer, (2) änderten ihre Kopf- und Körperhaltung öfter, (3) reagierten langsamer auf Änderungen der Gruppengröße, (4) zeigten geringere Koordination der Kopfbewegungen und (5) zeigten größere Variabilität bei allen Handlungen. Die Verhaltensunterschiede zwischen kreisförmig und linear angeordneten Vögeln ließen sich am besten durch den Versuch der Individuen erklären, mittels visueller Beobachtung zu erfahren, was die anderen Schwarmmitglieder gerade taten.

Das könnte etwas darüber aussagen, ob und wie Vögel versuchen, sich ein Bild von ihrem Schwarm oder zumindest von anderen Individuen zu machen. Es kann sein, dass einzelne Individuen eine Vorstellung davon entwickeln, was andere Tiere (wahrscheinlich) gerade tun und ihr eigenes Verhalten daran ausrichten. Bekoff meinte, dass hier kognitive Erklärungen einfacher und weniger umständlich seien, als nicht-kognitive Faustregeln (z.B. „In diese Richtung Ausschau halten, wenn sich diese Anzahl Vögel in dieser geometrischen Anordnung aufhalten" oder „In jene Richtung Ausschau halten, wenn sich diese Anzahl Vögel in jener geometrischen Anordnung befinden"). Nicht-kognitive Faustregeln scheinen die Verhaltensflexibilität der Tiere nicht so gut oder so einfach zu berücksichtigen wie Erklärungen, die sich auf die kognitive Fähigkeit der studierten Vögel stützen.

Das Sozialspielverhalten ist ein weiterer Bereich, der sich gut für kognitive Fragestellungen eignet. Die Erforschung des Sozialspiels umfasst Fragen nach der Kommunikation, den Absichten, den Rollenspielen und der Kooperation der beteiligten Partner, und die Ergebnisse solcher Studien können Hinweise auf die Fähigkeit der Tiere geben, die Absichten des anderen zu verstehen. Spiel ist ein Phänomen, das bei vielen Spezies anzutreffen ist. Es bietet die Möglichkeit zu vergleichenden Untersuchungen von kognitiven Fähigkeiten, insbesondere wenn man die übliche und viel zu eng gefasste Fokusierung auf Primaten überdenkt, welche die Diskussion der nicht–menschlichen Kognition dominiert. Eine neuere Studie zur Struktur von Spielsequenzen bei Kaniden (Bekoff, 1995a) zeigt, dass eine „Vorderkörpertiefstellung" genannte Aktion (ein Tier senkt den Vorderkörper wie bei einer Verbeugung, streckt das hintere Ende und wedelt eventuell mit dem Schwanz) häufig direkt vor und sofort nach Aktionen gezeigt wird, die falsch interpretiert werden und das laufende Sozialspiel stören oder unterbrechen könnten.

Das Sozialspiel von Kaniden (und anderen Säugetieren) umfasst Aktionen, die auch in anderen Kontexten eingesetzt werden (z.B. bei agonistischen Auseinandersetzungen oder bei Beutebegegnungen). Dort kommt es jedoch nie zu einer Vorderkörpertiefstellung. Es ist wichtig für Individuen, anderen mitzuteilen, dass sie mit ihnen spielen und nicht mit ihnen kämpfen oder sie fressen möchten, und diese Mitteilung scheint durch Signale (wie z.B. die

Vorderkörpertiefstellung) mitgeteilt zu werden, die fast nur im Kontext des Sozialspiels gezeigt werden. Bei Kaniden und anderen Säugetieren werden Aktionen wie das Beißen, begleitet von schnellem Seitwärtsschwenken des Kopfes, bei aggressiven Interaktionen sowie beim Beutefangverhalten verwendet und könnten im Spiel missverstanden werden. Das Tier, das diese Aktionen durchgeführt hat, muss seinem Partner jetzt durch ein eindeutiges Signal mitteilen, dass diese Aktion im Spielkontext erfolgte und nicht als aggressives oder Beutefangverhalten gedeutet werden sollte.

Deshalb treten Signale wie die Vorderkörpertiefstellung nicht ziellos in Spielsequenzen auf. Die Spielatmosphäre wird vielmehr durch diese „Verbeugungen" direkt vor oder nach Aktionen, die missverstanden werden könnten, verstärkt und aufrechterhalten. Das Ergebnis von Bekoffs Studie an verschiedenen Kaniden stützt die Schlussfolgerung, dass die Vorderkörpertiefstellung dazu dient, Informationen zu nachfolgenden oder vorangegangenen Aktionen zu geben. Zusätzlich zur Mitteilung „Ich möchte spielen" bei der Ausführung am Anfang des Spiels scheinen während des Sozialspiels ausgeführte Verbeugungen die Mitteilung zu senden, „Ich möchte spielen, trotz dessen, was ich tun werde oder gerade getan habe – ich möchte wirklich nur spielen", wenn ein Problem beim Austausch dieser Information zwischen den interagierenden Tieren auftritt. Die nicht-kognitive Faustregel „Spiele auf diese Art, wenn das passiert" und „Spiele auf jene Art, wenn jenes passiert" scheint eine zu starre, unzureichende Erklärung für das von den Tieren gezeigte *flexible* Verhalten zu sein.

Zukunftsaussichten

Es könnten hier noch weitere Beispiele aufgeführt werden, doch diese drei allein zeigen schon, dass Selbstgefälligkeiten in der Debatte darüber, wie Tierverhalten erforscht und erklärt werden sollte, in keinster Weise gerechtfertigt sind. Eine pluralistischere Vorgehensweise sollte zum besseren Verständnis der Tiere führen, mit denen wir uns den Planeten teilen. Manchmal reagieren einige Tiere (und einige Menschen) wie Reiz-Reaktions-Maschinen, und bei anderen Gelegenheiten verhalten sie sich auf eine Weise, die sich am besten mit einem reichhaltigen kognitiven Vokabular beschreiben läßt. Ein methodischer Pluralismus ist also vonnöten: Faire Methoden gegenüber den einzelnen Spezies müssen an die Fragestellungen und die jeweiligen Tiere angepasst werden, und *alle* konkurrierenden Hypothesen und Erklärungen müssen grundsätzlich berücksichtigt werden.

Alle an tierischer Kognition Interessierten sollten der Versuchung widerstehen, pauschale Aussagen über die kognitiven Fähigkeiten (oder einen Mangel an denselben) für alle Mitglieder einer bestimmten Spezies abzugeben. Eine Konzentration auf Individuen und nicht auf Spezien sollte die Grundlage zukünftiger Forschungen der kognitiven Ethologie bilden. Es gibt große individuelle Variationen im Verhalten innerhalb von einzelnen Spezies, und pauschale Generalisierungen im Hinblick darauf, was ein Individuum tun wird, weil es ein Mitglied einer bestimmten Spezies ist, müssen mit Vorsicht genossen werden.

Außerdem bleibt häufig unberücksichtigt, dass in vielen Fällen pauschale Generalisierungen hinsichtlich der kognitiven Fähigkeiten (oder deren Fehlen) von Spezies, nicht Individuen, auf wenigen Daten von einer eingeschränkten Zahl von Individuen basieren – auf Individuen, die möglicherweise nur einer geringen Auswahl von Verhaltenstests ausgesetzt waren. Die Bedeutung der Erforschung von Tieren unter Feldbedingungen kann nicht genug hervorgehoben werden. Feldforschungen, die eine sorgfältige, gut durchdachte Beobachtung und Beschreibung beinhalten, und Versuchsanordnungen, die nicht zu einer Misshandlung von Tieren führen, sind in Gefangenschaft extrem schwer nachzustellen. Obwohl es möglicherweise einfacher ist, Tiere in Gefangenschaft zu erforschen, müssen sie die Komplexität sozialer und anderer Reize ihrer natürlichen Umgebung geboten bekommen.

Kognitionsethologen sollten bestrebt sein, die Erforschung tierischer Kognition durch sorgfältige, präzise Beschreibung der Forschungsprozesse nachvollziehbar zu machen. Die kognitive Ethologie kann neue Fragen aufwerfen, die mittels verschiedener Analysestufen beantwortet werden können. Beispielsweise können detaillierte, beschreibende Informationen zu einfachen Verhaltensmustern und neuroethologische Daten wichtig für die weitere Erforschung tierischer Kognition und nützlich zur Erklärung bereits vorhandener Daten sein. Solche Analysen werden kognitiv-ethologische Untersuchungen nicht überflüssig machen, da Verhaltensnachweise bei der Beurteilung von kognitiven Fähigkeiten Vorrang vor anatomischen oder physiologischen Daten haben.

Zusammenfassend lässt sich sagen, dass für die Forschung im Bereich der kognitiven Ethologie Folgendes wichtig ist: (1) Offenheit für die Möglichkeit von Überraschungen hinsichtlich der kognitiven Fähigkeiten von Tieren; (2) Konzentration auf vergleichende, evolutionäre und ökologische Fragen und Datensammlung über viele verschiedene Spezies, einschließlich denen von Haustieren – nicht nur über Primaten – und Vermeidung der Bezeichnungen „niedere“ und „höhere“ Tiere oder zumindest die Definition ausdrücklicher Kriterien für diese heiklen, wertenden Begriffe; (3) Naturalisierung der Forschungsmethoden durch Berücksichtigung der Sichtweise der Tiere (Kommunikation in ihrer Sprache) und ihre Erforschung unter Bedingungen, die so genau wie möglich ihren typischen Lebensbedingungen entsprechen – oft tun Tiere nicht, was wir von ihnen erwarten (manchmal nähert sich die Beute dem Raubtier), und Kenntnisse über ihr natürliches Verhalten sind wichtig für die Entwicklung überprüfbarer, realistischer Verhaltensmodelle; (4) der Versuch zu verstehen, wie kognitive Fähigkeiten von in Gefangenschaft gehaltenen Tieren in natürlichen Umgebungen funktionieren könnten; (5) Erforschung individueller Unterschiede; (6) Verwendung aller Arten von Daten, von Anekdoten bis hin zu umfangreichen Datenbanken; und schließlich (7) Anwendung verschiedener Erklärungsmodelle zur bestmöglichen Erklärung der untersuchten Daten.

Die kognitive Ethologie muss sich nicht an anderen Wissenschaftsfeldern wie etwa der Physik oder der Neurobiologie ausrichten, um Glaubwürdigkeit zu erlangen. Der Neid auf die „exakten“ Naturwissenschaften führte Anfang des zwanzigsten Jahrhunderts zum Verlust tierischer und menschlicher Seelen.

Wir sind noch weit davon entfernt, über eine adäquate Datenbank zu verfügen, die Aussagen zur taxonomischen Verteilung verschiedener kognitiver Fähigkeiten oder zum Vorhandensein von Einfühlungsvermögen bei Tieren zulässt. Es gibt Studien, die belegen, dass einige Affen nicht in der Lage sind, Nachahmungsaufgaben auszuführen, die (einige) Mäuse bewerkstelligen können. Wenn die Absicht darin besteht, die Frage zu beantworten, ob Affen klüger als Mäuse sind, sind diese Erkenntnisse irreführend, da es keinen Grund zu der Annahme gibt, dass nur eine einzige, lineare Intelligenzskala existiert. In der Welt der Mäuse ist es möglicherweise wichtiger, bestimmte Dinge zu tun, als in der Welt der Affen, aber in anderer Hinsicht hat ein Affe vielleicht eine Fähigkeit, die einer Maus fehlt. Außerdem gibt es innerhalb der Arten große Variationen, und auch dies muss sorgfältig dokumentiert werden.

Es ist unwahrscheinlich, dass die Wissenschaft an irgendeinem Punkt die Natur des tierischen Bewusstseins vollständig erfassen wird. Sowohl anekdotische Informationen als auch solide (empirische) Daten von Langzeitfeldforschungen sind nötig, um weitere empirische experimentelle Forschungen anzuregen. Daher sind Fragen danach, ob Affen Mäuse ausstechen oder Mäuse Affen, verfrüht. Bedeutet das, dass viele, einige oder keine Tiere mit

Bewusstsein oder Einfühlungsvermögen ausgestattet sind? Zum jetzigen Zeitpunkt wäre es angesichts unseres Wissensstandes verfrüht zu versuchen, diese Frage endgültig zu beantworten.

Literaturhinweise und empfohlene Literatur

Allen/ Bekoff (1995): „Cognitive ethology and the intentionality of animal behaviour", In: *Mind and Language*, Bd. 10, S. 313 ff.

Allen/ Bekoff (1997): „Species of Mind: The Philosophy and Biology of Cognitive Ethology.", Cambridge, Mass.: MIT Press.

Bekoff, M. (1995a): „Play signals as punctuation: the structure of social play in canids", In: *Behaviour*, Bd. 132, S. 419 ff.

Bekoff, M. (1995b): „Vigilance, flock size, and flock geometry: information gathering by western evening grosbeaks (Aves, Fringillidae)", In: *Ethology*, Bd. 99, S. 150 ff.

Bekoff/ Allen (1997): „Cognitive ethology: slayers, skeptics, and proponents", In: Mitchell/ Thompson/ Miles (Hg.): *Anthropomorphism, Anecdote, and Animals: The Emperor's New Clothes?*, Albany, NY: SUNY Press, S. 313 ff.

Bekoff/ Jamieson (Hg.) (1996): „Readings in Animal cognition", Cambridge, Mass.: MIT Press.

Cheney/ Seyfarth (1990): „How Monkeys See the World: Inside the Mind of Another Species", Chicago: University of Chicago Press.

Griffin, D.R. (1976/ 1981): „The Question of Animal Awareness: Evolutionary Continuity of Mental Experience", New York: Rockefeller University Press.

Griffin, D.R. (1992): „Animal Minds", Chicago: University of Chicago Press.

Jamieson/ Bekoff (1993): „On aims and methods of cognitive ethology", In: *Philosophy of Science Association*, Bd. 2, S. 110 ff.

Ristau, C. (Hg.) (1991): „Cognitive Ethology: The Minds of Other Animals. Essays in Honor of Donald R. Griffin", Hillsdale, NJ: Erlbaum.

Dale Jamieson & Marc Bekoff

Ziele und Methoden der kognitiven Ethologie
(1993)

1. Einführung[1]

1963 veröffentlichte Nikolaas Tinbergen einen seinem Freund Konrad Lorenz gewidmeten Essay mit dem Titel On Aims and Methods of Ethology. Dieser Essay ist ein Meilenstein in der Entwicklung der Ethologie. Darin definiert Tinbergen Ethologie als „die biologische Erforschung von Verhalten" und ist bestrebt, den „engen Zusammenhang zwischen Ethologie und dem Rest der Biologie" nachzuweisen (S. 411). Aufbauend auf Huxley (1942) identifiziert Tinbergen vier Hauptfragestellungen der Ethologie: Kausalität, Überlebenswert, Evolution und Ontogenese. Die Beschäftigung mit diesen Problemen, unter verschiedenen Bezeichnungen (Mechanismus, Anpassung, Phylogenese und Entwicklung), hat die Erforschung tierischen Verhaltens während der letzten annähernd fünfzig Jahre geprägt (Dawkins, et al. 1991; Dewsbury 1992).

Mit diesem Schwerpunkt auf der Bedeutung natürlicher, Tieren innewohnender Strukturen bildete Tinbergen einen Gegenpol zum Behaviorismus. Trotzdem lehnte er die Vorstellung ab, die Ethologie sollte eine Form teleologischer Argumentation einsetzen oder sich auf „subjektive Phänomene" wie „Hunger" oder Emotionen beziehen. Er schrieb, dass teleologische Schlussfolgerungen „den Fortschritt der Ethologie erheblich aufhalten" (1951, S. 4) können. „Weil subjektive Phänomene bei Tieren nicht objektiv beobachtet werden können, ist es nutzlos, deren Existenz zu behaupten oder zu bestreiten" (ebd.).[2]

Seit der Veröffentlichung von Donald Griffins renommierten Buch The Question of Animal Awareness im Jahr 1976 hat eine wachsende Zahl von

[1] Wir danken all jenen, die an Diskussionen zu diesem Thema an der University of Wyoming und bei den Meetings der Philosophy of Science Association im Jahr 1992 teilgenommen haben. Insbesondere danken wir Colin Allen, Marc Hauser, David Resnik und Carolyn Ristau.

[2] Tinbergen scheint jedoch nur eine Seite weiter vorzuschlagen, dass «die Erforschung subjektiver Phänomene konsistent in der Anwendung der eigenen Methoden ist», doch dass diese Studien von anderen Studien zur Kausalität unterschieden werden sollten (1951, S. 5).

Forschern versucht, die kognitiven Fähigkeiten von Tieren zu studieren. (Beispiele für diese Arbeiten finden sich in Bekoff/ Jamieson 1990, und Ristau 1991.) Obwohl diese Forschung von hitzigen Debatten begleitet wird, wurde die Kognitionsethologie als Wissenschaftszweig bisher nicht abschließend eindeutig definiert, adäquat charakterisiert oder befriedigend erläutert.

Unser Ziel in diesem Essay ist es, zu versuchen, für die kognitive Ethologie das zu erreichen, was Tinbergen für die Ethologie erreicht hat: ihre Ziele und Methoden zu verdeutlichen, einige ihrer Varianten zu unterscheiden und die Stärken der von diesem Wissenschaftszweig hervorgebrachten Forschungsstrategien zu verteidigen.

Dieser Essay unterteilt sich in fünf Hauptbereiche. Im ersten Teil skizzieren wir kurz die Geschichte der Ethologie und erklären die Motivation, die hinter der kognitiven Wende steht. Danach diskutieren wir die bahnbrechende Arbeit von Donald Griffin und das Aufkommen der Kognitionsethologie. Im dritten Abschnitt unterscheiden wir zwei Varianten der kognitiven Ethologie – „stark" und „schwach" – und bieten einige Gründe für die Bevorzugung der ersten Variante an. Der vierte Teil des Essays enthält eine Erörterung zu einem Forschungsbereich der kognitiven Verhaltensforschung: dem Sozialspiel. Der Essay wird durch einige abschließende Bemerkungen abgerundet.

2. Die Geschichte der Tierverhaltensforschung

Im letzten Drittel des neunzehnten Jahrhunderts leistete Charles Darwin den wichtigsten Beitrag zu den Grundlagen der Verhaltensforschung (Boakes 1984, Richards 1987). Darwin vertrat die Ansicht einer geistigen Kontinuität zwischen Menschen und Tieren und ging davon aus, dass „niedere Tiere offensichtlich ebenso wie Menschen Freude und Schmerz, Glück und Not empfinden" (Darwin 1871, S. 448).[3] Laut Darwin sind Affen zu wohldurchdachten Täuschungen fähig (1896), können Insekten Probleme lösen und viele Tiere abwägen, was sie tun (1871, 1896).

Darwins Ansatz kann als „anekdotischer Kognitivismus" beschrieben werden. Er schreibt vielen Tieren auf der Grundlage von Beobachtungen bestimmter Fälle kognitive Fähigkeiten zu, statt sich auf kontrollierte Experi-

[3] Es gibt jedoch einen Abschnitt in Darwin (1871, Kap. 2), in dem er eine Diskontinuität zwischen Menschen und Tieren vorzuschlagen scheint. Menschen sind laut Darwin aufgrund ihrer Sprachfähigkeit die dominierende Art, und Sprache hängt teilweise von menschlichen intellektuellen Fähigkeiten ab. Das lässt darauf schließen, dass die Diskontinuität in den Fähigkeiten zwischen Menschen und Tieren eine Diskontinuität des Intellekts widerspiegelt.

mente oder Manipulationen zu stützen. Darwins Anhänger, George Romanes, blieb dieser Tradition treu, stand jedoch der Zuordnung verschiedener kognitiver Fähigkeiten kritischer gegenüber als Darwin. Selbst Lloyd Morgan, hauptsächlich bekannt für seine Regel – „In keinem Fall sollten wir eine Handlung als das Ergebnis der Ausübung eines höheren geistigen Vermögens interpretieren, wenn sie auch als das Ergebnis eines in der geistigen Skala weiter unten stehenden geistigen Vermögens interpretiert werden kann" (Morgan 1894, S. 53) – akzeptierte das Konzept der Kontinuität von Bewusstseinszuständen, wie es Darwin und Romanes entwickelt hatten. Tatsächlich unterstützt Morgans Grundsatz, wie Rollin (1989) hervorhebt, nicht nur die Ansicht, dass Tiere Bewusstseinszustände haben, sondern setzt sie sogar voraus.

Der Behaviorismus entstand teilweise in dem Versuch, den anekdotischen Ansatz zu überwinden und Stringenz in die Verhaltensforschung zu bringen. Kontrollierte Experimente anstelle von Feldbeobachtungen führten zu Primärdaten, und Grundprinzipien sollten auf direkten Beobachtungen beruhen. Vor diesem Hintergrund wurde tierisches Bewusstsein als „... mystisch, unwissenschaftlich, unnötig, obskur und für die Erforschung nicht zugänglich" angesehen (Rollin 1989, S. 68).

Jacques Loeb, der etwa von 1890 bis 1915 wirkte, war ein einflussreicher Vorläufer des Behaviorismus in der Biologie. Obwohl er glaubte, dass Bewusstsein eine herausragende Eigenschaft höherer Organismen sei, ging er davon aus, dass Tierverhalten auf nicht-teleologische Weise mit Hilfe der Tropismenlehre erklärt werden könne (Pauly 1987). In den 1920ern gewann der Behaviorismus durch die Arbeit von Watson und anderen zunehmend an Einfluss. Um 1930 war der Wechsel zum Behaviorismus abgeschlossen, und der anekdotische Kognitivismus war praktisch aus der vorherrschenden Wissenschaft verschwunden.

In Europa entwickelte sich mit der Arbeit von Lorenz und Tinbergen die klassische Verhaltensforschung. Sie erreichte Amerika in der Zeit nach dem zweiten Weltkrieg (obwohl es, wie Dewsbury 1992 hervorhebt, auch vor dem Krieg Kontakte gab). Die Wurzeln der klassischen Verhaltensforschung waren in den Untersuchungen von Darwin, Charles Otis Whitman und Oskar Heinroth zu finden. Die klassische Ethologie bedeutete eine Rückkehr zu einigen Vorstellungen Darwins und dem frühen anekdotischen Kognitivismus, insbesondere in Form von Verweisen auf die Evolutionstheorie, dem engen Zusammenhang zur Naturgeschichte und der Abhängigkeit von Anekdoten und des Anthropomorphismus zur Anregung von gründlicheren Studien.

Lorenz war Doktor der Medizin, vergleichender Anatom, Psychologe und Philosoph. Er führte wenige Feldforschungen durch, besaß jedoch enormes Wissen in Bezug auf tierisches Verhalten. Seine Methode bestand darin, verschiedene Tiere zu beobachten, sowohl Haus- als auch Wildtiere, die in der Nähe seines Zuhauses in Österreich und Deutschland lebten. Lorenz vertrat die Ansicht, dass Empathie, Intuition und Emotionen wichtig für das Verständnis von Tieren sind und Wissenschaft nicht „in dem Glauben, es sei möglich, objektiv zu sein, indem man die eigenen Gefühle ignoriert" durchgeführt werden sollte (Lorenz 1988/ 1991, S. 7). Er ordnete Tieren Gefühle wie Liebe, Eifersucht, Neid und Ärger zu.

Tinbergen vervollständigte die naturalistischen und anekdotischen Ansätze von Lorenz durch elegante, einfache und (normalerweise) relativ nichtinvasive Feldforschungen. Tinbergen arbeitete mit Lorenz auch an verschiedenen klassischen Problemen, zum Beispiel an der Eirollbewegung bei Gänsen.

Wissenschaftshistorisch lag der wichtigste Einfluss von Lorenz und Tinbergen darin, dass sie Bewusstseinszustände wie „Instinkte, Triebe, Motivationsimpulse und nervöse Energie" berücksichtigten. Aus ihrer Sicht wird Verhalten normalerweise durch konkrete, emotional und physiologisch bedingte Befindlichkeiten verursacht und in erster Linie durch externe Stimuli ausgelöst oder gehemmt. Dieser Schwerpunkt auf „Bewusstseinszustände" stand in deutlichem Gegensatz zur behavioristischen Tradition.

Als Lorenz und Tinbergen (zusammen mit Karl von Frisch) 1973 den Nobelpreis zuerkannt bekamen, hielten viele ihre vereinheitlichende Theorie jedoch bereits für überholt (Kennedy 1992). Bereits 1968 schrieb Patrick Bateson, dass „die Anbetung der alten Götter und das damit verbundene intellektuelle Rüstzeug wundersamerweise noch vereinzelt überlebten. Doch wurden die Befürworter einer *Grand Theory* zumeist entweder gezwungen, ihre Augen vor unangenehmen Beweisen zu verschließen oder ihre Vorstellungen bis zur Unwiderlegbarkeit anzupassen" (1968, S. 33). Marian Dawkins schrieb, dass „die meisten modernen Bücher über tierisches Verhalten den *Instinkt* vollständig verwerfen und versuchen, ihn ehrenvoll in den Ruhestand zu entlassen" (Dawkins 1986, S. 67).

In den letzten Jahren wurde keine „Grand Theory" entwickelt, die die Instinkttheorie von Lorenz und Tinbergen ablösen könnte. Jedoch rückte die Frage der Anpassung zunehmend in den Mittelpunkt von Tierverhaltensstudien. Viele Forscher lassen tatsächlich den Eindruck entstehen, dass sich ein Verhalten vollständig erklärt, wenn nachgewiesen werden kann, dass es möglicherweise zur allgemeinen Lebenstüchtigkeit beiträgt. Das ist überraschend, weil die Erklärungen von Verfechtern der Anpassungstheorie oft nicht genügend durch empirische Beweise untermauert werden. In den Fällen, in denen sie es sind, schließen verfügbare „gute Geschichten" aber auch andere Erklärungen nicht aus.

Die Instinkttheorie von Lorenz und Tinbergen sollte die Mechanismen von Verhalten aufzeigen. Mit dem Niedergang der „Grand Theory" haben sich einige Forscher als Ersatz für die Erforschung des Instinkts der Neuroethologie zugewandt. Doch trotz der großen Fortschritte in der Neuroethologie kann vieles, was wir über Tiere wissen möchten, nicht allein mit ihren Begriffen erklärt werden. Wenn wir z.B. wissen möchten, warum ein Hund den Postboten anbellt, ist eine Erklärung mit den Begriffen der „neuralen Schaltkreise" möglicherweise nicht sehr nützlich (Dennett 1987).

Wie viele der von ihr studierten Tiere muss die Tierverhaltensforschung auf allen vier Beinen stehen (Mechanismus, Anpassung, Phylogenese und Entwicklung). Vielleicht muss sich die Tierverhaltensforschung mehr denn je auf verschiedene Erklärungsformen stützen. Die kognitive Ethologie hat das Potenzial, wichtige Beiträge für eine ganze Reihe von Wissenschaftszweigen zu liefern, da das kognitive Vokabular dabei helfen kann, wertvolle Einsichten in Bezug auf Tiere zu gewinnen, die andernfalls nicht verfügbar wären.

3. Griffin und das Aufkommen der Kognitionsethologie

Viele der Kräfte, die in den 1960ern zur Entwicklung der Kognitionspsychologie geführt haben, begannen sich in den 1970ern in der Verhaltensforschung zu sammeln. Lorenz und Tinbergen verwiesen bereits korrekt auf „nicht beobachtbare" Bewusstseinszustände, und Philosophen wie Hilary Putnam (1960/ 1975) und Jerry Fodor (1968) hatten gezeigt, dass Materialismus und Psychologismus miteinander in Einklang gebracht werden können. Außerdem machten Jane Goodall und Dian Fossey die Vorstellung populär, dass afrikanische Affen, einschließlich Schimpansen und Berggorillas (siehe Cavalieri und Singer 1993), ein reichhaltiges kognitives und emotionales Innenleben haben (Montgomery 1991).

Das Aufkommen der Kognitionsethologie fällt passenderweise mit der Veröffentlichung von Donald Griffins THE QUESTION OF ANIMAL AWARENESS (1976) zusammen. Angesichts seiner historischen Bedeutung überrascht es, dass der Ausdruck „kognitive Ethologie" bzw. „Kognitionsethologie" nur zweimal in der ersten Ausgabe dieses renommierten Buches auftaucht, und auch dort nur auf den letzten vier Seiten. Jedoch taucht der Begriff 1978 im Titel von Griffins Artikel in der Zeitschrift BEHAVIORAL AND BRAIN SCIENCES auf. In den darauf folgenden Büchern (Griffin 1984, 1992) kommt dieser Ausdruck immer häufiger vor (zur Entwicklung von Griffin siehe Bekoff 1993, Hailman 1978).

Eine Erklärung für Griffins offensichtlichen Widerwillen gegen die Verwendung des Begriffs „Kognitionsethologie" ist seine Abneigung gegen die Kognitions*psychologie*. Diese Abneigung mag überraschen, da, worauf wir hingewiesen haben, die kognitive Wende in der Ethologie in Zusammenhang mit ähnlichen Entwicklungen in der Psychologie steht. Doch scheint Griffin die Kognitionspsychologie für eine Variante des Behaviorismus zu halten. Er behauptet: „Auffallend abwesend in großen Bereichen der modernen Kognitionspsychologie ist jegliche ernsthafte Aufmerksamkeit für bewusste Gedanken oder subjektive Gefühle" (Griffin 1984, S. 11). Trotzdem interessiert sich Griffin hauptsächlich für die Erforschung „bewusster Gedanken" und „subjektiver Gefühle". Griffin schreibt, dass die Herausforderung der Kognitionsethologie darin bestehe, „die Artgrenze zu überschreiten und zu versuchen, zufriedenstellende Informationen darüber zu sammeln, was andere Arten denken oder fühlen" (Griffin 1984, S. 12).

Griffin stellt sich eine Welt von Tieren mit unterschiedlichen Subjektivitäten vor, die ihr eigenes individuelles Leben führen. Der Versuch, etwas über das Bewusstsein von Tieren zu erfahren, heißt zu versuchen, „ein Fenster" zu ihrem Bewusstsein zu öffnen (Griffin 1984, Kap. 8).

Griffin scheint der Ansicht zu sein, dass die Kommunikation so ein Fenster darstellt, und in seinen Schriften konzentriert er sich folglich auf die Kommunikationssysteme verschiedener Tierarten.

Griffins kognitive Ethologie erntete aus verschiedenen Richtungen Kritik. Wissenschaftler, insbesondere mit behavioristischen Überzeugungen, argumentieren häufig, dass kognitive oder mentale Konzepte nicht verifizierbar definiert werden können, daher gäbe es in der Kognitionsethologie schon gar keinen Forschungsgegenstand. Aus dieser Sicht sollte die kognitive Ethologie aus der Zitadelle der Wissenschaft verbannt und auf den Schutthaufen nutzloser Spekulationen geschickt werden (für eine Erörterung dieser Position siehe Bekoff/ Allen 1997).

Griffin scheint diesem Einwand zwiespältig gegenüber zu stehen. In einem Großteil seiner Arbeit scheint er bemüht zu sein, seine Kritiker durch Rahmendefinitionen zufrieden zu stellen. Andererseits scheint er der Anforderung nach Definitionen ungeduldig und manchmal ablehnend gegenüberzustehen. In seinen frühen Arbeiten (1976, 1981) beschäftigt sich Griffin mit der Definition von Begriffen wie dem der „bewussten Wahrnehmung" und der „mentalen Erfahrung". Später versucht er, „Bewusstsein", „wissen", „beabsichtigen", „bewusst", „fühlen" und „denken" zu definieren, konzentriert sich aber hauptsächlich auf die Definition von „Bewusstsein" (1982, 1984). Obwohl Griffin die Definition dieser Schlüsselbegriffe offensichtlich für wichtig hält, scheint er mit den von ihm gegebenen Definitionen nie vollständig zufrieden zu sein. So schreibt er, dass „fast jedes Konzept durch übermäßiges Bestehen auf exakten operativen Definitionen zu Tode bekrittelt werden kann" (1981, S. 12). Griffin argumentiert auch, dass „es daher weder notwendig noch ratsam ist, sich so in Spitzfindigkeiten über Definitionen zu verstricken, dass die Erforschung tierischer Kognition und tierischen Bewusstseins vollständig vernachlässigt wird" (1991, S. 4–5). Doch trotz seines Interesses voranzukommen, selbst wenn zentrale Begriffe nicht präzise definiert werden können, kehrt Griffin immer wieder zum Problem der Definition zurück.

Unserer Meinung nach können für Schlüsselbegriffe der kognitiven Ethologie keine klassischen Definitionen gefunden werden. Das ist für die Praxis der Forschung auch nicht unbedingt erforderlich. Klassische Definitionen schützen die Bedeutung und bieten notwendige und angemessene Bedingungen für die Anwendbarkeit eines Begriffs. Ein Bereich, in dem Kontroversen herrschen, ist wahrscheinlich jener, in dem die Definitionen von Schlüsselbegriffen infrage gestellt werden. Es wird nicht nur die Anwendbarkeit von kognitiven Begriffen angefochten, es gibt außerdem konkurrierende Definitionen für Begriffe wie „Lebenstüchtigkeit", „Erkennen", „Kommunikation", „Spiel", „Wahl", „Dominanz", „Altruismus" und „Optimierung". Hinsichtlich mentaler Konzepte hat sich über die Jahre eine umfangreiche Literatur dazu entwickelt, ob Teil der Bedeutung mentaler Begriffe ist, dass das, worauf sie sich beziehen, privat, introspektiv, nicht korrigierbar usw. ist. Ein Ergebnis wissenschaftlicher Untersuchungen ist das Festlegen und Verbessern bzw. Verfeinern von Definitionen. Mit dem Fortschreiten der Wissenschaft ändern sich Definitionen, sie werden präziser und sind besser verankert. Um einen Untersuchungsbereich voranzubringen, muss ein allgemeines Verständnis der untersuchten Domäne erreicht werden, keine Übereinstimmung in der Bedeutung von Schlüsselbegriffen. Die Schlüsselbegriffe der Kognitionsethologie werden gut genug verstanden, um Untersuchungen beginnen zu können, selbst wenn keine Definitionen im klassischen Sinn vorliegen.

Griffins Kognitionsethologie verlor nicht wegen mangelnder Definitionen an Bedeutung. Trotzdem sollte anhand dieser Erörterung klar sein, dass Griffin sich von einigen der Schlüsselannahmen seiner Kritiker verleiten ließ.

Doch eine andere Annahme, die Griffin mit einigen seiner Kritiker teilt, ist besonders problematisch für seine Version der Kognitionsethologie. Griffin scheint eine im Wesentlichen *cartesianische* Vorstellung vom Bewusstsein zu haben, zumindest hinsichtlich seines epistemologischen Status. Obwohl er seine zentrale Frage auf verschiedene Arten formuliert, will Griffin eigentlich wissen, ob Tiere Bewusstsein haben. Er passt die Frage nach dem Bewusstsein an die Frage an, ob Tiere subjektive „Zustände" durchleben oder erfahren. Wenn die Frage so gestellt wird, scheint die Verknüpfung zwischen Bewusstsein und Verhalten sehr ungewiss: Zwei Lebewesen können sich im gleichen subjektiven (d.h. mentalen) Zustand befinden, doch nur bei einem hat das objektive Konsequenzen (d.h. in Bezug auf das Verhalten); zwei Lebewesen können sich im gleichen objektiven Zustand befinden (d.h. das gleiche Verhalten zeigen), selbst wenn nur bei einem das Verhalten durch einen subjektiven (d.h. mentalen) Zustand ausgelöst wird. Das Wissen um das Bewusstsein anderer basiert aus dieser Sicht auf Schlussfolgerungen und Wahrscheinlichkeiten (Griffin 1992, S. 260). Von unseren Beobachtungen der objektiven Zustände schließen wir auf nicht beobachtbare, subjektive Zustände. Doch da der Zusammenhang zwischen beobachtbaren, objektiven Zuständen und nicht beobachtbaren, subjektiven Zuständen schwach und ungewiss ist, können diese Schlussfolgerungen falsch sein. Somit ist die Verbindung zwischen Verhaltensbeobachtungen und der Zuschreibung geistiger Fähigkeiten immer ungewiss und möglicherweise tückisch. Trotzdem glaubt Griffin, dass viele Tiere ein Bewusstsein besitzen und verweist auf drei Arten von Beweisen zur Unterstützung seiner Sichtweise.

Die erste Beweisart kann als Verallgemeinerung eines Arguments von Mill (1884) für die Existenz des Bewusstseins bei anderen Menschen angesehen werden. Es beinhaltet die Vorstellung, dass in meinem eigenen Fall verschiedene Formen von Bewusstsein mit verschiedenen Verhaltensweisen, körperlichen Zuständen und Strukturen zusammenhängen. Daraus lässt sich folgern, dass diese Verhaltensweisen, Zustände und Strukturen wahrscheinlich auch bei anderen Lebewesen mit unterschiedlichen Formen von Bewusstsein zusammenhängen. Es wurde oft darauf hingewiesen, dass dieses Argument sein Ziel, die Existenz des menschlichen Bewusstseins nachzuweisen, verfehlt, da eine Verallgemeinerung auf zahllose Fälle anhand meines eigenen Erlebens eine sehr große Verallgemeinerung an Hand eines sehr kleinen Beispiels darstellt (Rosenthal 1991, Teil II.A.). Wenn die Analogien noch schwächer sind (wie es der Fall ist, wenn sie zwischen Menschen und Tieren gezogen werden), macht sie das noch fragwürdiger.

Weitere Argumente von Griffin verweisen auf neue und flexible Verhaltensweisen. Diese Verweise haben oft die rhetorische Kraft beeindruckender, aber nicht praxisrelevanter „Geschichten". Wenn Leute von den tollen Dingen hören, die Tiere tun, neigen sie häufig dazu, auf ein Bewusstsein zu schließen. Doch solchen Schlussfolgerungen stehen folgende Einwände gegenüber: Wenn flexibles und neues Verhalten vollständig durch Verweis auf nicht-kognitive Zustände oder Prozesse erklärt werden kann, deren Existenz relativ unumstritten ist, dann ist es vernünftig, sie mit diesen nicht-kognitiven Begriffen zu beschreiben. In vielen Fällen können solche Verhaltensweisen mit diesen nicht-kognitiven Begriffen erklärt werden (siehe zum Beispiel Galef 1990). In anderen Fällen geht das nicht, doch Griffins Kritiker meinen, dass kognitive Erklärungen nur vorübergehende Platzhalter für die „richtigen" Erklärungen sind, die wir bisher noch nicht kennen. So gesehen scheint sich der Disput in einer Sackgasse zu befinden.

Angesichts dieser Schwierigkeiten überrascht es nicht, dass sich Griffin hauptsächlich auf das Argument der Kommunikation stützt. Genauso wie Descartes großes Gewicht auf die Bedeutung von Sprache gelegt hat, sieht Griffin Kommunikation als ein Fenster zum Bewusstsein anderer.

Kommunikation kann wichtige Beweise für verschiedene Sichtweisen zur Natur des Bewusstseins von Tieren liefern (siehe Cheney/ Seyfarth 1990; Smith 1990, 1991). Doch dieses Konzept bereitet in der Art, wie es in der ethologischen Literatur verwendet wird, Probleme (Philips/ Austad 1990). Kommunikation ist kein durchsichtiges Fenster, das es uns ermöglicht, in eine andere „Subjektivität" hineinzusehen. Die Fakten zur tierischen Kommunikation untermauern nicht immer die Sichtweisen hinsichtlich der Bewusstseinsformen, von denen Griffin glaubt, dass Tiere sie besitzen.

Daher haben die Gegner in gewisser Weise Recht, allerdings aus den falschen Gründen. Sie weisen darauf hin, dass die Existenz des Bewusstseins im Stil von Griffin bei Tieren sehr spekulativ ist und nicht überzeugend durch Schlussfolgerungen aus Verhaltensdaten nachgewiesen werden kann. Daraus schließen sie wiederum, dass Tiere keines besitzen, oder dass es, wenn sie eines aufweisen sollten, nicht systematisch erforscht werden kann. Stattdessen ist die korrekte Schlussfolgerung, dass Tiere kein Bewusstsein im Sinne von Griffin haben, doch das gilt dann auch für uns Menschen. Auch unseres ist nämlich wie das von Tieren eng an unser Verhalten geknüpft. Trotzdem ist unser Wissen über das Bewusstsein von anderen nicht allgemein eine Frage der Schlussfolgerung aus deren Verhaltensweisen.

Wir stimmen mit Griffin überein, dass viele Tiere Bewusstseinszustände haben und dass diese Ansicht durch genaue Beobachtung ihres Verhaltens untermauert wird. Wie wir im vierten Abschnitt anmerken, steht das Bewusstsein in einem engen Zusammenhang mit gezeigtem Verhalten, welches systematisch erforscht werden kann. Unserer Ansicht nach ist kognitive Ethologie nicht nur theoretisch möglich, sondern ein aktives Forschungsfeld.

Zusammenfassend kann gesagt werden, dass der große Beitrag von Griffin darin besteht, darauf zu bestehen, dass Fragen über das Bewusstsein von Tieren gestellt werden; zu argumentieren, dass das, was wir über sie sagen, im Einklang mit unserer Sicht auf das menschliche Bewusstsein steht; eine vollständig vergleichbare Perspektive für alle diese Fragen zu schaffen und empirische Forschungen auf einem vernachlässigten Gebiet anzuregen. Doch trotz seines Beitrags und seiner extrem wichtigen historischen Rolle, muss die Kognitionsethologie komplexere Konzepte zum Bewusstsein und seiner Beziehung zum Verhalten entwickeln und Forschungsprogramme entwerfen, die einige der sehr speziellen Fragen beantworten können. In den nächsten beiden Abschnitten unternehmen wir erste Schritte in diese Richtung.[4]

4. Zwei Konzepte der Kognitionsethologie[5]

Die Kognitionsethologie ist eine wachsende und expandierende Disziplin. Unter den verschiedenen Praktiken lassen sich zwei Arten von kognitiver Ethologie ausmachen. Wir werden sie als „schwache Kognitionsethologie" und „starke Kognitionsethologie" bezeichnen und sie nacheinander diskutieren.

A. Schwache Kognitionsethologie (SKE)

SKE ist die verbreitetste Form der Kognitionsethologie. SKE billigt die Verwendung eines kognitiven Vokabulars zur Erklärung von Verhalten, nicht jedoch zu seiner Beschreibung. Die folgende Passage ist charakteristisch für die SKE (obwohl dieser Textausschnitt als „Definition" der kognitiven Psychologie dient).

[4] Es gibt einen wichtigen Gedanken in Griffins Arbeit, den wir unberücksichtigt gelassen haben: Er möchte Lebewesen «von innen heraus» verstehen; er möchte wissen, wie es z.B. ist, eine Fledermaus zu sein, und nimmt (gemäß Nagel 1974) an, dass dieses Wissen nicht darin besteht, eine Reihe «objektiver» Fakten über Fledermäuse zu kennen (für eine gegensätzliche Ansicht siehe Akins 1990). Wenn Griffin Recht damit hat, dass eine solch radikale Subjektivität existiert, wird die Kognitionsethologie, wie wir sie verstehen

> „Es ist die Erforschung der geistigen Prozesse, die zum Verhalten führt. Diese inneren Prozesse verarbeiten Sinneswahrnehmungen, d.h. setzen sie um, reduzieren, verarbeiten, speichern sie, holen sie wieder hervor und kombinieren sie. Da diese Prozesse normalerweise nicht direkt beobachtet werden können, wird vom Verhalten auf ihre Charakteristiken und die von ihnen verarbeiteten Informationen geschlossen. Hypothesen über interne Ereignisse (d.h. kognitive Theorien) führen zu Voraussagen darüber, wie Wahrnehmungen der Umwelt in Verhalten umgesetzt werden“ (Yoerg 1991, S.288).

SKE ist ein Fortschritt gegenüber dem Behaviorismus, da sie die Informationsverarbeitung ernst nimmt. Behavioristen haben Organismen normalerweise als „Black Box“ behandelt, deren Bewusstseinszustände für die Aufgabe der Wissenschaft, Umweltwahrnehmungen gezeigtem Verhalten zuzuordnen, irrelevant sind. Die SKE öffnet den Deckel der Black Box und hält ihren Inhalt für wichtig.

Die Beschreibung des Inhalts der Black Box stützt sich jedoch häufig auf modische Computermetaphern. Tatsächlich kann man sagen, dass die SKE einfach die mechanistischen Metaphern der behavioristischen Tradition durch die Computermetaphern der Kognitionswissenschaft ersetzt hat. Es kann sein, dass, wie viele denken, die Computermetaphern den eigentlichen Fortschritt gegenüber den mechanistischen Metaphern darstellen. Digitale Computer besitzen eindrucksvolle formale Möglichkeiten, die veraltete Maschinen mit Zahnrädern nicht bieten. Doch Griffin und andere (z.B. Searle 1992) bleiben unbeeindruckt. Sie sagen, dass selbst bei diesen komplexen Modellen etwas unberücksichtigt bleibt, so v.a. die Begriffe „Bewusstsein“ und „intrinsische Intentionalität“.

Unabhängig davon, ob etwas unberücksichtigt bleibt, scheinen Menschen und Tiere in vielen Arbeiten der SKE implizit mit zweierlei Maß gemessen zu werden. Tiere werden häufig in einer Art und Weise mit Computern verglichen, wie es bei Menschen nicht der Fall ist. Doch die entscheidende Grenzlinie, falls es überhaupt eine gibt, verläuft nicht zwischen Tieren

keinen tiefgehenden Wissenszuwachs liefern. Griffins Bedenken hinsichtlich radikaler Subjektivität können enorm wichtig sein, gehen jedoch über die Grenzen der Wissenschaft hinaus, wie sie derzeit verstanden wird.

[5] Im Folgenden gehen wir von einigen vereinfachten Annahmen aus, darunter: (1) dass Kognitionsethologie auf das Erklären von Verhalten und nicht von kognitiven Fähigkeiten abzielt; (2) dass für viele Organismen in vielen Fällen auf Absichten bezogene Interpretationen und Erklärungen als kognitiv angesehen werden können; und (3) dass Informationsverarbeitung bei vielen Organismen als kognitive Tätigkeit anzusehen ist. Alle diese Annahmen rechtfertigen eine weitere Erörterung.

und Computern einerseits und Menschen andererseits, sondern zwischen biologischen Lebewesen und nicht-biologischen Einheiten. Beide verarbeiten möglicherweise Informationen, scheinen jedoch wichtige Unterschiede aufzuweisen. Die Fähigkeit, Affekte zu erleben, ist eine Eigenheit vieler biologischer Lebewesen, die Computer jedoch nicht zu haben scheinen. Viele biologische Lebewesen erleiden Schmerzen, Kummer und Angst und können glücklich oder zufrieden sein. Die SKE vernachlässigt die Empfindungen biologischer Organismen. Die Kognition spielt möglicherweise eine Rolle bei Emotionen, doch emotionale und affektive „Zustände" können nicht einfach nur auf kognitive Zustände reduziert werden.

Eine weitere Schwäche der SKE ist, dass sie versucht, die Verhaltensbeschreibung vor dem kognitiven Vokabular zu schützen. Forscher der SKE-Richtung scheinen die behavioristische Annahme zu teilen, dass das zu erklärende Verhalten in einer Sprache erklärt werden kann und sollte, die frei von kognitiven Ausdrücken ist und sich nur auf Körperbewegungen bezieht. Verweise auf kognitive Zustände treten nur bei Erklärungsversuchen auf. Wir sind der Meinung, dass viele tierische Verhaltensweisen ohne kognitives und affektives Vokabular nicht sinnvoll beschrieben werden kann. Was die starke Kognitionsethologie von der SKE teilweise unterscheidet, ist die Bereitschaft, dieses Vokabular bei der Interpretation und Erklärung von Verhalten zu nutzen.

B. Starke Kognitionsethologie (STKE)

Auf der STKE basieren eine Reihe von Forschungsprogrammen, bei denen sowohl das kognitive als auch das affektive Vokabular bereitwillig zur Interpretation und Erklärung eingesetzt wird. Wir werden nacheinander die Konzepte der Interpretation und Erklärung vorstellen.

Eine wichtige Aufgabe der ethologischen Untersuchung ist die Beschreibung des Verhaltens von Tieren. Diese Rolle ist nicht mehr so angesehen wie zur Anfangszeit der Ethologie, wird häufig als Überbleibsel der Naturgeschichte abgetan und manchmal mit dem Sammeln von Briefmarken verglichen. Trotzdem muss jede Wissenschaft eine Beschreibung ihrer Domäne bieten, und es ist wichtig zu wissen, *was* Tiere tun, wenn wir erklären möchten, *warum* sie es tun.

In neueren Tierverhaltensstudien zeigt sich die Suche nach kanonischen Beschreibungen, die die grundlegenden Verhaltenskategorien widerspiegeln (z.B. Golani 1992; s.a. Purton 1978). Dem liegt die Vorstellung zu Grunde, dass es möglich ist, für jedes Verhalten eine Beschreibung mit einem gemeinsamen Vokabular zu erstellen, die ausschließlich auf dem Beobachtbarem basiert. Andere Beschreibungen von Verhalten umfassen, obwohl sie nützlich sein mögen, „Auslegungen des Verhaltens" und müssen letztlich ausgeschlossen werden. Diese Sicht ist aus mehreren Gründen unhaltbar.

Erstens glauben wir (obwohl wir diesen Punkt hier nicht detailliert erörtern können), dass die Suche nach grundlegenden Verhaltensweisen von Tieren aus den gleichen Gründen zum Scheitern verurteilt ist wie die Suche nach grundlegenden menschlichen Aktionen. Zu einem Zeitpunkt T1 drückt Kelly einen Knopf, betätigt die Türklingel und verdrängt ein paar Moleküle. Hat Kelly eine Handlung oder mehrere vollzogen? Wenn nur eine Handlung, dann welche? Wenn mehrere Handlungen, welche ist grundlegend? Grete (der Hund) kann gleichzeitig Spielverhalten zeigen, sich „verbeugen", Staub aufwirbeln und ein paar Moleküle verdrängen. Auch hier stellt sich die Frage, wie viele Dinge Grete getan hat und welche genau. Wir glauben, dass es keine plausiblen Antworten auf diese Fragen gibt, die unabhängig von pragmatischen Faktoren sind. Was ein Tier tut und wie sein Handeln begrifflich erfasst wird, ist eine Frage des Kontextes.

Ein zweiter Grund, weshalb dieser Ansatz unhaltbar ist, steht mit diesem Punkt im Zusammenhang. Unserer Ansicht nach sind Verhaltensbeschreibungen an sich pluralistisch und multidimensional. Was als die „beste" Beschreibung angesehen wird, hängt von der gestellten Frage und den Interessen des Fragestellers ab. Es wäre fruchtlos und vielleicht unmöglich, jedes Tierverhalten mit Hilfe einer Reihe grundlegender Kategorien zu beschreiben (Mason 1986). Dieser Punkt ist vielleicht in Bezug auf Primaten am offensichtlichsten. Primatologen beschreiben das Verhalten der von ihnen studierten Tiere praktisch immer mit sehr abstrakten und funktionalen Begriffen. Später versuchen sie, oft aus Gründen der Veröffentlichung, diese Beschreibungen mit dem Vokabular für Körperbewegungen zu „übersetzen". Doch es ist fraglich, ob Primatologen, wenn sie kein abstraktes, funktionales Vokabular benutzen dürften, das Verhalten der von ihnen studierten Tiere überhaupt beschreiben könnten (Bekoff 1995). Wie lautete dann wohl der Titel oder das Thema klassischer Bücher wie De Waals PEACEMAKING AMONG PRIMATES?

Ein drittes Problem dieses Ansatzes ist, dass uns in vielen Fällen Verhaltensbeschreibungen in kanonischer Sprache Einsichten in die Bedeutung des Verhaltens vorenthalten würden. Das Meiden von Raubfeinden kann viele Formen annehmen, und da Tiere nicht unfehlbarer als Menschen sind, kann dieses Verhalten fehlschlagen oder auftreten, wenn gar kein Raubtier in unmittelbarer Nähe ist. In vielen Fällen sind wir möglicherweise versucht zu sagen, dass das Tier versucht, einem Raubtier zu entgehen, trotzdem würde eine Beschreibung des Verhaltens des Tieres ausschließlich mit Begriffen beobachtbarer Körperbewegungen diese Einsicht nicht zulassen.

Das Verhaltensrepertoire eines Tieres ist zunächst funktionell organisiert. Die gleichen Körperbewegungen können verschiedene Bedeutungen haben, und das gleiche Verhalten (mit funktionalen Begriffen definiert), kann verschiedene Körperbewegungen umfassen. Zum Beispiel können die gleichen Körperbewegungen, die während des Spiels von Kaniden gezeigt werden, bei Aggression und Fortpflanzung auftreten. Das aus funktionaler Sicht gleiche Verhalten, zum Beispiel das Meiden eines Raubfeindes, kann „Erklettern eines Baumes" in einem Fall und „Wegrennen" in einem anderen bedeuten.

Aus diesen Gründen glauben wir, dass die Suche nach kanonischen Beschreibungen für das Verhalten von Tieren zum Scheitern verurteilt ist. Dieser Ansatz wurzelt im Traum der Positivisten von einer wertfreien Beobachtungssprache, die zur Charakterisierung der Phänomene verwendet werden kann, die von entsprechenden Gesetzen erklärt werden sollen. Unabhängig von der Plausibilität dieses Modells für die exakten Naturwissenschaften ist es für die Ethologie in höchstem Maße unbrauchbar.

Weil der Versuch, Verhalten mit kanonischem Vokabular zu beschreiben nicht erfolgreich ist, bevorzugen wir die Verwendung des Begriffs „Interpretation", wo andere den Begriff „Beschreibung" verwenden. Das berücksichtigt die Tatsache, dass schon die Beschreibung dessen, was Tiere tun, eine Interpretation ihres Verhaltens einschließt.

Eine wichtige Rolle bei der „Erklärung" spielt die Beschreibung, warum etwas passiert. Obwohl wir an dieser Stelle nicht näher darauf eingehen können, möchten wir eine Sichtweise auf die Erklärung verteidigen, die unserer Vorstellung der Interpretation ähnelt: Erklärungen können pluralistisch sein, ohne sich zu widersprechen, und ebenso verschiedene Abstraktionsebenen aufweisen. Unserer Ansicht nach können Verallgemeinerungen, die kognitive und affektive Zustände umfassen, überzeugende Erklärungen liefern.

Es ist jedoch eine Warnung angebracht. Wir haben versucht, ein Bild der Ethologie zu verteidigen, das keinen Raum für kognitive und affektive Interpretationen und Erklärungen lässt. Doch selbst wenn unsere Aussagen stimmen, ist niemand verpflichtet, dieses Vokabular zu verwenden. Die Ablehnung der „Sichtweise der kanonischen Beschreibung" impliziert nicht die Berechtigung – und noch viel weniger die Nützlichkeit – der STKE-Alternative.

Wir räumen ein, dass niemand dazu veranlasst wird, kognitives und affektives Vokabular auf Tiere anzuwenden, wenn das zu logischen Widersprüchen führt. Quine und Skinner könnten ihre Autobiographien als Schilderungen ihrer Körperbewegungen schreiben, ohne logische Inkonsistenzen zu riskieren. Das Gleiche würde zweifellos auch für Digit und Koko gelten. Doch Quines Autobiographie ist langweilig; ihr fehlen Einsichten und Inspiration. Man hat den Eindruck, dass vieles, was wichtig ist, ausgelassen wurde. Unserer Meinung nach gilt das Gleiche für die Interpretation und Erklärung des Verhaltens vieler Tiere: Man kann kognitives und affektives Vokabular vermeiden, doch wie wir im nächsten Abschnitt zu zeigen versuchen, geschieht das auf Kosten interessanter Perspektiven und Einsichten.

Wir haben an anderer Stelle, wie viele andere auch, argumentiert, dass eine von Prinzipien hergeleitete Doppelmoral nicht aufrechterhalten werden kann, daher werden wir diese Argumente hier nicht wiederholen (Bekoff und Jamieson 1991; Jamieson und Bekoff 1992). Wenn es wahr ist, dass kognitives und affektives Vokabular eines Tages eliminiert wird, dann würde die STKE aufhören zu existieren. Doch die STKE ist nicht nur an einer Stelle verwundbar. Die Eliminierung des kognitiven und affektiven Vokabulars würde andere wissenschaftliche Unternehmungen zu Fall bringen und wäre Teil einer radikalen Revidierung der Art und Weise, wie wir über die Welt denken. Es ist ausreichend, die STKE hier gegen jene zu verteidigen, die in ihren Behauptungen zurückhaltender sind.[6]

In diesem Abschnitt haben wir zwei Konzepte der kognitiven Ethologie unterschieden, uns für eines ausgesprochen und es gegen zwei Einwände verteidigt. Das Kernargument für die STKE ist jedoch ihre Verwendbarkeit als konzeptionelle Richtlinie für die empirische Forschung. Im nächsten Abschnitt erörtern wir einen Forschungsbereich der Kognitionsethologie.

[6] Wie wir im Text vorschlagen, ist die Existenz eines kognitiven Vokabulars eine Vorbedingung für den Fortbestand der Kognitionsethologie. Kognitionsethologie ist jedoch keine «volkstümliche Psychologie». Kognitionsethologie stützt sich auf die Sichtweise, dass das Verhalten von Tieren erfolgreich auf eine Weise interpretiert oder erklärt werden kann, die im Einklang mit unserem besten Verständnis kognitiver Zustände steht, unabhängig davon, ob dies volkstümliche psychologische Konzepte einschließt. Wenn unser bestes Verständnis kognitiver Zustände einige Alternativen zu volkstümlicher Psychologie bietet, dann sollte die Kognitionsethologie auf diese zurückgreifen.

5. Soziales Spielen

Aus Platzgründen können wir hier nicht auf die vielen Forschungsbereiche (z.B. Partnerwahl, Habitatwahl, Erkennung und Unterscheidung von Individuen, Vortäuschen von Verletzungen, Dominanzeinschätzung, Fressverhalten, Nahrungsverstecken, verschiedene Formen sozialer Kommunikation, Beobachtungslernen, Werkzeugnutzung, Nachahmung, Lehren), in denen kognitiv-ethologische Ansätze zum Verständnis von Tierverhalten dienlich sind eingehen (für Beispiele siehe Griffin 1984, 1992; Mitchell/ Thompson 1986; Byrne/ Whiten 1988; Cheney/ Seyfarth 1990; Bekoff/ Jamieson 1990, 1991; Ristau 1991; Bekoff 1995). Wir werden hier nur einen Bereich erörtern: das soziale Spielen.

Das Sozialspiel ist ein Verhalten, das sich für die kognitive Forschung eignet und eine große Herausforderung für Wissenschaftler darstellt (Mitchell 1990; Bekoff/ Allen 1992). Insbesondere die Frage, wie Säugetiere ihre Absichten zum Sozialspiel mitteilen, setzt kognitive Bewusstseinszustände voraus, ohne die es schwierig oder unmöglich wäre, die soziale Begegnung zu beschreiben (Bekoff 1995).

Die Vorderkörpertiefstellung bei Kaniden ist eine sehr stereotype Bewegung, deren Funktion es ist, den Empfänger zum Sozialspiel zu motivieren oder das Fortdauern des Spiels zu gewährleisten (Bekoff 1977). Wenn ein Tier eine „Verbeugung" ausführt, beugt es die Vorderläufe, lässt die Hinterläufe ziemlich gestreckt und wedelt zudem möglicherweise mit der Rute und bellt.

Dieses oft das Spiel auslösende Signal scheint die Mitteilung zu senden, dass das, was folgt, Spiel ist. Spielauslösende Signale werden verwendet, um anderen mitzuteilen, dass Aktionen wie Beißen, Beißen und Schütteln des Kopfes sowie Aufreiten als Spiel zu verstehen sind und nicht als Aggressions- oder Fortpflanzungsverhalten.

Spielsignale scheinen das Zusammenwirken der Spieler zu verbessern, so dass jeder auf den anderen so reagiert, wie es dem Spiel entspricht, d.h. die Reaktion der Spieler fällt anders aus, als wenn die gleichen Aktionen in einem anderen Kontext auftreten würden (Bekoff 1975). Dieses Zusammenwirken entsteht möglicherweise deshalb, weil jeder der Spielteilnehmer eigene Vorstellungen über die Absichten der anderen beteiligten Tiere hat. Zum Beispiel fällt die Reaktion von Kojoten auf Drohgebärden sehr unterschiedlich aus, je nachdem, ob sie direkt zuvor von einem Spielsignal eingeleitet wurden oder aber zu Beginn der Interaktion ein Spielsignal gezeigt wurde (Bekoff 1975).

Das Spielsignal kann als Bedeutungsänderung für ein Drohsignal angesehen werden, da es eine „Spielstimmung" erzeugt oder aufrecht erhält.

Es ist schwierig, das Spielverhalten von Kaniden ohne kognitives Vokabular zu beschreiben. Ein und dieselbe Körperbewegung kann Aggressions- oder Spielverhalten ausdrücken. Der Unterschied zwischen einer aggressiven und einer spielerischen Bewegung wird üblicherweise mit den Absichten des einen Tieres und der Einschätzung der Absicht durch das andere Tier beschrieben.

Ebenso scheint das kognitive Vokabular die Ressourcen zur Erklärung einiger Spielverhaltensweisen zu bieten. Angenommen, wir möchten wissen, warum Grete Jethro erlaubt, sie ins Ohr zu zwicken. Eine Erklärung ist möglicherweise, dass Grete glaubt, Jethro würde spielen. Das wirft weitere Fragen auf, zum Beispiel, ob Jethro glaubt, dass Grete glaubt, dass Jethro spielt, etc. Eine der Herausforderungen der Forschungen in der kognitiven Ethologie besteht also darin zu untersuchen, inwieweit solche Fragen gut formuliert sind und welche möglichen Antworten es darauf gibt.

In diesem Abschnitt konnten wir nur eine kurze Zusammenfassung einiger Fragen zum Sozialspiel aufführen. Aufgrund der Kürze dieser Ausführung waren wir nicht in der Lage, Verhaltensweisen zu diskutieren, bei denen das affektive Vokabular zum Tragen kommt, noch konnten wir die empirischen Einschränkungen kognitiver Interpretationen und Erklärungen erörtern.

Es ist wichtig zu bedenken, dass wir in Bezug auf die Erklärung und die Interpretation Pluralisten sind. Kognitive Erklärungen schließen weder ursächliche noch adaptionistische, phylogenetische oder entwicklungsorientierte Ansätze aus. Unserer Meinung nach müssen wir eine große Auswahl an konzeptionellen Ressourcen nutzen, um Verhalten zu verstehen.

6. Abschließende Bemerkungen

Wir haben aufgezeigt, dass die kognitive Ethologie gegen ihre Kritiker verteidigt werden kann. Außerdem haben wir einige ihrer Varianten und Formen beschrieben und kurz einen Forschungsbereich der kognitiven Ethologie skizziert. Abschließend sollte umrissen werden, was die Kognitionsethologie zur allgemeinen Kognitionsforschung beitragen kann.

Die Kognitionsethologie kann dazu beitragen, die Perspektive der Kognitionsforschung auf zwei Arten zu erweitern. Erstens kann die kognitive

Ethologie dabei helfen, die Erforschung der Kognition in einen *evolutionären Rahmen* zu stellen. Es sollte eine Voraussetzung für das Postulieren eines kognitiven Zustands bei Menschen sein, dass die Existenz dieses Zustands zumindest im Einklang mit der Entwicklungsgeschichte steht. Obwohl manchmal Lippenbekenntnisse zu dieser Einschränkung abgegeben werden, erfolgt die Besprechung der Evolution in der kognitiven Ethologie oft in metaphorischem Stil. Die Kognitionsethologie hat das Potenzial, die Kognitionswissenschaft dazu zu bewegen, die Evolution ernst zu nehmen.

Zweitens kann die Tatsache, dass die Kognitionsethologie vollständig vergleichend ist, dazu beitragen, die Kognitionswissenschaft weniger „engstirnig" zu machen. Obwohl es große Bedenken hinsichtlich der Engstirnigkeit in Bezug auf nicht–biologische Systeme gibt, koexistieren diese Bedenken oft mit einer überraschenden Ausprägung der Fokussierung auf Schimpansen (Beck 1982). Viele Menschen hegen eine größere Bereitschaft Computern oder Außerirdischen Kognition zuzuschreiben als Nagetieren, Amphibien oder Insekten. Selbst in der Kognitionsforschung gibt es die Tendenz, Kognition als „essenziell" menschlich anzusehen und davon auszugehen, dass sie in verschiedenen, geringeren Ausprägungen nur bei denen zu finden ist, die stammesgeschichtlich nah mit dem Menschen verwandt sind. Mit ihrer Sicht der Kognition als strategische evolutionäre Reaktion auf Probleme, von denen eine Vielzahl verschiedener Organismen betroffen sind, kann die kognitive Ethologie dazu beitragen, diese Form der Engstirnigkeit zu überwinden.

Zweifellos ist die Thematik des tierischen Bewusstseins schwierig und komplex. Wie bei Fragen zum menschlichen Bewusstsein ist sie in Probleme der Definition, Konzeption, der Beziehung zu Verhalten usw verstrickt. Trotzdem wird die Kognitionsethologie aus unserer Sicht Bestand haben. Denn durch die Anwendung kognitiven und affektiven Vokabulars durch Ethologen eröffnen sich eine Reihe von Erklärungen, Voraussagen und Verallgemeinerungen, die andernfalls nicht verfügbar wären. Solange es Tiere gibt, die Verhalten zeigen, und Menschen, die nach dem *Warum* fragen, werden kognitive Interpretationen und Erklärungen angeboten werden. Aus unserer Sicht ist das nicht nur zulässig, sondern im Gegenteil oftmals erhellend. Manchmal ist es sogar Wissenschaft.

Literaturhinweise

Akins, K. (1990): „Science and Our Inner Lives: Birds of Prey, Bats, and the Common Featherless Bi-ped", In: Bekoff und Jamieson (1990), Bd. 1, S. 414–27.

Bateson, P. (1968): „Ethological Methods of Observing Behavior", In: Weiskrantz, L. (Hg.): *Analysis of Behavioral Change*, New York: Harper and Row, S. 389 ff.

Beck, B. (1982): „Chimpocentrism: Bias in Cognitive Ethology", In: *Journal of Human Evolution*, Hf. 11, S.3 ff.

Bekoff, M. (1975): „The Communication of Play Intention: Are Play Signals Functional?", *Semiotica* Hf.15, S. 231 ff..

ders. (1977): „Social Communication in Canids: Evidence for the Evolution of a Stereotyped Mammalian Display", *Science*, Hf. 197, S. 1097 ff.

ders. (1993): „Animal minds", *Ethology*, Bd. 95, S.166 ff.

ders. (1995): „Cognitive Ethology and the Explanation of Nonhuman Animal Behavior", In: Meyer/ Roitblat (Hg.): *Comparative Approaches to Cognitive Science*, Cambridge, MA: MIT Press, S. 119 ff.

Bekoff/ Allen (1992): „Intentional Icons: Towards an Evolutionary Cognitive Ethology", In: *Ethology*, Hf. 91, S.1 ff..

dies. (1997): „Cognitive Ethology: Slayers, Skeptics, and Proponents", In: Mitchell/ Thompson/ Miles (Hg.): *Anthropomorphism, Anecdotes, and Animals: The Emperor's New Clothes?*, Lincoln: University of Nebraska Press, S. 313 ff.

Bekoff/ Jamieson, D. (Hg.) (1990): „Interpretation and Explanation in the Study of Animal Behavior", Boulder, CO: Westview Press.

dies.(1991): „Reflective Ethology, Applied Philosophy, and the Moral Status of Animals", In: Bateson/ Klopfer (Hg.): *Perspectives In Ethology 9: Human Understanding and Animal Awareness*, New York: Plenum Press, S. 1 ff..

Boakes, R. (1984): „From Darwin to Behaviorism: Psychology and the Minds of Animals", New York: Cambridge University Press.

Byrne/ Whiten (Hg.) (1988): „Machiavellian Intelligence: Social Expertise and the Evolution of Intellect in Monkeys, Apes, and Humans", Oxford: Oxford University Press.

Carruthers, P. (1989): „Brute Experience", In: *Journal of Philosophy* Hf. 86, S. 258 ff.

Cavalieri/ Singer (Hg.) (1993): „The Great Ape Project", London: Fourth Estate.

Cheney/ Seyfarth (1990): „How Monkeys See the World: Inside the Mind of Another Species", Chicago: The University of Chicago Press.

Darwin, C. (1871): „The Descent of Man, and Selection in Relation to Sex", London: Murray.

ders. (1896): „The Variation of Animals and Plants Under Domestication", New York: Appleton.

Dawkins, M. (1986): „Unraveling Animal Behavior", Essex, England: Longman Group.

Dawkins/ Halliday/ Dawkins (Hg.) (1991): „The Tinbergen Legacy", London: Chapman & Hall.

Dennett, D. (1987): „The Intentional Stance", Cambridge, MA: The MIT Press.

Dewsbury, D. (1992): „On the Problems Studied in Ethology, Comparative Psychology, and Animal Behavior", In: *Ethology*, Hf. 92, S. 89 ff..

Fodor, J. (1968): „Psychological Explanation", New York: Random House.

Galef B. (1990): „Tradition in Animals: Field Observations and Laboratory Analyses", In: Bekoff/ Jamieson (1990), Bd. 1, S. 74 ff.

Golani, I. (1992): „A Mobility Gradient in the Organization of Vertebrate Movement", *The Behavioral and Brain Sciences*, Hf. 15, S. 249 ff.

Griffin, D. (1976): „The Question of Animal Awareness", New York: The Rockefeller University Press.

ders. (1978): „Prospects for a Cognitive Ethology", *The Behavioral and Brain Sciences*, Hf. 4, S. 527 ff.

ders. (1981): „The Question of Animal Awareness: Evolutionary Continuity of Mental Experience", New York: The Rockefeller University Press.

ders. (Hg.) (1982): „Animal Mind – Human Mind", New York: Springer-Verlag.

ders. (1984): „Animal Thinking", Cambridge, MA: Harvard University Press.

ders. (1991): „Progress Towards Cognitive Ethology“, In: Ristau (1991), S. 3 ff.
ders. (1992): „Animal Minds“, Chicago: The University of Chicago Press.
Hailman, J. (1978): „Review of Griffin (1976)“. In: *Auk*, Hf. 95, S. 614 f..
Huxley, J. (1942): „Evolution: The Modern Synthesis“, New York: Harper.
Jamieson/ Bekoff (1992): „Carruthers on Nonconscious Experience“, In: *Analysis,* Hf. 52, S. 23 ff.
Kennedy, J. (1992): „The New Anthropomorphism“, Cambridge: Cambridge University Press.
Lorenz, K. (1988/ 1991): „Here Am I – Where Are You? The Behavior of the Greylag Goose“, New York: Harcourt, Brace, Jovanovich, Publishers.
Mason, W. (1986): „Behavior Implies Cognition“, In: Bechtel, W. (Hg.): *Science and Philosophy: Integrating Scientific Disciplines*, Boston: Kluwer, S. 297 ff.
Mill, J. (1884): „An Examination of Sir William Hamilton's Philosophy“, New York: Henry Holt.
Mitchell, R. (1990): „A Theory of Play“, In: Bekoff/ Jamieson (1990), Bd. 1, S. 197 ff.
Mitchell/ Thompson (Hg.) (1986): „Deception: Perspectives on Human and Nonhuman Deceit“, Albany: State University of New York Press.
Morgan, L. (1894): „Introduction to Comparative Psychology“, London: Scott.
Montgomery, S. (1991): „Walking With the Great Apes“, Boston: Houghton Mifflin Company.
Nagel, T. (1974): „What is it Like to be a Bat?“, In: *Philosophical Review*, Hf. 83, S. 435 ff.
Pauly, P. (1987): „Controlling Life: Jacques Loeb and the Engineering Ideal in Biology“, Berkeley: University of California Press.
Philips/ Austad (1990): „Animal Communication and Social Evolution“, in Bekoff/ Jamieson (1990), Bd. 1, S. 254 ff.
Purton, A. (1978): „Ethological Categories of Behavior and Some Consequences of Their Conflation“, In: *Animal Behaviour,* Hf. 26, S. 653 ff..
Putnam, H. (1960/ 1975): „Minds and Machines“, In: ders.: *Mind, Language and Reality, Philosophical Papers*, Bd. 2, New York: Cambridge University Press, S. 362 ff.
Richards, R. (1987): „Darwin and the Emergence of Evolutionary Theories of Mind and Behavior“, Chicago: The University of Chicago Press.
Ristau, C. (Hg.) (1991): „Cognitive Ethology: The Minds of Other Animals“, Hillsdale, NJ: Erlbaum.
Rollin, B. (1989): „The Unheeded Cry: Animal Consciousness, Animal Pain and Science“, New York: Oxford University Press.
Rosenthal D. (Hg.) (1991): „The Nature of Mind“, New York: Oxford University Press.
Searle, J. (1992): „The Rediscovery of the Mind“, Cambridge, MA: MIT Press.
Smith, W. (1990): „Communication and Expectations: A Social Process and the Cognitive Operations It Depends Upon and Influences“, In: Bekoff/ Jamieson (1990), Bd. 1, S. 234 ff.
ders. (1991): „Animal Communication and the Study of Cognition“, In: Ristau (1991), S. 209 f.
Tinbergen, N. (1963): „On Aims and Methods of Ethology“, In: *Zeitschrift fur Tierpsychologie*, Hf. 20, S. 410 ff.
ders. (1991): „The Study of Instinct“, Oxford: Oxford University Press.
Yoerg, S. I. (1991): „Ecological Frames of Mind: The role of cognition in behavioral ecology“, In: *Quarterly Review of Biology*, Hf. 66, S. 287 ff.

MARC BEKOFF & PAUL W. SHERMAN

Reflexionen über das tierische Selbst

Ist Selbsterkenntnis eine einzigartig menschliche Eigenschaft oder haben Tiere auch eine Vorstellung ihrer selbst? Obwohl ein erhebliches Interesse an der Beantwortung dieser Frage besteht, wurde dies bislang durch Missverständnisse in der Terminologie, einen zu eng gefassten Schwerpunkt auf eine zu kleine Anzahl von Spezies sowie durch Kontroversen über Schlüsselkonzepte, experimentelle Paradigmen und Interpretationen von Daten verhindert. Deshalb wollen wir hier einen neuen konzeptionellen und terminologischen Rahmen vorschlagen und dabei gleichzeitig betonen, dass die Ausprägung der Selbsterkenntnis bei den verschiedenen Tierarten aufgrund der kognitiven Anforderungen, die sich aus ihren artspezifischen Sozialstrukturen und den Eigenheiten ihrer Entwicklungsgeschichte im Verlauf der Evolution ergeben haben, unterschiedlich ist. Wir glauben, dass die Selbstkenntnis eines Organismus an einem Punkt auf einer Entwicklungsskala bestehend aus Graden sozialer Komplexität und bewusster Einlassung angesiedelt werden kann.

Obwohl Laien und Forscher vieler Disziplinen sich lange für die Selbsterkenntnis (oder Selbstkenntnis) von Tieren interessiert haben [1–3] und viele Daten gesammelt wurden, gibt es nur wenige unzweideutige Schlussfolgerungen. Das liegt hauptsächlich an der Schwierigkeit der objektiven Beurteilung der Selbsterkenntnis und der Quantifizierung der damit verbundenen neurobiologischen Substrate bei Organismen, deren Kommunikationsmuster wir nur teilweise verstehen. Der Fortschritt wurde sowohl durch Inkonsistenzen in der Terminologie behindert als auch durch experimentelle Paradigmen, deren Schwerpunkt auf optischen statt auf chemischen oder akustischen Signalen liegt. Darüber hinaus wurden nur relativ wenige Spezies gründlich untersucht, und alle gehörten bislang zur Gruppe der Wirbeltiere, hauptsächlich zu den Primaten.

Hier meinen wir, dass es angemessen und nützlich ist, Selbsterkenntnis oder Selbstkenntnis als eine Stufe innerhalb einer kontinuierlichen Entwicklung anzusehen, die vom Selbstbezug über die Selbsterkenntnis bis hin zum Selbstbewusstsein reicht (vgl. Abbildung 1). Wir vertreten die Ansicht, dass sich die Ausprägung der Selbstkenntnis besser von der Verhaltensökologie einer Spezies als von ihrer relativen Gehirngröße oder ihrer phylogenetischen Nähe zum Menschen ableiten lässt. Bei sozialen Tieren führten kognitive Anforderungen, die auf einer natürlichen Auslese aufgrund der Notwendigkeit von Kooperation, des Erhalts von Paarbeziehungen, der Vetternwirtschaft und der Gegenseitigkeit einerseits und der Vermeidung hintergangen zu werden sowie der Effektivität im Wettbewerb andererseits beruhen, zur Entwicklung einer zunehmenden geistigen Komplexität [1–3].

Das Dokumentieren der individuellen Ausprägungen von „Selbsterkenntnis" ist jedoch schwierig. Im Idealfall sollten Individuen in ihrer natürlichen Umgebung studiert werden, während sie Entscheidungen darüber treffen, wie sie ihr Verhalten gegenüber anderen Individuen ihrer Sozialgruppe (angesichts vorheriger Reaktionen dieser Gruppenmitglieder auf sie) ändern. Daher ist es nützlich, Feldbeobachtungen dynamischer Verhaltensänderungen eines Individuums in sozialen Situationen, die Selbstkenntnis erfordern, (z.B. die Entscheidung über die Länge und Intensität eines Kampfes um eine Ressource [4] oder die Reaktion auf einen Verstoß gegen soziale Regeln [5, 6]), mit dem Einsatz nicht–invasiver neuraler Techniken zu kombinieren, um festzustellen, ob das Zielverhalten mit elektrophysiologischen Reaktionen verknüpft ist und diese in den entsprechenden Gehirnregionen stattfinden, die bei mit Selbstkenntnis ausgestatteten Menschen aktiv sind.

Derzeit schließen technische Schwierigkeiten den Einsatz neuraler Techniken in Feldsituationen aus. Es werden jedoch entsprechende Techniken entwickelt, und in der Zwischenzeit ermöglichen uns intelligent ausgelegte Laborexperimente [5, 7, 8] möglicherweise, Rückschlüsse darauf zu ziehen, was in den Gehirnen von Tieren vorgeht, wenn sie Entscheidungen treffen, die Selbstkenntnis voraussetzen.

Abbildung 1

KATEGORIEN DER SELBSTERKENNTNIS

In unserem Schema wird «Selbstkenntnis» als Überbegriff für eine Entwicklungsskala benutzt, die von «Selbstbezug» bis «Selbstbewusstsein» reicht. Wir vermuten, dass Tierarten verschiedene Ausprägungen von Selbstkenntnis zeigen, die Variationen in ihren sozialen Umgebungen und Entwicklungsgeschichten widerspiegeln. Die Position eines Individuums auf der Selbstkenntnisskala basiert auf dem Grad, bis zu dem Mitglieder seiner Art oder Gruppe innerhalb ihrer Lebensspanne wiederholte Konkurrenz- oder Kooperationsbeziehungen mit den gleichen Artgenossen eingehen und davon profitieren, ihre Reaktionen angesichts des Ausgangs dieser früheren Interaktionen ändern zu können (siehe auch [1, 7, 23]).

Selbstbezug (Auch selbstbezogener Vergleich des Phänotyps und «Achselhöhleneffekt» genannt: [17, 31, 42–45]). Selbstbezug ist ein Wahrnehmungsprozess, der den Vergleich von Phänotypmerkmalen eines Zielindividuums mit dem Phänotyp des Unterscheiders umfasst. Die Unterscheider vergleichen die Merkmale des Zielindividuums (zum Beispiel Geruch oder Erscheinungsbild) mit den Merkmalen des eigenen Phänotyps, und das Zielindividuum wird anhand des Ähnlichkeitsgrades akzeptiert oder abgelehnt [42, 46]. Der Selbstbezug kann reflexiv und nicht-kognitiv sein, selbst im Immunsystem und bei Lebewesen ohne Gehirn auftreten, zum Beispiel bei Manteltieren und Pflanzen [13, 14, 17]. Wenn ein Gehirn vorhanden ist, wird es möglicherweise bewusst oder unbewusst bei der Entscheidung für eine Verhaltensweise einbezogen, nachdem ein Vergleich stattgefunden hat [47].

Selbsterkenntnis (Auch «Wahrnehmungsbewusstsein» [1] und «Körperlichkeit» oder «Jemeinigkeit» genannt [9, 10]). Selbsterkenntnis ist der kognitive Prozess, der es einem Individuum ermöglicht, zwischen seinem eigenen Körper und dem anderer zu unterscheiden oder Besitz, wie zum Beispiel «mein Knochen» oder «mein Revier», von ähnlichem Besitz anderer zu unterscheiden. Für die meisten Tiere ist ein Gefühl der «Körperlichkeit» notwendig, um in ihren sozialen Milieus und ökologischen Nischen zu funktionieren (d.h. um Partner zu finden, Raubfeinden auszuweichen oder um sich gegenseitig nicht anzurempeln). Für diesen Grad an Selbstkenntnis ist ein Gehirn erforderlich, obwohl die eigentliche Unterscheidung sowohl bewusst als auch unbewusst ablaufen kann. Selbsterkenntnis bedeutet nicht, dass die Individuen selbstbezogene Phänotypvergleiche vornehmen oder umgekehrt.

Selbstbewusstsein (Analog zu «reflexives Bewusstsein» [1], «Bewusstsein des Selbst» [7], «Selbstreflexion» [35], «Ich-Bewusstsein» [9] und «Ich» [34]; wobei «Mitgefühl, Empathie und Einfühlungsvermögen (Theory of Mind)» [27] ebenfalls eingeschlossen sind). Selbstbewusstsein umfasst ein Gefühl für den eigenen Körper als ein benanntes Selbst, das Wissen «dieser Körper bin ich» und Gedanken über sich selbst und das eigene Verhalten in Bezug auf die Handlungen anderer. Dafür ist ein Gehirn erforderlich, und die zu Grunde liegenden Prozesse erfolgen bewusst. Selbstbewusstsein impliziert, dass ein Individuum Selbstkenntnis besitzt und selbstbezogene Phänotypvergleiche anstellen kann. Wir stellen die Hypothese auf, dass sich Selbstbewusstsein entwickelt, wenn Individuen davon profitieren, ihr eigenes Verhalten in Bezug darauf zu analysieren und zu revidieren, wie bestimmte Mitglieder ihrer Sozialgruppe, einschließlich Paarungspartner oder potenzieller Paarungspartner, in der Vergangenheit auf ihr Verhalten reagiert haben. Selbstbewusstsein führt zu dynamischen und fein abgestimmten Ergebnissen, die von Kooperation bis zu Egoismus reichen, abhängig von Aufwand und Nutzen vorheriger Reaktionen von Artgenossen auf das jeweilige Individuum.

Tierisches Selbst: Die Problemstellung

Obwohl erhebliches interdisziplinäres Interesse an tierischer Selbstkenntnis besteht [1–3, 7–11], gibt es nur wenige eindeutige Antworten. Die Individuen der meisten Arten verhalten sich so, als ob sie „wissen“, dass sie ähnlich, zugleich aber distinkt von anderen Mitgliedern der gleichen Spezies sind [12]. Sie paaren sich beispielsweise selten mit der falschen Spezies; sie positionieren sich so im Raum, dass sie nicht mit Artgenossen in ihrer Nähe zusammenstoßen, wenn sie sich bewegen; sie jagen koordiniert in der Gruppe; und sie unterscheiden die Mitglieder ihrer Sozialgruppe von fremden Gruppenmitgliedern, Verwandten von nicht mit ihnen verwandten Tieren und nahe Verwandte von entfernt verwandten [13–16]. Es gibt jedoch bisher keine einheitliche, objektive Möglichkeit, den Grad der Selbstkenntnis eines Individuums zu beurteilen.

Hier beschäftigen wir uns mit fünf speziellen Fragen, nämlich: (a) Was bedeutet es zu sagen, dass ein Tier Selbstkenntnis besitzt?; (b) Ist Selbstkenntnis ein dichotomes Phänomen oder ein Entwicklungsprozess?; (c) Impliziert der selbstbezogene Phänotypvergleich [17], dass ein Tier Selbstkenntnis besitzt?; (d) Sind Kenntnisse der bei Menschen der Selbstkenntnis zugrunde liegenden neuralen Mechanismen nützlich für Rückschlüsse auf die Selbstkenntnis von Tieren?; und (e) Welche vielversprechenden Ansatzpunkte gibt es für künftige Forschungsarbeiten?

Ist Selbsterkenntnis ein Prozess?

Im Jahr 1871 behauptete Darwin [18], dass „der Unterschied im Bewusstsein von Menschen und höheren Tieren, so groß er auch ist, sicherlich in der Ausprägung und nicht in der Art besteht". Hauser [7] hat hingegen kürzlich vorgeschlagen, dass „unsere Spezies möglicherweise als einzige die Fähigkeit besitzt zu verstehen, wie es ist, ein Bewusstsein des Selbst und einzigartige und persönliche Bewusstseinszustände und Erfahrungen zu haben". Wird Selbstkenntnis am besten als dichotome Variable (entweder besitzt ein Tier sie oder nicht) oder aber als kontinuierlicher Entwicklungsprozess angesehen?

Wir plädieren für die Vorstellung von der Selbstkenntnis als Prozess. Erstens wurden zu wenige Spezies ausreichend detailliert untersucht, um die Behauptung, dass eine allgemeine kognitive Diskontinuität zwischen Menschen und Tieren vorliegt, empirisch zu stützen [1, 2, 7, 11]. Zweitens, selbst wenn bei einigen kognitiven Fähigkeiten eine Diskontinuität zwischen Menschen und Tieren bestünde (z.B. bei sprachlichen Fähigkeiten [19]), zwingt uns das nicht zu akzeptieren, dass somit auch bei allen kognitiven Fähigkeiten eine Diskontinuität vorliegt [1, 20–22]. Wir gehen davon aus, dass Spezies verschiedene Ausprägungen von Selbstkenntnis (vgl. Abb. 1) zeigen, die Variationen in ihren sozialen Umgebungen und Lebensgeschichten widerspiegeln. Die Position eines Individuums auf der kontinuierlichen Skala der Selbstkenntnis wird letzten Endes durch eine Form der natürlichen Auslese bestimmt und basiert auf dem Grad, bis zu dem Mitglieder seiner Art oder Gruppe (z.B. Männchen oder Weibchen) innerhalb ihrer Lebensspanne wiederholt Konkurrenz- oder Kooperationsbeziehungen mit den gleichen Artgenossen eingehen und davon profitieren, ihre Reaktionen angesichts des Ausgangs dieser früheren Interaktionen ändern zu können (siehe auch [1, 7, 23]).

Wir meinen, dass Selbstkenntnis in dem Maße begünstigt wird, in dem Individuen davon profitieren, ihr eigenes Verhalten in Bezug auf vorherige Reaktionen von Artgenossen zu reflektieren und ihr zukünftiges Verhalten entsprechend dynamisch und adaptiv anzupassen. Das sind Unterschiede in der Ausprägung zwischen Spezies und Individuen, nicht in der Art, und diese sollten sich in einer Entwicklung der „Selbstkenntnis" widerspiegeln.

Methodische Probleme

Für die meisten Haustierbesitzer ist es offensichtlich, dass ihre Haustiere bis zu einem gewissen Grad Selbstkenntnis besitzen (sicherlich Selbsterkenntnis, und vielleicht sogar Selbstbewusstsein, vgl. Abb. 1). Ursprünglich schien es vernünftig anzunehmen, dass unsere nächsten Verwandten aus dem Reich der Primaten, zum Beispiel Schimpansen, Gorillas und Orang-Utans, eine dem Menschen ähnliche Fähigkeit zu Selbstbewusstsein haben (d.h. den höchsten Grad an Selbstkenntnis). Doch keine dieser Vermutungen konnte bewiesen werden, da es keine einheitliche Methode zur Quantifizierung von Selbstkenntnis gibt.

Die Forschung in diesem Bereich wurde an einigen in Gefangenschaft lebenden Tieren durchgeführt, von denen einige intensiv trainiert wurden [1, 7, 12, 22, 24–26]. Wir wissen tatsächlich sehr wenig über die Grade der Selbstkenntnis bei Haustieren, sogar noch weniger über frei lebende, nicht domestizierte Spezies und im Grunde nichts über interindividuelle Variation in den Graden der Selbstkenntnis in der Natur, beispielsweise zwischen Männchen und Weibchen, Jungtieren und Erwachsenen oder Dominanten und Rangniederen. Insbesondere wissen wir nicht, wie Variationen im Ausdruck von auf Selbstkenntnis beruhendem Verhalten den Überlebens- und Fortpflanzungserfolg von Individuen beeinflussen [10].

Vor dreißig Jahren schlug Gallup [25, 27] die Verwendung des Spiegeltests für Rückschlüsse auf das Selbstbewusstsein vor. Dieser Test basierte auf der Beobachtung, dass einige in Gefangenschaft lebende Schimpansen in einen Spiegel schauten und dann einen farbigen Punkt berührten, der auf ihrer Stirn angebracht worden war, während sie sediert waren. Diese Reaktion wurde zum „Goldstandard“ für Rückschlüsse auf tierisches Selbstbewusstsein.

In letzter Zeit haben jedoch viele Autoren [7, 22, 26, 28, 29] auf Probleme bei der Interpretation der Ergebnisse des Spiegeltests hingewiesen. Insbesondere kann er zu falschen Negativergebnissen führen: Wenn ein Individuum bei dem Test versagt, bedeutet das nicht notwendigerweise, dass das Tier kein Selbstbewusstsein besitzt. Zum Beispiel kann ein Individuum bei dem Test versagen, weil der Gesichtssinn bei seiner Spezies nicht der zur Erkennung dienende Hauptsinn ist, oft sind chemische Signale wichtiger [30–32]. Selbst wenn ein Tier zur Erkennung hauptsächlich den Sehsinn nutzt, kann der Spiegeltest zu falschen Ergebnissen führen; zum Beispiel, wenn ein Individuum sich selbst erkennt, aber keine feststellbare Verhaltensreaktion zeigt [13, 14]. Das ist möglicherweise der Grund für einige der bekannten Variabilitäten in den Ergebnissen des Spiegeltests [7]. Außerdem neigen einige Spezies oder Individuen (z.B. Rüden unter den Kaniden und Primaten) dazu, Blickkontakt mit gleichgeschlechtlichen Artgenossen zu vermeiden, da dieses Verhalten als Drohgebärde ausgelegt werden könnte. Diese Individuen blicken nur zögerlich direkt in einen Spiegel.

Wenn ein Versagen beim Spiegeltest nicht beweist, dass ein Individuum kein Selbstbewusstsein besitzt, was bedeutet dann das Bestehen des Tests? Einige Forscher [3, 7, 9, 10] glauben, dass dies nur zeigt, dass Schimpansen Selbsterkenntnis besitzen (vgl. Abb. 1). Andere bieten eine reichere Interpretation an. So folgerte Gallup [27], dass einige Tiere sich nicht nur selbst erkennen, sondern diese Selbsterkenntnis diese Tiere auch dazu befähigt, Rückschlüsse auf die Bewusstseinszustände anderer zu ziehen. Anders ausgedrückt: Spezies, die den Spiegeltest bestehen, können auch mitfühlen, sich einfühlen und anderen Individuen Absichten und Emotionen zuschreiben – Fähigkeiten, die einige Forscher bislang ausschließlich Menschen zugestehen wollen. Gallup denkt, dass das Bestehen des Spiegeltests sowohl „Selbstbewusstsein" als auch das Vorhandensein eines „Einfühlungsvermögens" impliziert.

Jedoch ist bislang zu wenig über die Verhaltensökologie tierischer Selbsterkenntnis bekannt, um eine der Interpretationen für das Bestehen (oder Versagen) im Spiegeltest zu stützen. Darüber hinaus spiegeln die Ergebnisse weniger in Gefangenschaft gehaltener Individuen möglicherweise nicht die Fähigkeiten zur Selbstkenntnis einer gesamten Spezies in der freien Natur wider. Für sich selbst gesehen ist der Spiegeltest daher weder notwendig noch ausreichend um Rückschlüsse auf die Position von Arten oder Individuen auf der Entwicklungsskala der Selbstkenntnis ziehen zu können.

Vereinigung von Ethologie, Verhaltensethologie und Neurobiologie

Die vorangehende Erörterung der Ausprägung der Selbstkenntnis wirft mehr Fragen auf als sie beantwortet. Haben beispielsweise Großaffen eine besondere, verfeinerte Selbstkenntnis, die dem Selbstbewusstsein von Menschen ähnelt, anderen Lebewesen jedoch fehlt? Bis zu welchem Ausmaß besitzen andere sozial lebende Tiere, einschließlich Insekten, Spinnen, Nagetiere, Mangusten, Kaniden, Vögel oder Fische, „Selbstkenntnis"? Wie können wir das herausfinden? Die Lösung dieser Frage erfordert objektive Kriterien zur Erkennung von Ausprägungen der Selbstkenntnis, sowie Kriterien, die die Sinnesleistungen und die Verhaltensökologie der jeweiligen Spezies berücksichtigen. Angesichts der Vielfalt tierischer Sozial- und Sinnessysteme kann wahrscheinlich kein einzelnes Verfahren als eine Art Nagelprobe zur Bestimmung der Ausprägung der Selbstkenntnis für alle zu untersuchenden Tierarten dienen.

Jedoch umfasst ein relativ neuer und potenziell vielversprechender allgemeiner Ansatz zur Entwicklung von Versuchsanordnungen in Bezug auf das Selbst die Verwendung von nicht–invasiven Techniken zur Feststellung neuraler Aktivitäten. Diese werden anhand von Entladungsraten und des Zellmetabolismus gemessen. Solche Methoden beinhalten die Messungen evozierter Reaktionspotenziale (ERPs) und die Verwendung der Positronenemissionstomographie (PET-Scans) oder der funktionellen Magnetresonanztomographie (fMRT). Diese Techniken können mit anderen gekoppelt werden, zum Beispiel mit der transkranialen Magnetstimulation (TMS), die minimale Störungen der neuralen Aktivität in bestimmten Gehirnregionen verursacht.

Neurale Bildgebungsverfahren werden in letzter Zeit bei Menschen eingesetzt, um festzustellen, welche Gehirnbereiche bei bestimmten Wahrnehmungsprozessen und emotionalen Prozessen aktiv sind [33, 34], einschließlich der Prozesse, die Johnson [et al. 35] als „Selbstreflexion" bezeichnet (unser „Selbstbewusstsein", vgl. Abb.1). Basierend auf den Ergebnissen von Studien mit Neurobildgebungsverfahren, schlägt Keenan [et al. 36] vor, dass „es möglicherweise eine Bevorzugung für die Verarbeitung des *Selbst* im rechten präfrontalen Kortex bei Menschen und anderen Primaten gibt".

Wir warten ungeduldig auf eine breitere Anwendung von Neurobildgebungsverfahren und anderen neurobiologischen Techniken, vielleicht sogar eines Tages bei frei lebenden Tieren in ihren natürlichen ökologischen und sozialen Umgebungen. Es gibt jedoch technische Hindernisse, die zunächst überwunden werden müssen, denn die derzeitigen Methoden erfordern das Einsperren der studierten Tiere, und selbst wenn dies nicht mehr notwendig sein wird, kann es aufgrund ihrer Fortbewegung bei der Interpretation der Daten zu Verwechslungen kommen.

Dennoch sind wir optimistisch. So werden z.Zt. technische Lösungen entwickelt, um beispielsweise Gehirnaktivitäten während sozial relevanter Situationen mit einem höchst restriktiven Scanner zu erfassen. Bis angemessene Techniken verfügbar sind, können möglicherweise relevante und nur gering restriktive Laborversuche entwickelt werden [5, 7, 8], die, wenn sie mit der vorhandenen Technologie verknüpft werden, Rückschlüsse darauf zulassen, wo und wann Aktivitäten in den Gehirnen von Tieren auftreten.

In diesem Fall wäre der nächste Schritt die bildhafte Darstellung neuraler Prozesse bei Menschen, während sie Aufgaben durchführen, die den Einsatz von Selbstbewusstsein erfordern, z.B. das Nachdenken über unsere eigenen Gedanken und Handlungen [1] oder das Überlegen, wie wir auf eine Verletzung sozialer Normen reagieren. Wenn solche Studien zu einem grundlegenden Profil führen, welche Gehirnaktivitäten, die bei Menschen Selbstbewusstsein erfordern, mit später folgenden Verhaltensweisen assoziiert werden, wäre das ein Ansatzpunkt für die Suche nach objektiven Beweisen für ein Selbstbewusstsein auch bei Tieren. Um zum Beispiel die Ausprägungen der im Spiegeltest gezeigten Selbstkenntnis zu untersuchen, wäre es nützlich, die Gehirnregionen und die Profile der dabei stattfindenden neuralen Aktivitäten von Schimpansen zuzuordnen, die den Test bestehen, aber auch von denen, die dabei versagen. Die Ergebnisse könnten mit den Daten der Neurobildgebung von Menschen verglichen werden, die den Spiegeltest durchführen oder anderweitig selbstbewusst handeln [35, 36]. Wenn aktive Gehirnregionen und neuronale Profile von Schimpansen, die den Spiegeltest bestehen, denen von Menschen ähneln, die Aufgaben durchführen, die bekanntermaßen Selbstbewusstsein erfordern, sich jedoch von denen der Schimpansen unterscheiden, die den Test nicht bestehen, dann hat der Spiegeltest im Analogieschluss wahrscheinlich Selbstbewusstsein bei Schimpansen bewiesen. Wenn jedoch die Gehirnbereiche und neuronalen Profile von Schimpansen, die den Spiegeltest bestehen, sich von denen mit Selbstbewusstsein ausgestatteter Menschen unterscheiden, dann besitzen Schimpansen entweder Selbsterkenntnis, jedoch kein Selbstbewusstsein (vgl. Abb. 1), oder aber das Gehirn von Schimpansen und ihre neuronalen Prozesse unterscheiden sich erheblich von denen der Menschen.

Folglich sind neurobiologische Studien an anderen sozial lebenden Spezies, die relevante Verhaltensaufgaben durchführen, notwendig (auch wenn sie derzeit technisch noch nicht möglich sind). Neurale Korrelationen, die mit verschiedenen Ausprägungen menschlichen Selbstbewusstseins assoziiert werden, unterscheiden sich möglicherweise aufgrund von Variationen in der Anatomie des Nervensystems (z.B. dem Vorhandensein oder dem Fehlen eines präfrontalen Kortex) oder aufgrund des Einsatzes anderer Sinne. Dies sollte jedoch eher als Mahnung zur Vorsicht denn zur Abschreckung im Hinblick auf solche Untersuchungen dienen.

Wir gehen davon aus, dass Spezies verschiedene Ausprägungen von Selbstkenntnis zeigen werden, die Unterschiede in ihren sozialen Umgebungen und den Eigenheiten ihrer individuellen Lebensgeschichten widerspiegeln [1, 2, 7, 9, 10]. Ein höherer Grad an Selbstkenntnis (vgl. Abb. 1) wird vor allem bei Spezies erwartet, bei denen das Individuum am meisten davon profitiert, sein eigenes Verhalten angesichts früherer Reaktionen bestimmter Artgenossen auf sein Verhalten reflektieren und revidieren zu können. Selbstkenntnis sollte daher am stärksten bei langlebigen, in Gruppen lebenden Tieren entwickelt sein, bei denen Individuen wiederholt, sowohl kooperativ als auch konkurrierend, mit den gleichen Artgenossen interagieren [23]. Das mutmaßliche Selbstbewusstsein von Schimpansen und Gorillas [7, 25, 26] stützt diese Hypothese, das von Orang-Utans jedoch möglicherweise nicht

[7, 37], da sie auf Borneo verhältnismäßig unsozial leben. Jedoch sind Orang-Utans in anderen Gegenden (z.B. auf Sumatra) sozialer. Es wäre interessant, die Selbstkenntnis einzelner Orang-Utans in den verschiedenen Lebensbereichen miteinander zu vergleichen.

Es wird auch aufschlussreich sein, die Ausprägung der Selbstkenntnis von sozialen Wirbeltieren und Wirbellosen zu untersuchen, zum Beispiel der Honigbienen *Apis mellifera*, der Papierwespen *Polistes fuscatus*, der Feuchtholztermiten *Zootermopsis nevadensis*, der Grauwölfe *Canis lupus*, der Nacktmullen *Heterocephalus glaber*, der Löwen *Panthera*, der Erdmännchen *Suricata suricata*, der Graupapageien *Psittacus erithacus*, der Buschblauhäher *Aphelocoma coerulescens* und der Eichelspechte *Melanerpes formicivorus* [6, 37–40]. In jeder dieser Spezies interagieren Fortpflanzungspaare und andere Gruppenmitglieder wiederholt im Verlauf ihres Lebens, bilden sich Gruppen aus nahen und entfernten Verwandten und die Dynamik innerhalb der einzelnen Gruppen kann Vetternwirtschaft, Gegenseitigkeit, Konkurrenz und Egoismus umfassen [40]. Die Fähigkeiten von Individuen, ihr eigenes Verhalten als Reaktion auf vorherige Reaktionen von Mitgliedern ihrer Sozialgruppe zu überdenken und zu revidieren, erhöht vermutlich die Kooperation und Gruppenkoordination bei der Futtersuche (Honigbienen, Wölfe und Löwen), der Futterhortung (Spechte und Nacktmullen) und der Erhaltung der Paarbindungen (Feuchtholztermiten und Papageien) sowie der Meidung von Raubfeinden (Papierwespen, Meerkatzen und Häher).

Wir gehen davon aus, dass sich Abstufungen der Selbstkenntnis in Verbindung mit der Fortpflanzung und dem Grad der Sozialität entwickelt haben. Außerdem erwarten wir, dass hoch soziale Arten Selbstbewusstsein besitzen, denn wenn ihre Individuen nur Selbstkenntnis (vgl. Abb. 1) besäßen, könnten sie nicht angepasst auf vorherige Reaktionen von Gruppenmitgliedern reagieren. Mangelndes Selbstbewusstsein könnte folglich die Fähigkeit von Individuen einschränken, zu kooperieren und effektiv zu konkurrieren, was wiederum den Gruppenzusammenhalt und die Gruppenstabilität beeinträchtigen und die Fortpflanzungsmöglichkeiten der betroffenen Individuen einschränken würde.

Zukunftsaussichten

Studien zur Selbstkenntnis als Entwicklungsprozeß werden unzweifelhaft zu fortschrittlichen interdisziplinären Forschungsprogrammen und neuen Verbindungen zwischen Tierverhaltensforschern, Evolutionsbiologen, Kognitionsethologen und Neurowissenschaftlern führen. Zukünftige Studien müssen die Verhaltensökologie jeder Spezies und grundlegende und allgemein anerkannte biologische Konzepte wie die „evolutionäre Entwicklungskontinuität" und die „Vergleichsmethode" beachten.

Hier ist es hilfreich, zu den Grundlagen zurückzukehren. Wir müssen unsere Definitionen verbessern, den Fokus unserer Fragen neu setzen und eine einheitliche Terminologie finden. Entscheidend ist die Definition, was Selbstkenntnis bedeutet, welche Fähigkeiten im Verhalten mit unterschiedlichen Ausprägungen von Selbstkenntnis einhergehen und welche neuralen Aktivitäten symptomatisch für die verschiedenen Ausprägungen sind (siehe Abb. 1). Besonders wenn wir uns auf objektive Kriterien einigen, die für das „Selbstbewusstsein" beim Menschen charakteristisch sind [36], zum Beispiel basierend auf Verhaltensreaktionen und neuralen Reaktionen auf vermeintliche Verletzungen von sozialen Normen [41], können wir diese Kriterien möglicherweise dazu nutzen, Rückschlüsse auf das Selbstbewusstsein von Tieren zu ziehen.

Obwohl erhebliche methodische Hindernisse bestehen, sind wir optimistisch, dass Forscher und technische Innovationen diesen Herausforderungen gewachsen sind. Unser Ziel sollte darin bestehen, Ausprägungen der Selbstkenntnis verschiedener Tiere in natürlichen (oder zumindest halbwegs natürlichen) ökologischen und sozialen Umgebungen zu quantifizieren und zu vergleichen und auch zu untersuchen, wie verschiedene Sinnesleistungen dazu beitragen, verschiedene Grade von Selbstkenntnis zu ermöglichen.

Außerdem drängen wir angesichts des Darwinschen Prinzips der „evolutionären Entwicklungskontinuität" [18] darauf, die anthropozentrische Sichtweise aufzugeben, dass nur Lebewesen mit großen Gehirnen wie Großaffen, Elefanten und Wale ausreichende geistige Fähigkeiten für die komplexeste Ausprägung von Selbstkenntnis aufweisen: das Selbstbewusstsein. Wir hoffen, dass die vorherrschende traditionelle Lehrmeinung, nach der nur wenige Arten Selbstbewusstsein besitzen, zu einer historischen Kuriosität werden wird und an ihre Stelle das empirische Verständnis tritt, nach dem das Bewusstsein der verschiedenen sozialen Wirbeltiere und Wirbellosen auf einer Entwicklungsskala der Selbstkenntnis liegt.

Danksagung

Wir danken Colin Allen, Mark Hauber, Jan Nystrom, Judith Scarl, Janet Shellman und drei ungenannt bleiben wollenden Kollegen für ihre hilfreichen Beiträge. Finanzielle Unterstützung erhielt Paul W. Sherman vom College of Agriculture and Life Sciences in Cornell dank der freundlichen Unterstützung von Daniel J. Decker und dem Hatch-Grant-Programm. Marc Bekoff wurde durch einen Forschungsurlaub der University of Colorado, Boulder (USA), unterstützt. Wir widmen diesen Artikel Donald R. Griffin (1915–2003), dem Begründer der Kognitionsethologie.

Literaturhinweise

1. Griffin, D.R. (2001): „Animal Minds", University of Chicago Press
2. Dawkins, M.S. (1998): „Through Our Eyes Only?", Oxford University Press
3. Bekoff, M. et al., Hg. (2002): „The Cognitive Animal", MIT Press
4. Taylor/ Elwood (2003): „The mismeasure of animal contests", *Anim. Behav.* 65, 1195–1202
5. Hauser, M.D. (1992): „Costs of deception: cheaters are punished in rhesus monkeys (Macaca mulatta)", *Proc. Natl. Acad. Sci.* U.S.A. 89, 12137–12139
6. Reeve, H.K. und Nonacs, P. (1992): „Social contracts in wasp societies", *Nature* 359, 823–825
7. Hauser, M.D. (2000): „Wild Minds: What Animals Really Think", Henry Holt
8. Brosnan/ De Waal (2003): „Monkeys reject unequal pay", *Nature* 425, 297–299
9. Bekoff, M. (2002): „Animal reflections." *Nature* 419, 255
10. Bekoff, M. (2003): „Consciousness and self in animals: some reflections", *Zygon* 38, 229–245
11. Keenan, J. P. (2003): „The Face in the Mirror: The Search for the Origins of Consciousness", HarC.
12. Allen, C. (2003): „Animal Consciousness", In: *The Stanford Encyclopedia of Philosophy* (Zalta, E.N., Hg.), (http://plato.stanford.edu/archives/sum2003/entries/consciousnessanimal/)
13. Sherman, P.W. et al. (1997): „Recognition systems", In: Krebs/ Davies (Hg.): *Behavioural Ecology*, Oxford University Press, S. 69 ff.
14. Holmes, W.G. (2001): „The development and function of nepotism", In: Blass, E. (Hg.): *Handbook of Behavioral Neurobiology*, Plenum Press, Bd. 13, S. 281 ff.
15. Griffin/ West (2003): „Kin discrimination and the benefit of helping in cooperatively breeding vertebrates", *Science*, Hf. 302, S. 634 ff.
16. Buchan, J.C. et al. (2003): „True paternal care in a multi-male primate society." In: *Nature*, Hf. 425, S. 179 ff.
17. Hauber, M.E. und Sherman, P.W. (2001): „Self-referent phenotype matching: theoretical considerations and empirical evidence", *Trends Neurosci*, Hf. 24, S. 609 ff.
18. Darwin, C. (1871/ 1936): „The Descent of Man and Selection in Relation to Sex", Random House
19. Hauser, M.D. et al. (2002): „The faculty of language: what is it, who has it, and how did it evolve?", *Science*, Hf. 298, S. 1569 ff.
20. Allen/ Bekoff (1997): „Species of Mind", MIT Press
21. Shettleworth, S.J. (1998): „Cognition, Evolution, and Behavior", Oxford University Press
22. Bekoff, M. (2002): „Minding Animals: Awareness, Emotions, and Heart", Oxford University Press

23. Gallup, G.G., Jr (1998): „Self-awareness and the evolution of social intelligence", *Behav. Proc.,* Hf. 42, S. 239 ff.
24. Pepperberg, I.M. (1999): „The Alex Studies: Cognitive and Communicative Abilities of Grey Par--rots", Harvard University Press
25. Gallup, G.G., Jr et al. (2002): „The mirror test". In: [3], S. 325 ff.
26. Shumaker/ Swartz (2002): „When traditional methodologies fail: cognitive studies of great apes", In [3], S. 335 ff.
27. Gallup, G.G., Jr (1998): „Can animals empathize? Yes", *Sci. Am.,* Hf. 9, S. 66 ff.
28. Heyes, C.M. (1994): „Reflections on self-recognition in primates", *Anim. Behav.*, Hf. 47, S. 909 ff.
29. de Veer/ van den Bos (1999): „A critical review of methodology and interpretation of mirror self-recognition research in nonhuman primates", *Anim. Behav.*, Hf. 58, S. 459 ff.
30. Mateo, J.M. (2002): „Kin recognition abilities and nepotism as a function of sociality", *Proc. R. Soc. Lond. Ser.* B 269, S. 721 ff.
31. Todrank/ Heth (2003): „Odor-genes covariance and genetic relatedness assessments: rethinking odor-based 'recognition' mechanisms in rodents", *Adv. Stud. Behav.* 32, S. 77 ff.
32. Wyatt, T.D. (2003): „Pheromones and Animal Behavior: Communicating by Smell and Taste", Cambridge University Press
33. Keenan, J.P. et al. (2001): „Self-recognition and the right hemisphere", *Nature* 409, S. 305
34. Damasio, A. (2001): „Fundamental feelings", *Nature* 413, S. 781
35. Johnson, S.C. et al. (2002): „Neural correlates of self-reflection", *Brain* 125, S. 1808 ff.
36. Keenan, J.P. et al. (2000): „Self-recognition and the right prefrontal cortex", *Trends Cogn. Sci.* 4, S. 338 ff.
37. Miles, H.L.W. (1994): „Me Chantek: the development of self-awareness in a signing orangutan", In: Parker (Hg.): *Self-awareness in Animals and Humans: Developmental Perspectives*, Cambridge University Press, S. 254 ff.
38. Sherman, P.W. et al. (1995): „The eusociality continuum", *Behav. Ecol.* 6, 102 ff.
39. Shellman-Reeve, J.S. (1997): „The spectrum of eusociality in termites", In: Choe/ Crespi (Hg.): *The Evolution of Social Behavior in Insects and Arachnids,* Cambridge University Press, S. 52 ff.
40. Pusey/ Packer (1997): „The ecology of relationships", In: Krebs/ Davies (Hg.): *Behavioural Ecology*, Oxford University Press, S. 254 ff.
41. Sugiyama, L.S. et al. (2002): „Cross-cultural evidence of cognitive adaptations for social exchange among the Shiwiar of Ecuadorian Amazonia", *Proc. Natl. Acad. Sci. U.S.A.* 99, 11537 ff.
42. Sherman, P.W. (1991): „Multiple mating and kin recognition by self-inspection", *Ethol. Sociobiol.* 12, S. 377 ff.
43. Petrie, M. et al. (1999): „Peacocks lek with relatives even in the absence of social and environmental cues", *Nature* 401, S. 155
44. Hauber/ Sherman (2003): „Designing and interpreting tests of self-referent phenotype matching", *Anim. Cogn.* 6, S. 69 ff.
45. Mateo/ Johnston (2000): „Kin recognition and the 'armpit effect': evidence of self-referent phenotype matching", *Proc. R. Soc. Lond. Ser. B* 267, S. 695 ff.
46. Reeve, H.K. (1989): „The evolution of conspecific acceptance thresholds", *Am. Nat.* 133, S. 407 ff.
47. Neff/ Sherman (2002): „Decision making and recognition mechanisms", *Proc. R. Soc. Lond. Ser. B* 269, S. 1435 ff.

Teil II

Das Sozialverhalten von Hunden und Kojoten

Vorbemerkung

Die Essays im zweiten Teil des vorliegenden Buches behandeln die verschiedenen Aspekte des Sozialverhaltens und der Verhaltensökologie von Kojoten und Hunden, ausgenommen dem Sozialspiel, das Thema des dritten Teils ist. Sie beleuchten die Bedeutung der vergleichenden Forschung und decken Themen wie die Sozialstruktur und die Verhaltensökologie, die soziale Kommunikation, die Verhaltensflexibilität, die Verhaltensbiologie wild lebender Hunde, das Setzen von Duftmarken und die Prozesse der Domestizierung und Verwilderung ab.

Hunde sind faszinierende Wesen, auch unabhängig von den wundervollen Eigenschaften, die wir Menschen ihnen zuzuschreiben neigen. Ich habe viel von Hunden gelernt – Moses, Mishka, Sky, Inukpuk, Sasha und Jethro – mit denen ich zusammen gelebt habe, und ich erinnere mich immer wieder gerne an die wundervollen Geschichten von John Allen Boone über seinen Hundefreund Strongheart und an John Muirs großartige Prosa über seinen geliebten Hundekumpel Stickeen. Muir schrieb: „Stickeen war mehr als nur ein kluger Hund, er war ein Bote, ein Überbringer guter Nachrichten über die Natur."

Es gibt zahlreiche Beispiele für enge Beziehungen zwischen Hunden und Menschen, daher gibt es auch vielfältige Möglichkeiten nicht nur etwas über Hunde zu erfahren, sondern auch darüber, wie ihr Verhalten dem ihrer wilden Verwandten ähnelt bzw. sich von ihm unterscheidet. Hunde lassen sich relativ einfach studieren, sei es in unserem Zuhause und auf Hundeauslaufflächen. Wir können auch viel über Hundeverhalten lernen, wenn wir Tierheimhunde studieren, eine Tatsache, die Leslie Irvine in ihrem Buch Wenn Du mich zähmst deutlich gemacht hat. Außerdem können wir aus ihrem Verhalten etwas über uns selbst lernen.

Meine Abschlussarbeit an der Washington University konzentrierte sich auf vergleichende Aspekte der Verhaltensentwicklung und detaillierte Analysen der Dynamik des Sozialspiels bei verschiedenen Kaniden. Ich wollte unbedingt Feldforschungen betreiben, und als an der University of Colorado in Boulder eine Stelle frei wurde, bewarb ich mich für den Posten und wurde im Herbst 1974 eingestellt.

Kurz darauf hatte ich das Glück, mit zwei großartigen Hochschulstudenten arbeiten zu dürfen, Joel Berger und John Byers, die beide eine kometenhafte Karriere hingelegt haben. Sowohl Joel als auch John haben Feldforschungen zu verschiedenen Aspekten der Verhaltensentwicklung und Sozialstruktur bei Dickhornschafen und Pekaris durchgeführt, und ihre Erfahrungen weckten bei mir den Wunsch, ebenfalls Feldforschung zu betreiben.

Im September 1977 begann ich ein siebenjähriges Feldprojekt zum Sozialverhalten und der Ökologie von Kojoten (*Canis latrans*), die um den Blacktail Butte herum im Grand Teton National Park lebten. Anfänglich lag der Schwerpunkt auf der unterschiedlichen Verhaltensentwicklung der einzelnen Wurfgeschwister bei Kojoten und darauf, wie diese Unterschiede später die Muster ihres Sozialverhaltens beeinflussen, insbesondere das Sozialspiel und die Aggression. Die Arbeit im Feld in den Grand Tetons war ganz wundervoll, oft langweilig und frustrierend, aber in vielerlei Hinsicht auch unglaublich lohnend.

Mein Interesse an Kojoten hatte auch einen praktischen Aspekt: zu jener Zeit gab es eine Vielzahl schrecklicher Methoden, die zur Kontrolle – also zum Töten – der Kojotenpopulation eingesetzt wurden. Methoden, die damals nicht funktionierten und auch heute immer noch nicht greifen. Ich wollte versuchen, die Lücke zwischen diesen „Wildtiermanagern", die Kojoten trotz mangelnden Wissens über ihre Verhaltensweisen kontrollieren wollten, und jenen zu schließen, die eher aus akademischer Sicht mehr über sie erfahren wollten. Im Jahr 1974 organisierte ich ein Symposium zum Thema Kojoten und gab später ein Buch über ihre Biologie, ihr Verhalten und ihr Management heraus. In den späten 1970ern wurden Daten veröffentlicht, die suggerierten, dass Kojoten die Hauptraubfeinde von Nutzvieh und anderen Tieren seien, doch die meisten dieser Informationen wurden nicht statistisch ermittelt. Als ich statistische Analysen durchführte, stellte ich vielmehr fest, dass Kojoten für das Vieh nicht so verheerend sind wie zum Beispiel andere Raubtiere und Krankheiten. Interessanterweise wurde meine Abhandlung zunächst akzeptiert und dann vorübergehend aus politischen Gründen abgelehnt. Einige einflussreiche Leute waren nicht glücklich über das, was die statistischen Analysen aufzeigten.

Kojoten: Unermüdliche Trickser, wandlungsfähige Raubtiere

Der erste Essay in diesem Abschnitt, DIE SOZIALÖKOLOGIE VON KOJOTEN, erschien als Titelgeschichte in SCIENTIFIC AMERICAN. In dieser Abhandlung präsentieren Mike Wells und ich Daten, die aufzeigen, dass die Sozialstruktur von Kojoten – egal ob alleine, mit einem Partner oder, ähnlich einem Rudel von Wölfen, in einer Gruppe lebend – von der Art des Nahrungsangebots beeinflusst wurde, insbesondere dem Aas von Elchen. Wir zeigten auch, dass ein Kojotenrudel meist aus einer erweiterten Familie von Eltern- und Jungtieren aus verschiedenen Jahrgängen besteht.

Kojoten sind echte Meister der Verhaltensflexibilität. Über *den* Kojoten zu reden ist irreführend. Sobald man anfängt, grobe Verallgemeinerungen vorzunehmen, wird man widerlegt. Kojoten zeigen eine große Variation in ihrer Sozialstruktur. In einigen Bereichen leben Kojoten wie typische Grauwölfe in ortstreuen Rudeln von vier bis acht Individuen. Die Rudel bestehen aus eng verwandten erweiterten Familien aus überlappenden Generationen von Elterntieren, den Jungen des Jahres und erwachsenen Helfern, die sich nicht fortpflanzen, es jedoch könnten, würden sie die Gruppe verlassen. In anderen Habitaten leben sie entweder als Fortpflanzungspaare oder als umherstreifende Einzelindividuen ohne oder mit nur geringen Bindungen an einen bestimmten Standort. Während unserer Studie entdeckten wir, dass Kojoten, die nur 1,5 Kilometer voneinander entfernt lebten, bereits Variationen in ihrer Sozialstruktur aufwiesen.

Kurz gesagt: Typischerweise sind Kojoten findige Opportunisten, und eine Vorhersage über das Verhalten von Individuen ist unmöglich. Aufgrund dieser „Schlauheit“ und Verhaltensflexibilität sind sie faszinierende und reizvolle Studienobjekte. Kojoten sind quasi Modelltiere zur Erforschung der Anpassungsfähigkeit und des Erfolgs von nicht–menschlichen Individuen, die versuchen, sich in einer von Menschen dominierten Welt zu behaupten. Kojoten sind, wie der griechische Gott Proteus, der seine Form nach Belieben ändern und dadurch seine Ergreifung vermeiden konnte, wirklich wandlungsfähige Raubtiere. Sie sind eine Erfolgsgeschichte und vielleicht unglückselige Opfer eben dieses Erfolgs.

Die Entwicklungsgeschichte der Hunde

Die Forschung an Kojoten empfand ich aufgrund ihrer verblüffenden Fähigkeit, sich an eine Unzahl verschiedener und sehr unterschiedlicher Situationen anzupassen, als außerordentlich anregend. Damit stieg aber auch mein Interesse am Verhalten ihrer domestiziert lebenden Verwandten, unseren Haushunden.

Obwohl sie mir besonders viel bedeuteten, waren die Hunde, mit denen ich mein Heim teilte, nur ein paar der über 100 Millionen Hunde weltweit. Wir sind von diesen unglaublichen, äußerst liebenswerten Wesen umgeben. In den USA gab es 2001 ca. 68 Millionen Hunde in 40 Millionen Haushalten.

Doch woher stammen Hunde? Sowohl unter Forschern als auch „normalen" Hundefreunden besteht ein großes Interesse am Ursprung von Hunden. Allgemein wird angenommen, dass alle Hunde vom Grauwolf abstammen, doch besteht noch immer Uneinigkeit darüber, wo und wann genau Hunde sich entwickelt haben. Archäologische und genetische Zeugnisse lassen vermuten, dass sie vor ca. 12-15 000 Jahren auftauchten, doch andere Belege verweisen auf einen weiter zurückliegenden Ursprung, vielleicht sogar auf bis zu 100 000 Jahre. Die frühen Hunde waren von kleinen Wölfen nicht zu unterscheiden, was ein Grund dafür sein könnte, dass sie in vielen archäologischen Forschungsberichten nicht auftauchen.

Peter Savolainen und seine Kollegen von der Abteilung Biotechnologie am Königlichen Institut für Technologie in Stockholm, Schweden, suchten nach etwas, was sie „Hunde-Eva" nannten. Dazu analysierten sie die Mitochondrien-DNS der Haare von 654 Hunden aller Populationen weltweit. Sie entdeckten einen gemeinsamen Ursprung aller Hundepopulationen, einen einzigen, ca. 15 000 Jahre alten Genpool in Ostasien (Thailand, Kambodscha, Tibet, China, Japan und Korea), doch es ist möglich, dass Hunde sich bereits vor bis zu 40 000 Jahren entwickelten.

Jennifer Leonard, die an der University of California in Los Angeles mit einem internationalen Team von fünf Kollegen zusammenarbeitet, entdeckte, dass die in Amerika heimische Abstammungslinie auf ca. fünf verschiedene Abstammungslinien von Hunden zurückgeht, die Menschen im späten Pleistozän (am Ende der letzten Eiszeit vor ca. 10 000 Jahren) über die Beringstraße begleiteten, als diese die Neue Welt besiedelten. Die historischen amerikanischen und eurasischen Ur–Haushunde haben eine gemeinsame Stammform, den Grauwolf der Alten Welt. Die Ur–Hunde der Neuen Welt ähneln mehr den Hunden der Alten Welt als den Wölfen der Neuen Welt. Insgesamt wird allgemein angenommen, dass Hunde in der Alten Welt domestiziert und in die Neue Welt gebracht wurden.

Die meisten modernen Rassen entstanden in den letzten beiden Jahrhunderten. Trotz einer großen Variabilität im Verhalten, in der Größe, der

Farbe, im Fell, der Länge der Rute und bei den Ohren, zeigte vor kurzem eine Studie der skandinavischen Forscher Kenth Svartberg und Bjorn Forkman an über 15 000 Hunden aus 164 Rassen, dass trotz individueller und rassebedingter Unterschiede alle Hunde fünf Verhaltensmerkmale miteinander gemein haben. Zusammengefasst sind dies Verspieltheit, Neugier/ Furchtlosigkeit, Jagdneigung, Geselligkeitsbedürfnis und Aggressivität. Frühere Forschungen an Wölfen zeigten vergleichbare Ergebnisse und belegen damit, dass die Verhaltensmerkmale nur wenig von der Domestikation beeinflusst wurden.

Hunde leben in einer Vielzahl von Lebensräumen, und sie können sich an neue Situationen anpassen, indem sie flexibel sind, statt in einer einzigen oder in wenigen Verhaltensweisen zu verharren. Doch ist der Hund deshalb klüger als die Katze, oder weniger intelligent wie Jane Goodalls Schimpanse Fifi? Diese Frage kann irreführend sein. Als Biologe bringen mir diese Vergleiche nicht viel, doch ich interessiere mich dafür, weshalb einige Individuen der gleichen Spezies intelligenter – anpassungsfähiger – sind als andere. Ich kann diese Frage ad acta legen, indem ich darauf verweise, dass es keine klare lineare Skala für Intelligenz gibt, anhand derer einige Spezies einfach über andere positioniert werden könnten. Das soll nicht heißen, dass Hunde nicht klüger als Moskitos sind, doch das weiß ich nicht mit absoluter Sicherheit, da die Intelligenz von Moskitos nicht erforscht wurde und es den Moskitos in ihrer Welt ziemlich gut zu gehen scheint.

Sind Hunde lediglich verdummte Wölfe?

Hunde sind domestizierte Tiere. Die Domestikation ist ein evolutionärer Prozess, der verschiedene Grade menschlicher Kontrolle beinhaltet, über lange Zeiträume stattfindet und genetische Veränderungen mit einschließt. Es ist wichtig zu betonen, dass Individuen gezähmt, jedoch nicht domestiziert werden können – domestiziert und gezähmt sind keine Synonyme, da die Domestikation nicht innerhalb der Lebenszeit eines Individuums stattfindet. Daher ist der Begriff „domestizierter Wolf" irreführend, obwohl Hunde aus Sicht der Evolution domestizierte Wölfe sind. Selbst ein wild lebender Hund ist ein domestiziertes Tier. Offensichtlich gibt es keine genetischen Veränderungen bei einem Individuum im Verlauf der Verwandlung von einem wild lebenden zu einem gezähmten Tier; doch mit der Zeit und über einen erheblichen Zeitraum der isolierten Fortpflanzung kann in einer Population wild lebender Hunde eine genetische Veränderung auftreten.

Menschen fragen sich häufig, ob Hunde verdummte Wölfe sind, weil Hunde von Menschen domestiziert und gezielt auf gewünschte Merkmale hin gezüchtet wurden (oder laut Charles Darwin „künstlicher Auslese unterlagen"). Doch das sind sie nicht. Es besteht ein erheblicher Unterschied zwischen „domestiziert sein" und „gezähmt sein". Ein gezähmter Wolf ist nicht domestiziert, sondern vielmehr auf Menschen sozialisiert. Ebenso ist ein nicht sozialisierter und aggressiver Hund trotzdem ein domestiziertes Tier. Nochmals, Domestikation ist ein langwieriger Prozess, wohingegen Sozialisierung im Verlauf der Lebenszeit eines Individuums stattfindet.

Domestizierte Hunde haben sich verschiedene, am ehesten als „jugendlich" kategorisierbare Charakteristiken bewahrt. Diese Merkmale umfassen Veränderungen in der Kopf- und Körpergröße, eine rundere Stirn – die auf Menschen attraktiver wirkt – kleinere Eckzähne und Hängeohren. Die Selektion auf unterwürfigere Individuen hat das Hundeverhalten auch zunehmend infantilisiert – Hunde sind normalerweise beflissener und respektvoller als ihre wilden Verwandten. Die Domestikation führte nicht nur zu Hängeohren, Ruten in allen Formen und Größen, dem Verlust von Reaktionen auf Raubfeinde, reduzierte Kopf- (ca. 20 %) und Gehirngröße (ca. 10 – 15 %, beim Vergleich von Hunden mit Wölfen ähnlicher Körpergröße) und kleineren Zähnen, sondern die enge Bindung an den Menschen hatte auch Auswirkungen auf ihr Denkvermögen. Wie sich gezeigt hat, können Hunde Dinge tun, die Wölfe nicht können. Wölfe sind eindrucksvoll, Hunde nicht minder.

Der Forscher Brian Hare von der Harvard University und seine Kollegen führten eine Reihe von Experimenten in Massachusetts und Deutschland durch, um festzustellen, ob Hunde und von Menschen aufgezogene Wölfe Hinweise – etwa den Blick eines Menschen oder ein Handzeichen – auf außer Sicht befindliches Futter verstehen können. Hare und sein Team führten so genannte „ökologisch relevante" Experimente durch. Hierbei wird die ökologische Nische von Hunden berücksichtigt, welche die Anwesenheit von Menschen einschließt. Ihre Ergebnisse sind sehr interessant und wichtig. Keiner der sieben Wölfe erreichte mit Hilfe der Hinweise Punktwerte, die auf mehr als Zufall zurückzuführen sind, im Gegensatz zu allen sieben Hunden. Außerdem orientierten sich die von Menschen aufgezogenen Wölfe nicht an menschlichen Signalen, junge Hundewelpen hingegen, die wenig menschlichen Kontakt gehabt hatten, schon. Hunde konnten sowohl dem menschlichen Blick als auch der Hand folgen, orientierten sich jedoch nicht an dem Blick, wenn er dem Handzeichen widersprach. Selbst Großaffen haben

Schwierigkeiten mit diesen widersprüchlichen Signalen. Adam Miklósi und seine Kollegen entdeckten, dass Hunde schneller lernten, einen Umweg zu nehmen, wenn sie zuerst einen Menschen dabei beobachteten. Sie stellten außerdem fest, dass Hunde ihren Blick einsetzen konnten, um die Aufmerksamkeit von Menschen auf verschiedene Aspekte ihrer hundlichen Umgebung zu lenken. Ein nette Wechselwirkung, die angesichts der engen und anhaltenden Verbindungen zwischen Hunden und Menschen nicht überrascht.

Das bedeutet nicht, dass Hunde notwendigerweise und immer klüger sind als Wölfe, doch es hebt hervor, dass domestizierte Tiere intelligent sind und sich an die Anforderungen einer von Menschen dominierten Welt anpassen können. Hunde achten anders als Wölfe ständig auf den menschlichen Blick und auf Handzeichen. Sie haben gelernt, uns zu verstehen, und wir haben gelernt, unsere Hunde zu verstehen. Wölfe hatten und haben nicht die Notwendigkeit, diese Fähigkeiten zu entwickeln.

Hunde können auch Werkzeuge herstellen. Lenny Frieling, den ich bei einem Meeting in der Nähe von Boulder, Colorado, traf, erzählte mir, dass seine Hündin Grendel ein Werkzeug herstellte, um sich den Rücken zu kratzen. Grendel, ein kleiner Mischling mit langem Rumpf und kurzen Beinen, konnte die Mitte ihres Rückens nicht erreichen, um sich zu dort kratzen. Als Frieling Grendel einen zylindrischen Knochen mit zwei parallelen, flachen Seiten gab, benagte Grendel eine Seite des Knochens so, dass er schließlich erhöhte Kanten aufwies. Die Hündin legte dann den Knochen mit der flachen Seite nach unten auf den Boden, rollte sich mit dem Rücken über die erhöhten Kanten und nutzte die Vorsprünge, um sich in der Mitte ihres Rückens zu kratzen. Besonders interessant ist, dass Grendel das mit zwei verschiedenen Knochen machte.

Die Wahrheit über Hunde – „Oh, tatsächlich?“

Natürlich gibt es immer Spielverderber. Stephen Budiansky versuchte in seinem Buch THE TRUTH ABOUT DOGS und in seinem Essay in der NEW YORK TIMES vom Dezember 2002 zu argumentieren, dass Hunde ihre Beziehung zu Menschen egoistisch ausnutzen, sie „uns spielen wie ein Akkordeon“, sie uns während der Domestikation auswählten und uns meisterhaft manipulieren. Vielleicht sollte Budiansky Jackie Tresize treffen und diesen Obdachlosen über seinen besten Freund Champion befragen; oder Omar Eduardo Rivera, einen Blinden, der am 11. September 2001 aus dem 71. Stock des Nordturms des World Trade Centers von seinem Blindenführhund Salty gerettet wurde; oder Gefangene, die sich um Hunde kümmern; und Millionen anderer Menschen, die Beziehungen mit Hunden genossen haben, viel Trost bei ihnen fanden und ihnen im Gegenzug Komfort boten. Hunde sind komplexe Wesen, deren Psyche und Verhalten nicht leicht verständlich und mit flapsigen Worten abzutun sind.

Budiansky lehnt einerseits den Anthropomorphismus ab, bedient sich seiner jedoch gleichzeitig ganz offen. So behauptet er, dass Hunde sehr wahrscheinlich kein Einfühlungsvermögen, „die Fähigkeit, sich vorzustellen, was andere denken, wahrnehmen und fühlen", haben. Stattdessen wird ihr Leben von „ziemlich einfachen Assoziationen" bestimmt. Wieder einmal hat niemand wirklich untersucht, ob Hunde ein Einfühlungsvermögen besitzen, und bis wir ausreichende Daten haben, müssen wir für die Möglichkeit aufgeschlossen bleiben, dass sie, wie andere Tiere, insbesondere auch nichtmenschliche Primaten, darüber verfügen. Die Ergebnisse von Hare und seinen Kollegen sowie meine eigenen Daten zum Sozialspiel (vgl. Teil III dieses Buches) widersprechen der Behauptung von Budiansky deutlich.

Ein Argument von Budiansky ist, dass Hunde keine Sprache haben oder zumindest keine, die der menschlichen Sprache ähnelt, und einige Leute glauben, dass ein Organismus ohne Sprache kein Bewusstsein haben kann. Das Kriterium der Sprache ist extrem anthropozentrisch – eine Schutzbehauptung von Menschen, die Menschen von Tieren unterscheiden möchten. Es lässt sich einfach einbringen, um Hunden und anderen Tieren bewusste Gedanken abzusprechen. Hunde haben keine Sprache, die der menschlichen gleichkommt, doch sie haben ihre eigenen komplexen Kommunikationssysteme und ihr eigenes Bewusstsein, das sich von dem der Menschen unterscheidet. Vielleicht haben Hunde akustische oder geruchliche Darstellungen oder „Bilder" in ihrem Gehirn, und während einige dieser geistigen Aktivitäten uns unglaublich fremd sein mögen, sind sie für Hunde deshalb nicht weniger real. Unsere Hundefreunde benötigen überhaupt keine Sprache im menschlichen Sinn, um bewusste Entscheidungen zu treffen.

Wild lebende Hunde

Nachdem nun klar ist, dass wir viel durch das Studium von Hunden lernen können – als ob Sie noch überzeugt werden müssten – möchte ich verschiedene Aspekte des Hundeverhaltens erörtern, angefangen bei Studien zur Sozialbiologie von frei lebenden Hunden in Ciudad Juarez, Mexiko, und im Navajo-Reservat in der Nähe der Gemeinden Window Rock, Arizona, und

Navajo, Neumexiko. Tom Daniels, der umfangreiche Forschungen an wild lebenden Hunden in Newark, New Jersey, durchgeführt hat, besaß ideale Voraussetzungen für diese Forschung.

Im zweiten Essay dieses Teils, POPULATIONS- UND SOZIALBIOLOGIE FREI LEBENDER HAUSHUNDE, zeigen Tom und ich, dass Hunde in der Stadt und auf dem Land weniger sozial waren als erwartet und wild lebende Hunde üblicherweise in Rudeln leben. Ein Rudel wird dabei als „eine Gruppe von Tieren, die gemeinsam herumziehen und zusammen ruhen, Nahrung suchen und jagen“ definiert. Das Leben in Gruppen bietet den Hunden selten Vorteile, weil die wenigen verfügbaren Ressourcen einfacher von einzelnen Individuen genutzt werden können. Diese Feldforschung belegt, dass wir vorsichtig mit groben Verallgemeinerungen in Bezug auf das Verhalten von Hunden sein müssen – es gibt eine große Verhaltensvielfalt und eine große Variabilität in der Sozialstruktur, wie bei vielen anderen Tieren auch. Der Versuch herauszufinden, warum diese Vielfalt und Variabilität besteht, ist sehr reizvoll und erfordert eingehendere Untersuchungen. Auch wird deutlich, dass das Studium von Hunden einen großen Gewinn darstellt und ihr Verhalten auf vielerlei Art – wie sie auf Variationen der Nahrungsressourcen und ihre Ausnutzung durch den Menschen reagieren – dem ihrer wilden Verwandten gleicht.

Warum scharren Hunde nach dem Pinkeln? – Dieses Verhalten ist komplexer als es den Anschein hat.

Jeder, der einen Hund beobachtet hat, weiß, dass sie nicht nur gerne urinieren, während sie spazieren gehen, sondern auch manchmal nach dem Pinkeln energisch am Boden scharren. Ich wollte immer schon mehr über dieses sogenannte Imponierscharren erfahren, daher beschloss ich, es zu studieren, um festzustellen, ob ich die Diskussion darüber durch solide wissenschaftliche Daten würde bereichern können. Wie ich im dritten Essay dieses Teils, IMPONIERSCHARREN BEI HAUSHUNDRÜDEN: EIN ZUSAMMENGESETZTES SIGNAL? berichte, entdeckte ich, dass Imponierscharren öfter auftrat, wenn andere Hunde anwesend waren, die es sehen konnten, und dass es wahrscheinlich ein optisches Signal für die Nachricht „Ich habe gerade gepinkelt“ ist. Imponierscharren dient möglicherweise aber auch dem Hinterlassen von Duftmarken aus den zwischen den Zehen der Hundepfote liegenden Drüsen, um zusammen mit den sichtbaren Kratzspuren am Boden „Ich habe gerade hier gepinkelt“ zu signalisieren. Hunde scharren allerdings auch am Boden, nachdem sie ihr Bein gehoben haben, ohne dabei zu urinieren (so genanntes „Trockenmarkieren"); ein Verhalten, das die Aufmerksamkeit darauf lenkt, dass Hunde möglicherweise anderen Hunden vortäuschen möchten, dass sie uriniert haben. Imponierscharren ist also ein zusammengesetztes Signal, das optische und chemische Komponenten in sich vereint und komplexer ist, als es auf den ersten Blick scheint.

Umsetzen von „Gelbem Schnee"

An einem kalten Wintermorgen folgte ich meinem inzwischen verstorbenen Hund Jethro auf einem verschneiten Pfad in der Nähe meines Hauses außerhalb von Boulder, Colorado, darauf brennend, dass er pinkelte, so dass ich den gelben Schnee aufheben konnte, um mehr darüber zu erfahren, was er über sich und andere weiß. Er erfüllte mir diesen Wunsch bereitwillig, immer wieder. In BEOBACHTUNGEN ZUM SETZEN VON DUFTMARKEN UND ZUR UNTERSCHEIDUNG ZWISCHEN EIGENEM UND FREMDEN URIN DURCH EINEN HAUSHUND: GESCHICHTEN VON VERSETZTEM GELBEN SCHNEE, dem abschließenden Essay in diesem Teil des Buches, berichte ich von meinen Entdeckungen an diesem Tag und während eines fünf Jahre dauernden Projekts, das einige als bizarr bezeichnet haben, insbesondere Leute, die mich dabei beobachteten, wie ich Jethro und anderen Hunden folgte und darauf wartete, dass sie pinkelten.

Offen gesagt fand ich es ziemlich normal, meinen Tag mit dem Versetzen von gelbem Schnee zu beginnen, um zu sehen, wie Jethro auf die daraus ausströmenden olfaktorischen Sinfonien reagieren würde – eine moderne Methode zur Erforschung, worüber Hunde nachdenken und was sie wissen. Ich entdeckte, dass Jethro seinen eigenen Urin von dem anderer Hunde unterschied. Während sein Interesse an seinem eigenen Urin mit der Zeit schwand, blieb es für den Urin anderer Hunde konstant. Jethro unterschied auch zwischen dem Urin von Rüden und nicht läufigen Hündinnen. Obgleich einige dieser Ergebnisse nicht überraschen, gab es nur wenige experimentelle Studien, und lediglich eine mit frei umherstreifenden Hunden, die Fragen zur Reaktion von Hunden auf ihre eigenen Düfte und die von anderen Hunden untersuchte.

In diesem Fall stellten sich einige intuitive Annahmen als richtig heraus, doch das ist noch nicht alles. Offensichtlich können wir viel durch das Zusammenleben mit Hunden und durch ihre Erforschung lernen. Und das macht eine Menge Spaß!

Marc Bekoff & Michael C. Wells

Zur Sozialökologie bei Kojoten
(1980)

In Filmen über den amerikanischen Westen werden Kojoten fast immer auf die gleiche Art dargestellt: als Einzelgänger, die von einer entfernten Hügelkuppe aus traurig den Mond anheulen. In der Realität sind Kojoten wandlungsfähige Wesen mit einer großen Verhaltensvielfalt. Sie zeichnen sich durch starke Variabilität in ihrer Sozialstruktur aus, die von Einzelgängern (außer in der Fortpflanzungsperiode) und nicht ortstreuen Individuen bis hin zu gesellig lebenden, festen Gruppen, die über lange Zeiträume in der gleichen Region leben, reicht. Zwischen den beiden Extremen gibt es einzelne Individuen und Paare, die dazu neigen, in einem Gebiet zu verbleiben. Allerdings kann ein einzelner Kojote im Laufe seines Lebens alle unterschiedlichen Formen der Sozialität durchlaufen. Diese bemerkenswerte Flexibilität der wechselseitigen Interaktionen von Kojoten lässt sich am besten durch die Erforschung ihrer Ökologie verstehen oder der Art und Weise, wie sie sich an ihre Umgebung anpassen.

Allgemein wird angenommen, dass die meisten Verhaltensweisen von Tieren das Ergebnis einer Wechselwirkung zwischen ererbten Veranlagungen und Umwelteinflüssen sind. Mit anderen Worten: Obwohl die kumulierte Vererbung von Genen durch sich erfolgreich fortpflanzende Individuen zu einer gewissen Tendenz bei jedem Tier führt, unterliegen viele erkennbare Merkmale der Modifikation durch unmittelbare Faktoren in der Umwelt des Tieres. Daher können viele Merkmale eines Tieres, insbesondere Verhaltensmerkmale, als Anpassung an die Umwelt angesehen werden, in der das Tier gelebt hat bzw. lebt. Beispielsweise kam der holländische Ethologe Hans Kruuk, der intensive Studien an Hyänen durchgeführt hat, zu dem Schluss, dass für viele große Karnivoren, die normalerweise wenige Feinde (außer dem Menschen) haben, die Art des Nahrungsangebots ein wichtiger unmittelbarer Faktor ist, der das Sozialverhalten beeinflusst. Präziser formuliert scheint es, dass Variationen in der Sozialität von Raubtieren der gleichen Spezies häufig auf Unterschiede im Nahrungsangebot zurückgeführt werden können.

In den letzten drei Jahren haben wir das Verhalten von Kojoten in der Wildnis beobachtet, hauptsächlich im Grand Teton National Park nahe der

Stadt Jackson im Nordwesten von Wyoming (USA). Unsere Studien zeigen, dass die Sozialstruktur von Kojoten ihr Nahrungsangebot widerspiegelt und diesbezüglich drei Variablen einen direkten und erheblichen Einfluss haben: die Größe der verfügbaren Beutetiere, die räumliche Verbreitung der Beutetiere und deren zeitliche bzw. jahreszeitliche Verbreitung. Wir berichten über unsere Ergebnisse bezüglich der speziellen Verhaltensanpassungen, die Kojoten angesichts verschiedener Nahrungsangebote vornehmen, und über die Vorteile, die mit diesen Anpassungen einhergehen. Bevor wir diesen Aspekt der komplexen Beziehung zwischen den Kojoten und ihrer Umwelt darstellen, beschreiben wir kurz die Tiere und die Umgebung, in der wir sie studieren.

Kojoten (*Canis latrans*) gehören zur gleichen Säugetierfamilie wie Schakale, Füchse, Wölfe und Haushunde. Es werden 19 Unterarten des Kojoten unterschieden, doch da die Tiere heute mobiler als früher sind und sich häufiger kreuzen, scheint es nicht sinnvoll, diese detaillierte Klassifizierung beizubehalten. Kojoten paaren sich einmal pro Jahr und sind im Allgemeinen monogam, so dass sich dasselbe Paar im gleichen Gebiet über lange Zeiträume fortpflanzen kann und oft jedes Jahr an den gleichen Ort zurückkehrt. (Kojoten gebären ihre Jungen in einem Bau im Boden, den sie nicht immer selbst graben; die von uns beobachteten Kojoten nutzten im Allgemeinen Höhlen, die Dachse gegraben hatten.)

Bei einer Studie zu Kojoten in der kanadischen Provinz Alberta bemerkte Donald Bowen von der University of British Columbia, dass in Rudeln lebende Kojoten nicht nur gemeinsam fressen, schlafen und umherziehen, sondern auch zu Dominanzbeziehungen neigen. Franz J. Camenzind, der Kojoten im nahe der Stadt Jackson gelegenen National Elk Refuge studiert hat, berichtete von ähnlichen Beobachtungen. Normalerweise gehen Rudelmitglieder sozialer miteinander um als mit Außenseitern oder als einzelgängerische Kojoten untereinander, die im gleichen Gebiet leben oder durch das gleiche Gebiet streifen. Die meisten Mitglieder eines Kojotenrudels scheinen miteinander verwandt zu sein. Die Grundlage für die Sozialstruktur der Kojoten bildet wahrscheinlich das Fortpflanzungspaar, das durch die Nachkommen ergänzt wird, die das Rudel nicht verlassen, wenn sie alt genug sind, um für sich selbst zu sorgen.

Normalerweise pflanzen sich nur ein Männchen und ein Weibchen in jedem Rudel fort. Wahrscheinlich helfen einige der sich nicht fortpflanzenden Individuen, andere Mitglieder des Rudels aufzuziehen (höchst wahrscheinlich ihre jüngeren Geschwister) und Nahrungsressourcen zu verteidigen, hauptsächlich gegen andere Kojoten. Rudel können auch sich nicht fortpflanzende, lose Mitglieder umfassen, die wahrscheinlich auch Nachkommen des sich fortpflanzenden Paares des Rudels sind und die weiterhin in der Nähe des Rudels leben, aber nur wenig mit ihm interagieren. (Möglicherweise profitieren diese Individuen von einem solchen minimalen Kontakt, indem sie das Fortpflanzungsrevier „erben", wenn ein Elterntier es verlässt oder stirbt.)

Kojoten leben in diversen Habitaten in Kanada, Mittelamerika und den meisten Staaten der USA, doch selbst in einer einzigen geographischen Region kann ihr Sozialverhalten erheblich variieren. Unser Hauptstandort für die Langzeitbeobachtung wilder Kojoten ist das Gebiet rund um den Blacktail Butte in der südöstlichen Ecke des Grand Teton National Parks. Dieses Gebiet eignet sich besonders gut für die Erforschung des Verhaltens und der Ökologie, weil die im Nationalpark lebenden Tiere relativ unbeeinflusst vom Menschen leben. Außerdem können die Kojoten vom Blacktail Butte aus, der die Talsohle rund 300 Meter überragt, leicht dabei beobachtet werden, wie sie ihren normalen Aktivitäten nachgehen. Unsere Erkenntnisse für das Blacktail-Butte-Gebiet wurden durch Kojotenbeobachtungen ergänzt, die einer von uns (Bekoff) mit Hilfe mehrerer Studenten im Rocky Mountain National Park in Colorado durchführte. Im Moraine-Park-Bereich des Nationalparks, wo die Studie durchgeführt wurde, unterschieden sich die Umweltbedingungen sehr von denen am Blacktail Butte, daher konnten wir durch Vergleiche der Daten von beiden Standorten in vielen Fällen Variablen identifizieren, die das Sozialverhalten beeinflussen. Wir haben auch Versuche mit in Gefangenschaft lebenden Tieren durchgeführt, so dass relevante konkurrierende Variablen genauer kontrolliert werden konnten.

Für Studien wie unsere ist es wichtig, die verschiedenen Mitglieder wilder Populationen identifizieren zu können, doch bei Kojoten können sich Unterscheidungsmerkmale wie die Größe (von 8 bis 20 kg bei Rüden) und die Fellfärbung (eine sehr variable Mischung aus Weiß, Grau, Braun und Rost) mit der Zeit ändern. Daher war es notwendig, die einzelnen Kojoten zu fangen und zu markieren. Hierzu verwenden wir normalerweise Fußfallen, deren Bügel dick mit einer Baumwollpolsterung umwickelt sind, um das Verletzungsrisiko für das gefangene Tier zu reduzieren. Um zu verhindern, dass der Kojote in der Falle herumzappelt, legen wir häufig eine Beruhigungspille aus, die das Tier in der Regel schluckt. Das Beruhigungsmittel sediert den gefangenen Kojoten, lässt ihn jedoch nicht bewusstlos werden. Die

Fallen werden zu Fuß, auf Skiern oder mit dem Auto alle sechs bis acht Stunden kontrolliert, so dass der Kojote nicht länger als nötig gefangen bleibt.

Sobald ein Kojote gefangen ist, wird er extrem unterwürfig. Wenn wir also einen Kojoten in einer unserer Fallen finden, befreien wir ihn sofort und beginnen dann, ihn zu wiegen, sein Geschlecht festzustellen, seinen körperlichen Zustand zu beurteilen und sein Alter zu schätzen. Danach befestigen wir eine farbige Kennmarke an jedem Ohr und legen ihm ein Halsband mit einem kleinen Funksender an. So können wir den Kojoten nach seiner Freilassung selbst dann identifizieren, wenn er außer Sichtweite ist, und wir können immer sagen, welche Kojoten sich zusammenschließen. Da das Gebiet um den Blacktail Butte ein ziemlich offenes Gelände ist, können wir die Kojoten normalerweise (mit einem Fernglas oder einem Teleskop, wenn nicht mit bloßem Auge) sehen, und der Funksender dient in erster Linie dazu, Daten über die ausgedehnten Wanderungen einzelner Tiere und Gruppen zu sammeln.

Das Sozialverhalten der Kojoten kann auf vielerlei Weisen durch die Natur der Nahrungsressourcen bestimmt werden. Wenn beispielsweise große Beutetiere, z.B. Huftiere, verfügbar sind, wurde bei verschiedenen Raubtieren (einschließlich Löwen, Wölfen, Schakalen und afrikanischen Wildhunden) beobachtet, dass sie sich zur gemeinsamen Jagd in Gruppen zusammenschließen. Das Rudelleben kann auch eine Anpassung zur besseren Verteidigung wichtiger Nahrungsressourcen, z.B. Aasvorräte, darstellen. Die Beobachtungen von David Macdonald von der Animal Behavior Research Group an der University of Oxford deuten darauf hin, dass dies bei Goldschakalen (*Canis aureus*) in Israel der Fall ist. Wir haben bei Kojoten beobachtet, dass zumindest unter den Bedingungen, unter denen wir sie beobachten, die gemeinsame Jagd ein seltenes und normalerweise erfolgloses Unterfangen ist. Von unserem Aussichtspunkt auf dem Blacktail Butte aus haben wir weder eine Gruppe von Kojoten noch einen einzelnen Kojoten jemals ein grosses lebendes Huftier angreifen sehen. Andererseits zeigen unsere Beobachtungen und die Erkenntnisse von Bowen, dass Kojoten sich zu Gruppen zusammenfinden, um bestimmte Nahrungsressourcen zu verteidigen.

In dem Gebiet um den Blacktail Butte gibt es eine erhebliche jahreszeitlich bedingte Fluktuation im Nahrungsangebot der Kojoten. Im Sommer (Mai bis Oktober) ernähren sich Kojoten hauptsächlich von Nagetieren, z.B. Taschenratten, Feldmäusen und Zieseln. Im Winter (November bis April) besteht die Hauptnahrung aus dem Aas von Huftieren, z.B. von Hirschen und Elchen. Anders ausgedrückt, im Sommer jagen und töten Kojoten kleine Beutetiere, die im Lebensraum der Kojoten weit verbreitet sind, und im Winter ernähren sie sich von großen toten Beutetieren (hauptsächlich Elchen), die aufgrund der Herdenbildung und legaler Bejagung durch Menschen während einer beschränkten Jagdsaison im Allgemeinen als isolierte Aasanhäufungen auftreten. Die erhöhte Verfügbarkeit von Aas im Winter ist ein weit verbreitetes Phänomen, das hauptsächlich auf eine höhere Sterblichkeit von Huftieren in dieser Jahreszeit zurückzuführen ist.

Unsere Grundhypothese zur Rolle, die die Größe der Beutetiere und deren räumliche und jahreszeitliche Verbreitung für die Ausprägung des Sozialverhaltens der Kojoten spielt, suggeriert, dass es möglich sein sollte, Variationen der Sozialität nicht nur bei Kojotenpopulationen mit Zugang zu unterschiedlichen Nahrungsressourcen, sondern auch innerhalb einer Population je nach Jahreszeit zu beobachten. Um die Auswirkungen der jahreszeitlichen Fluktuation der Beutetiere am Blacktail Butte zu bestimmen, verglichen wir die Größe der Kojotengruppen, die wir hier im Sommer und im Winter vorfanden. Zwischen September 1977 und August 1979 erspähten wir in über 1000 Sichtungen 35 markierte Kojoten sowie ca. 15 nicht markierte und fanden heraus, dass in den Sommermonaten, wenn die Nagetiere die Hauptnahrungsquelle darstellen, die durchschnittliche Gruppengröße 1,3 Mitglieder betrug und im Winter der Durchschnitt auf 1,8 stieg. Daher schien die Verfügbarkeit von Ansammlungen großer Beutetiere mit der erhöhten Soziabilität dieser Kojoten zusammenzuhängen.

Außerdem machten wir eine weitere interessante Entdeckung, als wir unsere Erkenntnisse mit den Ergebnissen von Camenzind aus dem National Elk Refuge verglichen. Camenzinds Beobachtungsstelle liegt nur ca. sieben Kilometer von der unseren entfernt, doch da dort mehr Elche überwintern, ist die Versorgung mit dem Aas von Huftieren dort größer und dichter. Camenzind fand heraus, dass die Kojotengruppen im Elk Refuge ebenfalls größer waren, mit einer durchschnittlichen Gruppengröße von 1,6 Individuen im Sommer und drei Tieren im Winter. Diese Feststellung suggeriert, dass die erhöhte Verfügbarkeit von Huftierkadavern im Winter nicht nur die Soziabilität in dieser Jahreszeit erhöht, sondern auch einen kumulativen Effekt haben könnte, indem sie im folgenden Sommer zu stärkerer Gruppenbildung führt. Interessant ist auch, dass im Moraine-Park-Gebiet des Rocky Mountain National Parks, wo es in drei aufeinander folgenden Wintern praktisch keine Huftierkadaver gab, die Situation ganz anders aussah. Die Kojoten waren gezwungen, sich das ganze Jahr über von kleinen Nagetieren zu ernähren, und die durchschnittliche Gruppengröße betrug sowohl im Sommer als auch im Winter 1,1 Individuen.

Außerdem verglichen wir die Häufigkeit, mit der die drei Sozialgruppierungen der Kojoten – Einzeltiere, Paare und aus drei oder mehr Individuen bestehende Rudel – an den verschiedenen Beobachtungsgebieten das gesamte Jahr über gesichtet wurden. Beispielsweise waren am Blacktail Butte 35 % der Sichtungen Rudel und ca. 50 % Einzelindividuen, entweder nicht ortstreue Tiere, die ein von einem Rudel (oder einem Fortpflanzungspaar) bewohntes Gebiet durchstreiften oder einzelgängerische Kojoten, die am Rand des Gebietes lebten. Im aasreichen Elk Refuge beobachtete Camenzind jedoch nur ca. 15 % Einzelkojoten und ca. 60 % im Rudel.

Scheinbar können in der Nähe des Blacktail Butte, wo Huftierkadaver rarer und nur in wenigen kleinen Bereichen zu finden sind, weniger Individuen in Rudeln leben, die diese Ressourcen verteidigen. Die restlichen Kojoten, die im Allgemeinen keinen Zugang zu den Kadavern haben, müssen ausgedehnte Nahrungssuchen durchführen, entweder alleine oder als Fortpflanzungspaar. Diese Schlussfolgerung wird von der Tatsache unterstützt, dass am Standort im Rocky Mountain National Park, an dem es fast kein Aas gab, zu 97 % Einzeltiere gesichtet wurden.

Um ein besseres Verständnis von der Natur der Kojotengruppierungen und der Vorteile der Anpassung an schützenswerte Ressourcen zu erhalten, mussten wir kein großes Gebiet abdecken. Die Beobachtungen von zwei Kojotengruppen mit benachbarten Lebensräumen in der Nähe von Blacktail Butte im Verlauf der letzten drei Jahre hat uns reichlich Beweise für die Art und Weise geliefert, wie das Nahrungsangebot das Sozialverhalten beeinflussen kann. (Der Lebensraum eines Tieres wird als das Gebiet definiert, das es routinemäßig während seiner täglichen Aktivitäten durchstreift.)

Beispielsweise unterschied sich im Winter 1978–79 die Menge der Elchkadaver in den beiden Gebieten erheblich. Absolut zufällig (es wurde kein Versuch unternommen, die Verteilung der Kadaver im Blacktail-Butte-Gebiet zu beeinflussen) hatte Gruppe A ca. 17 % des verfügbaren Aas und Gruppe B ca. 83 %. Wie erwartet war Gruppe A die kleinere Gruppe, sie bestand von November 1978 bis April 1979 aus nur einem Fortpflanzungspaar. Alle Jungen des Paares aus dem Vorjahr hatten sich zerstreut. Im gleichen Zeitraum bestand Gruppe B aus vier Mitgliedern: einem Fortpflanzungspaar, einem erwachsenen Männchen (ein Nachkomme von 1977) und einem männlichen Jährling (ein Nachkomme von 1978). (Der ältere, sich nicht fortpflanzende Rüde half seine 1978 geborenen Geschwister aufzuziehen.) Die Gruppe umfasste auch zwei weibliche Mitläufer (eine ein Nachkomme des Fortpflanzungspaares von 1978 und ein Nachkomme, von dem wir glauben, dass er 1977 geboren wurde); diese Individuen interagierten selten mit den Rudelmitgliedern, wurden jedoch in der Nähe geduldet. Ab November 1978 bis zum folgenden Mai (und darüber hinaus) hielten die vier Hauptmitglieder der Gruppe B eng zusammen: beim Essen, Schlafen, Wandern und Verteidigen von Aas zeigte sich eine enge Bindung zueinander. In dieser Zeitspanne wurden nur in 6 % der Sichtungen von Rudelmitgliedern Einzelindividuen beobachtet und bei über 50 % wurden alle vier Rudelmitglieder zusammen gesehen. Von November bis April wurden das Männchen und das Weibchen von Gruppe A 71 % gemeinsam gesehen, und bei den restlichen Gelegenheiten wurde jedes Tier in der Nähe anderer Kojoten beobachtet, wenn auch nicht in engem Kontakt mit diesen.

Es wurde beobachtet, dass bei Kojoten, die kein Fortpflanzungspaar bilden und den Winter miteinander verbringen, eine erhöhte Wahrscheinlichkeit besteht, dass sie auch den Sommer zusammen bleiben werden. Unsere Beobachtungen der beiden Gruppen im Bereich von Blacktail Butte zeigen, dass, wenn die Nahrungsversorgung im Winter gut ist, ältere Welpen zumindest einen Teil des Lebensraumes ihrer Eltern mitnutzen können, und dass, wenn die Welpen in ihrem ersten Winter in Kontakt zu ihren Eltern bleiben, eine gute Chance besteht, dass sie als Jährlinge im folgenden Sommer und vielleicht darüber hinaus bleiben. Interessanterweise sind zwei der Jungen, die den Lebensraum der Gruppe A (des Fortpflanzungspaares) im Herbst 1978 verlassen haben, im folgenden Frühling (aus dem National Elk Refuge, wo sie den Winter verbracht hatten) dorthin zurückgekehrt. Ihre Rückkehr fiel mit der jahreszeitlich bedingten Zunahme von Nagetieren im elterlichen Lebensraum zusammen. Diese Jährlinge blieben einzelgängerisch, halfen nicht bei der Aufzucht ihrer jüngeren Geschwister und schienen allgemein keine so enge Beziehung zu ihren Eltern zu haben wie die Jährlinge in Gruppe B, die das Rudel nie verlassen hatten.

Im nächsten Winter (1979–80) gab es eine weitere interessante Entwicklung im Verhältnis zwischen der Nahrungsverfügbarkeit und der Sozialstruktur der in der Nähe von Blacktail Butte lebenden Kojotengruppen. In den beiden vorherigen Wintern fiel im Dezember viel Schnee in unserem Studiengebiet, doch in diesem Jahr bedeckte bis in den Januar hinein kein Schnee die Streifgebiete von Gruppe A (dem Fortpflanzungspaar) und Gruppe B (dem Rudel). Daher standen mehr Nagetiere zur Verfügung. Diese ergänzten für einen längeren Zeitraum die übliche Winterversorgung durch Elchkadaver. In den vorangegangenen beiden Wintern wanderten alle Jungen der Gruppe A bis November ab, doch in diesem Jahr war ein im April 1979 geborenes Jungtier im Februar noch immer bei seinen Eltern. (In Gruppe B waren im Februar noch immer drei im April 1979 geborene Jungtiere beim Rudel.) Daher scheint es, dass ein natürlich auftretender Wandel in den Nahrungsressourcen der Kojoten zu einer Veränderung ihrer Sozialstruktur führte, zumindest für einen kurzen Zeitraum. Die Konsequenzen dieser Veränderung werden zukünftig erforscht werden.

Soziale Bindungen sind nicht der einzige Aspekt des Sozialverhaltens von Kojoten, der durch Variationen im Nahrungsangebot beeinflusst wird. Solche Variationen haben auch einen starken Einfluss auf die Gebietsnutzung der Tiere. Für diese Erörterung ist es wichtig, den Unterschied zwischen einem Lebensraum, dem Gebiet, das ein Tier oder eine Gruppe von Tieren routinemäßig bei seinen täglichen Aktivitäten durchstreift, und einem Revier (Territorium) zu kennen. Ein Streifgebiet hat flexible, unverteidigte Grenzen, so dass sich die Streifgebiete verschiedener Individuen oder Gruppen teils erheblich überlappen können. Andererseits wird ein Territorium als ein Gebiet definiert, das ein Individuum oder eine Gruppe unter fast vollständiger Verdrängung anderer Tiere der gleichen Art beansprucht und das aktiv gegen diese verteidigt wird. In einigen geographischen Regionen verteidigen Kojoten ihr Revier eindeutig gegen andere Tiere, doch in anderen Gebieten gibt es keine Belege dafür, dass sie territorial sind. Unsere eigenen Ergebnisse zeigen, dass nur in Rudeln lebende Kojoten territorial agieren; Individuen mit einem festen Lebensraum, die allein oder in Fortpflanzungspaaren leben, hingegen nicht.

So beanspruchten die vier Mitglieder der Gruppe B ein Revier mit exakten Grenzen zwischen sich und der Gruppe A, dem Fortpflanzungspaar. Sie vertrieben auch viele andere Kojoten aus ihrem Revier, jagten einen Eindringling manchmal bis zu zwei oder drei Kilometer. (Im April 1979 sahen wir das Muttertier des Rudels nur wenige Tage, nachdem sie geworfen hatte, einem Eindringling einen Kilometer lang hinterherjagen, und als sie zum Bau zurückkehrte, verjagte ihr Partner den Eindringling weitere drei Kilometer.) Andererseits wurden die beiden Mitglieder der Gruppe A nie bei der Verteidigung eines Teils ihres Lebensraums gegen andere Kojoten beobachtet. Diese Ergebnisse, die durch die anderer Forscher bestätigt werden, zeigen, dass die Intensität, mit der ein Gebiet von Individuen oder Gruppen verteidigt wird, in Zusammenhang mit dem Vorhandensein großer, geballter Nahrungsressourcen steht.

Wir haben zudem herausgefunden, dass Nahrungsknappheit offensichtlich zum Eindringen in benachbarte Streifgebiete und Reviere führt, insbesondere in jene, in denen sich begehrte Nahrungsressourcen befinden. Zum Beispiel wurde, obwohl Gruppe A häufige Streifzüge in das von Gruppe B verteidigte Revier unternahm, kein Mitglied der Gruppe B jemals dabei beobachtet, wie es in das Gebiet der Gruppe A eindrang. Tatsächlich verließen die Mitglieder des Rudels selten ihr eigenes Territorium, was angesichts des dortigen Reichtums an Huftierkadavern nicht überrascht.

Die Größe der Lebensräume und Reviere von Kojoten variiert deutlich, je nach Ort, Jahreszeit und Jahr sowie dem Alter und dem Geschlecht der Individuen. Als wir die Streifgebiete von 10 erwachsenen Tieren im Gebiet des Blacktail Butte vermaßen, entdeckten wir, dass die durchschnittliche Größe 21,1 km^2 betrug, ohne erkennbare Unterschiede in Bezug auf das Geschlecht. Als wir die Größe der Gebiete jedoch hinsichtlich der Sozialgruppierungen der Kojoten klassifizierten, fanden wir heraus, dass einzelgängerische Individuen und Fortpflanzungspaare, die im Winter keinen Zugang zu Aas haben, ein größeres Streifgebiet mit einer Durchschnittsgröße von 30,1 km^2 besitzen. Rudelmitglieder, die im Winter die Nahrungsressourcen verteidigen und dazu neigen, in ihrem eigenen Revier zu bleiben, haben ein durchschnittliches Gebiet von nur 14,3 km^2. Die Größe des Lebensraums der Rudelmitglieder zeigt auch eine erheblich geringere Variation, wahrscheinlich aufgrund der geballten Verteilung von Huftierkadavern.

Das Rudelleben bietet nicht nur bei der Verteidigung von Nahrungsressourcen gegen Konkurrenten Vorteile, sondern auch bei der Fortpflanzung. Kojoten paaren sich normalerweise in der Zeit von Januar bis April, der Zeitpunkt variiert von einem Standort zum anderen. Die Trächtigkeitsrate der Kojotin, ihre Produktivität und die Überlebensrate ihrer Welpen hängen eindeutig mit ihrem allgemeinen Gesundheitszustand zusammen, der wiederum eng mit der Quantität und Qualität der ihr vor und während der Trächtigkeit verfügbaren Nahrung verknüpft ist, d.h. mit der Nahrungsversorgung im Winter. Daher stellt die erhöhte Leichtigkeit, mit der die Rudelmitglieder häufig Futter finden können, möglicherweise einen wichtigen Fortpflanzungsvorteil dar. Außerdem machten wir eine interessante Entdeckung, als wir den Zeitaufwand untersuchten, den Kojoten im Winter und im Sommer für andere Aktivitäten aufwenden.

Kojoten sind normalerweise am frühen Morgen und am frühen Abend aktiv, doch als wir die Zeiten untersuchten, die 50 Kojoten (35 von ihnen markiert) für die Jagd und das Ausruhen aufwendeten, fanden wir heraus, dass im Winter, wenn Aas zur Verfügung steht, das übrige Nahrungsangebot jedoch eher gering ist, viel weniger Zeit mit Jagen und erheblich mehr Zeit mit Ruhen verbracht wird als im Sommer, wenn kleine Nagetiere verfügbar sind, jedoch gesucht, gefangen und getötet werden müssen. Der höhere Anteil an Ruhezeiten im Verhältnis zu Jagdaktivitäten kann für trächtige Weibchen während ihrer neunwöchigen Trächtigkeit von Vorteil sein. (Ein durchschnittlicher Kojotenwurf besteht aus sechs Welpen, und sie sind nach der Geburt pflegebedürftig bzw. abhängig. Sie müssen in den ersten Monaten ihres Lebens gefüttert und beschützt werden.) Wenn die im Rudel lebenden Weibchen mehr Zeit mit Ruhen verbringen können als Weibchen, die alleine mit ihrem Partner leben, dann pflanzen sich im Rudel lebende Weibchen möglicherweise erfolgreicher fort. Außerdem erhalten, wie bereits erwähnt, in Rudeln lebende Weibchen wahrscheinlich mehr Unterstützung bei der Aufzucht ihrer Nachkommen.

Unsere Erkenntnisse zur Rudelbildung bei Kojoten als Anpassung an bestimmte Nahrungsressourcen werden von Daten gestützt, die für Goldschakale und Hyänen erhoben wurden, und wir können einige allgemeine Rückschlüsse ziehen, die an anderen Raubtieren überprüft werden sollten. Wir haben festgestellt, dass in Situationen, in denen es in Bezug auf die Nahrungsversorgung im Winter „Besitzende" und „Habenichtse" gibt (d.h. Individuen, die in einem Gebiet leben, in dem die Nahrungsressourcen groß sind und geballt vorkommen, im Gegensatz zu Individuen in Gebieten, wo die Ressourcen knapp sind), die Besitzenden (1) sozialer sind und enger zusammenhalten als die Habenichtse, (2) territorialer sind und Nahrungsressourcen verteidigen, (3) einen kleineren Lebensraum haben, (4) öfter dem Eindringen durch Mitglieder der gleichen Spezies in ihre Gebiete ausgesetzt sind, in denen sich die Nahrungsquellen befinden und (5) im Winter weniger wandern und daher mehr ruhen können.

Das Rudelleben kann also folgende Vorteile mit sich bringen: (1) Nahrung kann erfolgreicher verteidigt werden, insbesondere im Winter; (2) Nahrung kann leichter gefunden werden; (3) Individuen, insbesondere geschlechtsreife Weibchen, können für die Fortpflanzung und Aufzucht der Jungen benötigte Energie sparen; und (4) die Jungen können Unterstützung, in Form von Fütterung und Schutz durch andere Individuen als den Eltern erhalten (am wahrscheinlichsten von älteren Geschwistern). Ob das Rudelleben einen Vorteil bei der Beschaffung großer Beutetiere bedeutet, bleibt offen.

Bisher haben wir hauptsächlich das Rudelleben als Anpassung an zu schützende Nahrungsressourcen erörtert, doch das Leben als Einzelgänger bedeutet ebenfalls eine Anpassung an eine bestimmte Nahrungsressource. Für die am Blacktail Butte beobachteten Kojoten besteht diese Ressource aus Nagetieren: Beutetiere, die Kojoten nicht gegen andere Kojoten verteidigen können und die schlecht mit jemand anderem als Welpen geteilt werden können. Unsere Studien haben gezeigt, dass selbst Kojoten, die in geschlossenen Gruppen leben, vorübergehend zu Einzelgängern werden, wenn sie Nagetiere jagen. Daher ist es genauso wichtig, die verschiedenen mit der Revier- und Nahrungsverteidigung durch die Gruppe verbundenen Verhaltensmuster zu untersuchen, wie die verschiedenen mit einzelgängerischer Jagd verbundenen Verhaltensmuster. Nur wenig ist darüber bekannt, wie wilde Kojoten Beute finden und erjagen, doch wir haben einige Versuche durchgeführt, um etwas Licht in diese Verhaltensweisen zu bringen.

Zunächst einmal ist der Prozess, in dem ein Raubtier Beute lokalisiert, komplex, und verschiedene Raubtierspezies gehen bei dieser Aufgabe unterschiedlich vor. Optische, akustische und olfaktorische Reize sind wichtig, und wahrscheinlich müssen sie in der Natur gleichzeitig auftreten, um die Reaktion des Raubtieres auf die Beute hervorzurufen. Jedoch ist es interessant zu versuchen, die relative Bedeutung dieser drei Reizarten bei Kojoten einzuordnen und den Versuch zu unternehmen, die Ergebnisse mit der Naturgeschichte ihrer Spezies in Zusammenhang zu bringen. Die für diesen Zweck erforderlichen Experimente werden am besten an in Gefangenschaft gehaltenen Kojoten durchgeführt, unter Bedingungen, in denen äußere Reize strengstens kontrolliert werden können.

In einer ersten Reihe von Experimenten, die an der Colorado State University in Zusammenarbeit mit Philip N. Lehner durchgeführt wurden, sind Kojoten in einen kleinen Raum von 30 m^2 platziert worden. Mit ihnen wurde ein Hase versteckt. Die Zeit, die einzelne Kojoten für das Auffinden des Hasens benötigten, wurde für alle drei Arten von Stimuli gemessen. Die optischen Reize wurden unterdrückt, indem alle Lichtquellen aus dem Raum beseitigt wurden (in diesem Fall wurden die Bewegungen der Kojoten mit Hilfe von Infrarotkameras verfolgt), akustische Reize durch einen toten Hasen als Beute und olfaktorische Reize entweder durch Einblasen eines überdeckenden Geruchs in den Raum (den Geruch einer Hasenkolonie) oder durch Ausspülen der Nasenschleimhaut des Kojoten mit einer Zinksulfatlösung.

Die Ergebnisse der Experimente zeigten, dass, wenn optische Reize vorhanden waren, das Fehlen von akustischen oder olfaktorischen Reizen zu geringen Änderungen in der Dauer der Suche der Kojoten nach ihrer Beute führte. Wenn zum Beispiel alle drei Stimuli verfügbar waren, betrug die durchschnittliche Suchzeit 4,4 Sekunden; bei ausschließlich optischen Hinweisen stieg die Zahl auf (nur) 5,6 Sekunden. Ohne optische Hinweise und ausschließlich mit olfaktorischen und akustischen, stieg die durchschnittliche Suchzeit auf ca. 36,1 Sekunden bzw. auf achtmal so lange wie bei der Verfügbarkeit aller drei Stimuli. Wenn nur akustische Hinweise vorhanden waren, verkürzte sich die Suchdauer wieder etwas, auf durchschnittlich 28,8 Sekunden; wenn ausschließlich olfaktorische Hinweise vorhanden waren, stieg sie auf 81,1 Sekunden. Wurden alle drei Stimuliarten unterdrückt, dauerte es durchschnittlich 154,8 Sekunden oder über 2,5 Minuten, bis die Kojoten die Beute durch Berührung fanden.

Unter diesen Versuchsbedingungen sind also die Sinne, die den Kojoten das Auffinden der Beute erleichtern, in absteigender Reihenfolge ihrer Bedeutung, Gesichtssinn, Gehörsinn und Geruchssinn. Die Tatsache, dass der Sehsinn am wichtigsten ist, wird von den Ergebnissen einer weiteren Versuchsreihe bestätigt, in der Kojoten gleichzeitig mit einem versteckten Hasen, der Geräusche machte (atmete, raschelte usw.), und einem sichtbaren Hasen, der keine Geräusche machte, konfrontiert wurden. Der sichtbare Hase wurde ohne Ausnahme zuerst gefangen. Die Kojoten entwickelten sich wahrscheinlich in der offenen Prärie mit niedrigen Gräsern, wo Beutetiere gut sichtbar sind, und ihre starke Abhängigkeit vom Gesichtssinn ist vermutlich das Ergebnis ihrer Anpassung an dieses Habitat.

Um die natürliche Jagdumgebung der Kojoten besser nachzubilden, wurde eine ähnliche Versuchsreihe im Freien in einem eingezäunten Bereich (6 400 m^2) auf der zur Colorado State University gehörenden Maxwell Ranch durchgeführt. Durch den größeren Suchbereich und zusätzliche ablenkende Faktoren lagen die durchschnittlichen Suchzeiten im Freiland alle höher, doch erneut erwies sich der Gesichtssinn als der wichtigste Sinn zum Auffinden der Beute. Jedoch erwies sich der Geruchssinn hier als wichtiger als der Gehörsinn: Die Kojoten konnten die Hasen schneller mit optischen und olfaktorischen Hinweisen finden (sie benötigten durchschnittlich 34,5 Sekunden) als mit optischen und akustischen Hinweisen (sie benötigten durchschnittlich 43,7 Sekunden). Genauso benötigten die Kojoten mit ausschließlich olfaktorischen Stimuli durchschnittlich 72,7 Sekunden, um die Beute aufzuspüren, und bei ausschließlich akustischen Reizen stieg die durchschnittliche Suchdauer auf 208,8 Sekunden. Wenn alle drei Stimuliarten verfügbar waren, betrug die durchschnittliche Suchdauer 30,1 Sekunden; wenn alle drei unterdrückt wurden, stieg der Durchschnitt auf ca. 22,2 Minuten.

Die Unterschiede zwischen den Ergebnissen der im Raum durchgeführten Versuche im Vergleich zu denen der Freilandversuche lassen sich durch die Auswirkungen des Windes erklären. Durch die Luft übertragene olfaktorische Stimuli sind eindeutig wichtige Richtungshinweise für einen jagenden Kojoten, was sich daran zeigt, dass im Freien, wo der Geruch wichtiger ist als das Gehör, 83,9 % (47 von 56) der Annäherungen an den Hasen von der windabgewandten Seite erfolgten. Genauso fanden wir heraus, dass an unserem Forschungsstandort im Grand Teton National Park 74,9 % aller von uns beobachteten Annäherungen an Mäuse durch wild lebende Kojoten von der windabgewandten Seite erfolgten. Außerdem wurde in den Freilandversuchen, in denen den Kojoten ausschließlich olfaktorische Hinweise zur Verfügung standen, eine signifikante Korrelation zwischen der Windgeschwindigkeit und der Annäherungsdistanz beobachtet, oder der Distanz, in der ein jagender Kojote die Position seiner Beute bemerkte. Präziser gesagt: Mit zunehmender Windgeschwindigkeit erhöhte sich auch die Annäherungsdistanz, d.h. bei einer Windgeschwindigkeit von 10 km/ h betrug die Annäherungsdistanz ca. zwei Meter, doch wenn die Windgeschwindigkeit auf 40 km/ h stieg, vergrößerte sich die Annäherungsdistanz auf ca. fünf Meter.

Obwohl Kojoten sich bei der Jagd hauptsächlich auf den Gesichtssinn zu verlassen scheinen, sieht es so aus, als ob sie effektive Ausweichsysteme haben, auf die sie sich verlassen, wenn bestimmte Formen von Sinneshinweisen fehlen oder unzureichend sind. Wenn Beutetiere sichtbar sind, startet die Verfolgung höchstwahrscheinlich auf der Grundlage optischer Hinweise, bevor olfaktorische oder akustische Hinweise ins Spiel kommen können, doch wenn die Beutetiere gut versteckt sind, verlässt sich der Kojote vermutlich auf eine Kombination aus olfaktorischen und akustischen Hinweisen. (Die genaue Kombination hängt wahrscheinlich von den Windbedingungen und den vom Beutetier verursachten Geräuschen ab.) Kojoten sind sehr effiziente Raubtiere und können offensichtlich zwischen diesen verschiedenen Jagdmethoden wechseln, um die jeweiligen Umgebungsbedingungen optimal zu nutzen.

Wie tötet der Kojote eigentlich die aufgespürte Beute? Informationen zu diesem Thema sind wahrscheinlich nicht nur für Biologen nützlich, die sich für die vergleichenden und evolutionären Aspekte räuberischen Verhaltens interessieren, sondern auch für diejenigen, die sich mit der Bestandskontrolle und dem Management von Raubtieren befassen. An dieser Stelle unterscheiden wir zwischen Beutetieren, die kleiner und solchen, die größer als der

Kojote sind. (Kojoten ernähren sich manchmal auch von großen lebenden Tieren, obwohl unsere Beobachtungen der Kojoten am Blacktail Butte zeigen, dass diese Form der Jagd eher selten ist.)

Zunächst haben wir sieben unterschiedliche Aktivitäten beobachtet, die zum räuberischen Verhalten von Kojoten gezählt werden können, wenn es sich bei seiner Beute um ein kleines Tier, z.B. ein Nagetier, handelt. Nacheinander sind das: (1) die Langstreckensuche (wobei der Kojote große Gebiete durchstreift und den Boden nach Anzeichen von Beutetieren absucht), (2) die Nahsuche (wobei der Kojote in der Erde herumstochert), (3) die Orientierung (wobei der Kojote eine Alarmhaltung einnimmt, vielleicht schnüffelt oder seine Ohren spitzt, um die genaue Position der entdeckten Beute zu bestimmen), (4) das Anpirschen (wobei sich der Kojote langsam und verstohlen seiner Beute nähert), (5) das Anspringen (wobei der Kojote sich zuerst auf seine Hinterläufe hebt und dann nach vorne auf seine Vorderläufe fällt, um seine Beute zu Boden zu drücken), (6) das Draufstürzen (wobei der Kojote sich schnell auf die Beute stürzt) und schließlich (7) das Töten. Kojoten töten ein Nagetier normalerweise durch einen Biss in den Kopfbereich, und in vielen Fällen schütteln sie die Beute kräftig hin und her.

Es ist wichtig zu verstehen, dass nicht alle dieser Handlungen immer in einer einzelnen Jagdsequenz auftreten. Zum Beispiel haben wir herausgefunden, dass sich ein Kojote, wenn es sich bei dem Beutetier um ein kleines Nagetier wie eine Feldmaus handelt, normalerweise nicht auf den Nager stürzt, sondern sich einfach anpirscht und ihn dann anspringt und auf den Boden drückt, so dass der Tötungsbiss angebracht werden kann. Wenn es sich um ein größeres Beutetier handelt, zum Beispiel um ein Uinta- oder Richardson-Ziesel, stürzten sich jedoch die von uns beobachteten Kojoten in über 90 % der Fälle darauf und sprangen es nur selten an.

Der Erfolg der Jagdsequenz von Kojoten variiert beträchtlich. Unsere Daten zeigen, dass Kojoten in 10 bis 50 % der Fälle erfolgreich sind. Wir haben noch nicht alle Variablen bestimmen können, die die Erfolgsrate beeinflussen, doch Ziesel scheinen leichter zu fangen zu sein als Mäuse. Möglicherweise ist es auch wichtig, wie hungrig ein Kojote ist. Beobachtungen in Gefangenschaft zeigen, dass satte Kojoten häufig mit einem Nagetier spielen, bevor sie es töten und fressen, und sehr oft entkommt das Nagetier dabei. Ähnliche Beobachtungen wurden auch im Freiland gemacht.

Wir haben uns auch gefragt, ob sich die jagdlichen Fähigkeiten von Kojoten mit zunehmendem Alter verbessern, daher haben wir die Zeiten verglichen, die neun junge Kojoten im Alter von drei bis sechs Monaten und 15 erwachsene Tiere bei der Jagd auf Mäuse oder Ziesel jeweils mit der Suche, der Orientierung und dem Anpirschen verbrachten. Wie sich herausstellte, verbringen die Erwachsenen weniger Zeit mit der Suche und der Orientierung, außerdem waren die Zeiten, die die Erwachsenen diesen Aktivitäten widmeten, sehr viel weniger variabel als die der Welpen. Keine Unterschiede gab es jedoch bei der Dauer des Anpirschens, eine Aktivität, für die die Kojoten beider Altersgruppen durchschnittlich 5,5 Sekunden aufwendeten. Daher scheint es, dass die Welpen beim Auffinden ihrer Beutetiere weniger effektiv als die Erwachsenen sind, doch sobald die Beutetiere aufgespürt sind, pirschen sich die Kojoten beider Altersgruppen kurz an und töten die Beute. Versuche mit in Gefangenschaft gehaltenen Kojoten bewiesen, dass bereits 30 Tage alte Welpen eine solche Verhaltensfolge erfolgreich bei einer Maus zeigen können. Mit anderen Worten: Obwohl Kojoten dieses Alters in der Wildnis selten die Gelegenheit haben, ein kleines Nagetier zu töten, sind sie dazu eindeutig fähig.

Zu dem Thema, wie Kojoten große Beutetiere (z.B. Schafe, Hirsche und Elche) töten, gibt es aus einer Reihe von Gründen wenige Beobachtungen, von denen nützliche Verallgemeinerungen abgeleitet werden könnten. Zunächst lässt sich der Riss von Kojoten oft nicht von dem anderer wilder Raubtiere oder sogar von dem von Haushunden unterscheiden. Außerdem wurde festgestellt, dass die meisten gesunden Huftiere, die in der gleichen Gegend leben wie Kojoten, in der Lage sind, sich gegen einzelne Kojoten zu verteidigen, so dass solche Jagdbeispiele selten sind und sich nur schwer beobachten lassen. Die wenigen vorhandenen Daten deuten darauf hin, dass normalerweise zwei oder mehr Kojoten nötig sind, um beispielsweise einen gesunden, erwachsenen Hirsch zu reißen. In den meisten Fällen scheinen Kojoten entweder junge oder schwache Huftiere zu töten, üblicherweise durch Angriffe auf den Kopf, den Hals, den Bauch oder das Hinterteil. Allgemein wird angenommen, dass Kojoten keine signifikanten schädlichen Auswirkungen auf wilde Huftierpopulationen haben.

Die Auswirkungen der Jagd von Kojoten auf Hausschafe sind weniger eindeutig, was uns zu einem kontroverseren Aspekt der Kojotenbiologie bringt, nämlich dem Management und der Kontrolle des Kojotenbestands. Kojoten werden beträchtliche schädliche Auswirkungen auf die Schafzucht nachgesagt, daher waren für ein Jahrhundert Kojoten die besondere Zielscheibe von Programmen zur Bestandskontrolle von Raubtieren. Derzeit wird großer Aufwand an Zeit, Energie und Geld (in vielen Fällen aus öffentlichen

Mitteln) für solche Anstrengungen aufgewendet. Die Rentabilität ist gering, sowohl in Bezug auf die Reduzierung der Kojotenpopulation als auch auf die Vermeidung von Verlusten und Schäden beim Vieh. Die Kontroll- und Managementprogramme schlagen im Wesentlichen aufgrund mangelnder Hintergrundinformationen zur Verhaltensflexibilität und Populationsdynamik von Kojoten fehl.

Nur wenig ist über die Jagdgewohnheiten wilder Kojoten in Bezug auf Hausschafe bekannt. Guy Connolly und seine Kollegen vom United States Fish and Wildlife Service haben festgestellt, dass selbst wenn Kojoten mit Schafen eingesperrt sind, ihr räuberisches Verhalten erstaunlich ineffizient ist. Bei diesen Experimenten töteten Kojoten nur in 20 von 38 Begegnungen Schafe. Außerdem war die durchschnittliche Zeitspanne, die verstrich, bevor die Kojoten die Schafe angriffen (47 Minuten), und die durchschnittliche Zeitdauer, die verging, bevor die Schafe getötet wurden (13 Minuten), ziemlich lang, insgesamt eine Stunde. Das Abwehrverhalten der Schafe schreckte die Kojoten nur in 31,6 % der Fälle ab. So erklärt sich, dass die Kojoten sich Zeit ließen, bevor sie die Schafe töteten. Natürlich gibt es solche Fälle ineffizienter Prädation bei natürlichen Raubtier-Beute-Interaktionen nicht, wo die Beutetiere entweder fliehen oder das Raubtier so lange wie möglich aktiv abwehren. Jedoch ist klar, dass Schafe, die durch den großen Domestizierer Homo sapiens einer künstlichen Auslese unterlagen, praktisch wehrlos gegenüber Raubtieren sind.

Kojoten töten Schafe, ebenso wie anderes Vieh und Geflügel. Viele Studien haben jedoch nachgewiesen, dass andere Faktoren als das räuberische Verhalten von Kojoten erheblich schädlichere Auswirkungen haben können. Zum Beispiel wurde in einer neueren Studie festgestellt, dass in den frühen 1970ern der Wert der Verluste an Mutterschafen und Lämmern im Bundesstaat Idaho (USA) 2.343.438 US$ betrug. Von dieser Gesamtsumme konnten 36 % auf Krankheiten, 30 % auf nicht genannte Ursachen und 34 % auf Raubtiere zurückgeführt werden; nur 14,3 % dieser Verluste konnten auf Risse von Kojoten zurückgeführt werden. Zudem gibt es weitere Daten, die belegen, dass nicht alle Kojoten Schafe töten und dass das unterschiedlose Töten von Kojoten in Gebieten, in denen Schafe getötet werden, ineffektiv ist. Eine neuere Studie zum Verlust von Vieh in 15 westlichen Bundesstaaten der USA im Auftrag des Animal Damage Control Program des Department of the Interior der USA kam zu der Schlussfolgerung, dass das Verhältnis zwischen diesem Prädatismus und der Populationsdynamik von Kojoten unklar ist.

In gewisser Weise ist der Kojote Opfer seines Erfolgs: Er ist bedroht, weil er ausnutzt, dass das Vieh durch kurzsichtige Praktiken der Domestizierung seiner Fähigkeit zur Verteidigung beraubt wurde. Es bleibt zu hoffen, dass dem Vieh zukünftig wieder Verteidigungsverhalten angezüchtet werden wird. Derzeit kann man nur annehmen, dass das Fehlschlagen der Raubtierkontrolle auf fehlende Grundkenntnisse über Raubtiere zurückzuführen ist. Dieses Problem kann nur durch weitere Forschungen zum Verhalten und der Ökologie behoben werden.

Wir haben herausgefunden, dass Kojoten sich besonders gut für solche Forschungen eignen. Weitere Freilandstudien werden nötig sein, um festzustellen, inwieweit unsere Erkenntnisse auf andere Kojotenpopulationen, auf eng verwandte Spezies und auf Raubtiere im Allgemeinen übertragen werden können. In der Zwischenzeit sollten Kojoten als Tiere geschätzt werden, die sich erstaunlich gut an den von ihrer Umwelt ausgeübten Druck, einschließlich der Verfolgung und die erhebliche Einschränkung ihrer natürlichen Lebensräume durch den Menschen, angepasst haben.

Thomas J. Daniels & Marc Bekoff

Populations- und Sozialbiologie frei lebender Haushunde (Canis familiaris) (1989)

Die Sozialstruktur bezeichnet die räumlichen Beziehungen, die Gruppenzusammensetzungen, die Muster sozialer Interaktionen zwischen Individuen sowie die gesamte Art und Weise, wie diese Variablen sich gegenseitig beeinflussen, um eine Population zu charakterisieren (Bekoff/ Wells, 1986). Bei Raubtieren sind innerartliche Variationen in der Sozialstruktur oft die Reaktion auf Menge und Verteilung lokaler Nahrungsressourcen (Bekoff et al., 1984) und die eingesetzte Strategie zur Beschaffung dieser Ressourcen (Caraco/ Wolf, 1975; Nudds, 1978).

Nur wenige detaillierte Daten zur Sozialstruktur frei lebender Haushunde (*Canis familiaris*), (die uneingeschränkten Zugang zu öffentlichen Bereichen haben – Beck, 1973), wurden veröffentlicht (Beck, 1973; Daniels, 1983a, 1983b; Fox, 1978), und bislang sind keine vergleichenden Studien zu Populationen in verschiedenen Habitaten durchgeführt worden. Genauso wurden kaum das Sozialverhalten beeinflussende Faktoren untersucht, trotz der bereits 10 000 – 14 000 Jahre (Davis/ Valla, 1978; Fox/ Bekoff, 1975; Scott, 1967) bestehenden Verbindung zwischen Menschen und Hunden. Hunde stellen jedoch ein ausgezeichnetes Modell zur Erforschung vergleichender Aspekte der Ökologie bei Kaniden und der Verhaltensplastizität ganz allgemein dar (Daniels, 1987a). Sie bewohnen jeden von Menschen bevölkerten irdischen Lebensraum und sind möglicherweise die am zahlreichsten vertretenen Landraubtiere.

In der vorliegenden Abhandlung präsentieren wir Daten zu Überlebensmustern, Populationsgröße und -dichte, Altersstruktur und Geschlechterverhältnis in Städten, auf dem Land von „wild" oder als Streuner lebenden Hunden. Außerdem beschreiben wir die Sozialstruktur dreier Populationen frei lebender Hunde und die sie beeinflussenden Faktoren.

Materialien und Methoden

Die Hunde wurden zwischen Juni 1983 und Dezember 1984 im Navajo-Reservat im Südwesten der USA und in der mexikanischen Stadt Juarez, Chihuahua, beobachtet. Drei Habitattypen wurden ausgewählt: Stadt, Land und Wildnis. Städte wurden als Gebiete mit einer menschlichen Bevölkerungsdichte von ≥386/ km² (U.S. Bureau of the Census, 1982) definiert. „Städtische" Hunde wurden in Ciudad Juarez (1 200 m über dem Meeresspiegel) an der Grenze zwischen USA und Mexiko am Rio Grande direkt gegenüber der texanischen Stadt El Paso beobachtet. Ciudad Juarez ist die größte mexikanische Grenzstadt mit einer Einwohnerzahl von fast 1 Million und einer Fläche von 4 854 km².

Die Stadt liegt im nördlichsten Bereich der Chihuahua-Wüste (Schmidt, 1979), mit einer durchschnittlichen Jahresniederschlagsmenge von ca. 20 cm. Es wurden zwei Studienorte in den ärmeren Stadtgebieten von Juarez ausgesucht, weil es einen engen Zusammenhang zwischen wirtschaftlicher Not der (menschlichen) Bevölkerung und dem Vorkommen von frei lebenden Hunden gibt (Beck, 1973; Daniels, 1983a). Der Ort 1 umfasste 0,91 km² und der Ort 2, ca. 12 km südöstlich von Ort 1 gelegen, umfasste 0,67 km².

Die Studienorte in den ländlichen und den Wildgebieten befanden sich im Navajo-Reservat, ein 64 750 km² umfassendes Gebiet, das hauptsächlich im US-Bundesstaat Arizona liegt und bis in die US-Bundesstaaten New Mexico und Utah reicht. Die ländlichen Standorte wiesen eine geringere Bevölkerungsdichte auf und waren geografisch isolierter (umgeben von weiten Flächen dünn besiedelten Landes) als die Stadtgebiete. Die Orte in den Wildgebieten waren unbewohnt oder von Menschen nur sehr dünn besiedelt. Die durchschnittliche Bevölkerungsdichte betrug 1,7/ km², obwohl die meisten Menschen in größerer Dichte in den ca. 110 Gemeinden leben, aus denen sich das Reservat zusammensetzt. Die Feldforschung wurde in und in der Nähe der Gemeinden Window Rock, Arizona, und Navajo, New Mexico, an der Grenze zwischen Arizona und New Mexico durchgeführt. Die Gemeinden im Reservat haben üblicherweise ≤ 2 000 Einwohner, die auf mehrere kleine Wohnsiedlungen verteilt sind. Praktisch jede Gemeinde des Reservats war insofern ländlich, als sie Lebensraum direkt zwischen Stadt- und Wildgebieten bot. Die Hunde auf dem Land kamen öfter in Kontakt zu Menschen als verwilderte Hunde, jedoch nicht so häufig wie Hunde in Stadtgebieten, und hatten Zugang zu abgelegeneren Gebieten, die nicht von Menschen bevölkert wurden. Die Hunde auf dem Land hatten also verfügbare

Ressourcen innerhalb der Gemeinde und die Möglichkeit, die Gemeindegrenzen zu überschreiten und Wildtieren und verwilderten Hunden zu begegnen.

Die Bemühungen, verwilderte Hunde zu finden, konzentrierten sich auf eine Müllkippe am Stadtrand von Navajo, New Mexico. Müllhalden bieten lokal reichlich Nahrungsressourcen, die frei lebende Hunde anziehen (Daniels, 1988).

Das Reservathabitat wird von einer Mischung aus Nusskiefern (*Pinus edulis*) und Westlichen Rotzedern (*Juniperus scopulorum*) (Brown, 1982) dominiert. Die wichtigsten zwischenständigen Sträucher sind der Dreizähnige Wermut (*Artemisia tridentata*), auch Wüstenbeifuß genannt, die Felsenrose (*Cowania neomexicana*) und das Besen-Schlangenkraut (*Gutierrezia sarothrae*). Die durchschnittliche Jahresniederschlagsmenge beträgt zwischen 25 und 50 cm, und die Orte liegen 1 500 – 2 300 m über dem Meeresspiegel. Die zahlreichen Sandstein-Canyons sind ca. 2,0 – 3,5 km lang, eingefasst von Wänden, die 30 m oder höher in die Höhe ragen. Natürliche Vertiefungen in den Wänden bieten höhlenähnliche Refugien, die oft auch als Wurfhöhlen dienen.

Zur Schätzung der Hundepopulationen wurde die gleiche Route durch einen Studienstandort an fünf verschiedenen Morgen, wenn die Hunde am aktivsten sind (Daniels, 1983a), per Auto abgefahren; jeder frei lebende Hund in einem Umkreis von ca. 70 m um das Fahrzeug wurde fotografiert. Zur Ergänzung der Fotos wurde für jeden Hund eine Beschreibung auf Kassette aufgenommen. Die an aufeinander folgenden Tagen von den Hunden gemachten Fotos wurden verglichen und die Häufigkeit der Aufnahmen von einem Tier aufgezeichnet (Beck, 1973). Das ist eine Modifikation von Schnabels (1938) Technik, die den Vorteil bietet, Fälle von fallenscheuen und fallenempfänglichen Tieren zu vermeiden. Eine weitere Kennzeichnung der Hunde war aufgrund ihrer unverwechselbaren Fellfärbungen und –zeichnungen nicht nötig. Für die Populationsschätzungen wurden Vertrauensgrenzen berechnet (Overton, 1971).

Die Erfassung der frei lebenden Hunde erfolgte durch Zählung aller während der Studie beobachteten Individuen. Die Anzahl der nachgewiesenen Hunde ist die Mindestzahl der vorhandenen Hunde (Davis und Winstead, 1980). Es wurden außerdem Lebendfallen eingesetzt (Daniels und Bekoff, 1989), um mehrere frei lebende Hunde mit Funkhalsbändern auszustatten (AVM Instrument Co., Dublin, Kalifornien, USA). Die Telemetrie erlaubte die Einschätzung der Streifgebiete (Daniels und Bekoff, 1989) und half beim Auffinden von Tieren ohne Halsbänder. Das Geschlecht der Hunde wurde im Allgemeinen einfach durch Beobachtung der Tiere und ihres Verhaltens bestimmt, insbesondere anhand des Harnabsatzverhaltens (Bekoff, 1979).

Zur Unterscheidung von Welpen (Geburt – 4 Monate), Jungtieren (4 Monate – 1 Jahr), Erwachsenen (1 – 7 Jahre) und älteren Erwachsenen (>7 Jahre) wurde eine Sichtprüfung eingesetzt. Wenn ein Hund einen Besitzer hatte, wurden Gespräche mit Anwohnern geführt, um das Alter des Hundes zu bestimmen. Die Alterseinstufung frei lebender Hunde basierte, wenn möglich, auf visueller Schätzung anhand des Grades der Zahnabnutzung (Gier, 1968; Kirk, 1977) sowie auf dem allgemeinen Erscheinungsbild des Tieres.

Alle Sichtungen einzelner Hunde, von Hundepaaren oder Gruppen aus drei oder mehr Tieren wurden während der täglichen Autofahrt durch die Studienstandorte aufgezeichnet. Die Häufigkeitsdaten wurden verglichen, um die Erwartungswerte einer positiven Poissonverteilung zu bestimmen, wenn die Gruppierungsmuster willkürlich waren (Beck, 1973; Cohen, 1960). Weitere Informationen zu den Statistikmethoden finden sich in Beck (1973) und Daniels (1987a).

Ergebnisse

Die Population frei lebender Hunde am Studienort 1 in Ciudad Juarez wurde auf 376 ± 53 (95% Vertrauensintervall), am Studienort 2 hingegen auf 556 ± 70 Hunde geschätzt. Der Studienort 1 war ausgedehnter (0,91 km^2) als Studienort 2 (0,67 km^2), daher betrug die geschätzte Hundedichte 534 Hunde/ km^2 an Ort 1 und 936 Hunde/ km^2 an Ort 2.

Die Hundepopulation im Wohngebiet St. Michael in Window Rock, Arizona, wurde auf 228 ± 29 geschätzt; die in Navajo, New Mexico, auf 431 ± 56. Aufgrund der voneinander getrennten, kleinen, konzentrierten, von unbewohntem Land umgebenen Wohngebiete konnten die Populationsschätzungen nicht verlässlich auf einen größeren Bereich als die Beobachtungsregion übertragen werden. Der Beobachtungsbereich von Window Rock umfasste jedoch ca. 0,52 km^2, während der Navajo-Standort 1,94 km^2 umfasste. Window Rock besaß also im Vergleich zu Navajo etwa die doppelte Hundepopulationsdichte.

Angesichts der Probleme mit wiederholtem Lebendfang (z.B. Scheu vor Fallen, Empfänglichkeit für Fallen) und den Schwierigkeiten, anderweitig Hunde aufzuspüren, wurden Populationsschätzungen auf der Grundlage von

Markierungs- und Wiedereinfang-Techniken nicht durchgeführt. Die Individuenzählung ergab eine Mindestpopulation von 12 Hunden (drei Jungtiere, neun Erwachsene). Hier nicht eingeschlossen sind die Welpen, die in der direkten Nachbarschaft der Navajo-Müllhalde lebten.

Die Häufigkeitsverteilung von Gruppen aus 1, 2 oder ≥ 3 Hunden unterschied sich im Vergleich zu einer positiven Poissonverteilung (Beck, 1973) erheblich von der für den städtischen Ort 1 (x^2 = 30,87, d.f. = 1, P < 0,001) und Ort 2 (x^2 = 29,59, d.f. = 1, P < 0,001) erwarteten. Es gab an beiden Orten mehr Einzeltiere, weniger Paare und geringfügig mehr große Gruppen als erwartet. Insgesamt war die Tendenz der Hunde, Artgenossen zu meiden, größer, als Gruppen zu bilden. Insgesamt 1.987 Hunde in 1.596 Gruppen führten zu einer mittleren Gruppengröße von 1,24 Hunden an Ort 1, und 2.781 Hunde in 2.517 Gruppen führten zu einer durchschnittlichen Gruppengröße von 1,10 Hunden an Ort 2. Der Unterschied in der Durchschnittsgröße der Gruppen (siehe Tabelle 1) war bei einem Vergleich mit einem Test der Mittelwerte signifikant, wenn die Varianzen ungleich waren (Sokal und Rohlf, 1981).

Die Häufigkeitsverteilung von unterschiedlich großen Hundegruppen unterschied sich erheblich von der erwarteten positiven Poissonverteilung, sowohl für die Population von Window Rock (x^2 = 75,26, d.f. = 3, P < 0,001) als auch für die von Navajo (x^2 = 104,58, d.f. = 3, P < 0,001), was zeigt, dass die Gruppierungsmuster nicht zufällig waren. Wie bei der städtischen Population wurden die Hunde in den Reservatsgemeinden öfter als Einzeltiere, weniger häufig paarweise und etwas häufiger in großen Gruppen beobachtet als erwartet.

Die Durchschnittsgröße der Gruppen von Navajo und Window Rock betrug 1,29 bzw. 1,32 Hunde, und ein Vergleich der Mittelwerte zeigte, dass sie sich nicht erheblich unterschieden (siehe Tabelle 1). Die Daten von Window Rock wurden daher als repräsentativ für ländliche Hundepopulationen im Reservat angesehen und einzeln mit den jeweiligen Daten der beiden städtischen Studienorte verglichen. In beiden Fällen war die Durchschnittsgruppe bei ländlichen Populationen erheblich größer als bei einer der städtischen Studienorte (siehe Tabelle 1), was einen Trend zu größerer Sozialität im Reservat nachweist.

Ein Rudel wurde definiert als eine Gruppe von Tieren, die gemeinsam umherziehen und zusammen ruhen, Nahrung suchen und jagen. Obwohl Kanidenrudel normalerweise aus miteinander verwandten Individuen bestehen (Bekoff et al., 1984; Mech, 1970), wurde das Verwandtschaftskriterium

Tabelle 1

Statistische Kenngrößen der durchschnittlichen Gruppengrößen von Haushunden für zwei ländliche und zwei Stadtgebiete.

Ort	*Gruppen-größe (X)*	*Beobachtete Gruppen (n)*	*Varianz*	*Verglichene Orte*	*t*
Win.R.	1,32	2.586	0.65	Win.R. / Jua1.	–2,96*
Navajo	1,29	749	0,68	Nav. / Wind.R.	–0,88
Juarez 1	1,24	1.596	0.78	Jua1. / Jua2.	5,19**
Juarez 2	1,10	2.517	0,61	Jua2. / Wind.R.	10,0**

*Die Prüfgröße, t, basiert auf einem Test für Mittelwerte, wenn die Varianzen ungleich sind. Win.R. = Window Rock, * $P < 0,01$. ** $P < 0,001$.*

nicht auf die Hundegruppen angewendet, da diese Daten nicht erhoben werden konnten. Die meisten verwilderten Hunde waren entweder Mitglieder des Canyon- oder des Corral-Rudels, die nach ihrem Heimatgebiet benannt wurden.

Das Canyon-Rudel bestand aus einem Kern von vier Erwachsenen. Die Mitgliederzahl der erwachsenen Tiere variierte jedoch manchmal, wenn nicht ortstreue Tiere (n= 4) vorübergehend in das Rudel aufgenommen wurden und zwischen einem Tag und einer Woche bei der Gruppe blieben. Das Corral-Rudel bestand im Kern aus einer erwachsenen Hündin und einem weiblichen Jungtier; ihr Verwandtschaftsverhältnis konnte nicht festgestellt werden. Ein drittes aus zwei männlichen Jungtieren und einer erwachsenen Hündin bestehende Rudel wurde unregelmäßig beobachtet.

Die Zusammensetzung des Corral- und des Canyon-Rudels veränderte sich durch Geburten im Spätherbst (November 1983; Corral-Rudel) und im frühen Winter (Januar 1984; Canyon-Rudel). Zwei Welpen des Corral-Rudels wurden entdeckt, als sie ca. 4 Wochen alt waren, doch die tatsächliche Wurfgröße war möglicherweise ursprünglich höher; Haushunde gebären normalerweise sechs bis 12 Welpen pro Fortpflanzungsperiode (Palmer/ Fowler, 1975). Im Canyon-Rudel fielen zehn Welpen, die alle in einer Sandsteinhöhle entlang der Canyonwand entdeckt wurden, als sie 2–3 Wochen alt waren. Das spätere Einfangen einer der Hündinnen vom Canyon-Rudel, kurz nachdem die Welpen entdeckt wurden, und Beobachtungen der dominanten Hündin des Rudels zeigten jedoch, dass beide Junge säugten. Wahrscheinlich entstammten die zehn Welpen aus zwei Würfen, und sicherlich haben beide Hündinnen fast gleichzeitig geworfen; es gab keinen erkennbaren Altersunterschied zwischen den Welpen, und sie wurden alle gemeinsam aufgezogen. Die Welpen aus den beiden Würfen blieben bis zum Ende der Beobachtung im Frühsommer 1984 zusammen.

Zusätzlich zur gemeinsamen Höhlennutzung setzen verwilderte Hunde möglicherweise auf eine Strategie der Rudelteilung. Rudelteilung bedeutet eine vorübergehende Emigration aus dem Rudel eines oder mehrerer Individuen, die dann alleine umherziehen und fressen (Burkholder, 1959; Jordan et al., 1967; Mech, 1966). Die für zwei einzelgängerische Hündinnen (von denen sich keine weit von dem bestehenden Rudel entfernte) gesammelten Verhaltensdaten legen nahe, dass diese Hunde vorher Teil des Corral- bzw. des Canyon-Rudels waren.

Beide Hündinnen zogen ihre Jungen nach der Geburt ca. zwei Monate lang getrennt vom Rudel auf, obwohl regelmäßiger Kontakt zwischen den Hündinnen und anderen Rudelmitgliedern beobachtet wurde. Nach diesem Zeitraum konnte keiner der Welpen der ersten Hündin gefunden werden (die ursprüngliche Wurfgröße ist unbekannt), und die Interaktionen der Hündin mit dem Corral-Rudel nahmen zu, einschließlich gemeinsamer Ausflüge zur Müllhalde zum Zweck der Nahrungssuche. Die Welpen der zweiten Hündin verließen bis zum 10. Februar 1984 die Höhle, ca. 5 Wochen nach ihrer Geburt, und interagierten bis zum 24. Februar 1984 mit den Welpen des Canyon-Rudels. Die Würfe trennten sich erneut, als die einzelgängerische Hündin mit ihren Welpen Anfang März 1984 weiter den Canyon entlangwanderte, weg vom Canyon-Rudel. Spätere Beobachtungen zeigten, dass sich die Hündin bis Ende Mai 1984 wieder voll an das Rudel angeschlossen hatte und im Sommer mit ihm umherzog. Eine einzelne Beobachtung der Hündin am 24. Oktober 1984 lässt vermuten, dass sie noch immer mit dem Canyon-Rudel zusammenlebte.

Die Verteilungen von Hunden unterschiedlichen Alters an den städtischen Studienorten 1 und 2 unterschieden sich nicht erheblich (Kolmogorov-Smirnov-Test/ Zweistichprobentest, D= 0,6, P > 0,05); Welpen und Jungtiere stellten jeweils 7 – 9 % der Population dar, Erwachsene machten 73 – 75 % der Population aus und ältere Erwachsene ca. 1,5 – 2,5 %. Individuen unbekannten Alters bildeten ca. 7,5 % der Gesamtpopulation an jedem Ort.

Die Altersverteilung der studierten Hunde (n= 45) in Window Rock und Navajo unterschied sich nicht deutlich von der von Ort 1 in Juarez (Kolmogorov-Smirnov-Test/ Zweistichprobentest, D= 0,2, P > 0,05) oder an Ort 2 in Juarez (D= 0,2, P > 0,05). Der Anteil der Welpen in der frei lebenden Population reichte von keinen von September – Oktober bis zu ca. 70 % (n=

30) in Dezember – Februar. Nur ein (8,3 %) alter Hund, ein Mitglied des Canyon-Rudels, wurde im Laufe der Studie beobachtet.

Der relative Erfolg frei lebender Hunde bei der Aufrechterhaltung von Populationsdichten durch Fortpflanzung bleibt unbekannt. Die Entwöhnung beginnt, wenn die Welpen ca. 5 Wochen alt sind (Scott/ Fuller, 1965), und im Alter von 4 Monaten sind die Jungtiere im Grunde unabhängig. Die Jungtiere wandern dann möglicherweise in andere Teile des Streifgebietes des Rudels ab, und ein großer Teil der Mortalität tritt wahrscheinlich während dieser Periode früher Unabhängigkeit auf. Der Beginn der Welpenunabhängigkeit fällt mit zunehmenden Wanderbewegungen des Rudels zusammen (Daniels/ Bekoff, 1989), und die Welpen haben möglicherweise einfach das Rudel verlassen, als dieses sein Streifgebiet erweitert hat.

Eine Schwierigkeit bei der Schätzung der Sterblichkeitsrate war, dass selten Leichen von Hunden gefunden wurden, insbesondere wenn Tiere von den Wurfplätzen abwanderten und nicht mehr auf kleine Bereiche beschränkt waren. Außerdem wurden Steinadler, *Aquila chrysaetos* (n= 2), Kojoten (n= 3), Amerikanerkrähen, *Corvus brachyrhynchos* (n= 10), Kolkraben, *Corvus corax* (n= 2), und sogar andere Hunde (n= 6; Daniels, 1987b) während der Studie dabei beobachtet, wie sie von Hundekadavern fraßen. Dadurch wurde die Wahrscheinlichkeit, Kadaver zu finden, weiter reduziert.

Beobachtungen von 18 in Freiheit geborenen Hunden ließen darauf schließen, dass die frühe Mortalität relativ hoch war. Von drei (17 %) verstorbenen Welpen wurden die Leichen eingesammelt. Die Autopsie zeigte, dass einer wahrscheinlich an Staupe starb, einer verbreiteten Virusinfektion junger Kaniden, doch die Todesursache der beiden anderen konnte nicht festgestellt werden. Beide Hunde waren bereits seit mehreren Tagen tot, als sie eingesammelt wurden, und weitere Untersuchungen ergaben keine Aufschlüsse. Nur sechs (33 %) Welpen wurden nach ihrem vierten Lebensmonat beobachtet, dem Alter, in dem sie unabhängig werden. Von diesen blieben zwei Geschwisterpaare während der Studie zusammen, und ein Paar wurde in der Gesellschaft eines verlassenen Welpen beobachtet, der vom Canyon-Rudel adoptiert wurde (Daniels, 1987b). Die restlichen Welpen wurden selten nach dem dritten Lebensmonat gesichtet, und vermutlich überlebten die wenigsten, vielleicht sogar gar keiner. Die Gesamtüberlebensrate bis zum Alter von vier Monaten betrug für die Würfe von fünf Hündinnen daher nur 34 %.

In Ciudad Juarez wurde das Geschlechterverhältnis auf 1,6:1 zugunsten der Rüden am Studienort 1 geschätzt, und auf 2:1 zugunsten der Rüden am

Ort 2. Im Reservat übertrafen Rüden die Hündinnen im Verhältnis 4:1 in Window Rock und 3:1 in Navajo. Im Gegensatz dazu begünstigte das Geschlechterverhältnis der verwilderten Population, die außerhalb der Grenzen der Navajo-Gemeinde lebte, Hündinnen um ca. 3,5:1. Die Überzahl der Rüden in Navajo ist möglicherweise auf die Entfernung von Hündinnen aus der Gemeinde zurückzuführen. Es gab jedoch nur wenige Plätze, um unerwünschte Tiere im Reservat loszuwerden, und das Aussetzen auf Müllhalden war der „übliche Weg". Während der Studie wurden 54 Hunde ausgesetzt. Die ausgesetzten Hunde waren hauptsächlich Welpen (69 %), und die Zahl der Hündinnen überstieg die der Rüden im Verhältnis 2:1 bei den Hunden, bei denen das Geschlecht festgestellt werden konnte.

Diskussion

Die Populationsdichte der frei lebenden Hunde in Ciudad Juarez war 2–5 Mal höher als die in städtischen Bereichen in den USA festgestellte (ca. 232 Hunde/ km^2 in Baltimore, Maryland – Beck, 1973; ca. 154 Hunde/ km^2 in Newark, New Jersey – Daniels, 1983a). Die hohe Gesamtdichte in Ciudad Juarez spiegelt teilweise die Ansichten der Besitzer wider, dass viele Hunde einen angemessenen Schutz der Familie und des Eigentums in Gebieten mit hoher Kriminalitätsrate bieten (J.G. Rodriguez Torres, pers. Mitteilung). Die Unterschiede in der Populationsdichte der Hunde zwischen den beiden Studienorten in Juarez spiegeln also möglicherweise eher Variationen in der *menschlichen* Bevölkerungsdichte oder der Kriminalitätsrate am jeweiligen Studienort wider als Unterschiede in der Fortpflanzung der Hunde. Das Fehlen eines wirkungsvollen Programms zur Kontrolle der Hundepopulation, das das Einfangen von Hunden und eine Leinenpflicht – die das Streunen der Hunde einschränken würde – umfassen müsste, sowie mangelnde Sterilisations- und Kastrationsprogramme zur Einschränkung der Fortpflanzung, tragen unter Umständen ebenfalls zur hohen Hundedichte bei.

In den relativ kleinen Wohngebieten in den ländlichen Gemeinden von Window Rock und Navajo war die Hundedichte fast genauso hoch wie in Ciudad Juarez. Außerdem waren sowohl die Hunde in der Stadt als auch auf dem Land in dieser Studie hauptsächlich Einzelgänger. Die Daten städtischer Hundepopulationen in Baltimore, Maryland (Beck, 1973) und Newark, New Jersey (Daniels, 1983a) belegen das gleiche generelle Muster der Meidung von Artgenossen. Daher könnten an allen diesen Orten ähnliche Faktoren die Sozialstruktur beeinflussen. Der Effekt solcher stadtähnlichen „Inseln“ im Reservat war, dass das Verhalten der Hunde auf dem Land sehr dem der Hunde in den Stadtpopulationen glich (Daniels, 1986).

Das umgekehrte Verhältnis zwischen durchschnittlicher Gruppengröße und Populationsdichte an den Juarez-Studienorten suggeriert, dass die Hundedichte möglicherweise das beobachtete Sozialsystem beeinflusst. Am Ort 2 lebten ca. doppelt so viele Hunde pro Flächeneinheit als an Ort 1, was darauf hindeutet, dass bei zunehmender Dichte die Tendenz zu positiven sozialen Interaktionen innerhalb der Population abnahm.

Die Auswirkungen der Populationsdichte auf das Sozialverhalten sind gut dokumentiert (Alexander, 1974; Crook, 1965; Eisenberg et al., 1972; Wilson, 1975; Wynne/ Edwards, 1962), obwohl die Populationsdichte alleine nicht den signifikantesten unmittelbaren Einfluss auf die Sozialstrukturen darstellt. Vielmehr wird die Sozialstruktur genauer durch die Verteilung der lokalen Refugien und Nahrungsressourcen und das Ausmaß und die Richtung der Änderung solcher Ressourcen im Verlauf von Änderungen in der Populationsdichte definiert. Die Hunde in der Stadt und auf dem Land zeigten beispielsweise ein auf ihren engsten Lebensraum begrenztes Revierverhalten. An diesen Orten wurde auch von den Besitzern Futter zur Verfügung gestellt, daher stellten engste Lebensräume relativ kleine (ca. 600 m^2), einfach zu verteidigende Gebiete lokalen Ressourcenreichtums dar.

Außerdem waren die Hunde wahrscheinlich nicht so sozial wie erwartet, weil das Leben in Gruppen wenig Vorteile bot. Knappe Ressourcen, abgesehen von den von Menschen bereitgestellten Ressourcen, an den Standorten in der Stadt und auf dem Land werden besser von Einzeltieren als von größeren Gruppen genutzt (Beck, 1973). Des weiteren erklärten sich individuelle Unterschiede im Verhalten der Hunde untereinander zum großen Teil durch die Präsenz der wenigen in Stadtgebieten gebildeten Gruppen (Daniels, 1983a).

Hunde, die ihren Lebensraum nicht mit einem Artgenossen teilten, üblicherweise weil der Besitzer nur einen Hund betreute und fütterte, verbrachten wenig Zeit mit sozialen Aktivitäten mit Artgenossen. Hunde, die ihren engsten Wohnraum mit einem oder mehreren Artgenossen teilten, waren die meiste Zeit sozial, dabei allerdings überwiegend mit nur wenigen Individuen. Die beobachteten Sozialstrukturmuster an städtischen und ländlichen Studienorten basierten daher größtenteils auf den Praktiken des Hundebesitzes.

Die verwilderten Hunde waren die sozialsten der drei untersuchten Populationen. Von den 12 juvenilen und adulten frei lebenden Hunden in der

Nähe der Navajo-Müllkippe lebten neun (75 %) ganzjährig in Rudeln und zwei (17 %) weitere schienen jahreszeitliche Rudelmitglieder zu sein.

Die Mechanismen der Rudelbildung bei verwilderten Hunden bleiben unklar. Zwei im Rahmen dieser Studie beobachtete Rudel bildeten sich vor Beginn der Feldstudie, daher sind keine Faktoren hinsichtlich der Auswahl der Rudelmitglieder bekannt. Den Kern eines Rudels bilden jedoch wahrscheinlich Geschwister, die gemeinsam ihr Elternrudel verlassen (Bekoff, 1977). Zum Beispiel bildeten die beiden männlichen Nachkommen der Hündin aus dem Corral-Rudel in der Nähe der Geburtshöhle der Rüden ein neues Rudel mit einer älteren Hündin. Weil stillende Hündinnen ihre Welpen oft für längere Zeiträume zwischen den Fütterungen verlassen, entwickeln sich stärkere Beziehungen zwischen den Wurfgeschwistern als zwischen Nachkommen und Elternteil (Scott/ Fuller, 1965). Die Vertrautheit resultierend aus regelmäßigen Interaktionen mit in nächster Nähe lebenden Artgenossen (Daniels, 1983a, 1983b, 1987a), mag aufgrund der Entwicklung starker sozialer Bindungen eine Grundvoraussetzung für die Bildung von Gruppen sein (Bekoff, 1977, 1981).

Die Rudelzusammensetzung (adulte Mitglieder) blieb im Rahmen der Studie im Wesentlichen stabil. Die sich aus dem Vorhandensein abhängiger Welpen ergebenden Variationen der Rudelgröße ließen jedoch darauf schließen, dass Rudel möglicherweise auch durch dauerhafte Aufnahme von nicht abwandernden Jungen in das Rudel erhalten bleiben (Bekoff et al., 1984). Beobachtungen des Canyon-Rudels im Spätfrühling und Frühsommer zeigten, dass mehrere Welpen länger als vier Monate zu dem Rudel gehörten. Weitere Erhebungen zur Häufigkeit der Abwanderung von Jungtieren und dem daraus resultierenden Einfluss auf Rudelgröße und –stabilität sind allerdings noch erforderlich.

Möglicherweise ergeben sich für verwilderte Hunde mehrere Vorteile aus dem Rudelleben, zum Beispiel eine erhöhte Wachsamkeit, die zu verbessertem Schutz vor potenziellen Räubern (z.B. Menschen) führt, sowie eine gesteigerte Befähigung, sich Zugang zu hochwertigeren Nahrungsressourcen zu verschaffen (Daniels/ Bekoff, 1989). Manchmal ist das Rudelleben jedoch möglicherweise auch von Nachteil. Die Fortpflanzung einer zweiten Hündin im Rudel veranlasst diese möglicherweise, das Rudel zu verlassen und vorübergehend ein neues Revier zu suchen. Bei Wölfen (*Canis lupus*) ist die Fortpflanzung zum Beispiel auf ein einzelnes dominantes Weibchen beschränkt (Harrington et al., 1982: Mech, 1970), und eine Aufteilung des Rudels reduziert unter Umständen die Rudelbelastung hinsichtlich der Mithilfe bei der Aufzucht fremden Nachwuchses. Die Rudelteilung schützt möglicherweise die Welpen einer rangniederen Hündin vor der Tötung durch die dominante Hündin (Corbett, 1988; Macdonald, 1980; Van Lawick/ Van Lawick-Goodall, 1971). Offene Aggression seitens des dominanten Weibchens kann mit Nähertreten des Geburtstermins zunehmen (z.B. bei Wölfen – Fox, 1971), was die Rudelteilung begünstigen würde. In der vorliegenden Studie schlossen sich beide Hündinnen wieder an ihr Rudel an, nachdem die Welpenaufzucht abgeschlossen war (entweder, weil die Jungen starben oder weil sie selbstständig geworden waren), was darauf schließen lässt, dass die Vorteile der Rudelteilung nur vorübergehend sind. Bislang ist unklar, warum eine zweite rangniedere Hündin im Canyon-Rudel ihre Welpen gemeinsam mit denen der dominanten Hündin aufzog, während eine andere Hündin das Rudel verließ, um ihre Welpen alleine aufzuziehen.

Der Zeitpunkt der Fortpflanzung ist ein wichtiger Aspekt in der Biologie frei lebender Hunde in Bezug auf die Anzahl der Fortpflanzungsperioden und die Jahreszeit, in der die Fortpflanzung stattfindet. Hunde pflanzen sich im Durchschnitt zweimal pro Jahr fort, nicht domestizierte Kaniden hingegen nur einmal pro Jahr (Kleiman, 1968). Obwohl bei jeder der vier Hündinnen in dieser Studie nur ein Wurf beobachtet wurde, lässt ein zweiter Wurf einer Hündin aus dem Corral-Rudel vermuten, dass verwilderte Hündinnen weiterhin zweimal pro Jahr läufig werden. Obwohl Haushunde im Allgemeinen aufgrund der künstlichen Selektion auf schnellere Fortpflanzungsraten keine jahreszeitlich bedingten Fortpflanzungsmuster zeigen (Engle, 1946), suggeriert die relative Gleichzeitigkeit der Fortpflanzung bei den Hündinnen eine jahreszeitlich beschränkte Fortpflanzung. Gipson (1972) bemerkte bei Hunden in Arkansas auch eine Zunahme der Würfe im Frühling und Herbst, obwohl die Fortpflanzung ganzjährig stattfand. Für Populationen in der Stadt und auf dem Land wurden keine Muster jahreszeitlich eingeschränkter Fortpflanzung bemerkt, doch sind weitere Daten nötig, um den Grad der Gleichzeitigkeit der Fortpflanzung zu bestimmten Jahreszeiten zu bestimmen.

Hunde unterscheiden sich im Zeitpunkt der Fortpflanzung von Kojoten (*Canis latrans*), ihren nicht domestizierten Gattungsverwandten, die sich normalerweise im Januar und Februar fortpflanzen und im März oder April, ca. 63 Tage nach der Befruchtung (Kenelly, 1978) werfen. Die verwilderten Hunde warfen zwei Monate früher, mitten im Winter, was wahrscheinlich zu einer höheren Mortalität der Welpen beitrug.

Im Allgemeinen scheint die Sterblichkeitsrate unter jungen Welpen in allen drei Habitaten hoch zu sein. Obwohl der Anteil der Adulten in der Population der Stadt Juarez hoch war, schien die Population relativ jung zu sein. Die Populationen frei lebender Hunde in Baltimore, Maryland, und St. Louis, Missouri, waren ebenfalls jung, mit einem Durchschnittserwachsenenalter von ca. 2,5 Jahren (Beck, 1974) und einer geschätzten Sterblichkeitsrate von 50 % im ersten Lebensjahr für die Baltimore-Population (Beck, 1973). Dies spricht für eine relativ hohe Erneuerungsgeschwindigkeit und somit für eine hohe Mortalitätsrate.

Die Überlebenswahrscheinlichkeit bis ins hohe Alter war an beiden Orten in Ciudad Juarez gering; nur ca. 2 % der städtischen Population setzte sich aus alten Hunden zusammen. Im Vergleich dazu erreichen Populationen von Haushunden oft ein höheres Durchschnittsalter (Beck, 1973), was eine geringere frühe Mortalität widerspiegelt. Folglich reduziert ein Leben als frei lebender Hund (trotz eines Besitzers), die Überlebenschancen offenbar deutlich. Außerdem erfordern die Bedürfnisse der Trächtigkeit und der Laktationsperiode, dass eine sich fortpflanzende Hündin ihre Energieaufnahme um durchschnittlich das anderthalb- bis dreifache erhöht (Gessaman, 1973; National Research Council, 1974), was im Falle rarer Ressourcen schwierig ist.

Mit einer hohen Hundedichte steigt auch die Wahrscheinlichkeit von Krankheitsübertragungen. Verbreitete tödliche Krankheiten wie etwa Staupe und infektiöse Leberentzündung (Carbyn, 1982; Choquette/ Kuyt, 1974; Mongeau, 1961; Trainer/ Knowlton, 1968), sind für Artgenossen generell ansteckend. Tollwut, eine wichtige Krankheit bei Kaniden in Ciudad Juarez (Rodriguez Torres, 1982), hat möglicherweise ebenfalls einen erheblichen Einfluss auf das Überleben der Welpen (Chapman, 1978; Rausch, 1958). Die relative Bedeutung dieser Faktoren und ihr Einfluss auf die Ausbildung von Sozialstrukturen variiert jedoch von Ort zu Ort und bedarf weiterer Untersuchungen.

Das Geschlechterverhältnis der verwilderten Population unterschied sich deutlich von dem der städtischen und ländlichen Populationen. Die Geschlechterverhältnisse von Hundepopulationen in Stadtgebieten tendieren zu mehr Rüden. Beck (1973) fand ein Verhältnis von 1,8:1 zugunsten der Rüden in Baltimore, Maryland; und Daniels (1983a) berichtete von einem Verhältnis von 3:1 zugunsten der Rüden an jedem der drei Studienstandorte in Newark, New Jersey. Da die meisten Hunde in der Stadt einen Besitzer haben, ist das Geschlechterverhältnis vermutlich auf eine Selektion auf Rüden als Haustiere zurückzuführen (Beck, 1973). Auch werden Hündinnen während der Fortpflanzungsperioden möglicherweise selektiv aus der Population entfernt, um unerwünschte Paarungen und Nachwuchs zu vermeiden. Obwohl das Geschlechterverhältnis eine höhere Mortalität bei Hündinnen im Vergleich zu Rüden widerspiegeln könnte, ist das angesichts einer fehlenden Vorzugsbehandlung von Rüden unwahrscheinlich. Eine ähnliche Aussage kann für die im Rahmen dieser Studie auf dem Land beobachtete Population getroffen werden. Obwohl bei verschiedenen nicht domestizierten Kanidenspezies eine Tendenz zu mehr Rüden beobachtet wurde (Crespo, 1975; Egoscue, 1975; Mech, 1975; Storm et al., 1976; Trapp/ Hallberg, 1975), gelten die dort gefundenen Faktoren (z.B. abnehmende Population in einem gesättigten Habitat, Jagddruck) nicht für die vorliegende Hundepopulation.

Anhand der im Rahmen der Studie beobachteten Würfe lässt sich sagen, dass das Geschlechterverhältnis zugunsten von Hündinnen bei frei lebenden Hunden nicht aus einer Tendenz zu mehr Hündinnen in den Würfen zurückzuführen ist. Ebenso gibt es keinen Beweis für unterschiedliche Überlebensraten der Geschlechter in einem Wurf. Daher kann eine wichtige Quelle für verwilderte Hunde die Aussetzung von Hündinnen in der Nähe vorhandener Rudel sein. Obwohl die Überlebenschancen für ausgesetzte Tiere gering sind (Daniels, 1987a), ist die ständige Zuführung ausgesetzter Hündinnen möglicherweise entscheidend für frei lebende Populationen.

Danksagung

Wir danken R. Falco, A. Moore und einem ungenannt bleiben wollenden Kritiker für hilfreiche Kommentare zu vorherigen Entwürfen dieser Abhandlung. Wir bedanken uns außerdem für die freundliche Unterstützung von E. Olson vom Bureau of Indian Affairs, J. Antonio und dem Navajo Fish and Wildlife Department, S. Linhart vom U.S. Fish and Wildlife Service, J. G. Rodriguez Torres von der Pan American Health Organization und den Ärzten Rauda und Bernes von der Cd. Juarez Antirabies für die logistische Unterstützung sowie bei R. Loken vom Navajo Community College, der die Autopsien durchführte. Unterstützt wurde diese Arbeit teilweise durch die National Science Foundation (BNS 78-27616, BNS 79-23463 und BNS 79-05770 für Marc Bekoff) und einem Doktorandenstipendium der University of Colorado, dem Graduate Student Foundation Fund Award der University of Colorado sowie einem Sigma Xi Grant Stipendium für Thomas J. Daniels.

Zitierte Literatur

Alexander, R. D. 1974. The evolution of social behavior. Ann. Rev. Ecol. Syst., 5:325–383.

Beck, A. M. 1973. The ecology of stray dogs: a study of free-ranging urban animals. York Press, Baltimore, S. 98.

—. 1974. Ecology of unwanted and uncontrolled pets. S. 31–39, in Proceedings of the national conference on the ecology of the surplus dog and cat problem. Amer. Humane Assoc., Denver, Colorado, 128 pp.

Bekoff, M. 1977. Mammalian dispersal and the ontogeny of individual behavioral phenotypes. Amer. Nat., 111:715–732.

—. 1979. Scent-marking by free-ranging domestic dogs. Biol Behav., 4:123–139.

—. 1981. Mammalian sibling interactions: genes, facilitative environments, and the coefficient of familiarity. S. 307–346, in Parental care in mammals (D. J. Gubernick und P. H. Klopfer, Hg.). Plenum Press, New York, 459 pp.

Bekoff, M. und M. C. Wells. 1986. Social ecology and behavior of coyotes. Adv. Study Behav., 16: 251–338.

Bekoff, M., T. J. Daniels und J. L. Gittleman. 1984. Life history patterns and the comparative social ecology of carnivores. Ann. Rev. Ecol. Syst., 15:191–232.

Brown, D. E. 1982. Biotic communities of the American Southwest—United States and Mexico. Desert Plants, 4:1–342.

Burkholder, B. L. 1959. Movements and behavior of a wolf pack in Alaska. J. Wildl. Mgmt., 23:1–11.

Caraco, T. und L. L. Wolf. 1975. Ecological determinants of group sizes of foraging lions. Amer. Nat., 109:343–352.

Carbyn, L. N. 1982. Incidence of disease and its potential role in the population dynamics of wolves in Riding Mt. National Park, Manitoba. S. 106–116, in Wolves of the world: perspectives of behavior, ecology, and conservation (F. H. Harrington und P. C. Paquet, Hg.). Noyes Publ., Park Ridge, New Jersey, S. 474.

Chapman, R. C. 1978. Rabies: decimation of a wolf pack in arctic Alaska. Science, 201:365–367.

Choquette, L. P. E. und E. Kuyt. 1974. Serological indication of canine distemper and of infectious canine hepatitis in wolves (Canis lupus L.) in northern Canada. J. Wildl. Dis., 10:321–324.

Cohen, A. C. 1960. Estimating the parameters in a conditional Poisson distribution. Biometrics, 16: 203–211.

Corbett, L. K. 1988. Social dynamics of a captive dingo pack: population regulation by dominant female infanticide. Ethology, 78:177–198.

Crespo, J. A. 1975. Ecology of the Pampas gray fox and the large fox (Culpeo). S. 179–191, in The wild canids: their systematics, behavioral ecology, and evolution (M. W. Fox, Hg.). Van Nostrand Reinhold and Co., New York, S. 508.

Crook, J. H. 1965. The adaptive significance of avian social organization. Symp. Zool. Soc. London, 14:181–218.

Daniels, T. J. 1983a. The social organization of free-ranging urban dogs. I. Non-estrous social behavior. Appl. Anim. Ethol., 10:341–363.

—. 1983b. The social organization of free-ranging urban dogs. II. Estrous groups and the mating system. Appl. Anim. Ethol., 10:365–373.

—. 1986. A study of dog bites on the Navajo Reservation. Public Health Rept., 101:50–59.

—. 1987a. The social ecology and behavior of free-ranging dogs. Unpubl. Ph.D. dissert., Univ. Colorado, Boulder, S. 303.

—. 1987b. Conspecific scavenging by a young domestic dog. J. Mamm., 68:416–418.

—. 1988. Down in the dumps. Nat. Hist., 97: 8–12.

Daniels, T. J. und M. Bekoff. 1989. Spatial and temporal resource use by feral and abandoned dogs. Ethology, 181:300–312.

Davis, D. E. und R. L. Winstead. 1980. Estimating the numbers of wildlife populations. S. 221–245, in Wildlife management techniques manual. Vierte Ausgabe. (S. D. Schemnitz, Hg.). Wildl. Soc. Washington, D.C., S. 686.

Davis, S. J. und F. R. Valla. 1978. Evidence for domestication of the dog 12,000 years ago in the Natufian of Israel. Nature. 276:608–610.

Egoscue, H. J. 1975. Population dynamics of the kit fox in western Utah. Bull. S. California Acad. Sci., 74:122–127.

Eisenberg, J. F., N. A. Muckenhirn und R. Rudran. 1972. The relation between ecology and social structure in primates. Science, 176:863–874.

Engle, E. T. 1946. No seasonal breeding cycle in dogs. J. Mamm., 27:79–81.

Fox, M. W. 1971. Behaviour of wolves, dogs, and related canids. Harper and Row, New York, S. 220.

—. 1978. The dog: its domestication and behavior. Garland Press, New York, S. 276.

Fox, M. W. und M. Bekoff. 1975. The behavior of dogs. S. 370–409, in The behaviour of domestic animals. 3. Aufl. (E. S. E. Hafez, Hg.). Bailliere Tindall, London, S. 532.

Gessaman, J. A. 1973. Methods of estimating the energy cost of free existence. S. 6–31, in Ecological energetics of homeotherms (J. A. Gessaman, Hg.). Utah State Univ. Press, Logan, S. 567.

Gier, H. 1968. Coyotes in Kansas. Kansas State Univ., Agric. Exp. Sta. Bull., 393:1–118.

Gipson, P. S. 1972. The taxonomy, reproductive biology, food habits, and range of wild Canis (Canidae) in Arkansas. Unveröffentlichte Ph.D.-Dissertation., Univ. Arkansas, Fayetteville, S. 196.

Harrington, F. H., P. C. Paquet, J. Ryon und J. C. Fentress. 1982. Monogamy in wolves: a review of the evidence. S. 209–222, in Wolves of the world: perspectives of behavior, ecology, and conservation (F. H. Harrington und P. C. Paquet, Hg.). Noyes Publ., Park Ridge, New Jersey, S. 474.

Jordan, P. A., P. C. Shelton und D. L. Allen. 1967. Numbers, turnover, and social structure of the Isle Royale wolf population. Amer. Zool., 7:233–252.

Kennelly, J. J. 1978. Coyote reproduction. S. 73–93, in Coyotes: biology, behavior, and management (M. Bekoff. Hg.). Academic Press, New York, S. 384.

Kirk, R. W. 1977. Current veterinary therapy. Vol. VI: small animal practice. W. B. Saunders Co., Philadelphia, S. 1418.

Kleiman, D. G. 1968. Reproduction in the Canidae. Internat. Zoo Yearb., 8:1–7.

MacDonald, D. W. 1980. Rabies and wildlife: a biologist's perspective. Oxford Univ. Press, New York, S. 151.

Mech, L. D. 1966. The wolves of Isle Royale. U.S. Natl. Park. Serv. Fauna Ser., 7:1–210. —. 1970. The wolf: the ecology and behavior of an endangered species. Nat. Hist. Press, New York, S. 384.

—. 1975. Disproportionate sex ratios of wolf pups. J. Wildl. Mgmt., 39:737–740.

Mongeau, N. 1961. Hepatic distomatosis and infectious canine hepatitis in northern Manitoba. Canadian Vet. J., 2:33–38.

National Research Council. 1974. Nutrient requirements of dogs. Natl. Acad. Sci., Washington, D.C., S. 71.

Nudds, T. D. 1978. Convergence of group size strategies by mammalian social carnivores. Amer. Nat., 112:957–960.

Overton, W. S. 1971. Estimating the numbers of animals in a wildlife population. S. 403–456, in Wild life management techniques. 3. Aufl. (R. H. Giles, Jr., Hg.). Wildl. Soc., Washington, D.C., S. 623.

Palmer, E. L., und H. S. Fowler. 1975. Fieldbook of natural history. McGraw-Hill Book Co., New York, S. 778.

Rausch, R. L. 1958. Some observations on rabies in Alaska, with special reference to wild Canidae. J. Wildl. Mgmt., 22:246–260.

Rodriguez Torres, J. G. 1982. Rabies on Mexico's northern border, 1969–1980. Bull. Pan Amer. Health Organ., 16:111–116.

Schmidt, R. H., Jr. 1979. A climatic delineation of the real Chihuahuan desert. J. Arid Environ., 2:243–250.

Schnabel, Z. E. 1938. The estimation of the total fish population in a lake. Amer. Math. Monthly, 45:348–352.

Scott, J. P. 1967. The evolution of social behavior in dogs and wolves. Amer. Zool., 7:373–381.

Scott, J. P. und J. L. Fuller. 1965. Genetics and the social behavior of the dog. Univ. Chicago Press, Chicago, 468 pp.

Sokal, R. R. und F. J. Rohlf. 1981. Biometry: the principles and practice of statistics in biological research. 2. Aufl. W. H. Freeman and Sons, San Francisco, S. 859.

Storm, G. L., R. D. Andrews, R. L. Phillips, D. B. Siniff und J. R. Tester. 1976. Morphology, reproduction, dispersal, and mortality of midwestern red fox populations. Wildl. Monogr., 49:1–82.

Trainer, D. O. und F. F. Knowlton. 1968. Serologic evidence of diseases in Texas coyotes. J. Wildl. Mgmt., 32:981–983.

Trapp, G. und D. L. Hallberg. 1975. Ecology of the gray fox (Urocyon cinereoargenteus): a review. S. 164–178, in The wild canids: their systematics, behavioral ecology, and evolution (M. W. Fox, Hg.). Van Nostrand Reinhold and Co., New York, S. 508.

U.S. Bureau of the Census. 1982. User's guide, parts A and B: 1980 census of the population and housing. U.S. Dept. Commerce, Washington, D.C., S. 143.

Van Lawick, H. und J. Van Lawick-Goodall. 1971. Innocent killers. Houghton Mifflin Co., Boston, S. 222.

Wilson, E. O. 1975. Sociobiology: the new synthesis. Harvard Univ. Press, Cambridge, Massachusetts, S. 697.

Wynne-Edwards, V. C. 1962. Animal dispersion in relation to social behaviour. Oliver and Boyd, Edinburgh, Scotland, S. 653.

Marc Bekoff

Imponierscharren bei Haushundrüden: Ein zusammengesetztes Signal? (1979)

Während das Setzen von Duftmarken bei Säugetieren und die Bedeutung der verschiedenen chemischen Absonderungen (z.B. Urin, Kot, Speichel, Drüsensekrete) in Bezug auf die soziale Kommunikation erhebliches Interesse geweckt hat (Birch, 1974; Eisenberg/ Kleiman, 1972; Johnson, 1973; Muller-Schwarze/ Mozell, 1977), wurde optischen Verhaltenskomponenten des Duftsetzens sehr viel weniger Aufmerksamkeit geschenkt. Hediger (1949) beschreibt auffallendes Markierverhalten als „Demonstrationsmarkieren", das auch als optisches soziales Zeichen dienen könnte. Jedoch wurde bisher nur einmal nachgewiesen, dass sich ein bestimmtes, mit dem Duftsetzen (Urinieren) verbundenes Verhalten auch als optisches Signal entwickelt haben könnte. Bei Haushundrüden (*Canis familiaris*) traten Körperhaltungen wie beim Urinieren mit gehobenem Bein (Peters/ Mech, 1975) ohne Urinabsatz als Schauverhalten auf (Bekoff, 1979). Es wurden Daten gesammelt, die die Vorstellung nahe legen, dass die Körperhaltung mit erhobenem Bein als optisches Signal dienen könnte und die motorischen Muster des Beinhebens und des Harnabsetzens separate Handlungen sein könnten. Ein weiterer Aspekt der Verhaltenssequenzen beim Duftmarkieren bei einer Vielzahl von Säugetieren ist das Imponierscharren, bei dem das Individuum mit einer oder mehreren Pfoten am Boden scharrt und für gewöhnlich ein sichtbares Zeichen hinterlässt (Bekoff, 1979; Peters/ Mech, 1975; Seidensticker et al., 1973; Sprague/ Anisko, 1973; v. Uexküll/ Sarris, 1931). Das Imponierscharren führt möglicherweise zur Geruchsverteilung (v. Uexküll/ Sarris, 1931). Jedoch scheint die Geruchsverteilung keine entscheidende Rolle bei der Entwicklung des Imponierscharrens gespielt zu haben, da selten direkt über die hinterlassene Substanz (zumindest bei Hunden und Wölfen, *C. lupus*) gescharrt wird (Bekoff, 1979; Peters/ Mech, 1975). Zusätzlich können durch das Scharren Duftsekrete aus den Zwischenzehendrüsen hinterlassen werden (Ewer, 1973; Mykytowycz, 1972; Peters, 1974; Peters/ Mech, 1975). Trotzdem könnte eine weitere Funktion des Imponierscharrens optische statt olfaktorische Verhaltensaspekte beinhalten.

Zwei optische Auswirkungen sind möglich: (1) Sichtbare Kratzer auf dem Boden übermitteln (unter Umständen) eine Nachricht; (2) Der Vorgang des Scharrens dient möglicherweise als optisches Zeichen für andere Individuen, die es gerade beobachten. Am Boden scharrende Rüden werden häufig während dieses Vorgangs und kurz darauf von anderen Hunden gemieden, doch eine hinterlassene Urinmarke (Bekoff, 1979; Scott, 1967) oder ein Kratzer auf dem Boden schreckt andere Individuen nicht notwendigerweise ab.

In der vorliegenden Studie wurde die Hypothese überprüft, dass Imponierscharren bei Haushundrüden möglicherweise als optisches Signal dient. Insbesondere wurde untersucht, ob dieses Verhalten häufiger gezeigt wurde, wenn es von anderen Hunden beobachtet werden konnte.

Dreizehn frei laufende, identifizierte Rüden wurden von 1971 bis 1976 entweder auf dem Campus der Washington University, St. Louis, Missouri, oder in der Nähe von Nederland, Colorado beobachtet. Die Häufigkeit des Auftretens von Markierungen mit der Körperhaltung des erhobenen Beins, das Auftreten des Schauverhaltens des gehobenen Beins ohne Urinabsatz und einfaches Urinieren (Bekoff, 1979; Kleiman, 1966) wurden aufgezeichnet, sowie das Auftreten des Imponierscharrens vor, nach oder ohne eines der genannten Verhalten. Zudem habe ich beobachtet, ob andere Hunde (1) von dem scharrenden Individuum gesehen werden konnten und (2) das Scharren gut sehen konnten (die Hunde befanden sich eindeutig im Sichtfeld des jeweils anderen Hundes). Diese Situation wurde als „Hund in Sicht" bezeichnet. Alle Daten wurden per Hand aufgezeichnet oder direkt in einen Kassettenrekorder diktiert und später niedergeschrieben.

Harnmarkieren (n= 361), das Beinheben ohne Urinabsatz (n= 180) und einfaches Ausscheiden von Urin (n= 251) traten 792 Mal auf. Das Imponierscharren wurde 121 Mal gezeigt, 52 Mal nach dem Markieren (14,4 %), 30 Mal nach dem Beinheben ohne Urinabsatz (16,7 %) und 39 Mal nach einfacher Urinausscheidung (15,5 %). Sprague/ Anisko (1973) berichteten ebenfalls von einer relativ geringen Häufigkeit des Imponierscharrens. Hündinnen (n= 11) zeigten das Scharren mit etwa der gleichen relativen Prozentzahl wie Rüden (9,13 %), doch wurden nur 38 Fälle beobachtet. Es gab keine signifikanten Unterschiede zwischen der relativen Häufigkeit des Auftretens des Scharrens nach dem Urinieren mit gehobenem Bein oder dem einfachen Urinieren (x^2= 0,54, d.f. = 2, P > 0,05) (Snedecor 1956, S. 227).

Das Imponierscharren trat nur einmal vor und dreimal in Abwesenheit dieser Verhaltensweisen auf. Die Hunde scharrten nur im Gras oder in der Erde. Es gab keinen Zusammenhang zwischen dem Scharren und dem vorherigen Schnüffeln am Boden oder an einer (dem Beobachter) bekannten Urinmarke. Eine 2x2-Varianzanalyse ergab, dass das Scharren nicht zufällig gezeigt wurde, wenn andere Hunde in Sicht waren (x^2= 51,6, d.f. = 1, P < 0,001). Von 121 Fällen waren 93 (76,9 %) Mal andere Hunde in Sicht und nur in 28 (23,1 %) Fällen waren keine anderen Hunde in Sicht (ts= 5,27, P < 0,001) (Sokal/ Rohlf, 1969, S. 607). Ferner scharrten Hunde, wenn keine anderen Individuen in Sicht waren, 393 (93,3 %) von 421 Malen nicht, erheblich öfter als sie scharrten (ts= 10,71, P < 0,001).

Diese Daten legen nahe, dass das Imponierscharren bei Rüden nach dem Markieren mit gehobenem Bein, nach dem Heben des Beins ohne Harnabsatz oder nach einfachem Urinieren von der Gegenwart anderer Hunde beeinflusst wird. Da das Scharren selbst in der Gegenwart anderer Hunde nicht ausnahmslos auf diese Verhaltensweisen folgte, scheint es nicht hauptsächlich die Nachricht „Hier wurde gerade Urin hinterlassen“ zu übermitteln. Jedoch übermittelt das Imponierscharren höchstwahrscheinlich diese Nachricht, da es selten vor oder ohne die Verhaltensweisen auftrat. Das Scharren nach dem Heben des Beins ohne Harnabsatz scheint eine fehlerhafte Nachricht zu übermitteln, da kein Urin abgesetzt wurde. Allerdings könnten hierbei Duftsekrete aus den Zwischenzehendrüsen hinterlassen und sichtbare Kratzer produziert worden sein.

Das Imponierscharren kann als zusammengesetztes Signal verstanden werden (Smith, 1977; Wickler, 1978), das chemische und optische Komponenten verbindet, die verschiedene Informationen über unterschiedliche Distanzen in verschiedenen Geschwindigkeiten übermitteln. Beispielsweise kann es dazu dienen, sofort über große Entfernungen kenntlich zu machen, dass Urin abgesetzt wurde, wodurch die eingeschränktere Reichweite des Urinduftes, der sichtbaren Spuren auf dem Boden oder des Duftsekrets aus den Zwischenzehendrüsen ausgedehnt werden. Das Imponierscharren kann aber auch ein Einschüchterungsverhalten darstellen (Ewer, 1968). Optische Aspekte des Duftmarkierens müssen daher ebenso untersucht werden wie die olfaktorischen Auswirkungen verschiedener Chemikalien. Bei vielen Spezies gibt es eine offensichtliche Selektion auf auffallende Markierungsverhaltensweisen, die für das Hinterlassen eines bestimmten Duftes nicht erforderlich sind (z.B. urinieren männliche Kaniden, ohne das Bein zu heben) (Hediger, 1949).

Ich danke A. Bekoff, J. Byers, D. Duvall und V. Lipetz für Kommentare zu früheren Fassungen dieser Abhandlung sowie allen Studenten, die mich bei diesem Projekt unterstützt haben.

Diese Studie wurde teilweise vom Department of Biology der University of Missouri (St. Louis) und der Washington University sowie vom Department of EPO Biology an der University of Colorado unterstützt. Zusätzliche Unterstützung erhielt ich durch die BRSG-Stipendien RR 07013–09, 10 und 11, die der University of Colorado, Boulder, vom Biomedical Research Support Grant Program, Division of Research Resources, National Institutes of Health, zur Verfügung gestellt wurden.

Zitierte Literatur

Bekoff, M. 1979, Scent marking by free ranging domestic dogs; olfactory and visual components. Biol. Behav., 4:123–139.

Birch, M. 1974. Pheromones. Elsevier, New York, 495 pp.

Eisenberg, J. F. und D. G. Kleiman. 1972. Olfactory communication in mammals. Ann. Rev. Ecol. Syst., 3:1–32.

Ewer, R. F. 1968. Ethology of mammals. Plenum Press, New York, S. 418.

—. 1973. The carnivores. Cornell Univ. Press, Ithaca, New York, S. 494.

Hediger, H. 1949. Säugetierterritorien und ihre Markierungen. Bilds. tot de Dierdke, 28:172–184.

Johnson, R. P. 1973. Scent marking in mammals. Anim. Behav., 21:521–535.

Kleiman, D. G. 1966. Scent marking in the Canidae. Symp. Zool. Soc. Lond., 18:167–177.

Müller-Schwarze, D. und M. M. Mozell. 1977. Chemical signals in vertebrates. Plenum Press, New York, S. 609.

Mykytowycz, R. 1972. The behavioural role of the mammalian skin glands. Die Naturwiss., 59:133–139.

Peters, R. P. 1974. Wolf sign: scents and space in a wide-ranging predator. Unveröffentlichte Ph.D.-Dissertation, Univ. Michigan, Ann Arbor, S. 227.

Peters, R. P. und L. D. Mech. 1975. Scentmarking in wolves. Amer. Sci., 63:628–637.

Scott, J. P. 1967. The evolution of social behavior in dogs and wolves. Amer. Zool., 7:373–381.

Seidensticker, J. C. IV, M. G. Hornocker, W. V. Wiles und J. P. Messick. 1973. Mountain lion social organization in the Idaho primitive area. Wildl. Monogr., 35:1–60.

Smith, W. J. 1977. The behavior of communicating. Harvard Univ. Press, Cambridge, Massachusetts, S. 545.

Snedecor, G. W. 1956. Statistical methods. Iowa State Univ. Press, Ames, S. 534.

Sokal, R. R. und F. J. Rohlf. 1969. Biometry: the principles and practice of statistics in biological research. W. H. Freeman, San Francisco, California, S. 776.

Sprague, R. H., und J. J. Anisko. 1973. Elimination patterns in the laboratory beagle. Behaviour, 47:257–267.

von Uexküll, J. und G. E. Sarris. 1931. Das Duftfeld des Hundes. Z. Hundesforschung, 1:55–68.

Wickler, W. 1978. A special constraint on the evolution of composite signals. Z. Tierpsychol., 48:345–348.

Marc Bekoff

Beobachtungen zum Setzen von Duftmarken und zur Unterscheidung zwischen eigenem und fremdem Urin beim Haushund (Canis familiaris)

Geschichten von versetztem gelben Schnee (2001)

1. Einführung

Trotz erheblichem Interesse am Duftmarkieren von Raubtieren (Bekoff 1979a,b; Bekoff/ Wells 1986; Gese/ Ruff 1997; Allen et al. 1999 und darin enthaltene Verweise) gibt es wenige experimentelle Feldstudien zu diesem Phänomen, und keine wie die hier beschriebene, bei der uringetränkte Schneeklumpen, „gelber Schnee", von einer Stelle zu einer anderen bewegt wurden, um die Reaktionen eines Individuums auf seinen eigenen Urin und den seiner Artgenossen zu vergleichen. Daher ist, trotz verbreiteter gegenteiliger Darstellungen, nur wenig über die mit dem Urinieren und Markieren verbundenen Verhaltensweisen bekannt, und es gibt nur wenige detaillierte Felddaten über die Art und Weise, wie frei laufende bzw. lebende Tiere auf ihren eigenen und den Urin ihrer Artgenossen reagieren.

Ziel der vorliegenden Studie war es, durch Verwendung eines neuen Ansatzes die Rolle zu untersuchen, die Urin beim Hervorrufen des Harnlassens und Markierens für sich frei bewegende Individuen von Haushundrüden, *Canis familiaris*, spielt. Andere Forscher haben „gelben Schnee" bei Experimenten zur Untersuchung von Fortpflanzungsbedingungen und individueller Unterscheidung von Urin bei Kaniden in Gefangenenhaltung eingesetzt (Brown/ Johnston 1983; Mech et al., 1987; McCleod et al., 1996).

Tinbergen (1951/ 1989) betonte die Bedeutung der Durchführung einfacher Feldexperimente. Das Verlegen von „gelbem Schnee" von einem Ort zum anderen fällt in diese Kategorie. Diese Art von Experiment kann auch bei anderen Tieren eingesetzt werden und würde wichtige Daten zur individuellen Unterscheidung eigener und fremder Düfte, sowie zu dem daraus resultierenden Einfluss auf das Harnlassen, das Duftmarkieren und das Territorialverhalten liefern.

2. Methoden

Die Daten wurden von Oktober bis April 1995 und jeweils von Oktober bis April in den Jahren 1997 bis 2000 zwischen 06:00 Uhr und 09:00 Uhr erhoben, wenn der Boden mit Schnee bedeckt war. Jethro, ein 35 kg schwerer, kastrierter Mischlingsrüde (hauptsächlich Deutscher Schäferhund und Rottweiler), der im Alter von 9 Monaten kastriert wurde und sich nie gepaart hat, wurde beobachtet, wie er an seinem eigenen Urin und dem Urin anderer Hunde schnüffelte, während er sich frei auf einem am Boulder Creek, westlich von Boulder, Colorado, entlang verlaufenden Fahrradweg bewegte. Jethro war im Verlauf des Experiments 5,5 bis 10,5 Jahre alt. Sofort nachdem Jethro oder andere Hunde (bekannte Rüden und Hündinnen) auf Schnee urinierten, hob ich den Klumpen „gelben Schnee" (ca. 4 x 4 cm) mit behandschuhten Händen auf, während Jethro woanders war und nicht sah, wie ich ihn aufhob oder verlegte. Vor dem Aufheben des Schnees wurden die Handschuhe gründlich gereinigt, um geruchliche Hinweise zu minimieren. Ich notierte, welche anderen Hunde anwesend waren; der Urin eines Hundes wurde maximal einmal pro Woche verwendet, und Jethro hatte vorher während der jeweiligen Sitzung noch nicht am Urin des anderen Hundes schnüffeln können. Nach der Verlegung wurde der gelbe Schnee von Hand eingeebnet, um optische Hinweise zu minimieren.

Ich konnte unmöglich wissen, ob alle Hunde unkastriert bzw. unsterilisiert waren, doch als ich die Informationen durch Beobachtung der Rüden oder durch Befragung der menschlichen Begleiter der Hunde sammelte, stellte ich fest, dass alle außer drei Rüden und fünf Hündinnen kastriert bzw. sterilisiert waren. Der Urin zweier läufiger Hündinnen wurde nicht versetzt.

Der gelbe Schnee wurde so versetzt, dass Jethro an dem verlegten Urin unter folgenden Bedingungen ankam: (a) innerhalb von ca. 10 Sekunden (ca. 5 – 10 m entfernt), (b) 10 – 120 Sekunden später (gewöhnlich 10 – 50 m entfernt) oder (c) 120 – 300 Sekunden später (weiter als 50 m entfernt). Diese Intervalle wurden willkürlich von mir gewählt und müssen möglicherweise für abweichende Experimentbedingungen verändert werden. Ich zeichnete mit einer Stoppuhr auch die Dauer des Schnüffelns auf (kürzer oder länger als 3 Sekunden) und beobachtete, ob Jethro auf den versetzten Schnee mit dem für Rüden typischen gehobenen Bein urinierte oder ob er schnüffelte und dann sofort auf den gelben Schnee urinierte. Das Schnüffeln, gefolgt durch sofortiges, zielgerichtetes Urinieren auf einen bestimmten Punkt wird allgemein als Duftmarkieren bezeichnet (Wells/ Bekoff, 1981).

Zur Generierung der Z-Statistik wurden die Daten mit dem Test auf Anteilswerte analysiert (Bruning/ Kintz, 1977, S. 222 ff). Ich verwendete P < 0,05 (zweiseitiger Test: $Z_{krit} > 1{,}96$), um die signifikanten Unterschiede zwischen zwei Prozentwerten aufzuzeigen. Die Formulierung „kein signifikanter Unterschied" oder ähnliche Begriffe bedeuten, dass Z < 1,96 und P > 0,05 ist. Kritische Werte von Z für andere Stufen statistischer Signifikanz sind 2,58 (P < 0,010) und 3,30 (P < 0,001).

3. Ergebnisse

Es gab im Vergleich zwischen den Jahren keine Unterschiede in Jethros Verhalten (dem Prozentsatz der Fälle, in denen er auf unterschiedliche Bedingungen reagierte), daher wurden die Daten zusammengefasst (Z < 1,96, P= 0,05). Auch die Daten für Jethros Reaktionen auf kastrierte bzw. sterilisierte und „intakte" Hunde wurden zusammengefasst, da es keine Unterschiede in seiner Reaktion auf den Urin dieser Hunde gab.

3.1. Jethro erreichte den versetzten gelben Schnee innerhalb von 10 Sekunden

Für diese Situation wurde Jethros Urin 57 Mal verlegt, der von anderen Rüden 38 Mal und der von Hündinnen 49 Mal (Tabelle 1). Jethro schenkte seinem eigenen versetzten Urin erheblich weniger Aufmerksamkeit (Z > 3,30, P < 0,001) (89,5 % seines Schnüffelns dauerte < 3 Sekunden) als dem verlegten Urin anderer Rüden (18,8 % seines Schnüffelns dauerte < 3 Sekunden). Es gab keinen signifikanten Unterschied zwischen dem Anteil des unter 3 Sekunden dauernden Schnüffelns für den Urin anderer Rüden oder den von Hündinnen. Erheblich seltener urinierte Jethro oder schnüffelte und urinierte dann sofort über (setzte seine Duftmarke) seinen eigenen versetzten Urin (Z > 3,30, P < 0,001), als er es als Reaktion auf den Urin anderer Rüden oder Hündinnen tat. Es gab auch keine signifikanten Unterschiede zwischen seinem Markieren über dem Urin anderer Rüden oder Hündinnen.

3.2. Jethro erreichte den versetzten gelben Schnee nach 10 – 120 Sekunden

Für diese Situation wurde Jethros Urin 73 Mal verlegt, der von anderen Rüden 31 Mal und der von Hündinnen 43 Mal. Jethro schenkte seinem eigenen Urin mehr Aufmerksamkeit als er es tat, wenn er früher dort ankam (eine signifikante Abnahme im Anteil des Schnüffelns, das Z > 3,30, P <

0,001 dauerte), doch es gab keine Unterschiede in seiner Reaktion auf den versetzten Urin anderer Rüden oder Hündinnen in dieser Situation verglichen mit seiner früheren Ankunft. Erheblich seltener urinierte er über oder schnüffelte und urinierte dann sofort über (setzte seine Duftmarke) seinen eigenen versetzten Urin (Z > 3,30, P < 0,001) als er es in den beiden anderen Situationen tat. (Es gab keine signifikanten Unterschiede zwischen seiner Reaktion auf den Urin anderer Rüden oder Hündinnen.)

Tabelle 1

Eine Zusammenfassung der Prozentzahlen der Fälle, in denen Jethro an seinem eigenen versetzten Urin («eigener»), dem anderer Rüden («Rüden») oder dem von Hündinnen («Hündinnen») (gelbem Schnee) kürzer als 3 Sekunden schnüffelte, darauf urinierte oder schnüffelte und sofort darauf urinierte (seine Duftmarke darauf setzte)

	Schnüffeln < 3 Sek.			Darauf urinieren			Schnüffeln u. dar. urin.		
*Ankuft**	*Eigener*	*Rüde*	*Hündin*	*Eigener*	*Rüde*	*Hündin*	*Eigener*	*Rüde*	*Hündin*
> 10 Sek.	89,5	18,8	16,3	21,1	86,8	77,6	8,8	26,8	24,2
N	57	38	49						
10-120 Sek.	54,3	22,6	16,8	43,8	67,7	55,8	0	41,7	23,5
N	73	31	43						
120-150 Sek.	44,3	22,9	15,4	14,8	86,4	77,0	3,8	31,6	11,5
N	61	22	26						

**Die unter Ankunft aufgelisteten Zeiten beziehen sich auf die Zeitspannen, nach denen Jethro an dem versetzten Urin ankam.*

Jethro schnüffelte jedoch erheblich öfter an und urinierte dann sofort danach auf (setzte seine Duftmarke) den versetzten Urin anderer Rüden als er es bei dem versetzten Urin von Hündinnen tat ($Z > 3{,}30$, $P < 0{,}001$). Jethro setzte niemals eine Duftmarke über seinen eigenen Urin in dieser Situation.

3.3. Jethro erreichte den versetzten gelben Schnee nach 120 – 300 Sekunden

Für diese Situation wurde Jethros Urin 61 Mal verlegt, der anderer Rüden 22 Mal und der von Hündinnen 26 Mal. Jethro schenkte seinem eigenen Urin etwas mehr Aufmerksamkeit als er es tat, wenn er innerhalb von 10 – 120 Sekunden an dem versetzten Schnee ankam, doch er schenkte seinem eigenen versetzten Urin weiterhin weniger Aufmerksamkeit als dem anderer. Es gab, verglichen mit seiner früheren Ankunft, keine Unterschiede in seiner Reaktion auf den versetzten Urin anderer Rüden oder Hündinnen.

Jethros Verhaltensmuster für das Urinieren über versetzten Urin anderer Rüden oder Hündinnen ähnelte sehr dem, das bei einer Ankunft innerhalb von ca. 10 Sekunden beobachtet wurde. Jedoch schnüffelte er erheblich mehr an dem versetzten Urin anderer Rüden und urinierte dann sofort darauf (setzte seine Duftmarke) als bei dem versetzten Urin von Hündinnen ($Z > 3{,}30$, $P < 0{,}001$), obwohl er es in beiden Fällen weniger tat, als wenn er innerhalb von 10 – 120 Sekunden bei dem versetzten Urin ankam. Jethro markierte in dieser Situation nur selten auf seinen eigenen Urin.

4. Diskussion

Das Versetzen von „gelbem Schnee" war eine nützliche Methode, um etwas über Jethros Verhalten in Bezug auf das Urinieren und Duftmarkieren und darüber zu erfahren, wie es durch das Vorhandensein seines eigenen Urins oder dem von anderen beeinflusst wurde. Ob nicht kastrierte bzw. nicht sterilisierte Rüden oder Hündinnen ähnlich reagieren würden, ist nicht bekannt. Obwohl Jethro der einzige Hund war, dessen Reaktionen auf versetzten Urin analysiert wurden, ist diese Studie die erste ihrer Art für ein sich frei bewegendes Tier und lieferte Antworten auf Fragen, die vorher noch nicht experimentell bei Kaniden und anderen Raubtieren untersucht wurden. In ihrer Pilotstudie zur individuellen Unterscheidung von Urin bei Hunden und Wölfen in Gefangenschaft untersuchten Brown und Johnston (1983) nicht die Reaktion eines Individuums auf seinen eigenen Urin.

4.1. Unterscheidung zwischen eigenem Urin und dem anderer: Muster für Schnüffeln und Urinieren

Es überrascht nicht, dass Jethro eindeutig seinen eigenen Urin von dem anderer Hunde unterschied. Es gab beträchtliche Unterschiede in seinem Verhalten nach seiner Ankunft an versetztem Schnee, die durch die Verzögerung seiner Ankunft und davon beeinflusst waren, ob der versetzte Urin sein eigener oder der anderer Rüden oder Hündinnen war. Jethro schenkte seinem eigenen versetzten Schnee weniger Aufmerksamkeit als dem Urin anderer Rüden oder Hündinnen. In ihrer Studie zur Reaktion von in Gefangenschaft lebenden, 6 – 11 Jahre alten, nicht kastrierten Beagelrüden auf den Urin anderer Rüden berichteten Dunbar/ Carmichael (1981), dass sie fast zweimal mehr Zeit damit verbrachten, am Urin von Rüden aus der Gruppe zu schnüffeln (Mittel= 6,2 Sek.) als an ihrem eigenen Urin (Mittel= 3,5 Sek.). Wenn Jethro innerhalb von 10 Sekunden beim gelben Schnee ankam, dauerten ca. 90 % seines Schnupperns an seinem eigenen Urin weniger als 3 Sekunden. Brown/ Johnston (1983) berichteten von sehr viel längeren Schnupperzeitspannen von in Gefangenschaft gehaltenen Beaglehündinnen (bis zu 30–40 Sek.) und in Gefangenschaft lebenden Wolfsrüden und –hündinnen am Urin von Artgenossen (Mittel= 21 Sek. bei bekanntem Urin und 46 Sek. bei unbekanntem Urin). Schnupperzeiträume diesen Ausmaßes wurden in dieser Studie nicht beobachtet, noch wurden sie von Dunbar (1978) und Dunbar/ Carmichael (1981) für die studierten Beagle gemessen.

Jethro zeigte, gemessen an der Schnupperdauer, etwa genauso viel Interesse am verlegten Urin anderer Rüden wie an dem von Hündinnen. Jethro urinierte am häufigsten über seinen eigenen Urin, wenn er 10–120 Sekunden später bei ihm ankam. Jedoch urinierte er am seltensten über den versetzten Urin anderer Rüden und Hündinnen, wenn er innerhalb von 10–120 Sekunden dort ankam, verglichen mit seiner Ankunft nach 10 Sekunden oder 120–300 Sekunden.

Unabhängig davon, wann er am verlegten Urin ankam, urinierte Jethro erheblich öfter auf den Urin anderer als auf seinen eigenen. Obwohl es keine statistisch signifikanten Unterschiede zwischen dem Prozentsatz der Fälle gab, an denen er auf den Urin anderer Rüden und Hündinnen urinierte, urinierte er in allen Fällen häufiger auf den Urin anderer Rüden als auf den von Hündinnen.

4.2. Duftmarkierungsverhalten

Die Unterschiede in Jethros Reaktion auf den versetzten Urin anderer Rüden oder Hündinnen sind bemerkenswert, insbesondere in Bezug auf das Duftmarkierungsverhalten. Das Duftmarkieren unterscheidet sich durch eine Reihe von Kriterien vom reinen Urinieren; zum Beispiel Schnuppern vor dem Urinieren, gefolgt von einem zielgerichteten Urinstrahl auf den als vorhanden bekannten Urin oder auf ein anderes Ziel (an dem sich möglicherweise Urin befindet; Wells/ Bekoff, 1981). Das Verhaltensmuster, das Jethros Reaktion auf den Urin anderer Rüden am besten von der auf den Urin von Hündinnen unterscheidet, war das Markieren: Schnüffeln und sofortiges Urinieren auf den gelben Schnee. Kam Jethro an dem versetzten Urin entweder innerhalb von 10 Sekunden oder 120–300 Sekunden an, schnüffelte er bei dem verlegten Urin von Rüden erheblich mehr und setzte sofort seine Duftmarke auf den verlegten Urin, als bei dem versetzten Urin von Hündinnen. Dunbar (1978) berichtete, dass in Gefangenschaft lebende Beaglerüden mehr Zeit damit verbrachten, den Urin von Hündinnen als den von Rüden zu untersuchen.

Natürlich werden weitere Daten über mehr Individuen benötigt. Es ist nicht bekannt, ob wild lebende Kaniden diese Verhaltensmuster ebenfalls zeigen, doch wird allgemein angenommen, dass Rüden stärker auf den Urin anderer Rüden als auf den Urin von Hündinnen reagieren, insbesondere während des Reviererwerbs und der Revierverteidigung (Wells/ Bekoff 1981 und darin enthaltene Verweise). Obwohl es sich hier um eine Pilotstudie handelt, kann die verwendete Methode als Modell für andere Spezies eingesetzt und nach Bedarf angepasst werden. Beispielsweise könnte der Einsatz nicht beteiligter Beobachter, die nicht wissen, von welchen Individuen der Urin stammt, mögliche systematische Fehler verhindern (zum Beispiel unbewusste Hinweise), die auf Informationen zurückzuführen sind, die eingeweihten Beobachtern bekannt sind. Trotzdem wird zukünftige Forschung, die das Verlegen von uringetränktem Schnee oder Erde, kombiniert mit detaillierten Beobachtungen der Verhaltensfolgen des Schnupperns, Urinierens und Markierens, umfasst, helfen können zu ergründen, was andere Tiere stimuliert zu urinieren oder Duftmarken zu setzen. Diese Daten können zu einem besseren Verständnis bei Themen wie dem Territorialverhalten und den Geschlechtsunterschieden beim Reviererwerb und der Revierverteidigung beitragen.

Danksagung

Ich danke Thomas Daniels, Carron Meaney und zwei ungenannt bleibend wollenden Lesern für Anmerkungen zu früheren Versionen dieses Manuskripts.

Literaturhinweise

Allen, J. J., Bekoff, M., Crabtree, R. L., 1999. An observational study of coyote (Canis latrans) scent-marking and territoriality in Yellowstone National Park. Ethology 105, 289–302.

Bekoff, M., 1979a. Ground scratching by male domestic dogs: a composite signal. J. Mammal. 60, 847–848.

Bekoff, M., 1979b. Scent-marking by free-ranging domestic dogs: olfactory and visual components. Biol. Behav. 4, 123–139.

Bekoff, M., Wells, M. C., 1986. Social ecology and behavior of coyotes. Adv. Study Behav. 16, 252–338.

Brown, D. S., Johnston, R. E., 1983. Individual discrimination on the basis of urine in dogs and wolves. In: Muller-Schwarze, D. (Hg.), Chemical Signals in Vertebrates 3. Plenum Press. New York, S. 343–346.

Bruning, J. L., Kintz, B. L., 1977. Computational Handbook of Statistics. Scott, Foresman and Company. Glenview, Illinois, S. 308.

Dunbar, I., 1978. Olfactory preferences in dogs: the response of male and female beagles to conspecific urine. Bio. Behav. 3, 273–286.

Dunbar, I., Carmichael, M., 1981. The response of male dogs to urine from other males. Behav. Neural Bio. 31, 465–470.

Gese, E. M., Ruff, R. L., 1997. Scent-marking by coyotes, Canis latrans: the influence of social and ecological factors. Anim. Behav. 54, 1155–1166.

McCleod, P. J., Moger, W. H., Ryon. J., Gadbois, S., Fentress, J. C., 1996. The relation between urinary cortisol levels and social behavior in captive timber wolves. Canad. J. Zool. 74, 209–216.

Mech, L. D., Seal, U. S., Delgiudice, G. D., 1987. J. Wildl. Manage. 51, 10–13.

Tinbergen, N., 1951/ 1989. The Study of Instinct. Oxford University Press. New York, S. 228.

Wells, M. C., Bekoff. M., 1981. An observational study of scent-marking in coyotes. Anim. Behav. 29, 332–350.

Teil III

Sozialspiel, soziale Entwicklung und soziale Kommunikation: Kooperation, Fairness und Gerechtigkeit unter Tieren

Vorbemerkung

Im zweiten Teil des Buches haben wir festgestellt, dass Hunde außergewöhnliche Tiere sind, von denen wir viel über vergleichende und evolutionäre Aspekte des Sozialverhaltens, der Sozialstruktur und der Verhaltensökologie lernen können. Für unser Bestreben, mehr über die Einzelheiten und die Komplexität des Sozialspiels zu lernen und ein vollständigeres Verständnis und Wertschätzung für so faszinierende Themen wie Kooperation, Fairness und Moralität – „tierische Gerechtigkeit", wie ich es nenne – zu erlangen, eignen sich Hunde wunderbar als Studienobjekte zur Erforschung der Entwicklung sozialer Regeln wie Interaktion, Fairness und Vergebung.

Beim Spielen geht es darum, fair und nett zu sein und Benehmen zu zeigen. Das Sozialspiel ist die Grundlage für Fairness. Ich vertrete die Auffassung, dass wir über Primaten hinausgehen und soziale Raubtiere erforschen müssen, die in großen, erweiterten Familienverbänden leben und für die entscheidend ist, dass die Einheit der Gruppe erhalten bleibt und die Gruppe reibungslos funktioniert. Die Ansichten seiner Heiligkeit des Dalai Lama beeinflussten mich stark in Bezug auf die Bedeutung von Kooperation und Mitgefühl in unserem täglichen Leben und in der täglichen Interaktion mit Tieren. Ebenso beeinflusste mich der russische Anarchist Petr Kropotkin in Bezug auf die Bedeutung von Kooperation für die Verhaltensentwicklung. Die ergebnisreiche Forschung des Neurobiologen Antonio Damasio zur Entwicklung von Emotionen und Moral hat meine Denkweise ebenfalls stark geprägt.

Ich frage mich oft, warum einige Menschen so arrogant sind und denken, dass menschliches Verhalten der Standard sein sollte, an dem die Ethik von Tieren gemessen wird. Ein kurzer Blick auf die Überschriften irgendeiner überregionalen Zeitung mahnt uns, uns sorgfältig vor Augen zu führen, *wer* wir sind und wie *wir* uns verhalten, und damit auch zu mehr Bescheidenheit und deutlich geringerer Überheblichkeit. Das erinnert mich an eine

Unterhaltung zwischen Groucho Marx (Firefly) und einem Herrn Trentino in dem Film DIE MARX BROTHERS IM KRIEG:

> *Firefly:* Sie erinnern mich an etwas. Wenn ich Sie sehe, denke ich an einen Pavian.
>
> *Trentino:* Was!
>
> *Firefly:* Sorry. Den anderen Pavianen gegenüber ist das unfair.

Wenn wir schon unsere moralische Überlegenheit feiern, sollten wir wenigstens fair gegenüber anderen Tieren sein.

Der erste Pinguin: Aufgeschlossen sein für Neues

In diesem Abschnitt konzentriere ich mich hauptsächlich auf das Sozialspiel und die soziale Entwicklung bei Tieren. Obwohl ich nicht als erster die Ansicht vertrete, dass Tiere ein moralisches Bewusstsein besitzen, fühle ich mich häufig wie der erste Pinguin, der ins Wasser springt, während die anderen abwarten, um zu sehen, ob sich Raubtiere in der Nähe befinden; ein Ereignis, das ich bei der Erforschung von Adeliepinguinen in der Antarktis beobachtet habe. Ich sage das nicht, um mich wichtig zu machen, sondern weil ich scharfer Kritik von Kollegen ausgesetzt war, die denken, dass einige meiner Vorstellungen doch sehr verschroben sind. Trotzdem hatte ich immer im Sinn der Wissenschaft und der Wissenschaftlichkeit (die Offenheit bei der Sammlung von Daten erfordert), den Eindruck, dass jemand ins kalte Wasser springen und Ideen prüfen muss. Nichts wird gewonnen durch das Beibehalten vorgeformter Ideen in der Wissenschaft. Vielmehr besteht das Risiko, möglicherweise fruchtbare Ansätze zu übersehen. Wissenschaft ist nicht wertfrei, doch wir sollten uns große Mühe geben, den Einfluss unserer eigenen Ansichten darüber, wer wir sind und wo wir im Vergleich zu Tieren stehen, zu verringern. Wie die Essays in diesem dritten Teil des Buches zeigen, war die Erforschung des Spiels sicher keine Zeitverschwendung.

In vielen dieser Essays diskutiere ich Aspekte der Entwicklung von sozialer Kooperation, Fairness, Vergebung und Moralität im Kontext dessen, was Tiere tun, wenn sie miteinander spielen und mit anderen interagieren. Videos von Tieren aufzunehmen und diese dann in Zeitlupe oder in Einzelbildern anzusehen, ist sehr hilfreich für das Verständnis der Feinheiten der sozialen Kommunikation, zum Beispiel dafür, wie schnell Mitteilungen gesendet werden können, selbst während Hunde scheinbar „nur" herumrennen. Um in allen Einzelheiten wahrzunehmen, was Tiere während des Spiels *tun*, haben meine Studenten und ich spielende Tiere gefilmt und die Videos unzählige Male angesehen. Fast jedes Mal haben wir etwas Neues entdeckt.

Was ist Spiel?

Einer meiner Studenten, John Byers, untersuchte Nabelschweine (Pekaris), während ich verschiedene Kaniden studierte (Mitglieder der Familie der Hunde, darunter Haushunde, Wölfe, Kojoten, Schakale und Füchse). Wie viele andere Forscher entdeckten wir viele gemeinsame Merkmale im Spiel dieser (und anderer) Säugetiere. Obwohl sich Forscher viele Jahre lang nicht auf eine gemeinsame Definition des Begriffs „Spiel" einigen konnten, definierten John und ich Sozialspiel als eine auf ein anderes Individuum gerichtete Aktivität, bei der Aktionen aus anderen Kontexten in modifizierter Form und in geänderter Reihenfolge eingesetzt werden. Einige Aktionen werden während des Spiels für eine andere Zeitdauer eingesetzt als in anderen Situationen. Unsere Definition konzentriert sich auf die Handlungen der Tiere bzw. auf die Struktur des Spiels.

Wenn Tiere spielen, verwenden sie Aktionen aus anderen Aktivitäten, z.B. aus räuberischem Verhalten (Jagd), Fortpflanzungsverhalten (Paarung) und Aggressionsverhalten. Ernsthafte Bedrohung und absolute Unterwerfung treten, wenn überhaupt, sehr selten während des Spiels auf. Die in den Reaktionen auf Raubfeinde gezeigten Verhaltensmuster hingegen schon. Das gilt insbesondere für Beutetiere wie beispielsweise Huftiere (Hirsche, Elche und Gazellen), die beim Spiel im unvorhersehbaren Zickzack herumrennen. Diese Aktionen wechseln in Form und Intensität und werden zu einer großen Vielfalt an nicht vorhersehbaren Sequenzen kombiniert. Wenn beispielsweise Stinktiere, Kojoten und Schwarzbären bei spielerischen Kämpfen zubeißen, halten sie sich im Vergleich zu echten Kämpfen zurück. Diese Zurückhaltung wird Selbsthemmung genannt. Das Tatzenspiel von Bären ist ebenfalls gehemmt und weniger intensiv, und Beißen und Greifen richten sich während des Spiels auf mehr Körperteile des anderen Individuums als das im Kampf der Fall ist. Das Spiel der Bären ist außerdem lautlos.

Die Spielsequenzen können variabler und weniger vorhersagbar sein, da die Individuen Aktionen aus einer Reihe verschiedener Kontexte mischen. Da die Individuen zwischen mehreren Aktionen auswählen können, ist es nicht überraschend, dass die Sequenzen variabler sind. „Variabler" bedeutet einfach, dass es schwieriger ist vorherzusagen, welche Aktion während des

Spiels folgen wird als beispielsweise während „echtem" Jagd- oder Aggressionsverhalten. Während des *Spiels* von Hunden, Kojoten oder Wölfen kann man die folgenden Sequenzen beobachten: Beißen–Nachjagen–Ringen–Anrempeln–Ringen–Körperteile ins Maul nehmen–Nachjagen–Anspringen–Beißen–Ringen, während bei *Aggression* wahrscheinlich eher Drohen–Jagen–Anspringen–Attackieren–Beißen–Ringen– und dann die Unterwerfung eines der Individuen zu beobachten sind.

Weil sich das Spiel aus einer bunten Mischung vieler verschiedener Aktivitäten zusammensetzt, ist es zeitaufwändig, die Details dessen, was passiert, zu identifizieren. Bei meinen eigenen Forschungen habe ich Stunden damit verbracht, anhand von Einzelbildern gefilmte Fünf-Minuten-Spielsequenzen zu analysieren.

Das Vergnügen, kooperativ, fair und vergebend zu spielen

Es ist offensichtlich, dass Tiere gerne spielen. Der Spieltrieb ist stark ausgeprägt, und Tiere beschäftigen sich normalerweise nicht mit Aktivitäten, die ihnen nicht gefallen. Forschungen zur Chemie des Gehirns – die Neurochemie – stützen die Vorstellung, dass Spielen angenehm ist und Spaß macht. Die meisten dieser Studien wurden an Ratten vorgenommen, bei denen Jaak Panksepp an der Bowling Green State University eine enge Verbindung zwischen Opiaten und Spiel entdeckte. Eine Zunahme in der Aktivität von Neurochemikalien namens Opioide erhöht die Verspieltheit von Ratten, Opioide verstärken daher möglicherweise das Vergnügen und die Belohnung, die mit dem Spiel einhergehen. (Panksepp entdeckte auch, dass Ratten es genießen, gekitzelt zu werden.) Gemäß Darwins Vorstellungen von der evolutionären Kontinuität gibt es wenig Grund zu glauben, dass sich die neurochemische Basis bei Hunden erheblich von der von Ratten, Katzen, Schimpansen oder Menschen unterscheidet.

Hunde sind nicht die einzigen Tiere, die ständig spielen möchten. Junge Katzen, Schimpansen, Füchse, Bären und Ratten lieben es, bis zur Erschöpfung zu spielen. Wenn ein potenzieller Spielkamerad nicht auf eine Spielaufforderung reagiert, wenden sich die Tiere häufig anderen Individuen oder ihrem eigenen Schwanz zu. Mein Hund Jethro wirbelte einmal, als er seinen eigenen Schwanz jagte, so schnell herum, dass er umfiel und ein Glas großartigen Merlot umwarf. Erst dann stand sein Kumpel Zeke auf und ging auf Jethros Spielaufforderung ein. Rhythmus, Tanz und die Stimmung spielender Tiere sind unglaublich ansteckend; der bloße Anblick spielender Tiere kann andere zum Spielen animieren.

Spiel ist eine kooperative und freiwillige Tätigkeit. Individuen, die nicht spielen möchten, spielen nicht. Individuen unterschiedlicher Spezies stimmen die Spielsequenzen fein ab, um die Spielstimmung aufrechtzuerhalten und zu verhindern, dass das Spiel in (echte) Aggression umschlägt. Detaillierte Videoanalysen belegen, dass Kaniden feine und flüchtige Bewegungen zeigen und rasche Blickwechsel zeigen, die vermuten lassen, dass die Spieler ständig Informationen austauschen, um sicherzustellen, dass alles in Ordnung ist, dass es immer noch um ein Spiel geht. Hunde und ihre wilden Verwandten kommunizieren miteinander (und mit uns) mit Hilfe ihrer Gesichter, Augen, Ohren, Ruten, Körper, verschiedener Gangarten und Lautäußerungen. Sie kombinieren Gesichtsausdrücke und Rutenhaltungen mit unterschiedlichen Arten von Bellen, um eine große Anzahl detaillierter Mitteilungen darüber zu produzieren, was sie möchten und wie sie sich fühlen. Hunde und Wölfe verfügen über mehr als ein Dutzend Gesichtsausdrücke, eine Vielzahl von Rutenhaltungen und zahlreiche Lautäußerungen, Körperhaltungen und Gangarten, daher gibt es eine unglaubliche Anzahl möglicher Kombinationen dieser Kommunikationsmodi.

Es wäre verfrüht, die Möglichkeit auszuschließen, dass das Sozialspiel eine Rolle bei der Entwicklung von Fairness und sozialer Moral spielt, oder davon auszugehen, dass andere Tiere als Primaten unfähig sind, sich bewusst fair zu verhalten, da ihnen die erforderlichen kognitiven oder emotionalen Fähigkeiten fehlen. Wir haben eigentlich viel zu wenig Informationen zu diesen Fragen.

Was ist der Ursprung menschlicher Moral? Halten Jethro, Zeke, Suki, Ferd und Jerome die Antwort für uns bereit?

> Jethro springt auf Zeke zu, stoppt direkt vor ihm, beugt sich auf seine Vorderläufe, wedelt mit der Rute, bellt und springt ihn sofort an, beißt ihn in sein Genick und schüttelt seinen Kopf schnell hin und her, arbeitet sich zu Zekes Hinterteil vor und reitet auf, springt ab, verbeugt sich rasch, springt an seine Seite und rammt ihn mit seiner Hüfte, springt auf und beißt in Zekes Hals und rennt weg. Zeke rennt in wilder Hatz hinter Jethro her, springt hin und wieder auf seinen Rücken, beißt ihn in seine Schnauze und in sein Genick und schüttelt seinen Kopf schnell hin und her. Suki springt hinzu und jagt Jethro und Zeke und sie ringen alle drei miteinander. Sie trennen sich für einige Minuten, schnüffeln hier und da und ruhen sich aus. Dann

> geht Jethro langsam zu Zeke hinüber, streckt die Pfote in Richtung von Zekes Kopf und zwickt ihn in seine Ohren. Zeke steht auf und springt auf Jethros Rücken, beißt ihn und umklammert seine Hüfte. Dann lassen sie sich zu Boden fallen und beißen sich gegenseitig in die Schnauzen. Danach jagen sie einander, rollen herum und spielen. Suki beschließt mitzumachen und die drei toben bis zur Erschöpfung. Ihr Spiel verwandelte sich nie in Aggression.

Diese Beschreibung hundlichen Spiels stammt aus einer meiner Forschungsnotizen an einem klaren und kühlen Morgen im August 1998. Jethro, Zeke und Suki spielten wieder, und Parker und Izzy waren noch nicht da. Ich wollte gleich mitmachen, würde Ihnen das nicht auch so gehen? Die Beobachtungen der Spiele von Tieren – die pure Freude ihres Rangelns, das unbekümmerte Herumrennen und einander Jagen unter Beachtung der Spielregeln: „Dies ist Spiel" – ließ mich überlegen, ob Tiere Moral besitzen könnten.

Ich erinnere mich lächelnd, dass vor einigen Jahren einer meiner Studenten, Josh, anrief und mir aufgeregt keuchend und ungläubig berichtete:

> „Hey, ich habe heute etwas absolut Unglaubliches am Mount Sanitas gesehen. Jerome [Joshs 54-Kilo-Malamut] wollte mit einem fremden Hund [namens Ferd] spielen, der nur etwa ein Viertel seiner Größe besaß. Jerome verbeugte sich, bellte, wedelte mit dem Schwanz, rollte sich auf den Rücken, sprang auf und verbeugte sich erneut, alles vergeblich – Ferd stand nur mit überraschender Gleichgültigkeit da. Doch etwa eine Minute später, während Jerome an einem Busch schnüffelte, den gerade ein großer Mischling angepinkelt hatte, schlenderte Ferd herüber und stürzte sich auf Jeromes Hals, biss fest zu und hing in der Luft, mit den Läufen über dem Boden. Ich dachte: „Das war's, Jerome wird das kleine Monster umbringen". Und weißt du was? Jerome schüttelte Ferd wie eine Fliege ab, drehte sich herum, verbeugte sich, nahm dann den Kopf des kleinen Kerls in seine Schnauze und biss ganz sanft zu. Sie spielten dann etwa eine halbe Stunde, in der Jerome nie energisch oder unfair wurde. Er biss Ferd sanft, rollte sich auf den Rücken und tippte mit der Pfote ins Gesicht seines Freundes, schlug ihn leicht, und wenn es zu rau zuging und Ferd sich mit hängendem Schwanz und Seitwärtsbewegungen des Kopfes zurückzog, um herauszufinden, ob sein letztes Stündchen geschlagen hat, verbeugte sich Jerome erneut und sie spielten weiter. Jerome schien zu wissen, dass er nett – fair – sein musste, um mit seinem kleinen Freund spielen zu können. Ferd wusste, was Jerome

> wollte, und Jerome wusste, was Ferd wollte, und sie kooperierten, um es zu bekommen. Hunde sind wirklich clever. Ich konnte es gar nicht glauben."

Joshs Geschichte deutete auf die Entwicklung von Fairness und Sozialspiel hin, eine Vorstellung, die ich seit Jahren überdachte. Und er war nicht der einzige, der mir eine solche Geschichte erzählte.

Alle Essays in diesem dritten Teil werfen wichtige und faszinierende Fragen auf, die jahrelang unbeantwortet geblieben sind. Ich habe immer betont, wie wichtig es ist, den Geschichten von Tieren genau zuzuhören, in denen sie uns erzählen, *wer* sie sind und *wie* und *warum* sie tun, was sie tun. Ich möchte Ihnen erzählen, warum ich fest glaube, dass einige Tiere in bestimmten sozialen Situationen ein moralisches Bewusstsein für *richtig* oder *falsch* haben können, und warum die Erforschung des Spiels eine zentrale Rolle für meine Überlegungen spielt. Dazu muss ich solche „menschlichen Tugenden" wie Vertrauen, Entschuldigung, Vergebung und Ehrlichkeit und selbst die Möglichkeit berücksichtigen, dass es öffentliche Sanktionen für Tiere gibt, die das Vertrauen eines Freundes brechen.

Meine Überlegungen haben mir geholfen, meine Ansichten zu einem Paket zusammenzufassen, das Wissenschaft und Religion miteinander verbindet und Fragen stellt wie: Welche Stellung haben Menschen in der großen Gesamtsicht der Dinge, jedoch insbesondere in Bezug auf die Moral? Ich überdenke solche Fragen, bleibe dabei jedoch innerhalb der Grenzen ernsthafter Wissenschaft. Ich sehe meine Aufgabe als Wissenschaftler darin, Überlegungen zur Diskussion zu stellen, ohne meinen wissenschaftlichen Hintergrund zu vernachlässigen, und ich nehme diese Rolle ernst. Obwohl es riskant sein kann, sich auf dünnem Eis zu bewegen, führt gänzliche Risikovermeidung normalerweise nicht zu neuen Entdeckungen.

Für einige Leute ist die Vorstellung, dass Tiere Moral besitzen könnten, lächerlich, ja, sie grenzt an Blasphemie. Sicherlich, sagen sie, definiert die menschliche Moral die „menschliche Natur", und Moral unterscheidet uns von Tieren und stellt uns über sie. Vorzuschlagen, dass das Spiel wichtig für die Entwicklung und die Anwendung von Moral sei, gießt Öl ins Feuer dieser Kontroverse, doch ich behaupte, dass Tiere in bestimmten sozialen Situationen, zum Beispiel im Spiel, wie moralische Wesen handeln.

Wenn wir aufgeschlossen bleiben, ist die Vorstellung von einer tierischen Moral nicht abwegiger als die allgemein anerkannte Vorstellung, dass Tiere denkende und fühlende Wesen sind. Wie wir gesehen haben, ignorieren die

Argumente der Neinsager, was inzwischen für viele verschiedene Spezies nachgewiesen wurde. Überraschungen sind bei der Erweiterung unserer Kenntnisse über die Intelligenz und die kognitiven und emotionalen Fähigkeiten von Tieren immer zu erwarten. Aber wir müssen vorsichtig sein, damit uns unsere Erwartungen nicht in die Irre führen, insbesondere angesichts mangelnder Informationen in manchen Bereichen.

Doch es ist mehr als deutlich, dass wir Tieren keine weit hergeholten kognitiven und emotionalen Fähigkeiten zuschreiben müssen, um zu dem Schluss zu kommen, dass sie in bestimmten Situationen moralische Entscheidungen treffen können. Noch sollten wir abstreiten, dass einige kognitive und emotionale Fähigkeiten durchaus innerhalb ihrer Möglichkeiten liegen. Unser Platz im Gesamtbild der Lebewesen ist nicht gefährdet, und wir müssen uns nicht sorgen, dass wir nicht besonders und einzigartig seien. Alle Tiere und Menschen sind etwas Besonderes und für sich einzigartig.

Die Erforschung tierischen Spielverhaltens erfordert eine interdisziplinäre Vorgehensweise, um herauszufinden, warum sich das Spiel in seiner Form entwickelt und sich noch immer weiter entwickelt. Diese Essays wurden ausgewählt, um ein allgemeines Bild des Sozialspiels zu zeichnen. Untersucht werden seine möglichen Strukturen und Funktionen, und, wie Tiere ihre Spielabsicht kommunizieren. Nachprüfbare Hypothesen (einige wurden bei Kaniden und anderen Spezies mittlerweile bestätigt) werden für weitere Forschungen angeboten. Alle diese Essays zeigen nicht nur, wie sich meine eigene Denkweise und die anderer in Bezug auf die Bedeutung der Erforschung des Sozialspiels entwickelte, sondern auch, dass sich viele Forschungsfelder bei der Analyse des Spiels überschneiden.

Als ich meine Doktorandenforschung zum Sozialspiel von jungen Hunden, Kojoten, Wölfen und Wolfshybriden durchführte, interessierte ich mich besonders dafür, wie Tiere ihre Spielabsicht mitteilen – wie sie anderen sagen: „Ich möchte mit dir spielen". Ich schrieb einen Artikel mit dem Titel DIE ENTWICKLUNG VON SOZIALER INTERAKTION, SPIEL UND METAKOMMUNIKATION BEI SÄUGETIEREN: EINE ETHOLOGISCHE SICHTWEISE, dessen Hauptaussage sich auf die Bedeutung des Sozialspiels in der Verhaltensentwicklung konzentrierte. In dem Artikel analysierte ich, warum sich das „Spielen" entwickelt hat, d.h. warum es ein adaptiver Verhaltensphänotyp ist und welche Funktionen es möglicherweise hat. Ich zeigte, dass es enge Verbindungen zwischen Mustern des Sozialspiels und Mustern der Sozialstruktur bei verschiedenen Spezies gibt und diskutierte die Bedeutung der „Metakommunikation" – Kommunikation über Kommunikation (gemäß den Vorstellungen von Gregory Bateson) –, die stattfindet, wenn Individuen anderen mitteilen, dass sie mit ihnen spielen wollen. Ich wusste noch nicht, dass ich diese Forschungsrichtung über drei Jahrzehnte verfolgen, am Ende mit Philosophen an diesen Fragen zusammenarbeiten und sogar das vorliegende Buch schreiben würde, das sich mit diesen Themen beschäftigt.

Warum spielen? – Training für das Unerwartete

Eine der Freuden an der Erforschung des Spiels geht über den Spaß und die Herausforderung hinaus herauszufinden, was Tiere beim Spiel tun – es ist die Freude, mit Kollegen zusammenzuarbeiten, die genauso leidenschaftlich wie ich etwas über das Thema erfahren möchten. Im Herbst 1998 kam mein Kollege Marek Spinka aus Tschechien nach Boulder, um gemeinsam mit mir das Spiel zu erforschen. Marek hatte bereits viele Jahre Schweine studiert und auch mit Ruth Newberry an der Washington State University zusammengearbeitet. Marek und Ruth beschlossen, Schweine zu studieren, weil diese nicht nur verspielt, sondern auch extrem intelligent, begeisterungsfähig und sensibel sind.

Etliche Antworten wurden zu der Frage angeboten, warum sich das Spielen entwickelt hat und warum es adaptiv ist. Obwohl viele Individuen beim Spiel Verletzungen riskieren und Energie verbrauchen, die sie möglicherweise für ihr Wachstum oder zur Nahrungssuche benötigen (das wird „Kosten des Spiels“ genannt), möchten insbesondere Jungtiere ständig spielen und tun dies auch bis zur Erschöpfung. Welche Vorteile überwiegen die Kosten des Spielens? Evolutionäre (oder funktionale) Erklärungen sind häufig an die Analyse dessen gebunden, was Individuen während des Spiels tun. Obwohl viele Forscher darin übereinstimmen, dass das Spiel für die Entwicklung sozialer, lokomotorischer und kognitiver Fähigkeiten (die die motorischen Leistungen unterstützen) wichtig ist, sind solide Beweise rar und die Meinungen geteilt.

Ein wichtiges Thema neuerer vergleichender Forschungen ist, dass das Spiel bei den verschiedenen Spezies nicht nur eine einzige Funktion zu haben scheint. Es hat verschiedene Funktionen, nicht nur für die verschiedenen Spezies, sondern auch für die individuellen Tiere, die sich in Geschlecht und Alter unterscheiden. Beispielsweise wurde spielerisches Kämpfen früher als wichtig für das Erlernen von Kampffähigkeiten, die im Erwachsenenalter eingesetzt werden, oder für die körperliche Ertüchtigung angesehen. Während bei einigen Spezies das Spiel für die Entwicklung bestimmter Fähigkeiten und körperlicher Fitness wichtig sein könnte, gilt das möglicherweise nicht für andere Spezies. Beispielsweise scheint spielerisches Kämpfen für die Entwicklung motorischer Fähigkeiten für Ernstkämpfe bei Laborratten nicht wichtig zu sein, doch Studien haben gezeigt, dass das Spiel für die Entwicklung motorischer Fähigkeiten, für kognitives und für Bewegungstraining oder weitere soziale Fähigkeiten bei anderen Säugetieren wichtig sein könnte, auch beim Menschen. Das Spiel könnte also gleichzeitig mehrere Funktionen haben, es könnte beispielsweise der Sozialisation, dem körperlichen Training, der Praxis und der kognitiven Entwicklung dienen. Spielen ist auf jeden Fall keine Zeitverschwendung.

Unabhängig von der möglichen Funktion des Spiels denken viele Forscher, dass spielen „Gehirnnahrung" ist, weil es für das Gehirnwachstum wichtig ist und hilft, das Gehirn neu zu strukturieren, die Verbindungen zwischen den Neuronen im Kortex zu vermehren. Eine Reihe von Forschern hat vermutet, dass das Spiel die kognitiven Fähigkeiten verbessert, einschließlich der Fähigkeit zu logischen Schlussfolgerungen und zur Verhaltensflexibilität, also der Fähigkeit, angemessene Entscheidungen in sich ändernden und unvorhersehbaren Situationen und Umgebungen zu treffen. Marek, Ruth und ich gehen davon aus, dass das Spiel Tieren erlaubt, flexible Reaktionen auf unerwartete Ereignisse zu entwickeln. Das Spiel erhöht die Bewegungsflexibilität, die zur Erholung von plötzlichen Schocks, wie beispielsweise der Verlust des Gleichgewichts, benötigt wird, und verbessert die Fähigkeit der Tiere, emotional mit unerwarteten, stressigen Situationen umzugehen. Es wurde jedoch noch nicht abschließend aufgezeigt, *warum* die meisten Tiere spielen. Doch unsere Theorie in Bezug auf die Verhaltensflexibilität passt gut zu meinen Vorstellungen von tierischer Gerechtigkeit.

Das Spiel beginnt mit einer Verbeugung

Im ersten Essay des dritten Teils, SOZIALE KOMMUNIKATION ZWISCHEN KANIDEN, berichte ich von Beobachtungen zur Form und Dauer der Spielverbeugungen. Diese auch als Vorderkörpertiefstellung bezeichneten „Verbeugungen" scheinen sehr stereotype soziale Signale zu sein, doch hatte bisher niemand versucht, sie wissenschaftlich zu untersuchen, um festzustellen, wie stereotyp sie tatsächlich sind. Ich beschloss, genau das zu tun, und währenddessen wurde mir klar, warum es noch niemand getan hatte – einen Film oder ein Video Bild für Bild zu betrachten, um die als soziales Signal eingesetzten Körperbewegungen zu analysieren, ist unglaublich zeitaufwändig. Die

Daten zeigten, dass Vorderkörpertiefstellungen tatsächlich sehr stereotyp in ihrer Dauer und Form sind, so dass die Mitteilung „Ich möchte mit dir spielen" ein unzweideutiges und zuverlässiges Zeichen eines Individuums für die Absicht und den Wunsch zu spielen darstellt. Ethologen bezeichnen Vorderkörpertiefstellungen als angeborenes oder modales Verhaltensmuster, das ein ritualisiertes Signal darstellt, dessen Entwicklung durch die Notwendigkeit klarer und zuverlässiger sozialer Signale motiviert ist.

Außer für das Aufzeigen, dass Vorderkörpertiefstellungen sehr ritualisierte Signale sind, interessierte ich mich dafür, ob sie während des Spiels strategisch eingesetzt, d.h. nicht rein zufällig gezeigt werden. Um etwas über die Spieldynamik zu erfahren, ist es wichtig, die feinen Details zu beachten, die bei oberflächlichen Analysen verloren gehen. Hunde und andere Tiere verfolgen genau, was passiert, daher müssen wir das auch tun.

Beharrlichkeit und gute Augen zahlten sich aus, und achtzehn Jahre nach der Veröffentlichung des ersten Essays kam ich zu dem Schluss, dass Vorderkörpertiefstellungen nicht ziellos eingesetzt werden, sondern mit Bedacht, mit Sorgfalt und mit Absicht benutzt werden, um eine Spielabsicht kundzutun, insbesondere wenn nicht klar ist, ob eine Handlung spielerisch gemeint ist. Die Hunde, Kojoten und Wölfe, die Vorderkörpertiefstellungen einsetzten, verfolgten damit einen Zweck. So wird z.B. Beißen, kombiniert mit schnellem Seitwärtsschütteln des Kopfes, während Aggressions- und Beutebegegnungen eingesetzt und kann leicht missverstanden werden, wenn seine Bedeutung nicht durch eine „Verbeugung" näher definiert wird. Ich habe überrascht festgestellt, dass Vorderkörpertiefstellungen nicht nur am Anfang des Spiels eingesetzt werden, um einem anderen Hund mitzuteilen „Ich möchte mit dir spielen", sondern auch direkt vor dem von Kopfschütteln begleiteten Biss, wie um zu sagen „Ich werde dich fest beißen, doch das ist noch immer spielerisch", und direkt nach einem heftigen Biss, wie um zu sagen „es tut mir Leid, dass ich dich gerade so fest gebissen habe, doch das war Teil des Spiels". Ich folgere daraus, dass Vorderkörpertiefstellungen als Zeichensetzung dienen; quasi als Ausrufezeichen, um die Aufmerksamkeit auf das zu richten, was der Hund seinem Freund mitteilen möchte.

Hunde und ihre wilden Verwandten lernen schnell, fair zu spielen, und ihre Reaktion auf Vorderkörpertiefstellungen scheint angeboren zu sein. Es gibt wenig Belege, dass Spielsignale zur Täuschung anderer eingesetzt werden. Betrüger, die sich verbeugen und dann angreifen, werden wahrscheinlich nicht als Spielpartner gewählt und haben Schwierigkeiten, andere zum

Spielen zu bewegen. Es gibt Sanktionen, daher sollte ein Hund, der nicht spielen möchte, auch keine „Verbeugung" zeigen.

Sie können selbst recht einfach vieles von dem beobachten, worüber ich geschrieben habe. Besuchen Sie ein Hundeauslaufgebiet in Ihrer Nähe und beobachten Sie spielende Hunde und wie diese sich mit ihren Freunden amüsieren, wie sie im Spiel tanzen. Machen Sie doch einfach mit! Begeben Sie sich auf alle Viere, verbeugen Sie sich und springen Sie; es bedarf keiner Worte, doch manchmal könnte ein Bellen hilfreich sein. Hunde verstehen die Bedeutung der Spielsignale, auch wenn sie von Menschen ausgehen. Nicola Rooney und ihre Kollegen an der University of Southampton in Großbritannien entdeckten, dass das Verbeugen und Springen von Menschen das Spiel bei Hunden verstärkte, wobei jedoch das Springen wirkungsvoller war. Doch seien Sie vorsichtig mit Hunden, die Sie nicht kennen; einige Hunde sind nicht sehr tolerant, wenn sie von unbekannten Menschen, die spielen möchten, ohne angemessene Vorstellung oder Begrüßung angesprungen werden.

Tierische Gerechtigkeit und Fairplay: Die wichtigste Frage von allen

Im zweiten Essay des dritten Teils, TUGENDHAFTE NATUR, wird der allgemeine Rahmen für den letzten Essay gesetzt, in dem in vielerlei Hinsicht die wichtigste Frage von allen behandelt wird: KOOPERATION, FAIRPLAY UND GERECHTIGKEIT BEI TIEREN. Meine Thesen basieren auf dem über drei Jahrzehnte betriebenen Versuch, herauszufinden, warum sich das Spiel in seiner Form entwickelte und ob der Blick auf den Gesamtzusammenhang das Sozialspiel direkt in die Mitte der interdisziplinären Arbeit stellt, bei der Fragen über die Entwicklung der Moral von Biologen, Psychologen, Anthropologen, Theologen und Religionsführern diskutiert werden. Ich habe keine Zweifel, dass wir durch die Erforschung der Details, was Tiere während des Sozialspiels tun, viel über die Entwicklung der sozialen Moral lernen können. Außerdem zeigen neuere Daten, dass es sich vor allem auch gut *anfühlt*, nett zu sein.

Die Erklärungen des Sozialspiels stützen sich auf Begriffe wie „Vertrauen", „Nett sein", „Fair spielen", „Vergeben", „Entschuldigen" und vielleicht „Gerecht sein", auf Verhaltensmerkmale also, die der menschlichen Moralität und der moralischen Gemeinschaft bzw. den moralischen Akteuren zu Grunde liegen. Hunde und andere Tiere können gerecht und ehrlich sein. Neuere Untersuchungen an nicht-menschlichen Primaten haben gezeigt, dass „Bestrafung" und „Entschuldigung" eine wichtige Rolle bei kooperativen Interaktionen spielen. Angesichts dessen, was wir über das Spiel wissen, finde ich das überhaupt nicht überraschend. Während des Spiels müssen Tiere miteinander kooperieren und sich „fair" verhalten. Die Individuen müssen darauf vertrauen können, dass andere nach den Regeln spielen und nicht versuchen, sie zu betrügen oder zu schädigen, nachdem sie „gesagt" haben, dass sie spielen möchten.

Ich glaube, dass soziale Moral – in diesem Fall, sich fair und nett zu verhalten und „Benehmen" zu zeigen – eine Anpassung vieler Säugetiere an ihre Umwelt darstellt. Faires Verhalten entwickelte sich, weil es Jungtieren half, während des Heranwachsens soziale und andere Fähigkeiten zu erwerben. Ohne das Sozialspiel würden Individuen und Sozialgruppen schlecht funktionieren. Moral entwickelte sich, weil sie adaptiv ist, weil sie Tieren (und im Übrigen auch Menschen) hilft, zu überleben und sich in bestimmten Umgebungen gut zu entwickeln. Diese Vorstellung klingt möglicherweise radikal oder verschroben, doch es gibt keinen Grund anzunehmen, dass soziale Moral eine einzig menschliche Eigenschaft ist. Unkooperatives Spiel ist unmöglich, daher ist es wahrscheinlich, dass die natürliche Auslese Betrüger ausmerzt, jene, die nicht nach akzeptierten und vereinbarten Regeln spielen.

Unabhängig von Ihrer Zustimmung hoffe ich, dass meine Essays (und die anderer) Ihre Vorstellung von Tieren verändern (wenn das erforderlich sein sollte), damit eine fachkundige Debatte die arrogante und anthropozentrische Sicht ersetzt, der nach Tiere auf keinen Fall moralische Wesen sind und daher nicht mit den Wurzeln menschlicher Moral in Verbindung stehen können.

MARC BEKOFF

Soziale Kommunikation bei Kaniden

Nachweis für die Entwicklung eines stereotypen Signals bei Säugetieren (1977)

Trotz traditionell erheblichem Interesse an der sozialen Kommunikation von Tieren (1–3) gibt es nur wenige Daten zur „Anatomie“ oder Form der verwendeten Signale. Tatsächlich wurde eines der Grundkonzepte der klassischen Verhaltensforschung, die „angeborenen“ Verhaltensmuster, selten quantitativ studiert (4–7). Die Form der optischen Signale wurde quantitativ bei Wirbellosen, Eidechsen und Vögeln (4-7) untersucht, jedoch gibt es nur wenige Daten für die Signale bei Säugetieren (8, 9). Außerdem ist nur wenig über die Ontogenese der Signale von Säugetieren bekannt (2, 8, 10).

Die verfügbaren Daten belegen deutlich, dass einige soziale Signale phänotypische Plastizität zeigen und die Selektion verschiedene Komponenten (zum Beispiel Dauer, Interaktionsintervall, Form, Sequenz) eines Signals oder einer Reihe zusammenhängender Signale (1–7, 11–13) formen kann. In Fällen, in denen es wichtig ist, die Mehrdeutigkeit kommunizierter Mitteilungen zu reduzieren, könnte sich die Selektion zur Verringerung der Variabilität auf die Signalstruktur auswirken (wie bei jeder anderen morphologischen Struktur auch). Außerdem sind bestimmte Signale möglicherweise auf bestimmte Kontexte beschränkt. Nachfolgend berichte ich von den Ergebnissen einer Analyse eines bestimmten, zur Spielaufforderung eingesetzten Signals, der Vorderkörpertiefstellung oder „Verbeugung“ (14, 15), das sowohl in seiner Dauer als auch in seiner Form eindeutig stereotyp ist.

Die Vorderkörpertiefstellung ist ein einfach zu erkennendes soziales Signal bei Kaniden. Dabei beugt sich das Tier auf seine Vorderläufe und bleibt mit den Hinterläufen stehen. Diese „Verbeugung“ wird außerhalb des Spielkontextes nur selten beobachtet (15). Folgende Tiergruppen wurden analysiert: 12 junge Kojoten, *Canis latrans*; 4 junge Wölfe, *C. lupus*; 4 junge Wolfs-Malamut-Hybriden; 13 junge Beagle, *C. familiaris*; und 16 freilaufende, über 1 Jahr alte Haushunde (Alter von Besitzern bestätigt). Die Jungtiere wurden im Alter von 20 bis 90 Tagen in einer Vielzahl von Situationen beobachtet.

Einige der Jungtiere wurden von Hand aufgezogen, und die Zeiten sozialer Interaktionen mit gleichaltrigen Artgenossen waren auf jene Zeiten beschränkt, in denen Beobachter anwesend waren. Bei diesen Jungtieren konnte das erste Auftreten der Vorderkörpertiefstellung während sozialer Interaktionen beobachtet werden. Andere Jungtiere wurden von ihren Müttern unter halb-natürlichen Bedingungen aufgezogen, und die Beobachtungen begannen, als sie aus dem von ihrer Mutter gegrabenen Bau oder aus der von mir bereitgestellten Box kamen. Die freilaufenden Hunde wurden auf dem Campus der Washington University, St. Louis, Missouri, und in und um Nederland, Colorado, beobachtet.

Die Tiere wurden mit einer Super-8- oder einer 16mm-Kamera aufgenommen (Aufnahmegeschwindigkeit: 64 Bilder pro Sekunde). Die Filme wurden mittels Einzelbildanalyse ausgewertet. Die Filmgeschwindigkeit wurde vor jeder Analyse überprüft, um mögliche Fehler zu korrigieren. Es wurde sowohl die Dauer als auch die Form der Vorderkörpertiefstellungen gemessen, die am Anfang einer Sequenz (d.h. als erste Handlung) und während einer Sequenz auftraten. Die Dauer wurde durch das Zählen der Anzahl von Einzelbildern gemessen, auf denen das Individuum in der Verbeugung verharrte. Die Anzahl der Einzelbilder wurde dann mit 0,0156 Sekunden (=1 Bild) multipliziert, um die Dauer in eine Zeiteinheit umrechnen zu können. Dann wurden Mittelwerte, Standardabweichungen und Variationskoeffizienten berechnet. Die Form wurde als Neigung der Schultern im Verhältnis zu ihrer Höhe im Stand auf einem Raster ermittelt. Zur Standardisierung individueller Größenunterschiede und altersbedingter Größenänderungen wurde die Schulterhöhe durch 10 dividiert und ein Raster aus zehn gleichen Segmenten verwendet. Jede Rastereinheit wurde in Viertel unterteilt. Zwei Beobachter nahmen unabhängig voneinander für jeden Datenpunkt Messungen vor, und die Messungen wurden nur berücksichtigt, wenn die vertikale Verschiebung der Schultern eindeutig beobachtet werden konnte. Die Beobachter stimmten in 90 bis 95 % der Fälle überein. Für jede Tiergruppe wurden die Daten der verschiedenen Aufzuchtbedingungen zusammengefasst, weil *keine* signifikanten Unterschiede entdeckt wurden. Außerdem wurden die Daten für Wölfe und Wolfs-Malamut-Hybriden kombiniert, weil sich die beiden Gruppen ebenfalls nicht unterschieden.

Die durchschnittliche Dauer der ausgeführten Vorderkörpertiefstellungen zu Beginn der Sequenzen von jungen Kojoten, Wölfen (und Hybriden), Beagles und adulten freilaufenden Hunden betrug 0,31, 0,38, 0,33 bzw. 0,32 Sekunden. Nur die Wölfe unterschieden sich erheblich von den anderen

Gruppen (F= 2,93, d.f.= 3.436, P < 0,05). Die durchschnittliche Dauer der während des Spiels ausgeführten Verbeugungen war durchschnittlich 0,03 bis 0,07 Sekunden kürzer als die durchschnittliche Dauer der Verbeugungen zu Beginn der Spielsequenzen, und es gab keine signifikanten Unterschiede zwischen den Gruppen, obwohl die von den Wölfen gezeigten Verbeugungen etwas länger dauerten. Die längere Dauer bei den Wölfen ist möglicherweise einfach auf das höhere Körpergewicht der jungen Wölfe im Vergleich zu den gleichaltrigen Kojoten und Beagles zurückzuführen (16). Die während einer Interaktion ausgeführten Verbeugungen von Kojoten, Beagles und erwachsenen Hunden waren erheblich variabler in der Dauer als die am Anfang der Sequenzen gezeigten Vorderkörpertiefstellungen (vgl. Tabelle 1). Die stärkere Variation in der Dauer von während einer Sequenz ausgeführten Vorderkörpertiefstellungen kann durch die Tatsache erklärt werden, dass diesen Verbeugungen eine Vielzahl verschiedener Handlungen vorausgingen, aus denen heraus sich das Individuum verbeugte. Hingegen traten die Vorderkörpertiefstellungen zu Beginn von Sequenzen fast immer auf, nachdem das Individuum für einige Sekunden aufrecht stand, oder sie waren Teil einer Annäherung.

Alle Gruppen zeigten deutlich weniger Variabilität (c-Statistik (17), P <0,02) in der Form im Vergleich zur Dauer. Außerdem gab es keine signifikanten Unterschiede in der Form zwischen Verbeugungen zu Beginn oder während der Sequenzen, obwohl in allen Fällen während Sequenzen ausgeführte Vorderkörpertiefstellungen etwas variabler waren.

Zusätzlich zu einem hohen Grad an Stereotypie, insbesondere in der Form der Vorderkörpertiefstellungen, ist es wichtig, zwei weitere Erkenntnisse zu betonen: (a) Es gab keine erheblichen Veränderungen in der Variabilität von Verbeugungen der Jungen verschiedener Altersstufen (18), und (b) die ersten Verbeugungen von Individuen, die von Hand aufgezogen wurden (19) und vorher nicht mit anderen Individuen interagiert oder eine Verbeugung gesehen hatten, unterschied sich nicht von darauf folgenden Vorderkörpertiefstellungen dieser „isolierten" Individuen oder von den ersten beobachteten Vorderkörpertiefstellungen von in Gruppen aufgezogenen Tieren. Wenn sie mit diesen Beobachtungen (und auch den fehlenden Unterschieden zwischen älteren unter verschiedenen Bedingungen aufgezogenen Tieren) kombiniert wird, beweist die beobachtete Stereotypie, dass diesem Verhaltensmuster eine starke genetische Komponente zu Grunde liegt.

Die hier präsentierten Daten sind (meiner Erkenntnis nach) einzigartig in Bezug auf dieses Verhalten bei Säugetieren. Im Vergleich zu Daten bei Wirbellosen und anderen Wirbeltieren (5–7, 13) scheint die Vorderkörpertief-

Tabelle 1

Die Variabilität, ausgedrückt als Variationskoeffizient (%), der von drei Kanidenspezies ausgeführten Verbeugungen am Anfang und während des Spiels. Die Form wurde anhand eines Rasters gemessen (siehe Text). Die Zahl links vom Schrägstrich (/) bezieht sich auf Verbeugungen, die zu Beginn des Spiels ausgeführt wurden, und die Zahl rechts vom Schrägstrich bezieht sich auf Verbeugungen, die während einer durchgehenden Interaktion durchgeführt wurden. Die Unterschiede zwischen den Variationskoeffizienten für die zu Beginn und während Spielen gezeigten Verbeugung wurden mit der c-Statistik (17) auf statistische Signifikanz getestet; siehe Fußnoten. Die von den jungen Kojoten ausgeführten Verbeugungen zeigten signifikant weniger Variabilität in der Form als die von den anderen Gruppen ausgeführten. Wenn beispielsweise die Verbeugungen der Kojoten mit denen der Wölfe verglichen wurden, waren die Unterschiede ausgesprochen signifikant (für Verbeugungen zu Beginn des Spiels, c= 3,46, d.f.= 169, P < 0,001; für Verbeugungen während des Spiels, c= 3,04, d.f.= 119, P < 0,01). Die Signifikanz der Spielsignale für sehr aggressive junge Kojoten im Vergleich zu weniger aggressiven jungen Wölfen und Beagles wird in (15) und (23) diskutiert.

		Variationskoeffizient (%)	
Species	*Anzahl der der Verbeugungen*	*Dauer der Verbeugungen*	*Form der Verbeug.*
Kojoten (N=12)	73/57	9,68/13,79*	5,49/6,55†
Wölfe & Hybr. (N=8)	98/64	10,53/11,43†	8,02/9,77†
Beagles (N=13)	116/81	15,15/18,75◊	9,71/10,57†
Adulte Hunde (N=16)	153/114	21,87/28,13§	10,87/12,70†

*c=2,70, d.f.=128, P < 0,001 // ◊c=2,20, d.f.=195, P < 0,05 // §c=2,79, d.f.=265, P < 0,01

stellung ein gleichbleibend stereotypes Signal zu sein, selbst bei erwachsenen, freilaufenden Hunden. Das heißt, die Verbeugung ist ein „relativ festes“ oder „modales“ Verhaltensmuster (4, 5). Tatsächlich gab es keine Analysen der Signalform, die zu Variationskoeffizienten führten, die gleich oder annähernd Null waren, und die Implikation absoluter (unveränderlicher) morphologischer Starrheit im Begriff „angeborenes Verhaltensmuster" ist irreführend (4–7) und war offenbar nicht beabsichtigt, als der Begriff geprägt wurde (20).

Es wurde behauptet, die meisten stereotypen motorischen Koordinationen seien jene, die für die Bewegung und die Kommunikation wichtig sind (7, 13). Die Vorderkörpertiefstellung ist eine lokomotorische Intentionsbewegung, die auch Signalwert hat. Viele Faktoren können auf Stereotypie in der Signalform selektieren. Sicherlich wirken sich auch anatomische Einschränkungen aus (9, 21). Wenn man darüber hinaus die Situationen analysiert, in denen Vorderkörpertiefstellungen (und andere Spielsignale bei anderen Spezies) eingesetzt werden (15, 22–24), ist es absolut verständlich, dass der Signalwert der Verbeugung mittels Selektion auf Stereotypie erhöht wurde. Beim Sozialspiel von Tieren finden sich Aktionen aus verschiedenen Kontexten (z.B. aus dem Sexualverhalten, aus Beutebegegnungen und aus der Aggression (14, 15, 22–24)). Wenn Spielsignale wie die Verbeugung beispielsweise wichtig zur Mitteilung von Spielabsichten (d.h. der Ankündigung „Was folgt ist Spiel" (14, 15, 22–24)) und zur Aufhebung der „Bedeutung" eines aggressiven Signals (23) sind, stünde zu erwarten, dass sich die Spielsignale von anderen Signaltypen unterscheiden und stereotyp sind, um Mehrdeutigkeit in der Bedeutung zu vermeiden.

Außerdem kann es auch eine Reduzierung der Anzahl der Kontexte geben, in denen ein Signal verwendet wird (2, 12). Die Signale vieler Säugetiere, die als Ankündigung der Spielabsicht zu dienen scheinen, werden (a) fast ausschließlich im Kontext des Spiels beobachtet (15, 22–24), unterscheiden sich (b) von anderen Sozialsignalarten (22–24) und scheinen (c) stark stereotyp zu sein. Auf die Spielverbeugung von Kaniden lassen sich alle drei Kriterien uneingeschränkt anwenden. Auch wurde belegt, dass bei Kojoten und anderen jungen Kaniden Signale, die zur Auslösung von Sozialspiel eingesetzt werden, dazu dienen, die Wahrscheinlichkeit zu reduzieren, dass Spiel in Aggression umschlägt (23, 25). Bei diesen (und möglicherweise anderen) Tieren gab es eine Selektion auf Signale, die zur Übermittlung von Spielabsichten dienen: auf Signale, die eine verstärkende Wirkung haben (26), da sie zur Veränderung der wahrscheinlichen Verteilung nachfolgender Reaktionen durch den Signalempfänger dienen (23).

Eine Analyse der Variabilität individueller motorischer Aktivitäten ergab keine Informationen darüber, wie diese Verhaltensweisen (stereotyp oder nicht) miteinander verknüpft sind, um ununterbrochene Verhaltensketten zu bilden. Möglicherweise wirkt sich die Selektion auf individuelle motorische

Aktivitäten ebenso wie auf die Reihenfolge aus, in der sie ausgeführt werden (27), und es wurde angenommen, dass Verhaltenssequenzen Signalfunktionen übernehmen können (28). Das heißt, auch eine Sequenz kann als zusammengesetztes Signal dienen.

Bei den in dieser Studie beobachteten jungen Kaniden waren die Spielsequenzen variabler als die nicht spielbezogenen Sequenzen (6, 25). Daher ist es möglich, dass beim Spiel zwei Signalsätze verwendet werden. Das erste ist das Spielsignal selbst und das zweite die Reihenfolge der Handlungen. Auf diese Weise könnte anfänglich die Spielabsicht eines Individuums bekundet werden, und anschließend könnte die „Spielstimmung" entweder durch wiederholte, Spiel auslösende Signale oder durch die Verwendung der ununterbrochenen Sequenz als Spielsignal aufrechterhalten werden. Bei Kaniden werden Spielsignale entweder zu Beginn der Spielsequenz oder wahllos in deren Verlauf gezeigt (23, 25). Der vorgeschlagene Signalwert variabler Kanidenspielsequenzen könnte ein Grund für die Beobachtung sein, dass Spielsignale bei Kaniden für das anfängliche Auslösen des Sozialspiels wichtiger zu sein scheinen als für die Aufrechterhaltung der „Spielstimmung" (23).

Literaturangaben und -hinweise

1. Für Besprechungen siehe T. A. Sebeok, Hg., Animal Communication (Indiana Univ. Press, Bloomington, 1968); How Animals Communicate (Indiana Univ. Press, Bloomington, 1977).
2. W. J. Smith, The Behavior of Communicating: An Ethological Approach (Harvard Univ. Press, Cambridge, Mass., 1977).
3. E. O. Wilson, Sociobiology: The New Synthesis (Harvard Univ. Press, Cambridge, Mass., 1975).
4. G. Barlow, in The Central Nervous System and Fish Behavior, D. Ingle, Hg. (Univ. of Chicago Press, Chicago, 1968), S. 217.
5. —, in How Animals Communicate (1), S. 94.
6. M. Bekoff, in Quantitative Methods in the Study of Animal Behavior, B. A. Hazlett, Hg. (Academic Press, New York, 1977), S. 1.
7. W. Schleidt, Z. Tierpsychol. 36, 184 (1974).
8. G. Hausfater, Folia Primatol. 27, 41 (1977).
9. I. Golani [Perspect. Ethol. 2, 69 (1976)] hat eine Vielzahl von Methoden zur Messung von Verhalten vorgeschlagen, jedoch keine Variabilität in der Form „schneller Bewegungen" studiert. Er schrieb, dass „ihre systematische Beschreibung wichtig für das Verständnis der tatsächlichen Entstehung von agonistischen und Spielsequenzen ist" (S. 125).

10. S. Chevalier-Skolnikoff, Contrib. Primatol. 2, 1 (1974); G. M. Burghardt, in How Animals Communicate (1), S. 67; J. P. Hailman, Optical Signals: Animal Communication and Light (Indiana Univ. Press, Bloomington, 1977).
11. O. Heinroth, Verh. 5th Int. Ornithol. Kongr. Berlin 5, 589 (1911); J. S. Huxley, Proc. Zool. Soc. London (1914), S. 491; J. S. Huxley, Hg., Philos. Trans. R. Soc. London, Ser. B 251 (1966); C. O. Whitman, Carnegie Inst. Washington Publ. 257 (1919); K. Z. Lorenz, J. Ornithol. Suppl. 89, 194 (1941); P. Marler, Behaviour 11, 13 (1957); in Growing Points in Ethology, P. P. G. Bateson und R. A. Hinde, Hg. (Cambridge Univ. Press, New York, 1976), S. 239; N. Tinbergen, Behaviour 15, 1 (1959); D. Otte, Adv. Ecol. Syst. 5, 385 (1974); F. McKinney, in Function and Evolution in Behaviour, G. Baerends, C. Beer, A. Manning, Hg. (Oxford Univ. Press, New York, 1975), S. 331; C. G. Beer, in ibid., S. 16; Am. Zool. 17, 155 (1977).
12. T. D. Johnston, J. Theor. Biol. 57, 43 (1976).
13. R. H. Wiley, Behaviour 47, 129 (1973).
14. M. Bekoff, Dissertation, Washington University, St. Louis (1972).
15. —, Am. Zool. 14, 323 (1974).
16. — und R. Jamieson, J. Mammal. 56, 685 (1975).
17. Siehe R. Dawkins und M. Dawkins, Behaviour 45, 83 (1973) für eine Formel von „c".
18. W. Schleidt und M. D. Shalter [Z. Tierpsychol. 33, 35 (1973)] und Wiley (13) fanden auch keine Veränderungen in der Variabilität nach Alter bei den von ihnen studierten Vögeln [siehe auch (6)]
19. Das durchschnittliche Alter beim ersten Auftreten von Verbeugungen betrug 26 Tage bei Kojoten, 24 Tage bei Wölfen und 23 Tage für Beagles.
20. I. Eibl-Eibesfeldt, Ethology (Holt, Rinehart, & Winston. New York, 1975).
21. A. Portmann, Animal Forms and Patterns (Faber & Faber, London, 1952); D' Arcy Thompson, On Growth and Form (Cambridge Univ. Press, New York, 1961); R. B. Stein, K. G. Pearson, R. S. Smith, J. B. Redford, Hg., Control of Posture and Locomotion (Plenum, New York, 1974); R. E. Talbott, in ibid., S. 273; P. Lehner, in Coyotes: Behavior, Ecology, and Management, M. Bekoff, Hg. (Academic Press, New York, im Druck). Die beobachtete größere Variabilität bei den Verbeugungen adulter Hunde lässt sich möglicherweise auf die Tatsache zurückführen, dass eine heterogene Population (verschiedene Rassen und Kreuzungen) studiert wurde. Da die vertikale Verschiebung der Schultern im Verhältnis zur Länge des Oberarmknochens steht, und die Länge dieses Knochens bei verschiedenen Rassen differiert und seine Gelenkverbindung zum Scapula variiert [M. Ly on, The Dog in Action (Howell, New York, 1952), S. 102–103], ist eine größere Variation beim Vergleich einer heterogenen Population zu erwarten, als bei homogenen Populationen.
22. D. S. Sade, Am. J. Phys. Anthropol. 38, 537 (1973); M. Bekoff, Q. Rev. Biol. 47, 412 (1972); Perspect. Ethol. 2, 165 (1976); D. Symons, Am. Zool. 14, 317 (1974).

23. M. Bekoff, Semiotica 15, 231 (1975).
24. S. A. Altmann, in Social Communication Among Primates, S. A. Altmann, Hg. (Univ. of Chicago Press, Chicago, 1967), S. 325.
25. M. Bekoff und J. Moran, in Vorbereitung.
26. W. Schleidt, J. Theor. Biol. 42, 359 (1973).
27. D. J. McFarland, in Growing Points in Ethology (11), p. 55; R. M. Sibly und D. J. McFarland, Am. Nat. 110, 601 (1976); C. G. Beer, Ann. N.Y. Acad. Sci. 280, 413 (1976).
28. F. McKinney, Behaviour, Suppl. 7 (1961).

Marc Bekoff

Tugendhafte Natur
(2002)

Wenn Sie glauben, dass wir die einzigen Wesen auf der Welt mit einem moralischen Bewusstsein sind, dann sind Sie in guter Gesellschaft. Die meisten Verhaltensexperten glauben, dass Moralität eine einzigartig menschliche Eigenschaft ist, ohne die sich unser komplexes gesellschaftliches Leben nie entwickelt hätte.

Ich bin anderer Meinung. Werfen Sie mir Anthropomorphismus vor, wenn Sie möchten, aber ich bin überzeugt, dass viele Tiere *richtig* und *falsch* voneinander unterscheiden können. Jahrelange Beobachtungen wild lebender und in Gefangenschaft gehaltener Tiere haben mich überzeugt, dass in Gruppen lebende Spezies oft ein Gefühl für *Fairplay* haben, das auf moralischen Verhaltenskodexen beruht, die helfen, ihre Sozialbeziehungen zu festigen. Die Natur basiert nicht immer auf rücksichtsloser und egoistischer Konkurrenz.

Das ist noch nicht alles. Ich schätze, dass darin der Ursprung unserer eigenen Tugenden liegt. Biologen hatten immer schon Probleme bei dem Versuch, zu erläutern, weshalb Menschen häufig unerklärlich nett zueinander sind. Es ergibt aus evolutionärer Sicht einfach keinen Sinn, außer unsere scheinbar altruistischen Aktionen würden auf Hintergedanken basieren. Vielleicht erwarten wir eine spätere Erwiderung oder vielleicht richten sich unsere guten Taten nur auf Verwandte, die die gleichen Gene besitzen und mit denen wir daher ein biologisches Erbe teilen. Eigentlich hat niemand die Möglichkeit berücksichtigt, dass Rücksicht gegenüber den Nachbarn möglicherweise einfach manchmal die beste Überlebensstrategie ist. Doch ich beginne, Beweise dafür zu finden, dass ein gut entwickeltes Gefühl für Fairplay auch Tieren hilft, länger und erfolgreicher zu leben. Mit anderen Worten, Tugend ist *selbstbelohnend* – fairer bedeutet überlebensfähiger.

Es ist eine Untertreibung zu behaupten, dass die Suche nach dem Ursprung der Moralität bei Tieren sehr schwierig sei, doch zumindest können wir anfangen, das Problem zu analysieren. Zuerst muss die Frage beantwortet werden, ob Tiere zu *Empathie* und *Gefühlen* fähig sind, die der Moral zugrunde liegen. Es ist bekannt, dass bei Menschen die neurale Basis für diese Gefühle im Mandelkern des Gehirns und im Hypothalamus sitzt. Neurotransmitter wie Dopamin, Serotonin und Oxytocin vermitteln zwischen ihnen. Wir wissen auch, dass viele Tiere, insbesondere Säugetiere, die gleichen neurobiologischen Strukturen und Gehirnchemikalien wie wir aufweisen. Das bedeutet natürlich nicht notwendigerweise, dass sie die gleichen Gefühle haben, doch genaue Beobachtungen von Tieren lassen vermuten, dass dies zumindest bei einigen der Fall ist.

Neuere Erkenntnisse aus den Forschungen von Stephanie Preston und Frans de Waal vom Yerkes Primate Center in Atlanta und Stanley Kuczajs Gruppe an der University of Southern Mississippi in Hattiesburg zeigen, dass Empathie bei Tieren weiter verbreitet ist als die Wissenschaft bisher bereit war anzuerkennen. Forschungen belegen, dass sich nicht–menschliche Primaten, Delfine, Wale, Elefanten, Nilpferde und sogar einige Nagetiere, auf eine Art und Weise verhalten, die die Annahme unterstützt, dass Empathie tiefe evolutionäre Wurzeln hat.

In einer klassischen, 1964 veröffentlichten Studie zeigten Stanley Wechlin und sein Team von der Northwestern University Medical School in Illinois, dass ein hungriger Rhesusaffe Futter nicht nahm, wenn dies bedeutete, dass ein anderer Affe einen elektrischen Schlag bekam. In ähnlichen Situationen halten sich Ratten zurück, wenn sie wissen, dass ihre Handlungen einem anderen Individuum Schmerzen verursachen werden.

Dann ist da noch die vor zwei Jahrzehnten veröffentlichte Studie von Hal Markowitz von der San Francisco State University. Er berichtete, dass er, nachdem Dianameerkatzen trainiert wurden, einen Jeton in einen Schlitz zu stecken, um Futter zu bekommen, ein Männchen dabei beobachtete, wie er dem ältesten Weibchen half, das die Aufgabe nicht erlernt hatte. Bei drei Gelegenheiten hob das Männchen die von ihr fallen gelassenen Jetons auf, steckte sie in die Maschine und erlaubte ihr, das Futter zu nehmen.

Wir werden wahrscheinlich nie erfahren, ob diese Ratten und Affen Empathie empfanden, so wie wir es tun. Doch wir können anfangen, das, was in den Gehirnen von Tieren vorgeht, mit dem zu vergleichen, was in unseren vorgeht. Neurobildgebende Verfahren wie PET-Scans und fMRT beginnen, ein neues Licht auf menschliche Emotionen zu werfen, und ich hoffe, dass es nicht mehr lange dauern wird, bis wir anfangen, ähnliche Studien an nichtmenschlichen Primaten und anderen Tieren durchzuführen.

In der Zwischenzeit sind viele Forscher, ich eingeschlossen, aufgrund der Beobachtung von Tieren überzeugt, dass sie die Emotionen besitzen, die einem moralischen Bewusstsein zugrunde liegen. Schimpansen und andere Affen empfinden zum Beispiel *Scham*, Wale und Raben zeigen Anzeichen dafür, sich *verlieben* zu können, und selbst Leguane empfinden *Freude* (*New Scientist*, 29. April 2000, S. 32). Bei meinen eigenen Forschungen bin ich einen Schritt weiter gegangen: Ich suchte nach Beweisen für *faires* Verhalten. Ich interessiere mich insbesondere für das Sozialspiel – der freudigen Balgerei, die viele Säugetiere, insbesondere Jungtiere, miteinander gemein haben – , da es seine eigenen, besonderen Regeln des Miteinanders hat und den Teilnehmern erlaubt, Aktionen neu zu interpretieren, die andernfalls aggressiv oder sexuell motiviert zu sein scheinen. Die Tatsache, dass Spiel selten in ernsthaften Kampf umschlägt, ist ein sicheres Zeichen dafür, dass Tiere sich tatsächlich an die Regeln halten und dies auch von anderen erwarten.

Meine Studien an jungen Hunden, Wölfen und Kojoten basierten auf genauen Beobachtungen und den Analysen von Filmaufnahmen. Sie zeigten, dass sie ein spezielles Signal verwenden, um zu verhindern, dass spielerische Aktionen fehlinterpretiert werden. Sie führen zur Auslösung des Spiels eine Vorderkörpertiefstellung aus – wobei sie sich auf die Vorderläufe beugen und das Hinterteil aufrecht lassen – bzw. führen diese „Verbeugung" auch in Verbindung mit aggressiven Aktionen, wie dem Beißen, aus, um deren Bedeutung zu verändern. Ich habe außerdem herausgefunden, dass sich die Spieler häufig selbst zurückhalten, um die gegen einen schwächeren Spieler beim Rempeln oder Beißen eingesetzte Kraft einzuschränken.

Auch der Rollentausch ist verbreitet, so dass während des Spiels ein dominantes Tier häufig einem Rangniedrigeren erlaubt, die Oberhand zu haben. Solche Verhaltensweisen reduzieren die Unterschiede in der Größe, Stärke und Dominanz der Spielpartner und fördern die für das Spiel wichtige *Kooperation* und *Wechselseitigkeit*. Tatsächlich wird in den seltenen Fällen, in denen ein Kanide sagt „Lass uns spielen" und dann das ahnungslose Tier verprügelt, der Schwindler von seinen einstigen Spielkameraden geächtet.

Ähnlich kooperatives Verhalten wurde bei vielen Tieren beim Spiel beobachtet. Zum Beispiel fand Sergio Pellis von der University of Lethbridge in Alberta heraus, dass Ratten ständig ihr Verhalten beobachten und fein aufeinander abstimmen, um das Spiel aufrechtzuerhalten. Doch während viel über Kooperation bei Tieren gesprochen wurde, hat niemand die Rolle berücksichtigt, die das Sozialspiel bei der Entwicklung der *Moral* gespielt haben könnte. Denn wo könnte sich eine bessere Atmosphäre finden, um zu lernen, was in sozialen Interaktionen richtig oder falsch ist? Diese moralischen Regeln können auf andere Situationen ausgeweitet werden, zum Beispiel auf das Teilen von Futter, dem Verteidigen von Ressourcen und der gegenseitigen Pflege und Fürsorge.

Ich vertrete die Ansicht, dass viele Tiere ein Gefühl für *Fairness* besitzen, da sie die Voraussetzung für soziales Spielen ist, und ohne Sozialspiel wären einzelne Tiere und ganze Gruppen benachteiligt. Wenn ich Recht habe, entwickelte sich Moralität weil sie *adaptiv* ist. Sie hilft vielen Tieren und auch Menschen beim Überleben und dabei, sich in einer bestimmten sozialen Umgebung gut zu entwickeln. Das klingt vielleicht nach einer radikalen Vorstellung, besonders wenn Sie Moral als einzigartig menschlich ansehen und als eine etwas mystische Eigenschaft, die uns von den Tieren unterscheidet. Doch wenn Sie mein Argument akzeptieren, dass Spiel und Fairness untrennbar miteinander verbunden sind, stimmen Sie schon teilweise zu. Die Schwierigkeit besteht dann darin, nachzuweisen, dass einzelne Tiere von diesen Verhaltensweisen profitieren.

Es ist wohl unumstritten, dass Spielen eine wichtige „Gehirnnahrung" darstellt. Die neuere Forschung zeigt, dass das Gehirn von Tieren umso mehr wächst, je mehr sie spielen (*New Scientist*, 9. Juni 2001, S 28). Soziales Spielen scheint das Gehirn neu zu strukturieren und die Verbindungen zwischen den Neuronen im Kortex zu vermehren. Es verbessert die kognitiven Fähigkeiten eines Individuums, einschließlich seiner Fähigkeit zu logischen Schlussfolgerungen und einer breiteren Verhaltensflexibilität. Außerdem hilft es, Überlebensfähigkeiten wie die Jagd und die Fortpflanzung zu perfektionieren, die im späteren Leben wichtig sind. Die Quantifizierung dieser Vorteile des Spiels ist ausgesprochen schwierig, doch je mehr wir über die Art und Weise lernen, wie sich Spielen auf das Gehirn auswirkt, desto offensichtlicher wird, dass diese Aktivitäten beileibe keine Zeitverschwendung sind.

Meine eigenen Feldforschungen haben einen der Nachteile zutage gebracht, die Tieren daraus erwachsen, wenn sie sich nicht eingehend am Spiel beteiligen. Ich habe herausgefunden, dass Kojotenwelpen, die nicht viel spielen, keine so feste Bindung zu den anderen Mitgliedern ihrer Gruppe haben und später wahrscheinlicher ihrer eigenen Wege gehen. Und das Leben außerhalb der Gruppe ist viel riskanter als das Leben in ihr. In meiner siebenjährigen Studie an Kojoten im Grand Teton National Park außerhalb von Moose, Wyoming, habe ich festgestellt, dass ca. 60 % der Jährlinge, die ihre Sozialgruppe verließen, starben, wohingegen nur weniger als 20 % der im Rudel verbleibenden Gleichaltrigen starben. Ich bin sicher, dass genauere Untersuchungen an anderen sozialen Tieren weitere Beweise dafür liefern werden, dass ein Bewusstsein für Fairness den Individuen evolutionäre Vorteile bringt.

Außerdem glaube ich, dass Gruppen insgesamt von einem moralischen Bewusstsein profitieren können. Das liegt daran, dass Gruppenmitglieder während des Sozialspiels Regeln des Miteinanders lernen, die ihre Entscheidungen in Bezug darauf beeinflussen, was annehmbares Verhalten im Umgang miteinander ist. Neuere Forschungen von Kyoko Okamoto und Shuichi Matsumura an der Universität Kyoto, Japan, lassen vermuten, dass Primaten, ebenso wie wir, Bestrafungen und Entschuldigungen zur Durchsetzung von Regeln für den sozialen Umgang miteinander einsetzen. Denn die Einhaltung der Regeln ist wichtig, wenn Individuen harmonisch zusammenarbeiten sollen, um eine erfolgreiche Gruppe zu bilden, die andere Gruppen ausstechen kann. Meine Beobachtungen an Kojoten bestätigen, dass zusammenarbeitende Rudelmitglieder erfolgreicher Eindringlinge verjagen als Einzeltiere, und ich bin sicher, dass andere Forscher für andere Tiere ähnliche Belege für die Vorteilhaftigkeit eines Lebens in der Gruppe nachweisen könnten.

Ich behaupte nicht, dass es ein Gen für faires oder moralisches Verhalten gibt. Wie bei jedem Verhaltensmerkmal ist die zugrunde liegende Genetik naturgemäß komplex, und die Umwelteinflüsse sind möglicherweise stark. Doch das ist gleichgültig. Vorausgesetzt es gibt Variationen in der Ausprägung der Moralität bei Individuen und ihre „Tugend" zahlt sich in Form einer größeren Zahl von Nachkommen aus, dann werden sich alle mit gutem Verhalten verbundenen Gene in nachfolgenden Generationen akkumulieren. Außerdem ist die Beobachtung, dass Spiel selten unfair oder nicht kooperativ ist, sicherlich ein Zeichen dafür, dass die natürliche Auslese jene ausmerzt, die nicht nach den Regeln spielen.

Was sagt uns das über die menschliche Moral? Erstens, wir haben die Tugend nicht erfunden – ihr Ursprung liegt weiter zurück als der unserer eigenen Spezies. Zweitens, wir sollten uns nicht länger als den Tieren moralisch überlegen ansehen. Zugegebenermaßen statten unsere großen Gehirne uns mit einem sehr fortgeschrittenen Bewusstsein dafür aus, was richtig und was falsch ist, doch sie geben uns auch mehr Möglichkeiten, andere zu manipulieren, zu betrügen, zu täuschen und zu versuchen, Vorteile aus unmoralischen Verhaltensweisen zu schlagen. In dieser Hinsicht ist die Moral der Tiere möglicherweise „reiner" als unsere.

Wir sollten unsere moralische Verantwortung gegenüber Tieren akzeptieren, was bedeutet, strengere gesetzliche Regelungen in Bezug auf die Nutzung von Tieren zu entwickeln und durchzusetzen. Es gibt vermehrt Beweise dafür, dass sich die Gehirne von Tieren zwar von Art zu Art unterscheiden, jedoch den unseren nicht unähnlich sind. Nur wenn wir das akzeptieren, können wir in unseren Beziehungen zu anderen Lebewesen und zur Natur in ihrer Gesamtheit wirklich „moralisch" handeln.

Marc Bekoff

Kooperation, Fairplay und Gerechtigkeit bei Tieren

Benehmen zeigen, nett sein und sich gut fühlen

(2004)

Im vorliegenden Essay lege ich dar, dass wir viel über „tierische Gerechtigkeit" und den evolutionären Ursprung von sozialer Moralität – fairem Verhalten – lernen können, indem wir das Sozialspielverhalten von in Gruppen lebenden Tieren studieren. Bei unseren Bemühungen mehr über die Moralität zu lernen, müssen wir unsere vergleichende Forschung auf andere Tiere ausweiten und auch nicht–menschliche Primaten einschließen. Gute Darwinisten empfinden es als voreilig zu behaupten, dass nur Menschen Mitgefühl empfinden und moralische Wesen sein können. Durch die Fragestellung „Wie ist es, ein bestimmtes Tier zu sein?" können wir Regeln für den sozialen Umgang miteinander entdecken, die Tiere bei ihren sozialen Begegnungen leiten. Wenn ich Hunde studiere, versuche ich beispielsweise, ein „Hundezentriker" zu sein und „Hundemorphismus" zu praktizieren.

Meine Hauptargumente konzentrieren sich auf die folgenden „großen" Fragen: Können Tiere moralische Wesen sein oder handeln sie nur so, als ob sie es wären? Was sind die evolutionären Wurzeln von Kooperation, Fairness, Vertrauen, Vergebung und Moralität? Was tun Tiere beim Sozialspiel? Wie vereinbaren Tiere untereinander Kooperation, Vergebung und faires Verhalten und wie entwickeln sie Vertrauen? Können Tiere vergeben? Wozu überhaupt kooperieren und fair spielen? Warum hat sich soziales Spielen so entwickelt, wie es der Fall ist? Bedeutet „fair sein" besser an die Umwelt angepasst zu sein? Beeinflussen individuelle Variationen beim Spiel die Fortpflanzungsfähigkeit von Individuen, sind moralischere Individuen besser an die Umwelt angepasst als weniger moralische Individuen? Welche taxonomische Verteilung kognitiver und emotionaler Fähigkeiten ermöglicht es Individuen, fair zu sein, Mitgefühl zu empfinden und sich moralisch zu verhalten? Helfen uns Informationen über moralisches Verhalten von Tieren dabei, uns selbst zu verstehen?

Ich vertrete die Ansicht, dass es eine starke Selektion auf kooperatives Fairplay gibt, bei dem Individuen eine Vereinbarung über soziale Regeln für das Spiel schließen und diese einhalten, weil es für alle Beteiligten von Vorteil ist, wenn Individuen dieser Strategie folgen und dadurch möglicherweise auch die Gruppenstabilität unterstützt wird.

Es haben sich zahlreiche Mechanismen entwickelt, die dazu dienen, ein Sozialspiel anzuregen und dessen Fortführung zu sichern. Mit ihrer Hilfe wird die aktive Beteiligung anderer sichergestellt, so dass die Vereinbarung, fair zu spielen, und die daraus resultierenden Vorteile einfach erzielt werden können. Die Fähigkeit, genaue Vorhersagen darüber machen zu können, was ein Individuum wahrscheinlich in einer bestimmten sozialen Situation tun wird, ist ein nützlicher Lackmustest dafür, was im Gehirn eines Individuums während sozialer Begegnungen vorgeht. Für diese Vorhersagen sind auf Absichten bezogene oder gegenständliche Erklärungen oft wichtig.

Tierische Gerechtigkeit: soziale Moralität, Benehmen und Kooperation bei Tieren

> „Die Gemeinschaften, welche die meisten mitfühlenden Mitglieder haben, entwickeln sich am besten und ziehen die höchste Zahl an Nachkommen auf."
>
> *Charles Darwin, 1871/ 1936*

> „Ich glaube, dass wir auf der grundlegendsten Ebene unserer Natur mitfühlend sind, und dass Kooperation, nicht Konflikt, den Kern der Grundprinzipien bildet, die unsere menschliche Existenz steuern... Durch einen Lebensstil, der unsere grundlegende Güte zum Ausdruck bringt, erfüllen wir unsere Menschlichkeit und geben unseren Aktionen Würde, Wert und Bedeutung."
>
> *Seine Heiligkeit der Dalai Lama, 2002*

> „So sehr sie sich von sprachfähigen Menschen unterscheiden, sie können nicht nur Beziehungen zu Mitgliedern ihrer eigenen Art eingehen, sondern auch zu Menschen und dabei ihren eigenen Absichten und Zielen Ausdruck verleihen. Diese Beziehungen entsprechen viel eindeutiger menschlichen Beziehungen, als einige der von mir diskutierten philosophischen Theorien es zulassen können. Tatsächlich streben einige Menschen und einige Tiere ihren jeweiligen Vorteil in Gesellschaft voneinander und gemeinsam miteinander an. Und mit

Vorteil meinen wir bei dieser Aussage genau das Gleiche, egal ob wir von Menschen, Delfinen oder Gorillas sprechen."

Macintyre, 1999

„Jetzt betet er am Altar eines stehenden Gewässers / Und wenn er sein Spiegelbild sieht, findet er Erfüllung / Oh, der Mensch hält nichts von Fairplay / Er möchte alles und er möchte es auf seine Art."

Bob Dylan, 1983

Das Verhalten von Tieren fasziniert Menschen jeden Alters und aller Kulturen. Überall auf der Welt interessieren sich Menschen dafür, was Tiere tun, entweder weil sie sich für die Tiere selbst interessieren oder weil sie mehr über den Ursprung des menschlichen Verhaltens herausfinden möchten. Außerdem besteht ein großes interdisziplinäres Interesse an Fragen zum Verhalten von Tieren. Insbesondere wird diskutiert, was die verfügbaren Daten bedeuten, welche Methoden sich am besten zur Beantwortung von Fragen eignen (die häufig gleichzeitig wichtig, schwierig und frustrierend sind) und welche Rolle Vertreter der verschiedenen Disziplinen dabei spielen können, das Verhalten unserer tierischen Verwandten besser zu verstehen.

Dieser interdisziplinäre Diskurs ist sehr wichtig. Ich möchte auch betonen, dass alle möglichen Arten von Informationen, einschließlich Anekdoten, Intuitionen, philosophische Überlegungen und „solide" Daten, wichtig für den Versuch sind, „tierische Gerechtigkeit" und die Ursprünge moralischen Verhaltens zu verstehen. Beispiele aus der Realität (Daten aus sorgfältigen Studien zum Verhalten von Tieren), sind entscheidend für die Verbesserung unseres Verständnisses. Anekdoten, Intuitionen und philosophische Überlegungen und empirische Daten werden weitere empirische Forschungen vorantreiben. Ein breit gefasster, vergleichender Ansatz ist für die Erforschung des Verhaltens von Tieren und für das Verständnis dafür, was verfügbare Informationen über ihre kognitiven Fähigkeiten im Kontext ihrer Evolutions- und Naturgeschichte aussagen, von großer Bedeutung.

Natürlich wollen einige Menschen mehr über Tiere erfahren, um Argumente für die Einzigartigkeit des Menschen zu sammeln. Üblicherweise geschieht dies mit dem Anspruch, dass Menschen über den Tieren stehen und „besser" als sie sind. Doch je mehr wir Tiere erforschen und je mehr wir über sie und uns lernen, desto öfter entdecken wir, dass es keinen unüberbrückbaren Graben zwischen Tieren und Menschen gibt, weil der Mensch natürlich ein Teil der Tierwelt ist. Stattdessen existiert eine *evolutionäre Kontinuität.*

Kunst, Kultur, Werkzeuggebrauch und -herstellung können nicht länger für die Abgrenzung zwischen „ihnen" und „uns" angeführt werden (doch ist vielleicht das Kochen von Nahrung einzig menschlich; Wrangham und Conklin Brittain 2003). Grenzziehungen können sehr irreführend sein, insbesondere wenn Menschen die Ansicht vertreten, dass Tiere „nieder" oder „weniger wertvoll" als „höhere" Tiere sind, wobei „höher" für den Menschen steht. In vielerlei Hinsicht sind wir gleich (Bekoff 2002a).

Charles Darwin (1859, 1872/ 1998) hob hervor, dass es eine evolutionäre *Kontinuität* zwischen den verschiedenen Spezies gibt. Darwins Vorstellung der evolutionären Kontinuität, dass auf das Verhalten bezogene, kognitive, emotionale und moralische Variationen zwischen verschiedenen Lebewesen Unterschiede in der jeweiligen individuellen Ausprägung statt in der Spezies sind, wird oft herangezogen, um Fragen zur Entwicklung verschiedener Verhaltensphänotypen zu beantworten. Aus dieser Sicht gibt es Graustufen zwischen verschiedenen Tieren und zwischen Tieren und Menschen; die Unterschiede sind nicht schwarz und weiß ohne Übergänge oder unerklärliche Sprünge (Gruen 2002; Guzeldere/ Nahmias 2002; s.a. viele weitere Essays in Bekoff/ Allen/ Burghardt 2002). Aktuelle Arbeiten der Evolutionsbiologie und Anthropologie lassen darauf schließen, dass lineare Evolutionssysteme, in denen große Lücken zwischen Menschen und mindestens einigen Tieren bestehen, vereinfachte Betrachtungsweisen des Evolutionsprozesses darstellen.

Zweifellos können wir viel über Menschen lernen, indem wir unsere tierischen Verwandten sorgfältig studieren und ihnen zuhören. Ein Grund, warum ich die Erforschung von Tierverhalten und insbesondere Fragen zum Wahrnehmungsvermögen, den Emotionen und der Moralität von Tieren so faszinierend, aufregend aber auch frustrierend und schwierig finde, liegt darin, dass ich mehr darüber erfahren möchte, weshalb sich die Ähnlichkeiten und Unterschiede entwickelt haben.

Ein Bereich, der sicherlich von interdisziplinären Überlegungen profitieren wird, ist die Entwicklung von sozialer Moralität und die Vereinbarung und Wahrung von Kooperation, Fairness, Freundlichkeit, Großzügigkeit, Vertrauen, Respekt und sozialen Regeln. Forscher vieler Disziplinen haben die evolutionären Ursprünge sozialer Moralität debattiert, haben gefragt, ob einige Tiere Verhaltenskodexe haben, die ihr Verhalten in Bezug darauf regulieren, was während sozialer Begegnungen zulässig bzw. unzulässig ist (für eine ausführliche Diskussion siehe Kropotkin 1902; de Waal 1996, 2001; Solomon 1995; Hurd 1996; Ridley 1996, 2001; Mitchell 1998; Macintyre

1999; Sober/ Wilson 1998, 2000; Journal of Consciousness Studies, Vol. 7, Nr. 1/ 2, 2000; Field 2001; Hinde 2002; Jamieson 2002; Wilson 2002; de Waal/ Tyack 2003). Diese Forscher und Philosophen möchten die moralischen Fähigkeiten von Tieren verstehen. Können sie moralisch Handelnde mit einem moralischen Bewusstsein sein, die in moralischen Gemeinschaften leben? In einer neueren Ausgabe des JOURNAL OF CONSCIOUSNESS STUDIES (Volume 7, Nr. 1/ 2, 2000) debattieren Forscher vieler Disziplinen die evolutionären Ursprünge der Moralität. Diese Wissenschaftler diskutierten die tierischen Wurzeln, auf denen möglicherweise die Moralität des Menschen aufbaut, selbst wenn menschliche Moralität nicht mit der von Tieren identisch ist, was wahrscheinlich tatsächlich der Fall ist.

Vor Kurzem kam es zu einem Wiederaufleben des Interesses an dem Konzept von Fairness und Altruismus bei Menschen (Sober/ Wilson 1998, 2000; Douglas 2001; Riolo/ Cohen/ Axelrod 2001; Sigmund/ Nowak 2001; Bowles/ Gintis 2002; Fehr/ Gachter 2002; Jamieson 2002; Sigmund/ Fehr/ Nowak 2002; Bewley 2003; Fehr/ Rockenbach 2003). Forscher möchten lernen, wie Individuen verschiedener Kulturen Ressourcen aufteilen, und ob sie sie gerecht teilen, selbst wenn sie nicht dazu gezwungen sind. Trotz des Klagelieds von Bob Dylan zeigen viele Forschungen, dass Menschen großzügiger und fairer sind als es die Spieltheorie und andere Modelle prognostizieren. Es scheint eine Reihe von Kernwerten zu geben, die durch soziale Interaktionen mit anderen erlernt werden, und diese Werte beeinflussen moralische Entscheidungen. Außerdem gibt es Belege dafür, dass Menschen Trittbrettfahrer bestrafen, auch wenn ihnen das persönlich keinen Vorteil verschafft, und dass die allgemeine Kooperation durch solche „altruistischen Bestrafungen" aufrechterhalten wird (Bowles/ Gintis 2002; Fehr/ Gächter 2002). Zusammengenommen lassen kulturübergreifende Daten vermuten, dass Fairness ein *natürliches* Merkmal ist. Natürlich müssen noch viele weitere vergleichende Arbeiten durchgeführt werden.

Doch wie ist das bei Tieren? Kann es eine „tierische Gerechtigkeit" geben? Sind sie von Natur aus „fair, nett und moralisch"? Ich werde später auf diese Fragen zurückkommen. Charles Darwin vertrat diese Ansicht, und er berücksichtigte dabei auch die Entwicklung und die intellektuellen und moralischen Fähigkeiten, die für kooperative moralische Begegnungen wichtig sind.

Viele Tiere leben in ziemlich stabilen Sozialgruppen, die denen von Frühmenschen ähneln. Es gibt eine Arbeitsteilung, Nahrung wird geteilt, die Jungen werden gemeinschaftlich aufgezogen und es gibt inter- und intrasexuelle Rangordnungen. Viele Tiere, insbesondere Säugetiere, haben mit Menschen auch neuroanatomische Strukturen im Mandelkern und Hypothalamus sowie Neurochemikalien (Dopamin, Serotonin, Oxytocin) gemeinsam, welche die neurale Grundlage für den Ausdruck und das Empfinden von Emotionen und Empathie bilden (Panksepp 1998; Preston/ de Waal 2002). Eine Vielzahl sozialer Verhaltensmuster von Tieren wurde zudem durch das Leben in Gruppen unterschiedlicher Größe beeinflusst. Wenn man ein guter Darwinist ist und an die evolutionäre Kontinuität glaubt, empfindet man es zwangsläufig als voreilig zu behaupten, dass nur Menschen Mitgefühl empfinden und moralische Wesen sein können. Mit zunehmender Erkenntnis, dass Tiere die gleichen Emotionen haben wie wir, wird es immer schwieriger, deren Existenz zu leugnen.

Soziales Spielen: Eine Grundlage der Fairness

Der vorliegende Essay behandelt verschiedene Aspekte der Entwicklung, Kooperation und Fairness am Beispiel des Sozialspiels von Tieren, insbesondere dem von Säugetieren. Soziales Spielen ist eine Aktivität, bei der man erwarten darf, laufend Vereinbarungen zur Kooperation und dazu, sich fair zu verhalten, zu Gesicht zu bekommen, weil die soziale Dynamik des Spiels erfordert, dass die Spieler untereinander vereinbaren zu spielen und nicht zu kämpfen oder sich miteinander zu paaren. Ich beschäftige mich auch mit der Vorstellung von „sich fair verhalten“. Dabei verwende ich als Leitschnur die Vorstellung, dass Tiere bei unterschiedlichen sozialen Begegnungen oft soziale Erwartungen haben, die enttäuscht werden, wenn sie unfair behandelt werden. Durch die Erforschung der Details und der Dynamik des Sozialspielverhaltens können einige dieser Vorstellungen auf den Prüfstand gestellt werden.

Eng verbunden mit diesen Vorstellungen ist das Element der Überraschung. Oft scheinen Tiere überrascht zu sein, was ihnen bei einer bestimmten sozialen Interaktion widerfährt. Zum Beispiel kann ein Hund oder Wolf seinen Kopf von einer Seite zur anderen drehen und die Augen zusammenkneifen, als frage er sich, was „falsch“ gelaufen ist, wenn ein Spielkamerad zu anmaßend oder aggressiv wird. Sie sind entrüstet, wenn ihnen Unrecht geschieht, wenn ihre Erwartungen oder ihr Gerechtigkeitsgefühl enttäuscht wird, wenn sie das Gefühl haben, nicht „richtig“ behandelt zu werden.

Ich werde zu dem Schluss kommen, dass das Sozialspiel die „Grundlage für Fairness" ist. Ich vertrete die Ansicht, dass durch soziale Kooperation Gruppen und Gemeinschaften aus Individuen gebildet werden, die vereinbaren, harmonisch mit anderen Individuen zusammenzuarbeiten. Außerdem lege ich dar, dass angesichts neuerer Forschungen zur Neurobiologie der menschlichen Kooperation, „fair sein" auch bei Tieren ein angenehmes Gefühl hervorrufen könnte.

Die Wissenschaft der kognitiven Ethologie: Die Erforschung des tierischen Bewusstseins in der Natur

> „Es gibt zwei Arten von Biologen: Diejenigen, die versuchen herauszufinden, ob eine Sache verstanden werden kann, und jene, die ständig sagen, dass es sehr kompliziert ist und nicht verstanden werden kann."
>
> *Pigliucci, 2002*

Im Grunde beschäftigt sich die interdisziplinäre Wissenschaft der Kognitionsethologie mit Behauptungen über die Entwicklung kognitiver Prozesse. Da Verhaltensfähigkeiten sich als Antwort auf den natürlichen Selektionsdruck entwickelt haben, bevorzugen Ethologen Beobachtungen von und Experimente mit Tieren unter Bedingungen, die so weit wie möglich der natürlichen Umgebung entsprechen, in der die Selektion stattgefunden hat. Oft wird mit zweierlei Maß gemessen, um die Kognitionsethologie als zu geisteswissenschaftlich zu kritisieren. Beispielsweise werden Stufen statistischer Signifikanz und Datenmaterialien, die in anderen Wissenschaftszweigen akzeptiert sind, in Studien der Kognitionsethologie nicht anerkannt (Griffin 2001; Bekoff 2002a).

Woran liegt das? Die am häufigsten genannten Gründe sind die mangelnde Kontrolle der Beobachtungen und Experimente sowie die Tatsache, dass mentale Erfahrungen nicht falsifizierbar sind. Dabei ist die Kognitionsethologie ein anerkanntes Wissenschaftsgebiet, verfügt über die erforderlichen Werkzeuge, um noch viel mehr über mentale Prozesse und Geisteszustände von Tieren zu lernen, und bietet Hypothesen an, die sehr wohl überprüft werden können (Allen/ Bekoff 1997; Griffin 2001; Bekoff 2002a; Bekoff/ Allen/ Burghardt 2002). Inzwischen wissen wir auch ziemlich viel über das Bewusstsein von Tieren (Hauser 2000; Griffin 2001; Bekoff 2002a; Essays in Bekoff/ Allen/ Burghardt 2002). Die Skeptiker müssen also bessere Begründungen für ihre Kritik an der Kognitionsethologie vorbringen.

Nicht länger vom psychologischen Behaviorismus eingeschränkt, interessieren sich Kognitionsethologen für den Vergleich von Denkprozessen, dem Bewusstsein, den Anschauungen und der Rationalität von Tieren. Kognitionsethologen stellen die Erforschung tierischer Kognition in einen Vergleichs- und Evolutionsrahmen und vertreten die Ansicht, dass Feldstudien an Tieren, die sorgfältige Beobachtungen und Experimente umfassen, Erklärungen zur Kognition bei Tieren liefern, und die Kognitionsethologie nicht ins Labor verlegt werden muss, um anerkannt zu werden (Allen/ Bekoff 1997). Weil die Kognitionsethologie eine vergleichende Wissenschaft ist, legen Studien der Kognitionsethologie außerdem Wert auf breit angelegte taxonomische Vergleiche und konzentrieren sich nicht nur auf wenige ausgewählte Vertreter einer eingeschränkten Anzahl von Arten. Kognitionspsychologen arbeiten, anders als Kognitionsethologen, üblicherweise an verwandten Themen unter Laborbedingungen und legen keinen großen Wert auf vergleichende oder evolutionäre Aspekte der Kognition von Tieren. Wenn Kognitionspsychologen Vergleiche zwischen Arten ziehen, dienen diese normalerweise dazu, die unterschiedlichen Verhaltensmuster in Bezug auf gemeinsam zugrunde liegende Mechanismen zu erklären. Ethologen, ebenso wie andere Biologen, beschäftigen sich häufig mehr mit der Vielfalt der Lösungen, die lebende Organismen für gemeinsame Probleme gefunden haben.

Viele verschiedene Arten der Forschung fallen unter den Begriff „Kognitionsethologie“, und es ist aufgrund des enormen interdisziplinären Interesses an dieser Disziplin sinnlos zu versuchen, die Kognitionsethologie einzugrenzen; enge Definitionen der Kognitionsethologie sind wahrscheinlich schnell überholt. Es scheint keine großen Unterschiede zwischen den Methoden zu geben, die zur Erforschung tierischer Kognition und zur Erforschung anderer Aspekte tierischen Verhaltens eingesetzt werden. Die Unterschiede zeigen sich nicht so sehr darin, was getan wird und wie es getan wird, sondern vielmehr darin, wie die Daten *erklärt* werden. Colin Allen und ich vertreten in unserem Buch SPECIES OF MIND: THE PHILOSOPHY AND BIOLOGY OF COGNITIVE ETHOLOGY (1997) die Ansicht, dass der Hauptunterschied zwischen der Kognitionsethologie und der klassischen Ethologie nicht in der Art der gesammelten Daten liegt, sondern in den zur Erklärung der Daten verwendeten Konzepte.

Klassische Ethologie und Kognitionsethologie: Wie ist es, ein bestimmtes Tier zu sein?

Der Nobelpreisträger Niko Tinbergen (1963) nannte vier sich überlappende Bereiche, mit denen sich ethologische Forschungen beschäftigen sollten, nämlich Evolution (Phylogenese), Anpassung (Funktion), Kausalität und Entwicklung (Ontogenese). Tinbergens Einteilung eignet sich auch für alle, die an tierischer Kognition interessiert sind (Jamieson/ Bekoff 1993; Allen/ Bekoff 1997; Smuts 2001). Burghardt (1997) schlug vor, einen fünften Bereich hinzuzufügen, die *private Erfahrung*. Er merkte an, dass „das fünfte Ziel nicht weniger ist, als ein wohlerwogener Versuch, die private Erfahrung zu verstehen, einschließlich der Wahrnehmungswelt und der Bewusstseinszustände anderer Organismen. Der Begriff „private Erfahrung" wird als bevorzugte Bezeichnung vorgeschlagen, die am besten den vollen Bereich der identifizierten Phänomene umfasst, ohne eine vorschnelle Beurteilung eines bestimmten theoretischen oder methodologischen Ansatzes vorzunehmen." (S.276)

Burghardts Vorschlag lädt zu etwas ein, was er „kritischen Anthropomorphismus" nennt, eine Art vorsichtig eingesetzten Anthropomorphismus. Über diese Vorgehensweise besteht mittlerweile eine große Einigkeit. Ich meine, dass wir „biozentrisch anthropomorphisch" sein sollten und dadurch nicht notwendigerweise die Sichtweise des Tieres vernachlässigen. Wir sind Menschen und haben daher gezwungenermaßen eine menschliche Sicht auf die Welt (Bekoff 2000b).

Die Art, wie wir das Verhalten von Tieren beschreiben und erklären, ist durch die Sprache beeinflusst und eingeschränkt, die wir verwenden, um über Dinge im Allgemeinen zu reden. Durch Anthropomorphismus verschaffen wir uns und anderen Menschen einen Zugang zur Welt der Tiere. Ein vorsichtiger Anthropomorphismus ermöglicht es uns, die Emotionen oder Gefühle von Tieren einfacher zu verstehen und zu erklären. Doch das bedeutet nicht, dass Tiere auf die gleiche Weise glücklich oder traurig sind wie Menschen (oder selbst wie andere Individuen derselben Spezies). Natürlich kann ich nicht absolut sicher sein, dass mein verstorbener Hund Jethro glücklich, unglücklich, verärgert, traurig oder verliebt war, doch mit diesen Wörtern kann erklärt werden, was er möglicherweise empfunden hat. Der ausschließliche Verweis auf das Abfeuern verschiedener Neuronen im Gehirn oder die Aktivität verschiedener Muskeln aufgrund mangelnder Verhaltensinformationen und fehlendem Kontext (also Übersprungshandlungen) ist nicht aussagekräftig genug, weil wir die jeweilige Situation nicht kennen, in der sich das Tier befindet.

„Hundezentrismus"

Meine Forschungen und die von anderen beginnen häufig mit der Frage, „Wie ist es, ein bestimmtes Tier zu sein?" Wenn ich Hunde studiere, versuche ich also beispielsweise, ein „Hundezentriker" zu sein und „Hundemorphismus" zu praktizieren. Wenn ich daher behaupte, dass ein Hund beim Spielen glücklich ist, sage ich, dass es sich um Hundeglück handelt und sich Hundeglück von Schimpansenglück unterscheiden mag. Obwohl ich darauf nicht weiter eingehen werde, handelt es sich um eine wichtige Grundhaltung, denn sie verweist darauf, dass es wichtige Unterschiede im Verhalten, in den kognitiven Fähigkeiten und Emotionen sowohl zwischen Arten als auch Individuen gibt und es falsch und vereinfachend wäre zu behaupten, dass wenn das Glück von Tieren nicht unserem Glück entspricht, sie kein Glück empfinden.

Im Grunde läuft es darauf hinaus, dass wir Menschen uns beim Studium von Tieren nicht vollständig von unserer anthropozentrischen Sichtweise lösen können. Doch wir können uns so gut wie möglich bemühen, die Sichtweisen der Tiere mit der Art und Weise zu kombinieren, in der wir ihr Verhalten studieren, beschreiben, interpretieren und erklären.

Die Entwicklung sozialer Moralität: Kontinuität, Protomoral und Fragen zur Einzigartigkeit des Menschen

Evolutionäre Rekonstruktionen des Sozialverhaltens sind häufig von wohlbegründeten Vermutungen (einige besser als andere) über frühere soziale (und andere) Umfelder abhängig, in denen die Ahnen der beschriebenen Lebewesen lebten. Nicht nur das Bewusstsein anderer ist nicht frei zugänglich, sondern auch die Evolution (Bekoff 2002a). Oft ist es schwierig, mit großer Sicherheit viel über diese Variablen und darüber zu wissen, wie sie sich in evolutionären Szenarien ausgewirkt haben könnten. Es ist eine Untertreibung zu behaupten, dass es extrem schwierig ist, die Entwicklung der Moral bei einer Tierart zu studieren, und bereits die Vorstellung von Moral bei Tieren führt häufig zu hitzigen Diskussionen. Bernstein (2000) meint, dass „die Moralität von Tieren unter Umständen nicht im Bereich der der Wissenschaft zur Verfügung stehenden Messtechniken liegt“ (S. 34). Trotzdem scheint klar zu sein, dass detaillierte Vergleichsanalysen zum Sozialverhalten von Tieren wirklich *Einsichten in die Entwicklung sozialer Moral* geben können. Sicherlich sind diese Arten von Studien extrem schwierig, doch das gewonnene Wissen ist wichtig für unser Bemühen, mehr über die Entwicklung von Sozialität und der sozialen Moral sowie über die menschliche Natur und vielleicht auch die Einzigartigkeit des Menschen zu lernen.

Viele Diskussionen über die Entwicklung der Moralität konzentrieren sich auf die Entwicklung verschiedenartiger Modelle (z.B. Axelrod 1984; Ridley 1996, 2001; Skyrms 1996; Dugatkin 1997; Sober/ Wilson 1998, 2000; Essays im Journal of Consciousness Studies, 2000, Volume 7, Nr. 1/ 2). Obwohl sich diese Modelle gut dazu eignen, Diskussionen und weitere Forschungen anzuregen, sind sie kein Ersatz für empirische Daten (egal wie wenige es sind) zur Moralität von Tieren (siehe bspw. einige der Essays in Aureli/ de Waal (2000) für zusätzliche Vergleichsdaten und außerdem Dugatkin und Bekoff 2003).

Die Erforschung der Entwicklung der Moralität, insbesondere der Kooperation und der Fairness, ist eng verknüpft mit Wissenschaft, Religion, Theologie, Spiritualität und vielleicht sogar mit verschiedenen Vorstellungen von Gott, weil Vorstellungen zur Kontinuität und Diskontinuität (der möglichen Einzigartigkeit des Menschen und anderer Spezies), Individualität und Freiheit in allen Einzelheiten berücksichtigt werden müssen. Außerdem ist es wichtig, das Verhältnis zwischen Wissenschaft und Religion zu diskutieren, weil Spiritualität und die eine oder andere Vorstellung von Gott einen starken Einfluss auf die Entwicklung unserer Vorfahren, ihr kognitives, emotionales und moralisches Leben hatten.

Gregory Peterson (2000; siehe auch Peterson 1999) hat die evolutionären Wurzeln der Moralität (Stufen, die er „Quasimoralität“ und „Protomoral“ bei Tieren nennt) und der Religion in Bezug auf die von Kognition und Kultur gespielte Rolle diskutiert. Er betont zudem die Bedeutung des Eingestehens von Kontinuitäten und Diskontinuitäten zwischen Menschen und Tieren; er argumentiert im Grunde, dass, obwohl einige Tiere möglicherweise Protomoral besitzen (sie sind in der Lage, „Aktionen und ihre Konsequenzen vernünftig abzuwägen“, S. 475), niemand außer dem Menschen „wirklich moralisch“ ist. Um wirklich moralisch zu sein, sind laut seines Ansatzes höhere Stufen von Kognition, Kultur und eine Weltanschauung, die von der Kultur geliefert wird (z.B. Religion), erforderlich. Peterson meint, dass „quasimoralische und protomoralische Systeme kein globales Rahmenwerk für die Entscheidungsfindung erfordern. Sie sind stets unmittelbar und pragmatisch. In diesen Systemen gibt es keine anzustrebenden langfristigen Ziele oder Idealzustände. Dennoch ist wahre Moralität ohne diese Begriffe praktisch unvorstellbar." (2000, S. 478)

Peterson vertritt auch die Ansicht, dass alle soziobiologischen Darstellungen der menschlichen Moralität (auf der Basis von Egoismus oder Kampflust) unvollständig sind. Ich stimme ihm zu und meine, dass das auch für einige Tiere gilt. Wenn Tiere in ihrer eigenen Welt erforscht werden, haben sie möglicherweise ihre eigene Form wahrer Moralität, gibt es tatsächlich unter Umständen anzustrebende langfristige Ziele und Idealzustände. Unsere anthropozentrische Sicht auf die Tiere, bei der Menschen so von sich angetan sind, ist viel zu beschränkt. Die Welt und das Leben von Tieren unterscheiden sich von der von Menschen und variieren möglicherweise von Spezies zu Spezies und selbst innerhalb der Arten. Die gleichen Probleme entstehen bei der Erforschung von Emotionen (Bekoff 2000a, 2002a, 2004), wenn wir davon ausgehen, dass die Emotionen von Tieren bei verschiedenen Arten identisch oder sogar ähnlich sind. Es besteht auch eine Variabilität unter Menschen in Bezug auf das, was einige als langfristige Ziele und Idealzustände ansehen. Es wäre voreilig, die Schlussfolgerung zu ziehen, dass es eine einzige Reihe von langfristigen Zielen und Idealzuständen gibt, die die Fähigkeit zu wahrer Moral charakterisiert oder für diese von entscheidender Bedeutung ist. Wenn man Stufen einer moralischen Entwicklung wie Peterson darstellt, scheint es, dass Quasimoralität und Protomoral weniger sind als wahre Moralität.

Kooperation und Fairness sind keine Nebenprodukte von Aggression und Egoismus

> „Meine These ist, dass Gerechtigkeit zuallererst eine natürliche Grundeinstellung ist, ein angeborenes Gefühl von Korrektheit gegenüber anderen und unseren gemeinsamen Interessen und Angelegenheiten."
>
> *Solomon, 1995*

Meine Argumente basieren auf der Ansicht, dass Kooperation nicht immer nur ein Nebenprodukt der Abmilderung aggressiver und egoistischer Tendenzen (im Widerspruch zu den egoistischen Genen von Richard Dawkins) und von Versöhnungsversuchen ist. Vielmehr können sich Kooperation und Fairness von selbst entwickeln, weil sie wichtig für die Bildung und Aufrechterhaltung von Sozialbeziehungen sind (Solomon 1995 vertritt diese Ansicht ebenfalls nachdrücklich). Diese Sicht steht im Gegensatz zu denen, die Aggression, Betrug, Egoismus und vielleicht Mangel an Moral als Triebfeder für die Entwicklung von Sozialität, Fairness und Gerechtigkeit sehen. Die kämpferische, von uneingeschränkter, egoistischer und unzivilisierter Konkurrenz gekennzeichnete Welt, in der Individuen sich ständig gegenseitig an die Kehle gehen, ist nicht der Naturzustand. Die Natur ist nicht andauernd blutrünstig. Dawkins (2001) wurde folgendermaßen zitiert: „Eine ziemlich gute Definition von der Art Gesellschaft, in der ich nicht leben möchte, ist eine auf den Prinzipien des Darwinismus begründete Gesellschaft."

Ist es ein gutes Gefühl, sich fair zu verhalten?

> „Erst nachdem wir die Fakten hinsichtlich der gegenseitigen Unterstützung in verschiedenen Tiergattungen und deren Bedeutung für die Evolution verstanden haben, werden wir in der Lage sein zu studieren, was zur Entwicklung sozialer und elterlicher Gefühle gehört und was zu einer ordentlichen Sozialität ... Gegenseitige Unterstützung [ist] ein Argument für einen vormenschlichen Ursprung moralischer Instinkte, aber auch ein Naturgesetz und ein Faktor der Evolution."
>
> *Petr Kropotkin, 1902*

> „Gerechtigkeit beginnt mit unserer emotionalen Verbundenheit mit der Welt, nicht in philosophischer Distanziertheit oder in einer rein hypothetischen Situation".
>
> *Solomon, 1995*

Forschungen zur Entwicklung sozialer Moralität müssen das reiche kognitive, intellektuelle und tiefe emotionale Leben von Tieren sorgfältig berücksichtigen (Bekoff 2000a,b; 2002a,b) und mit einbeziehen, welche Rolle diese Fähigkeiten in Fragen der moralischen Sensibilität und der Fähigkeit, moralische Urteile zu fällen, spielen. Um ehrlich zu sein, wissen wir, trotz anders lautender Behauptungen, nicht viel über diese Fähigkeiten, selbst bei den uns verwandten Primaten (Bekoff 2002c, 2003a, 2005). Wir wissen, dass Tiere und Menschen viele Emotionen gemein haben und die gleichen Chemikalien beim Erleben und Ausdrücken von Emotionen (z.B. Freude und

Vergnügen), eine Rolle spielen. Wenn es ein gutes Gefühl ist, nett zu sein, dann ist das ein guter Grund, um nett zu sein. Das ist auch ein guter Grund dafür, dass sich ein Verhaltensmuster entwickelt und im Verhaltensrepertoir eines Tieres verbleibt.

Sind einige Tiere zu den der Moral zugrunde liegenden Emotionen und der Empathie fähig? Es ist bekannt, dass bei Menschen der Mandelkern des Gehirns und der Hypothalamus für unsere emotionalen Erfahrungen wichtig sind und Neurotransmitter wie Dopamin, Serotonin und Oxytocin in diesem Prozess eine große Rolle spielen. Zudem ist bekannt, dass viele Tiere, insbesondere Säugetiere, über die gleichen neurobiologischen Strukturen und Chemikalien wie wir Menschen verfügen (Panksepp 1998; Bekoff 2002a). Das bedeutet natürlich nicht notwendigerweise, dass Tiere die gleichen Gefühle empfinden, doch sorgfältige Beobachtungen von Individuen während sozialen Begegnungen lassen vermuten, dass das zumindest bei einigen der Fall ist. Dass ihre Gefühle nicht notwendigerweise unseren entsprechen, ist nur von geringer oder sogar gänzlich ohne Bedeutung, da es unwahrscheinlich ist, dass sie mit unseren identisch sind.

Die Empathie muss ebenfalls unbedingt berücksichtigt werden. Preston/ de Waal (2002) argumentieren, dass Mitgefühl unter Tieren weiter verbreitet ist als bisher angenommen wurde (siehe auch Kuczaj/ Tranel/ Trone/ Hill 2001). In einer klassischen Studie zeigten Wechlin/ Masserman/ Terris (1964), dass ein hungriger Rhesusaffe kein Futter nimmt, wenn das bedeutet, dass ein anderer Affe einen elektrischen Schlag erhält. In ähnlichen Situationen beherrschen sich auch Ratten, wenn sie wissen, dass ihre Handlungen einem anderen Individuum Schmerzen verursachen würden (Church 1959). In einer anderen Studie wurden Dianameerkatzen trainiert, einen Jeton in einen Schlitz zu stecken, um Futter zu bekommen (Markowitz 1982). Ein Männchen wurde dabei beobachtet, wie es dem ältesten Weibchen half, das die Aufgabe nicht beherrschte. Bei drei Gelegenheiten hob er die von ihr fallen gelassenen Jetons auf, steckte sie in die Maschine und erlaubte ihr, das Futter zu nehmen. Sein Verhalten schien ihm keinen Vorteil zu verschaffen; er schien auch keine heimlichen Absichten zu hegen.

Ebenso beobachtete de Waal Kuni, ein in Gefangenschaft lebendes Bonoboweibchen, wie sie einen Star fing, den Vogel nach draußen brachte und ihn auf seine Beine stellte (Preston/ de Waal 2002). Als sich der Vogel nicht bewegte, warf Kuni ihn in die Luft. Als der Star nicht flog, brachte Kuni ihn zum höchsten Punkt in ihrem Gehege, entfaltete vorsichtig seine Flügel und warf ihn erneut in die Luft. Der Star flog noch immer nicht, und Kuni hütete ihn dann und beschützte ihn vor einem neugierigen Jungtier.

Auch Elefanten können Mitgefühl zeigen. Joyce Poole (1998), die über Jahrzehnte Afrikanische Elefanten studiert hat, bekam eine Geschichte über eine junge Elefantenkuh erzählt, die ein verkrüppeltes Bein hatte, das sie nicht belasten konnte. Als ein junger Elefantenbulle aus einer anderen Gruppe anfing, die verletzte Kuh anzugreifen, verjagte eine erwachsene Elefantenkuh den angreifenden Bullen, kehrte zu der jungen Elefantenkuh zurück und berührte ihr verkrüppeltes Bein mit ihrem Rüssel. Poole vertritt die Ansicht, dass die erwachsene Elefantenkuh Mitgefühl und Verständnis zeigte.

Obwohl gute Geschichten alleine noch kein überzeugendes Argument sind, können viele solcher Anekdoten eine solide Basis für weitere detaillierte empirische Forschungen bilden. Sie zu ignorieren bedeutet, eine umfangreiche Datenbank zu ignorieren. Ich vertrete an anderer Stelle die Meinung, dass „der Plural von Anekdoten Daten lautet" (Bekoff 2002a).

Wir werden wahrscheinlich nie erfahren, ob diese Ratten, Affen und Elefanten Empathie so empfanden, wie wir es tun. Doch es gibt Methoden, mit denen wir anfangen können, das, was in den Gehirnen von Tieren vorgeht, mit dem zu vergleichen, was in unseren eigenen vorgeht. Neurobildgebende Verfahren werfen ein neues Licht auf menschliche Emotionen, und wahrscheinlich wird es nicht mehr lange dauern, bis wir ähnliche Studien mit Tieren durchführen können.

Die Möglichkeit, dass es sich gut anfühlt, anderen gegenüber fair zu sein, mit ihnen zu kooperieren und sie fair zu behandeln, ihnen ihre Fehler und Unzulänglichkeiten zu verzeihen, muss unbedingt berücksichtigt werden. Neuere neurobildgebende Forschung an Menschen von Rilling und seinen Kollegen (Rilling et al. 2002) hat gezeigt, dass das Glückszentrum des Gehirns stark angeregt wird, wenn Menschen miteinander kooperieren, dass wir möglicherweise darauf programmiert sind, fair oder nett zueinander zu sein. (Ich möchte hier nicht behaupten, dass „fair sein" immer „nett sein" bedeutet.) Es handelt sich hierbei um eine extrem signifikante Forschung, denn sie postuliert, dass es eine starke neurale Basis für menschliche Kooperation gibt und es sich gut anfühlt, zu kooperieren, dass sich nett sein während sozialer Interaktionen auf das Belohnungszentrum des Gehirns auswirkt und unter Umständen ein Anreiz zur Förderung von Kooperation und Fairness ist. Trotz der erheblichen technischen Schwierigkeiten ist genau diese Art von nichtinvasiver Forschung auch bei Tieren erforderlich.

Das Spiel bei Tieren und soziale Regeln: Lektionen in Kooperation, Gerechtigkeit, Fairness und Vertrauen

> „Was ist Gerechtigkeit? Gerechtigkeit ist Fairness, wird gesagt. Aber, was ist fair?"
>
> *Bradie, 1999*

„Glück zeigt sich am deutlichsten bei Jungtieren, zum Beispiel Welpen und Lämmern, wenn sie miteinander spielen wie unsere eigenen Kinder", schrieb Charles Darwin in DIE ABSTAMMUNG DES MENSCHEN (Darwin 1871/ 1936).

Das Spiel von Tieren ist leicht zu erkennen, und nur wenige Menschen werden behaupten, dass „Spielen" keine wichtige Verhaltenskategorie sei (Definitionen für Sozialspiel finden sich in Bekoff/ Byers 1981, 1998; Fagen 1981; Power 2000; Burghardt 2005). Die soziale Moralität von Tieren ist jedoch ein heikleres Konzept. Die Methoden der Kognitionsethologie eignen sich aus folgenden Gründen, um ein besseres Verständnis für das Sozialspiel zu erlangen (Allen/ Bekoff 1997): (1) Sie veranschaulichen viele der theoretischen Fragen von Kognitionsethologen; (2) Empirische Forschung zum Sozialspiel hat und wird von einem kognitiven Ansatz profitieren, weil das Spiel Kommunikation, Intention, Rollenspiel und Kooperation beinhaltet; (3) Detaillierte Analysen des Sozialspiels können vielversprechendere Belege für das Bewusstsein von Tieren liefern als Forschungen in vielen anderen Bereichen, denn sie können Hinweise auf die Fähigkeit von Tieren liefern, die Absichten anderer zu verstehen; und (4) Spiel ist ein Merkmal einer Vielzahl von Säugetieren und einer Reihe von Vögeln und bietet daher die Möglichkeit vergleichender Studien zu kognitiven Fähigkeiten, die nicht nur einen eingeschränkten Schwerpunkt auf Primaten legen (die oft die Diskussion zur nicht–menschlichen Kognition dominieren). Zum Beispiel setzen viele Tiere beim Sozialspiel Selbsthemmung und Rollentausch ein, zwei Verhaltensmuster, die oft genutzt werden, um Rückschlüsse auf Intentionalität (sowie Bewusstsein und Selbstbewusstsein) zu ziehen.

Das Sozialspiel ist eine fröhlich stimmende Aktivität für Spieler und Beobachter. Der Rhythmus, der Tanz und die Freude der spielenden Tiere sind unglaublich ansteckend. Nicht nur wollen ihre tierischen Freunde an dem Spiel teilnehmen oder andere finden, mit denen sie herumtoben können, sondern auch ich möchte spielen, wenn ich sehe, wie Tiere einander spielerisch nachjagen, verstecken spielen und in tollkühner Begeisterung miteinander ringen.

Einmal wurde ich vor Freude ganz kribbelig, während ich einen jungen Elch im Rocky Mountain National Park, Colorado, dabei beobachtete, wie er über ein Schneefeld rannte, in die Luft sprang und seinen Körper in der Luft drehte, stoppte, um Atem zu holen, und dann immer wieder sprang und sich drehte. Es gab viele Grasflächen im Umfeld, doch er zog das reizvollere Schneefeld zum Herumtoben vor. Diese Beobachtung stützte Byers (1977, 1998) Vorstellung, dass Spiel für das körperliche Training sehr wichtig sein kann. Büffel jagen einander ebenfalls nach und schlittern spielerisch auf Eisflächen, wobei sie aufgeregt „Gwaaa" brüllen. Und natürlich wissen wir alle, dass Hunde und Katzen es lieben zu spielen, ebenso wie viele andere Säugetiere. Nicht nur ich, sondern auch viele andere haben Vögel dabei beobachtet, wie sie in den Himmel empor stiegen, einander jagten, immer wieder in den Sturzflug gingen und ausgelassen Spaß miteinander hatten. Hier eine meiner Feldnotizen zum Spielverhalten:

> Jethro springt auf Zeke zu, stoppt direkt vor ihm, verbeugt sich, wedelt mit dem Schwanz, bellt und springt ihn sofort an, beißt in sein Genick und schüttelt seinen Kopf schnell hin und her, arbeitet sich zu seinem Hinterteil vor und reitet auf, springt ab, verbeugt sich rasch, springt an seine Seite und rammt ihn mit seiner Hüfte, springt auf, beißt ihn in den Hals und rennt weg. Zeke rennt in wilder Hatz hinter Jethro her, springt auf seinen Rücken, beißt ihn in seine Schnauze und ins Genick und schüttelt seinen Kopf schnell hin und her. Suki springt hinzu und jagt Jethro und Zeke, und sie ringen alle drei miteinander. Sie trennen sich für einige Minuten, schnüffeln hier und da und ruhen sich aus. Dann geht Jethro langsam zu Zeke hinüber, streckt die Pfote in Richtung von Zekes Kopf und zwickt ihn in die Ohren. Zeke steht auf und springt auf Jethros Rücken, beißt ihn und umklammert seine Hüfte. Dann lassen sie sich auf den Boden fallen und beißen sich gegenseitig in die Schnauzen. Danach jagen sie einander, rollen herum und spielen. Suki beschließt mitzumachen, und die drei toben bis zur Erschöpfung. Ihr Spiel verwandelte sich nie in Aggression.

Die unverkennbaren, mit dem Spiel einhergehenden Emotionen – Freude und Glück – lassen Tiere eins mit der Aktivität werden. Ein Weg, Tiere (und auch Menschen) dazu zu bekommen, etwas zu tun, besteht darin, es in Spaß zu verwandeln, und zweifellos genießen Tiere das Spielen. Studien zur

Chemie des Spiels unterstützen die Ansicht, dass Spielen Spaß macht. Dopamin (und vielleicht Serotonin und Noradrenalin) ist eine wichtige Einflussgröße des Spiels. Ratten zeigen eine erhöhte Dopaminaktivität, wenn sie erwarten, dass gleich ein Spiel folgen wird (Siviy 1998), und genießen es, spielerisch gekitzelt zu werden (Panksepp 1998, 2000). Außerdem besteht ein enger Zusammenhang zwischen Opiaten und Spiel (Panksepp 1998).

Neurobiologische Daten sind wichtig zum besseren Verständnis, ob Spielen wirklich eine subjektiv angenehme Aktivität für Tiere ist, wie es das für Menschen zu sein scheint. Siviys und Panksepps Erkenntnisse lassen darauf schließen, dass das der Fall ist. Angesichts dieser neurobiologischen („harten") Fakten zu möglichen neurochemischen Grundlagen für verschiedene Stimmungen fällt es Skeptikern, die behaupten, dass Tiere keine Emotionen empfinden, vielleicht leichter, die Vorstellung zu akzeptieren, dass Spaß ein Motivator für das Spielverhalten sein könnte.

Es beginnt mit einer Verbeugung: „Ich möchte mit dir spielen"

Um etwas über die Spieldynamik zu erfahren, ist es wichtig, die feinen Details zu beachten, die bei oberflächlichen Analysen oft verloren gehen. Im Verlauf des Spiels werden ununterbrochen Informationen ausgetauscht. Hunde und andere Tiere verfolgen, was passiert, wenn sie spielen, daher müssen wir ebenfalls auf die Details achten. Meine Studien zum Spiel basieren auf sorgfältigen Beobachtungen und Analysen – einige würden sagen, besessenen Analysen – von Filmaufnahmen. Ich sehe mir Filme mit spielenden Tieren Bild für Bild an, um zu sehen, was die Tiere tun und wie sie Informationen über ihre Intentionen und Spielabsichten austauschen. Das ist manchmal eine langweilige Arbeit und einigen meiner Studenten, die die Erforschung des Spiels von Hunden aufregend fanden, kamen Zweifel daran, nachdem sie den gleichen Film immer wieder in Einzelbildern gesehen hatten. Doch als sie ins Freie gingen und Hunde beim Spielen beobachten konnten und begriffen, was dabei passierte, begannen sie zu verstehen, dass, obwohl die Erforschung des Spiels harte Arbeit sein kann, es die Mühen wert ist.

Ein typisches Szenario könnte folgendermaßen aussehen: „Möchtest Du spielen?", fragt ein Wolf einen anderen. „Ja, gerne", antwortet dieser. Nachdem jedes der beiden Individuen versichert hat, spielen zu wollen und nicht mit ihm zu kämpfen, auf ihn Jagd zu machen oder sich mit dem anderen paaren zu wollen, findet ein ununterbrochener schneller und geschickter Informationsaustausch statt, so dass ihre Kooperationsvereinbarung ohne Unterbrechung des Spiels fein abgestimmt und immer wieder erneuert werden kann. Eingebunden in viele Erklärungen zum Sozialspiel sind Begriffe wie eine Vereinbarung treffen, Vertrauen, faires Verhalten, Vergebung, Entschuldigung und vielleicht Gerechtigkeit, Verhaltensmerkmale also, die sozialer Moralität und moralischen Akteuren zugrunde liegen (Bekoff 2002a). Neuere Forschungen von Okamoto/ Matsumara (2000) lassen darauf schließen, dass Bestrafung und Entschuldigung auch eine Rolle bei der Aufrechterhaltung der Kooperation zwischen Individuen nicht–menschlicher Primaten spielen.

Wenn Individuen spielen, nutzen sie üblicherweise Verhaltensmuster, die auch in anderen Kontexten eingesetzt werden, zum Beispiel bei der Jagd, beim Fluchtverhalten und dem Paarungsverhalten. Dabei können Verhaltensmuster, die bei der Paarung beobachtet werden, in flexibler, ständig wechselnder Reihenfolge mit Aktionen gemischt werden, die während des Kämpfens, der Suche nach Beute und der Abwehr von Raubfeinden verwendet werden. Diese Verhaltensweisen variieren möglicherweise nicht sehr in den verschiedenen Kontexten oder sind unter Umständen selbst für die Spieler schwer zu unterscheiden. Woher wissen Tiere also, dass sie spielen? Wie teilen sie ihren Wunsch, spielen zu wollen oder das Spiel fortzusetzen, mit? Wie wird die Spielstimmung aufrechterhalten?

Da das Risiko besteht, dass verschiedene, während eines Spiels gezeigte Verhaltensweisen falsch interpretiert werden könnten, müssen die Individuen sich gegenseitig mitteilen „Ich möchte spielen", „das ist immer noch Teil des Spiels, egal was ich mit dir mache" oder „das ist immer noch spielerisch, egal was ich gerade getan habe". Eine Vereinbarung, zu spielen, statt zu kämpfen, sich zu paaren oder Jagd aufeinander zu machen kann auf verschiedene Arten getroffen werden. Die Individuen können verschiedene Verhaltensmuster – Spielsignale – einsetzen, um ein Spiel anzuregen oder die Spielstimmung aufrechtzuerhalten (bzw. das Spielende zu verhindern) (Bekoff 1975, 1977a, 1995; Bekoff/ Allen 1992, 1998; Allen/ Bekoff 1997; Flack/ Jeannotte/ de Waal 2004), indem sie Spielsequenzen mit diesen Spielsignalen unterbrechen, wenn ein bestimmtes Verhalten wahrscheinlich falsch ausgelegt wurde oder werden könnte. (Zudem gibt es möglicherweise akustische, olfaktorische und taktile Spielsignale; Bekoff/ Byers 1981; Fagen 1981).

Ein Verhalten, das beim Spiel von Kaniden (Mitglieder der Familie der Hundeartigen) sehr verbreitet ist, ist die Vorderkörpertiefstellung oder „Verbeugung". Sie tritt fast ausschließlich im Kontext des Sozialspiels auf. Diese „Verbeugung", eine sehr *ritualisierte* und *stereotype* Bewegung, die als Anreiz zur Teilnahme an einem oder zur Aufrechterhaltung eines Sozialspiels zu dienen scheint, wurde ausgiebig bei verschiedenen Kaniden in diesem Kontext studiert. Vorderkörpertiefstellungen (das Tier senkt Vorderkörper und Vorderläufe und reckt gleichzeitig das Hinterteil in die Höhe) treten innerhalb von Spielsequenzen auf, doch am häufigsten am Anfang oder in der Mitte von spielerischen Begegnungen. In einer detaillierten Analyse der Form und Dauer von Vorderkörpertiefstellungen (Bekoff 1977a) habe ich entdeckt, dass die Dauer variabler als die Form ist und die Verbeugungen stets weniger variabel waren, wenn sie zu Beginn ausgeführt wurden, als wenn sie in der Mitte einer Spielsequenz gezeigt wurden. Es gibt drei mögliche Erklärungen für diese Änderung der Variabilität: (1) Ermüdung, (2) die Tatsache, dass Tiere die Vorderkörpertiefstellung aus einer Vielzahl von vorhergehenden Körperhaltungen heraus ausführen, und (3) das Bedürfnis mitzuteilen, dass „das immer noch Spiel ist", ist nicht so stark wie bei dem Versuch, ein neues Spiel anzuregen. Diese Erklärungen schließen weitere Alternativen nicht aus.

In einer noch andauernden Langzeitstudie zum Sozialspiel habe ich auch herausgefunden, dass Spielsignale junger Kaniden (Haushunde, Wölfe und Kojoten) *nicht zufällig* eingesetzt wurden, insbesondere wenn Beißen in Kombination mit schnellem Hin-und-her-Schütteln des Kopfes durchgeführt wird (Bekoff 1995). Beißen kombiniert mit schnellem Schütteln des Kopfes wird während ernsthafter Aggression und Beutebegegnungen eingesetzt und kann leicht missverstanden werden, wenn seine Bedeutung nicht durch ein Spielsignal näher bestimmt wird. Basierend auf der Arbeit von Bateson (2000) vertritt Neuman die Ansicht, dass in bestimmten Situationen, wie zum Beispiel beim Spiel, die „Bedeutung eine Form der Koordination zwischen interagierenden Akteuren ist und dass diese Form der Koordination durch Kontextsignale aufeinander abgestimmt wird...". Er bezeichnet diesen Prozess als „Bedeutung im Kontext" (2003, S. 1).

Spielsignale sind ein Beispiel für das, was Verhaltensforscher als „ehrliche Signale" bezeichnen. Es gibt wenig Belege, dass das Sozialspiel eine manipulative oder „machiavellistische" Aktivität ist. Spielsignale werden von Kaniden und anderen Spezies selten zur Täuschung anderer eingesetzt. Mir sind keine Studien bekannt, die sich mit der relativen Häufigkeit des Auftretens von ehrlichen und zur Täuschung eingesetzten Spielsignalen beschäftigen, doch meine eigenen Langzeitbeobachtungen lassen darauf schließen, dass Signale zur Täuschung so selten auftreten, dass ich mich nicht an mehr als einige wenige Fälle in Tausenden von Spielsequenzen erinnern kann. Betrüger werden wahrscheinlich nicht mehr als Spielpartner ausgewählt, weil andere es einfach ablehnen können, mit ihnen zu spielen, und sich anderen Spielpartnern zuwenden. Einige Daten über junge Kojoten zeigen, dass Betrüger Schwierigkeiten haben, andere junge Kojoten zum Spielen zu bewegen. Es ist nicht bekannt, ob Individuen Spielpartner anhand dessen auswählen, was sie während des Spiels anderer beobachtet haben.

Bei Haushunden werden unkooperative Betrüger kaum toleriert. Sie werden gemieden oder ganz aus Spielgruppen vertrieben. Es scheint ein Gefühl dafür zu geben, was richtig, fair, und was falsch ist. Während der Erforschung hundlichen Spiels am Strand von San Diego, Kalifornien, beobachtete Alexandra Horowitz (2002) wie ein Hund, den sie Stehohr nannte, zu einer Spielgruppe stieß und das Spiel von zwei anderen Hunden, Blackie und Roxy, unterbrach. Stehohr wurde aus der Gruppe verjagt und als sie zurückkehrte, hörten Blackie und Roxy auf zu spielen und schauten von ihr weg, als konzentrierten sie sich auf ein Geräusch in der Ferne. Roxy begann, sich in die Richtung des Geräuschs zu bewegen, und Stehohr rannte davon, der Blickrichtung folgend. Roxy und Blackie fingen sofort wieder an zu spielen. Selbst bei Ratten sind Fairness und Vertrauen für die Dynamik spielerischer Interaktionen wichtig. Sergio Pellis (2002), ein Psychologe an der University of Lethbridge in Kanada, entdeckte, dass sich Spielsequenzen von Ratten oft so aufbauen, dass sich die Individuen zunächst gegenseitig einschätzen und beobachten und dann ihr eigenes Verhalten fein aufeinander abstimmen und ändern, um die Spielstimmung zu erhalten. Wenn gegen die Spielregeln verstoßen wird, wenn die Fairness missachtet wird, hört auch das Spiel auf.

Detaillierte Analysen zeigen, dass einzelne Aktionen ihre Form und Dauer während des Spiels verändern können. Individuen wissen unter Umständen auch, dass sie spielen, weil die ausgeführten Aktionen oder die Reihenfolge, in der Bewegungsmuster ausgeführt werden, sich beim Spiel im Vergleich zu ihrem Vorkommen in anderen Kontexten unterscheiden (Hill/ Bekoff 1977). Möglicherweise sind sie variabler als die Reihenfolge, in der sie während ernsthafter Aggression, der Jagd oder bei Paarungsaktivitäten ausgeführt werden (Bekoff/ Byers 1981).

Individuen zeigen aber auch Rollentausch und Selbsthemmung (Bekoff/ Allen 1998; Bauer/ Smuts 2002; Horowitz 2002), um das Sozialspiel fortzuführen. Jeder kann dazu beitragen, Ungleichgewichte zwischen den Spielpartnern zu reduzieren und die für das Spiel erforderliche Gegenseitigkeit zu fördern. Selbsthemmung tritt auf, wenn ein Individuum ein Verhaltensmuster in abgeschwächter Form ausführt. Zum Beispiel beißt ein Kojote seinen

Spielpartner möglicherweise weniger fest als er es könnte, oder er spielt nicht so wild, wie er könnte. Watson/ Croft (1996) fanden heraus, dass Rotnackenwallabies ihr Spiel dem Alter ihres Spielpartners anpassen. Wenn ein Mitspieler jünger ist, nimmt das ältere Tier eine defensive, „plattfüßige" Haltung ein, und es wird mehr mit den Pfoten berührt als geboxt. Außerdem war der ältere Spieler toleranter gegenüber den Taktiken seines Spielpartners und übernahm die Initiative zur Verlängerung des Spiels.

Ein Rollentausch liegt vor, wenn ein dominantes Tier beim Spiel eine Aktion ausführt, die während einer echten Aggression nicht auftritt. So würde sich ein dominantes Tier sehr wahrscheinlich während eines Kampfes nicht freiwillig auf den Rücken rollen, tut dies aber während des Spiels. In einigen Fällen können Rollentausch und Selbsthemmung gemeinsam auftreten. Zum Beispiel rollt sich ein dominantes Tier beim Spiel mit einem rangniederen Tier möglicherweise auf den Rücken und hemmt die Intensität seines Bisses.

Aus funktionaler Sicht dienen Selbsthemmung und Rollentausch, ähnlich wie der Einsatz spezieller Spielaufforderungssignale und -gesten oder die Änderung von Verhaltensreihenfolgen, als Signale für die Absicht eines Individuums, das Spiel fortzusetzen. Das kann zu gemeinsamen Vorteilen für die Spieler führen, weil sie vereinbaren zu spielen und nicht zu kämpfen oder sich zu paaren. Das unterscheidet kooperatives Spiel möglicherweise von der oben beschriebenen Situation, in der ein Dianameerkatzenmännchen einem Weibchen half, Futter zu bekommen, nachdem dieses die Aufgabe nicht erlernt hatte. Denn in dieser Situation scheint sich für das Männchen kein Vorteil aus seiner Handlung zu ergeben. (Ich danke Jan Nystrom für den Hinweis auf diesen Unterschied.)

Können Tiere vergeben?

Selbst für die Verhaltensweise des Vergebens, die oft ausschließlich Menschen zugeordnet wird, zeigt der angesehene Evolutionsbiologe David Sloan Wilson (2002), dass Vergebung eine komplexe biologische Anpassung ist. In seinem Buch Darwin's cathedral: Evolution, religion, and the nature of society kommt Wilson zu dem Schluss, dass „Vergebung eine biologische Grundlage hat, die sich über das gesamte Tierreich erstreckt" (S. 195). Des Weiteren meint er, „Vergebung hat viele Gesichter – und *braucht* diese –, um in vielen verschiedenen Kontexten adaptiv zu funktionieren" (S. 212). Obwohl sich Wilson hauptsächlich auf menschliche Gesellschaften konzentriert, können seine Ansichten leicht – und auf verantwortungsbewusste Weise – auf Tiere ausgeweitet werden. Tatsächlich verweist Wilson darauf, dass adaptive Merkmale wie die Vergebung möglicherweise nicht so hohe geistige Leistungen erfordern, wie früher angenommen wurde. Das soll nicht heißen, dass Tiere nicht intelligent sind, sondern vielmehr, dass Vergebung ein grundlegendes Merkmal von vielen Tieren sein könnte, selbst wenn sie keine besonders großen und aktiven Gehirne besitzen. Wenn wir versuchen, mehr über die Vergebung bei Tieren zu erfahren und darüber, wie sie beim Spiel funktioniert, werden wir vielleicht auch lernen, mitfühlender und kooperativer miteinander zu leben.

Feinabstimmung des Spiels: Warum kooperieren und fair spielen?

Warum setzen Tiere sorgfältig Spielsignale ein, um anderen mitzuteilen, dass sie wirklich „nur" spielen möchten und nicht versuchen wollen, sie zu dominieren? Warum setzen sie Selbsthemmung und Rollentausch ein? Warum planen sie, zu spielen? Während des Sozialspiels, bei dem Individuen in einer relativ sicheren Umgebung Spaß haben, lernen sie die „akzeptablen" Grundregeln des Miteinanders – wie hart sie beißen, wie grob sie mit anderen umgehen können – und wie Konflikte gelöst werden können. Fair zu spielen und darauf zu vertrauen, dass andere das auch tun, wird belohnt. Es gibt Verhaltensregeln, die festlegen, welche Aktionen zulässig oder unzulässig sind, und die Existenz dieser Regeln spricht wahrscheinlich für die Entwicklung einer sozialen Moralität. Welche Atmosphäre würde sich besser eignen, um soziale Fähigkeiten zu erlernen, als die des Sozialspiels, bei dem es wenig Strafen für Verstöße gibt? Die Individuen übertragen unter Umständen beim Spielen mit bestimmten Individuen gelernte Verhaltensregeln auf andere Gruppenmitglieder und andere Situationen, zum Beispiel auf das Teilen von Nahrung, die Verteidigung von Ressourcen, das Pflegeverhalten und die Fürsorge. (Soziale Moralität bedeutet nicht, dass andere Tiere sich unfair verhalten, wenn sie z.B. töten, um Nahrung zu beschaffen, da sie sich entsprechend entwickelt haben.)

Spielzeit ist im Allgemeinen eine „sichere" Zeit. Verstöße und Fehler werden verziehen und Entschuldigungen werden angenommen, insbesondere wenn ein Spieler ein Jungtier ist, das noch nicht um sozialen Status, Nahrung oder Paarungspartner konkurriert. Spielen zeichnet sich durch eine gewisse Unschuld und Unbefangenheit aus. Die Individuen müssen beim Spiel miteinander kooperieren – sie müssen Spielvereinbarungen treffen (Bekoff

1995). Fagen (1993, S. 192) bemerkte, dass die „Grade der Kooperation beim Spiel von jungen Primaten, die aufgrund einfacher evolutionärer Argumente prognostizierten [Werte] möglicherweise übersteigen". Die höchst kooperative Natur des Spiels hat sich bei vielen weiteren Spezies entwickelt (Fagen 1981; Bekoff 1995; Bekoff/ Allen 1998; Power 2000; Drea/ Frank 2003; Burghardt 2005). Detaillierte Studien zum Spiel verschiedener Spezies zeigen, dass Individuen darauf vertrauen, dass andere die Spielregeln einhalten (Bekoff/ Byers 1998). Obwohl es zahlreiche Diskussionen zum kooperativen Verhalten bei Tieren gegeben hat (z.B. Axelrod 1984; de Waal 1996; Ridley 1996; Dugatkin 1997; Hauser 2000; Essays im JOURNAL OF CONSCIOUSNESS STUDIES, Vol. 7, No. 1/ 2, 2000 und darin enthaltene Verweise), hat keine die Details des sozialen Spielens und die darin enthaltene Notwendigkeit der Kooperation und der Reziprozität sowie deren mögliche Rolle in der Entwicklung sozialer Moralität, genauer gesagt, dem fairen Verhalten, berücksichtigt.

Individuen unterschiedlicher Spezies scheinen die Spielsequenzen fein abzustimmen, um die Spielstimmung aufrecht zu erhalten und zu verhindern, dass das Spiel in echte Aggression umschlägt. Detaillierte Filmanalysen belegen, dass Kaniden feine und flüchtige Bewegungen zeigen und schnelle Blickkontakte austauschen, die vermuten lassen, dass die Spieler ständig Informationen austauschen, von Moment zu Moment, um sicherzustellen, dass alles in Ordnung ist, dass es immer noch „nur" ein Spiel ist. Aldis (1975) vertrat die Ansicht, dass es beim Spiel eine 50:50-Regel gibt, so dass jeder Spieler annähernd die Hälfte der Spiele dadurch „gewinnt", dass die Spieler ihr Verhalten entsprechend anpassen (weitere Diskussionen und Details zum Spiel von Nagetieren u.a. bei Pellis, 2002).

Weshalb stimmen Tiere ihr Spiel fein aufeinander ab? Warum geben sie sich so große Mühe, einander ihre Absichten mitzuteilen? Obwohl das Spiel bei den meisten Spezies nicht viel Zeit und Energie in Anspruch nimmt (Bekoff/ Byers 1998; Power 2000) und bei einigen Spezies nur minimales soziales Spielen während kurzer Zeitspannen in der frühen Entwicklung notwendig ist, um sozialisierte Individuen hervorzubringen (zwei 20-minütige Spieleinheiten zweimal die Woche mit einem anderen Hund sind für Haushunde im Alter von drei bis sieben Wochen ausreichend (Scott/ Fuller 1965)), stimmen Forscher darin überein, dass das Spiel für die soziale, kognitive und/ oder körperliche Entwicklung sehr wichtig ist und auch für die Vorbereitung der Jungen auf unvorhergesehene Umstände sehr wichtig sein könnte (Spinka/ Newberry/ Bekoff 2001). Obgleich es wenige Daten zu den tatsächlichen Vorteilen des Sozialspiels in Bezug auf den Überlebens- und Fortpflanzungserfolg gibt, wird allgemein angenommen, dass kurz- und langfristige Funktionen (Vorteile) von Spezies zu Spezies, zwischen verschiedenen Altersgruppen und zwischen den Geschlechtern innerhalb der Spezies variieren. Egal welche Funktionen das Spiel haben mag, scheinen augenblicklich nur wenig Zweifel zu bestehen, dass Spielen *einige* Vorteile und zu wenig Spielen verheerende Folgen für die soziale Entwicklung hat (Spinka/ Newberry/ Bekoff 2001; Power 2000; Burghardt 2005).

Während der frühen Entwicklung gibt es ein kleines Zeitfenster, in dem Individuen spielen können, ohne für ihr eigenes Wohlbefinden verantwortlich zu sein. Diese Zeitspanne wird allgemein als „Sozialisationszeit" bezeichnet, denn in dieser Zeit werden speziestypische soziale Fähigkeiten am schnellsten erlernt. Für Individuen ist es wichtig, zumindest *ein wenig* zu spielen. Alle Individuen müssen spielen, und es lohnt sich, fair zu spielen, damit man überhaupt spielen kann. Wenn Individuen nicht fair spielen, finden sie möglicherweise keine zum Spielen bereiten Mitspieler mehr. Bei Kojoten zögern Jungtiere beispielsweise, mit Individuen zu spielen, die nicht fair spielen oder die sie fürchten (Bekoff 1977b). Bei vielen Spezies bevorzugen Individuen auch bestimmte Mitspieler, und möglicherweise basieren diese Vorlieben auf dem Vertrauen, das Individuen ineinander setzen.

Fairness und Fortpflanzungserfolg: Kojoten, Spiel und Abwanderung

Von großem Interesse für Biologen ist die Frage, wie Unterschiede in der Ausführung eines bestimmten Verhaltens sich auf den Fortpflanzungserfolg eines Individuums auswirken. Es ist extrem schwierig, mit großer Sicherheit zu belegen, dass die Ausführung eines bestimmten Verhaltens *direkte* und *ursächliche* Auswirkungen auf den Fortpflanzungserfolg hat, insbesondere unter Feldbedingungen, daher müssen wir uns in vielen Fällen auf Vermutungen verlassen.

In Bezug auf das Spielen lautet die Frage: Beeinflussen Unterschiede im Spiel und Variationen im Fairplay den Fortpflanzungserfolg eines Individuums? Ich bin nicht der Ansicht, dass es ein Gen für soziale Moralität gibt, sondern behaupte, dass es vernünftig ist zu fragen, ob es Unterschiede zwischen Individuen gibt und vielleicht moralischere Individuen besser angepasst sind und mehr Nachkommen haben als weniger moralische Individuen. Viele Tiere haben ein Gefühl für Fairness, ohne diese wäre Sozialspiel nur schwer möglich. Nicht nur ich, sondern auch andere sind der Meinung, dass ohne sozialen Spielens einzelne Tiere und ganze Gruppen im Nachteil wären (Bekoff 2002a). Wenn ich Recht habe, entwickelte sich Moralität selbstständdig, weil sie adaptiv ist und nicht nur als Gegenpol zu Konkurrenz und Aggression. Sich fair zu verhalten, hilft vielen Tieren (und auch Menschen), zu überleben und sich in einer bestimmten sozialen Umgebung gut zu entwickeln. Mir ist klar, dass dies nach einer radikalen Vorstellung klingt, besonders wenn man Moral als einzigartig menschlich ansieht und als eine etwas verwirrende Eigenschaft, die uns von den Tieren unterscheidet. Doch wenn Sie meine Meinung akzeptieren, dass Spiel und Fairness miteinander verknüpft sind, dann können wir belegen, dass einzelne Tiere von diesen Verhaltensweisen profitieren.

Hunde, Kojoten und Wölfe lernen schnell, wenn es darum geht, fair zu spielen, und ich wette, dass das auch für andere Tiere gilt. Es folgen ernsthafte Sanktionen, wenn sie das Vertrauen ihrer Freunde brechen, und diese Strafen können zu „öffentlichen" Informationen werden, wenn andere beobachten, wie ein Tier seine Mitspieler hereinlegt. Biologen nennen diese Strafen „Kosten", was bedeutet, dass ein Individuum eine Minderung seines Fortpflanzungserfolgs erfährt, wenn es sich beim Spiel nicht an die erwarteten und akzeptierten Spielregeln hält.

Meine Feldforschungen an Kojoten haben gezeigt, dass ein Tier direkte Kosten hat, wenn es nicht fair spielt oder überhaupt nicht viel spielt. Ich habe herausgefunden, dass Kojotenwelpen, die nicht so viel wie andere spielen, weil sie von anderen gemieden werden oder weil sie selbst andere meiden, eine weniger enge Bindung zu den anderen Mitgliedern ihrer Gruppe entwickeln und eher ihrer eigenen Wege gehen (Bekoff 1977b). Doch das Leben außerhalb der Gruppe ist viel riskanter als das Leben in der Gruppe. In einer siebenjährigen Studie an Kojoten im Grand Teton National Park in der Nähe von Moose, Wyoming, haben wir festgestellt, dass über 55 % der Jährlinge, die ihren Sozialverbund verließen, starben, wohingegen nur unter 20 % der im Rudel verbliebenen Gleichaltrigen starben (Bekoff/ Wells 1986). Lag das am Spiel? Wir sind nicht sicher, doch die von uns gesammelten Daten bei in Gefangenschaft lebenden Kojoten lassen vermuten, dass zu wenig spielen ein Hauptfaktor dafür ist, dass Individuen mehr Zeit alleine verbringen, abseits ihrer Wurfgeschwister und anderer Gruppenmitglieder.

Die Entwicklung der Fairness: ein spieltheoretisches Modell

Viele Forschungsarbeiten hinsichtlich der Entwicklung der Kooperation wurden anhand der Spieltheorie entwickelt. Lee Dugatkin und ich (Dugatkin/ Bekoff 2003) haben eine ähnliche Technik verwendet, um vier mögliche

Strategien zu analysieren, die ein Individuum mit der Zeit wählen könnte (für Spezies, bei denen Fairness während zweier verschiedener Entwicklungsstufen zum Ausdruck kommen kann). Es sind: fair sein (F) und zu einem späteren Zeitpunkt fair sein (F/ F), fair sein und dann nicht fair sein (F/ NF), nicht fair sein und dann fair sein (NF/ F), und nicht fair sein und nicht fair bleiben (NF/ NF). Von diesen Strategien konnte unter den Bedingungen des Modells nur F/ F eine *Evolutionsstabile Strategie* (ESS) sein. Keine der anderen drei Strategien war eine ESS, und wenn keine Strategie eine ESS wäre, könnten alle vier koexistieren.

Aus diesen Ergebnissen ergeben sich zwei klare Vorhersagen: (1) sich immer fair zu verhalten sollte bei Spezies, bei denen Fairness während zwei verschiedenen Entwicklungsstufen zum Ausdruck kommt, verbreiteter sein als sich nie fair zu verhalten; und (2), es sollte viel mehr Fälle geben, in denen keine der Strategien des Modells eine ESS wäre, doch alle vier könnten mit signifikanter Häufigkeit koexistieren. Dass F/ NF keine ESS ist, ist interessant, weil diese Strategie als eine Form von Täuschung angesehen werden könnte. Diese Erkenntnisse passen gut zu dem, was über Spielsignale bekannt ist, denn wie ich bereits erwähnt habe, gibt es wenig Beweise dafür, dass Spielsignale in irgendeiner Phase der Entwicklung zur Täuschung anderer eingesetzt werden (Bekoff 1977a; Bekoff/ Allen 1998). Unsere Vorstellungen sind sicherlich im Prinzip überprüfbar, indem identifizierten Individuen gefolgt und aufgezeichnet wird, wie sie während des Aufwachsens bei verschiedenen Aktivitäten Fairness walten lassen.

Neurobiologische Grundlagen für miteinander geteilte Absichten und Gedanken: Mögliche Verknüpfungen zwischen Handeln, Sehen, Fühlen und Sich-Hineinversetzen

Detaillierte Beobachtungen und Beschreibungen sind zwingend erforderlich. Wir müssen wissen, was Tiere tun, wenn sie miteinander interagieren, um mehr über die neuralen Korrelationen ihrer sozialen Aktivitäten zu erfahren. Diese Arbeit ist mitunter langweilig und immer zeitaufwändig.

Wie kann eine Vorderkörpertiefstellung (oder eine andere Handlung) dazu dienen, Empfängern Informationen über die Intentionen des Absenders zu liefern? Gibt es einen Zusammenhang zwischen Handeln, Fühlen, Sehen und Sich-Hineinversetzen? Vielleicht fördern eigene Erfahrungen mit dem Spiel das Erlernen des Erkennens der Absichten anderer. Vielleicht teilt der Empfänger die Intentionen (Anschauungen, Wünsche) des Senders auf der Grundlage vorheriger eigener Erfahrungen mit Situationen, in denen er z.B.

Vorderkörpertiefstellungen ausgeführt hat. Neuere Forschungen lassen vermuten, dass es eine neurobiologische Grundlage für den Austausch von Intentionen gibt. Bei Makaken entdeckte „Spiegelneuronen" werden abgefeuert, wenn ein Affe eine Handlung ausführt. Dies geschieht auch, wenn der Affe beobachtet, wie ein anderer Affe die gleiche Handlung ausführt (Gallese 1998; Gallese/ Goldman 1998; Motluk 2001).

Die Forschung zu *Spiegelneuronen* ist wirklich aufregend, und die daraus resultierenden Ergebnisse werden sehr hilfreich dabei sein, dahingehende Fragen zu beantworten, welche Tierarten „Einfühlungsvermögen" oder „kognitive Empathie" in Bezug auf die mentalen und emotionalen Zustände anderer besitzen könnten. Gallese/ Goldman (1998) denken, dass Spiegelneuronen möglicherweise „einem Organismus ermöglichen, bestimmte geistige Zustände von beobachteten Artgenossen zu erkennen. (...) [Dies könnte] als Teil von oder als Vorläufer einer allgemeineren Fähigkeit, Gedanken zu lesen" verstanden werden. Laurie Carr und ihre Kollegen an der University of California in Los Angeles entdeckten durch den Einsatz von Neurobildgebungsverfahren bei Menschen ähnliche Muster neuraler Aktivität, wenn ein Individuum einen Gesichtsausdruck sah, der eine Emotion widerspiegelte, und ebenso, wenn die Versuchsperson den Gesichtsausdruck imitierte. Diese Studie deutet darauf hin, dass es eine neurobiologische Grundlage für Empathie gibt (Laurie Carr, persönliche Mitteilung). Frith/ Frith (1999) berichten von Ergebnissen neurobildgebender Studien bei Menschen, die auf eine neurale Basis für eine Form von „sozialer Intelligenz", dem Verständnis für Bewusstseinszustände anderer, hindeuten.

Weitere Vergleichsdaten sind nötig, um festzustellen, ob sich Spiegelneuronen (oder funktionale Äquivalente) auch bei anderen Versuchsobjekten finden und ob sie tatsächlich während laufender Interaktionen zwischen Individuen, wie dem Spiel, eine Rolle beim Austausch von Absichten oder Gefühlen spielen; ja, vielleicht sogar ein Schlüssel zur Empathie sind.

Selektionsstufen

Ich bin sicher, dass genauere Untersuchungen an sozial lebenden Tieren weitere Beweise dafür liefern werden, dass ein Bewusstsein für Fairness den einzelnen Individuen Vorteile bringt. Außerdem glaube ich, dass ein Gefühl für Moral Gruppen als Ganzes Vorteile bringt, weil während des Sozialspiels Gruppenmitglieder Regeln des Miteinanders lernen, die ihre Entscheidungen darüber beeinflussen, was ein akzeptables Verhalten im Umgang miteinander ist. Dieses Verständnis ist entscheidend dafür, dass Individuen eine harmonische Gruppe bilden können, die mit anderen Gruppen konkurrieren kann. In Übereinstimmung mit Sobers/ Wilsons (1998, S. 135ff) Erörterung bezüglich der Wahl der Sozialpartner könnte es sein, dass faires Verhalten eine Gruppenanpassung ist, doch sobald sich eine soziale Regel entwickelt, wird es auch für Individuen vorteilhaft, sich fair zu verhalten, da anderweitiges Verhalten mit Kosten verbunden ist (Elliott Sober, persönliche Mitteilung). Wir müssen immer noch herausfinden, wie wir Vorstellungen zu den Selektionsstufen – Gruppenselektion „versus" Individualselektion – exakt überprüfen können, und Studien zur Entwicklung sozialer Moralität eignen sich zur Erweiterung unserer Sicht besonders gut (z.B. Boehm 1999; Leigh 1999; siehe auch Aviles 1999; Bradley 1999; Gould/ Lloyd 1999; Kitchen/ Packer 1999; Mayr 2000).

Die Bedeutung der Prognose: Ein „Lackmustest" für Wissen?

Die Fähigkeit, genaue Prognosen darüber abgeben zu können, was ein Individuum wahrscheinlich in einer bestimmten sozialen Situation tun wird, ist möglicherweise eng verknüpft mit einer umfangreichen Erfahrung im Umgang mit diesen Individuen. Natürlich ist es nicht nötig, umfangreiche formale („wissenschaftliche") Erfahrung mit dem Beobachten von Tieren zu haben, um genaue Vorhersagen treffen zu können. Ebenso wie ich nicht mit absoluter Sicherheit wissen kann, ob eines der Tiere, über die ich (oder andere) geschrieben habe(n), Anschauungen, Wünsche oder Intentionen hat, kann ich auch nicht mit absoluter Sicherheit wissen, ob es ein Gefühl für Richtig oder Falsch besitzt oder ob es nur so handelt, „als ob" es ein moralisches Wesen sei. Die Tiere zeigen, was als „moralisches Verhalten" bezeichnet werden könnte, doch das lässt möglicherweise keinen Rückschluss darauf zu, was sie denken oder fühlen. Die unvermeintliche, mit diesen Behauptungen verbundene Ungewissheit bedeutet jedoch nicht, dass ich nicht ziemlich viel darüber weiß, was in ihrem Bewusstsein vorgeht. Es scheint fair, Skeptiker aufzufordern, über die Aussage „als ob ist nicht genug" hinauszugehen und Verantwortung für die genauere Erforschung dieser Fragen zu übernehmen (Bekoff 2000b).

In SPECIES OF MIND (1997) vertreten Colin Allen und ich die Ansicht, dass es eine Reihe von Gründen gibt, warum kognitive Erklärungen, die Anschauungen, Wünsche und Intentionen einschließen, möglicherweise die besten Erklärungen liefern, weil sie uns helfen, Fragen zu vergleichenden und evolutionären Forschungen zum Bewusstsein von Tieren zu verstehen. Erstens erhöht sich die Erklärungskraft unserer Theorien. Zweitens ist es offensichtlich, dass ein kognitiver Ansatz neue Ideen hervorbringen kann, die empirisch getestet werden können. Sie kann uns bei der Beurteilung bestehender Erklärungen unterstützen, zur Entwicklung neuer Modelle für Prognosezwecke und vielleicht zum nochmaligen Überdenken alter Daten führen, von denen einige ohne eine kognitive Sichtweise möglicherweise nicht erklärt werden können. Drittens: Kognitive Erklärungen berücksichtigen beobachtete Flexibilität im Verhalten besser als unflexiblere Reiz-Reaktions-Erklärungen, die „tu dies" in „dieser" Situation oder „tu das" in „jener" Situation festlegen (Bekoff 1996). Viertens: Kognitive Erklärungen können Wissenschaftlern helfen, größere Mengen schwer verständliche empirische Daten zu verstehen. Fünftens: Kognitive Erklärungen sind unter Umständen einfacher und weniger umständlich als Erklärungen, die zahlreiche verschiedene Reiz-Reaktions-Möglichkeiten erfordern (Bekoff 1996; Allen/ Bekoff 1997; Bekoff/ Allen 1997; siehe auch de Waal 1991).

Die Fähigkeit, zu prognostizieren, was ein Individuum wahrscheinlich als nächstes in einer bestimmten sozialen Situation tun wird, könnte ein nützlicher Lackmustest dafür sein, was im Gehirn dieses Individuums vorgeht. Das soll nicht heißen, dass die Fähigkeit, Verhaltensweisen vorherzusagen, jemals genauso exakt sein wird wie beispielsweise astronomische Vorhersagen zu den Positionen der Sterne am Himmel. Nichtsdestotrotz sind Forscher und andere, die viel Zeit damit verbracht haben, einzelne Tiere zu beobachten, ziemlich gut darin, deren Verhalten vorherzusagen, und viele dieser Vorhersagen sind mit der Zuweisung von Ansichten, Wünschen und Absichten verknüpft. Das gilt auch für meine eigene umfangreiche Erfahrung bei der Beobachtung, wie Kaniden ihre Absichten mitteilen, um soziales Spielen anzuregen oder am Laufen zu halten. Absichten oder repräsentative Erklärungen sind wichtig für genaue Vorhersagen hinsichtlich des zukünftigen Verhaltens eines Individuums.

Ich möchte hier nur die Vorstellung zum Ausdruck bringen, dass die Fähigkeit, Verhalten mit einem hohen Grad an Genauigkeit vorherzusagen, ein guter Grund sein könnte, kognitiven Erklärungen in bestimmten Situationen den Vorzug zu geben. Exakte Prognosen könnten als ein Maß dafür angesehen werden, was ein menschlicher Beobachter über das Verhalten der von ihm studierten Tiere „weiß".

Es gibt tierische Gerechtigkeit, Fairness und soziale Kooperation: Das naturgegebene Handeln

> „Gerechtigkeit setzt persönliche Anteilnahme an anderen voraus. Es handelt sich zuallererst um ein Gefühl, nicht nur eine rationale oder soziale Konstruktion, und ich bin der Meinung, dass dieses Gefühl in einem wichtigen Sinne *natürlich* ist."
>
> *Solomon, 1995*

> „Es ist nicht schwierig, sich die Entstehung der Gerechtigkeit und des Ehrgefühls aufgrund der Praktiken der Kooperation vorzustellen."
>
> *Damasio, 2003*

> „Mehr als jede andere Spezies sind wir Nutznießer und Opfer einer reichen emotionalen Erfahrungswelt."
>
> Dolan, 2002

> „Unsere wertenden Vorstellungen von der Natur und den Idealen des rechten Lebens sind auf ein gewaltiges Netz sozialer Aktivitäten zurückzuführen, die sich über eine enorme Zeitspanne entwickelt haben: Verhaltens- und Charaktermodelle wurden etabliert, geprüft, verworfen, bestätigt, revidiert, neu entwickelt und als ungeeignet eingestuft."
>
> *Hudson, 1986*

Um mehr über die Entwicklung kognitiver Fähigkeiten und die Moralität zu erfahren, müssen wir unsere taxonomischen Studien auf andere Spezies als nicht–menschliche Primaten ausweiten. Wir müssen den Primatenzentrismus hinter uns lassen, der für gewöhnlich ein „Großaffenzentrismus" ist. Einige Autoren hängen dieser Richtung weniger an als andere. Berücksichtigen Sie die folgenden Aussagen von Richard Byrne (1995, mit meinen Hervorhebungen) aus seinem Buch THE THINKING APE:

> „Es *scheint*, dass Großaffen, insbesondere der gewöhnliche Schimpanse, anderen Individuen Bewusstseinszustände zuweisen können; doch keine andere Tiergruppe kann das – abgesehen von uns selbst, und eventuell den Walen." (S. 146)

> „Das steht im Gegensatz zu den Erkenntnissen zum Verstehen von Ansichten, zum Zuweisen von Absichten und dazu, wie die Dinge

> funktionieren – wenn eine starke Diskontinuität zwischen Großaffen und allen anderen Tieren *impliziert* wird.“ (S. 154)
>
> „Natürlich können wir, bevor nicht genauso mühsame Arbeiten bei anderen Affen durchgeführt wurden, *nicht* argumentieren, dass nur Menschenaffen diese Fähigkeiten haben (...) und bisher hat noch niemand den enormen Zeit- und Geldaufwand riskiert, um das herauszufinden.“ (S. 172)

Wir haben einfach nicht genug empirische Daten, um fundierte und schnelle Aussagen in Bezug auf die taxonomische Verteilung kognitiver und emotionaler Fähigkeiten bei verschiedenen Spezies machen zu können. Marler (1996, S. 22) kam in einer Abhandlung über die soziale Kognition von nicht–menschlichen Primaten und Vögeln zu folgendem Schluss: „Ich fühle mich zu der Folgerung veranlasst, zumindest vorläufig, dass es mehr Ähnlichkeiten als Unterschiede zwischen Vögeln und Primaten gibt. Jedes Taxon hat signifikante Vorteile, die das andere nicht aufweist.“ Tomasello/ Call (1997, S. 399 f.) fassen ihre umfassende Abhandlung über die Kognition von Primaten mit folgender Feststellung zusammen: „Es gibt keine solide experimentelle Grundlage für Aussagen, dass Menschenaffen „intelligenter“ als andere Affen sind, und es gibt, wenn überhaupt, nur wenige wirklichkeitsnahe Beobachtungen, die solche weit gefassten, Spezies verallgemeinernden Behauptungen erhärten würden.“ Während Flack/ Waal (2000) und andere sich auf nicht–menschliche Primaten als die Tiere konzentrieren, die am wahrscheinlichsten Vorformen menschlicher Moralität zeigen, haben andere argumentiert, dass wir genauso viel oder sogar mehr über die Entwicklung des Sozialverhaltens von Menschen erfahren können, wenn wir sozial lebende Karnivoren studieren (Schaller/ Lowther 1969; Tinbergen 1972; Thompson 1975; Drea/ Frank 2003), also Spezies, deren Sozialverhalten und Sozialsysteme in vielerlei Hinsicht denen früher Hominiden ähneln (Arbeitsteilung, Teilen von Nahrung, Aufzucht des Nachwuchses und inter- und intrasexuelle Rangordnungen).

Was wir wirklich benötigen, sind Langzeitfeldstudien an sozial lebenden Tieren, für die vernünftigerweise angenommen werden kann, dass Emotionen und Moralität bei der Entwicklung der Sozialität eine Rolle gespielt haben und immer noch wichtig zur Entwicklung und Erhaltung der sozialen Bindungen sind, die es den Individuen ermöglichen, gemeinsam zum Vorteil aller Gruppenmitglieder zu agieren (siehe auch Gruen 2002).

Um weitere vergleichende Forschungen (und die Entwicklung von Modellen) für eine weiter gefasste Reihe von Spezies anzuregen, biete ich die Hypothese an, dass soziale Moralität (in diesem Fall faires Verhalten) eine Anpassung ist, die viele Säugetiere miteinander gemein haben, nicht nur nicht–menschliche Primaten und Menschen. Faires Verhalten entwickelte sich, weil es Jungtieren half, während des Heranwachsens soziale und andere Fähigkeiten zu erlernen. Ein Fokus auf soziale Kooperation ist nötig, um eine Fülle an Forschungen aufzuwiegen, die sich mit sozialer Konkurrenz und Egoismus beschäftigen (für weiterführende Diskussionen siehe Boehm 1999; Singer 1999; Wilson 2002).

Ich frage mich auch, ob unsere Weltsicht eine andere wäre, wenn Charles Darwin eine Frau gewesen wäre, ob einige oder viele der Beispiele, in denen Konkurrenz ins Feld geführt wird, als Kooperation gesehen würden. Frauen neigen dazu, mehr Kooperation in der Natur zu „sehen“ als Männer. Adams/ Burnett (1991) entdeckten, dass in Ostafrika arbeitende weibliche Ethologinnen ein von dem ihrer männlichen Kollegen erheblich abweichendes Vokabular für ihre Beschreibungen verwenden. Von den neun von ihnen untersuchten Variablen unterschieden sich die für die Kooperation und das weibliche Geschlecht verwendeten Begriffe am deutlichsten. Sie folgerten: „Die Variable *Kooperation* zeigt die Angemessenheit feministischer Aussagen zu Beziehung und Kooperation als weibliches Verhaltensmodell, als Abweichung vom traditionellen Konkurrenzmodell“ (S. 558). Warum Frauen und Männer das gleiche Thema aus unterschiedlichen Perspektiven angehen, bleibt im Großen und Ganzen unbeantwortet. Vielleicht gibt es mehr Kooperation als es auf den ersten Blick scheint.

In Gruppen lebende Tiere, bei denen es eine Vielzahl komplexer sozialer Interaktionen zwischen Individuen gibt und bei denen Individuen soziale Beziehungen bewerten, können viele Einblicke in die Moralität von Tieren bieten (Bekoff 2002a,b, 2003b; Drea/ Frank 2003). In vielen sozialen Gruppen bauen Individuen Rangordnungen auf und entwickeln und unterhalten enge soziale Bindungen, die dabei helfen, das Sozialverhalten zu regulieren. Individuen koordinieren ihr Verhalten – einige paaren sich, einige jagen, andere verteidigen Ressourcen, einige akzeptieren einen subdominanten Status – um gemeinsame Ziele und soziale Stabilität zu erreichen. Denken Sie beispielsweise an in Rudeln lebende Wölfe: ein Beispiel für hoch entwickeltes kooperatives und koordiniertes Verhalten. Solomon (1995, S. 139ff) schlägt vor, für Erörterungen über Gerechtigkeit, Emotionen und den Ursprung sozialer Regeln und Normen mehr über Wölfe in Erfahrung zu bringen.

Lange Zeit dachten Forscher, dass die Rudelgröße von den verfügbaren Nahrungsressourcen abhängig sei. Wölfe ernähren sich normalerweise von Beutetieren wie Elchen, die größer sind als ein Wolf. So ein großes Huftier kann nicht von einem einzelnen Wolf erlegt werden, daher war es sinnvoll, davon auszugehen, dass sich die Rudelbildung bei Wölfen aufgrund der Größe der Beute entwickelt hat. Das Verteidigen von Futter scheint ebenso mit dem Rudelleben in Verbindung zu stehen.

Langzeitforschungen von Mech (1970) haben jedoch gezeigt, dass die Rudelgröße nicht durch nahrungsbedingte, sondern durch *soziale* Faktoren reguliert wird. Mech entdeckte, dass die Anzahl der Wölfe, die zusammen in einem koordinierten Rudel leben können, von der Anzahl der Wölfe bestimmt wird, mit denen Individuen enge Bindungen eingehen können („sozialer Anziehungsfaktor") und durch die Anzahl der Individuen, von denen ein Individuum Konkurrenz tolerieren kann („sozialer Konkurrenzfaktor"). Verhaltensregeln wurden außer Kraft gesetzt und Rudel brachen auseinander, wenn es zu viele Wölfe gab. (Colin Allen bemerkte in einer persönlichen Mitteilung, dass soziale Faktoren möglicherweise unmittelbar wirkende Einflüsse sind, nach langer Selektion auf die Jagd von Beute einer gewissen Größe Rudel einer bestimmten Größe begünstigte.) Ob diese, von Mech beobachtete, Auflösung von Rudeln aufgrund von sich unfair verhaltenden Individuen erfolgte, ist nicht bekannt, doch das wäre ein wertvolles Thema für zukünftige Forschungen an Wölfen und anderen sozial lebenden Tieren. Solomon (1995, S. 143) meint: „Ein großzügiger Wolf kann im Gegenzug ebenfalls Großzügigkeit erwarten. Ein Wolf, der den Eigentumsbereich eines anderen nicht achtet, kann davon ausgehen, von anderen (unter Umständen heftig) bestraft zu werden." Diese Behauptungen können einfach empirisch untersucht werden. (Für interessante Studien zur „Hypothese der sozialen Komplexität", die besagt, „dass Tiere, die in großen sozialen Gruppen leben, verbesserte kognitive Fähigkeiten" im Vergleich zu jenen zeigen sollten, bei denen das nicht der Fall ist, siehe Bond/ Kamil/ Balda 2003 (S. 479) sowie Drea/ Frank 2003).

In Sozialgruppen lernen Individuen häufig, was sie tun und was sie nicht tun dürfen, und die Integrität der Gruppe hängt von der Zustimmung der Individuen dazu ab, ihr Verhalten bestimmten Regeln anzupassen. Die Individuen kennen jederzeit ihren Platz und ihre Rolle sowie den der anderen Gruppenmitglieder. Als Resultat der sich aus dem Sozialspiel ergebenden Lektionen in sozialer Kognition und Empathie lernen Individuen, was „Falsch" oder „Richtig" ist, was für andere akzeptabel ist oder nicht. Das Ergebnis ist die Entwicklung und Erhaltung von Sozialgruppen, die effizient funktionieren. Das Fehlen einer Sozialstruktur und von Grenzen kann Lücken in der Moralität erzeugen, die zur Auflösung einer Gruppe führen können (Bruce Gottlieb, persönliche Mitteilung).

Ich vertrete die Ansicht, dass das Sozialspiel von Säugetieren ein nützlicher Verhaltensphänotyp ist, auf den der wissenschaftliche Forschungsschwerpunkt gelegt werden sollte, um das Verständnis der Entwicklung von Fairness und sozialer Moralität zu verbessern. (Obwohl Vögel und Individuen anderer Spezies soziales Spielen zeigen, gibt es zu wenig empirische Daten, um detaillierte Rückschlüsse auf die Natur ihres Spiels zu ziehen.) Es gibt eine starke Selektion auf faires Spiel, weil die meisten – wenn nicht gar alle – Individuen von dieser Verhaltensstrategie profitieren (und dadurch möglicherweise zudem die Gruppenstabilität gefördert wird). Zahlreiche Mechanismen (Spielaufforderungssignale, Variationen in der Reihenfolge der während des Spiels ausgeführten Aktionen im Vergleich zu anderen Kontexten, Selbsthemmung, Rollentausch) haben sich entwickelt, um das Auslösen und Aufrechterhalten des Sozialspiels von zahlreichen Säugetieren zu vereinfachen, so dass die Vereinbarung, fair zu spielen, und die sich daraus ergebenden Vorteile ohne weiteres erzielt werden können.

Ridley (1996) weist darauf hin, dass Menschen ungeheuer verärgert über Unfairness zu sein scheinen, doch wir wissen nicht viel über die Reaktionen von Tieren auf Ungerechtigkeit. Brosnan/ de Waal (2003) haben kürzlich gezeigt, dass in Gefangenschaft lebende Braune Kapuzineraffen, die trainiert wurden, einen Jeton gegen eine Gurke einzutauschen, das nicht mehr taten, wenn sie sahen, dass ein anderer Affe eine Traube – eine begehrtere Belohnung – erhielt. Die Reaktion der Affen auf die unterschiedliche Verteilung der Belohnung wurde so interpretiert, dass sie einen Sinn für Fairness besitzen.

Ridley schlägt auch vor, dass faires Verhalten sich auf lange Sicht auszahlen könnte. Das Modell von Dugatkin und mir in Bezug auf die Entwicklung von Kooperation und Fairness (Dugatkin/ Bekoff 2003) lässt vermuten, dass das der Fall sein könnte. Hauser (2000) kam zu dem Schluss, dass es keinen Beweis dafür gibt, dass Tiere beurteilen können, ob eine Erwiderung fair ist. Er berücksichtigte in seiner Untersuchung der Moral von Tieren und moralischer Gemeinschaften jedoch nicht das Sozialspiel. De Waal (1996) ist, nach kurzer Betrachtung des Sozialspiels, skeptisch in Bezug auf die breite taxonomische Verteilung der kognitiven Empathie, doch er bleibt der Möglichkeit gegenüber aufgeschlossen, dass sich kognitive Empathie auch bei anderen Tieren als Großaffen finden könnte (siehe Preston/ de

Waal 2002). Es wäre voreilig, die Möglichkeit auszuschließen, dass das Sozialspiel bei der Entwicklung von Fairness und sozialer Moral eine Rolle spielt, oder davon auszugehen, dass andere Tiere außer Primaten unfähig sind, sich bewusst fair zu verhalten, da ihnen die erforderlichen kognitiven oder emotionalen Fähigkeiten fehlen. Wir haben eigentlich viel zu wenig Informationen zur Beantwortung dieser Fragen.

Lassen Sie mich noch einmal betonen, dass ich nicht der Ansicht bin, dass es ein Gen für faires oder moralisches Verhalten gibt. Wie bei jedem Verhaltensmerkmal ist die zugrunde liegende Genetik naturgemäß komplex, und die Umwelteinflüsse sind möglicherweise stark und schwer zu erfassen. Trotzdem: Vorausgesetzt es gibt Variationen in der Ausprägung der Moralität bei Individuen und dieses Merkmal ist hochvererbbar und vorausgesetzt Tugend zahlt sich in Form einer größeren Anzahl von Nachkommen aus, dann werden sich wahrscheinlich alle mit gutem Verhalten verbundenen Gene in nachfolgenden Generationen akkumulieren. Die Beobachtung, dass soziales Spielen selten unfair oder unkooperativ ist, ist sicherlich ein Zeichen dafür, dass die natürliche Auslese jene Individuen aussondert, die nicht nach den Regeln spielen.

Gruen (2002) weist auch zu Recht darauf hin, dass wir erst noch verstehen müssen, was es bedeutet, moralisch zu sein. Sie verweist auch darauf, dass wir herausfinden müssen, welche kognitiven und emotionalen Fähigkeiten eingesetzt werden, wenn Menschen verschiedene moralische Handlungen ausführen, und dass wir Tiere studieren müssen, um festzustellen, ob sie diese Fähigkeiten (oder zumindest Variationen davon) ebenfalls besitzen. Selbst wenn verfügbare empirische Daten darauf hinweisen würden, dass nicht–menschliche Primaten sich nicht auf eine bestimmte Art zu verhalten scheinen (z.B. fair spielen), rechtfertigt das angesichts fehlender Vergleichsdaten nicht die Behauptung, dass Individuen anderer Spezies nicht fair spielen können. (Bei einer Konferenz in Chicago, Illinois, im August 2000 zur Sozialstruktur und sozialen Komplexität (siehe de Waal/ Tyack 2003) wurde ich darauf hingewiesen, dass, obwohl meine Vorstellung von der sozialen Moralität interessant sei, eigentlich nicht gesagt werden könne, dass soziale Karnivoren so anständig seien – sich fair verhalten (spielen) –, weil es unwahrscheinlich sei, dass selbst nicht–menschliche Primaten so tugendhaft seien.)

Spielen ist möglicherweise eine einzigartige Verhaltenskategorie, in der Ungleichgewichte stärker toleriert werden als in anderen sozialen Kontexten.

Spiel ist nicht möglich, wenn die Individuen sich gegen diese Aktivität entscheiden, und die für das Fortsetzen des Spiels erforderliche Gleichheit (bzw. Ausgewogenheit und Freundlichkeit) unterscheidet das Spiel von anderen Formen (scheinbar) kooperativen Verhaltens (z.B. Jagd, Pflegeverhalten). Diese Art des Egalitarismus wird als Voraussetzung für die Entwicklung sozialer Moralität bei Menschen angesehen. Wo liegt sein Ursprung? Um ehrlich zu sein, eigentlich wissen wir nicht viel darüber. Akademische Diskussionen werden, obwohl sie wichtig sind, im Vergleich zu direkten Erfahrungen mit Tieren wenig zur Lösung beitragen. Meiner Meinung nach gehören die Studien zur Entwicklung der sozialen Moralität zu den aufregendsten und reizvollsten Projekten für Verhaltenswissenschaftler (Verhaltensforscher, Genetiker, Evolutionsbiologen, Neurobiologen, Psychologen, Anthropologen), Theologen und Religionswissenschaftler. Wir müssen uns der vor uns liegenden, extrem schwierigen (und frustrierenden) Aufgabe stellen, statt sofort und ungerechtfertigterweise ein moralisches Leben von Tieren auszuschließen. *Fair ist fair.*

Moralität und menschliche Natur: Das Vorsichtsprinzip

Welche Rolle spielt die menschliche Moralität genau bei der Definition der „menschlichen Natur"? Trotz gegenteiliger Behauptungen wissen wir es eigentlich nicht. Tiermodelle als Begründung für Grausamkeit, Entzweiung, Krieg, Territorialität und Egoismus zu verwenden, ist eine unaufrichtige Verwendung vieler verfügbarer Daten zum Sozialverhalten von Tieren. Obwohl Tiere sicherlich „fies" werden können, sagt das nicht viel über die von anderen Individuen gezeigten Verhaltensweisen aus. Ich vertrete die Ansicht, dass Tiere sich dafür *entscheiden*, nett oder fair zu sein.

Ökologen und Umweltschützer haben ein Vorsichtsprinzip entwickelt, das bei Entscheidungen in Bezug auf Umweltprobleme zum Einsatz kommt. Dieses Prinzip besagt, dass wir den Mangel an vollständiger wissenschaftlicher Sicherheit nicht als Entschuldigung für die Zurückstellung von Handlungen zur Behebung eines Problems vorschieben sollten. Das Vorsichtsprinzip kann einfach auf Studien zur Entwicklung sozialer Moralität übertragen werden. Ich behaupte nämlich, dass wir genug wissen, um weitere vergleichende Studien zur Entwicklung sozialer Moralität von anderen Tieren als nicht–menschlichen Primaten zu rechtfertigen, und dass wir, bis diese Daten vorliegen, für das aufgeschlossen bleiben sollten, wozu Individuen in der Lage sind.

Es ist wichtig für uns, mehr über die Entwicklung sozialer Moralität und darüber zu erfahren, wie diese Informationen eingesetzt werden können, um unsere Hoffnungen für die Zukunft zu stärken, statt uns einer Weltuntergangsstimmung hinzugeben, die sich darin begründet, dass etwas „in unserer Natur liegt". Zu akzeptieren, dass Konkurrenz, Egoismus und Betrug menschliches und tierisches Verhalten bestimmen, vernachlässigt einen großen Teil des Puzzles: nämlich, wie wir wurden, was wir sind. Kooperation und Fairness können ebenfalls Triebfedern für die Entwicklung der Sozialität sein.

Die Bedeutung interdisziplinärer Zusammenarbeit und Kooperation bei der Erforschung des Wahrnehmungsvermögens, der Kooperation und des moralischen Verhaltens von Tieren kann nicht genug betont werden. Moralität und Tugendhaftigkeit sind eindeutig nicht plötzlich, beginnend mit den Menschen, in der Evolution aufgetaucht. Obwohl faires Spiel bei Tieren möglicherweise nur eine rudimentäre Form sozialer Moralität darstellt, könnte es trotzdem ein Vorläufer komplexerer und weiter entwickelter menschlicher Moralsysteme sein. Es handelt sich also um einen eigennützigen, anthropozentrischen Speziesismus zu behaupten, dass wir die einzigen moralischen Wesen im Tierreich sind. Es ist ebenso eine vereinfachte und irreführende Sichtweise, anzunehmen, dass Menschen nur nackte Affen sind.

Die Ursprünge von Tugend, Egalitarismus und Moralität gehen weiter zurück als lediglich zu den Anfängen unserer eigenen Spezies. Menschen sind Tieren auch nicht notwendigerweise moralisch überlegen. Doch wir werden nie mehr über die Moralität von Tieren erfahren, wenn wir uns der Möglichkeit verschließen, dass sie existiert. Es ist noch viel zu früh, um die kompromisslose Schlussfolgerung zu ziehen, dass die Moralität der Menschen der von Tieren überlegen ist.

Literaturhinweise

Adams, E. R. und Burnett, G. W. 1991. Scientific vocabulary divergence among female primatologists working in East Africa. Social Studies of Science 21, 547–560. Aldis, O. 1975. Play fighting. Academic Press, New York.

Allen, C. und Bekoff, M. 1997. Species of Mind: The Philosophy and Biology of Cognitive Ethology. MIT Press, Cambridge, Massachusetts.

Aureli, F. und de Waal, F. B. M. (Hg.) 2000. Natural Conflict Resolution. Berkeley, University of California Press.

Aviles, L. 1999. Cooperation and non-linear dynamics: An ecological perspective on the evolution of sociality. Evolutionary Ecology Research, 1: 459–477.

Axelrod, R. 1984. The Evolution of Cooperation. New York, Basic Books.

Bateson, G. 2000. Steps to an ecology of mind. University of Chicago Press, Chicago.

Bauer, E. B. und Smuts, B. B. 2002. Role reversal and self-handicapping during play fighting in domestic dogs, Canis familiaris. Paper presented at the meetings of the Animal Behavior Society, University of Indiana.

Bekoff, M. 1975. The communication of play intention: Are play signals functional? Semiotica, 15, 231–239.

Bekoff, M. 1977a. Social communication in canids: Evidence for the evolution of a stereotyped mammalian display. Science 197, 1097–1099.

Bekoff, M. 1977b. Mammalian dispersal and the ontogeny of individual behavioral phenotypes. American Naturalist 111, 715–732.

Bekoff, M. 1995. Play signals as punctuation: The structure of social play in canids. Behaviour, 132, 419–429.

Bekoff, M. 1996. Cognitive ethology, vigilance, information gathering, and representation: Who might know what and why? Behavioural Processes 35: 225–237.

Bekoff, M. (Hg.) 2000a. The Smile of a Dolphin: Remarkable Accounts of Animal Emotions (New York, Discovery Books/ Random House).

Bekoff, M. 2000b. Animal Emotions: Exploring passionate natures. BioScience 50, 861–870.

Bekoff, M. 2001a. Social play behaviour, cooperation, fairness, trust and the evolution of morality. Journal of Consciousness Studies 8 (2), 81–90.

Bekoff, M. 2001b. The evolution of animal play, emotions, and social morality: On science, theology, spirituality, personhood, and love. Zygon (Journal of Religion and Science) 36, 615–655.

Bekoff, M. 2002a. Minding animals: Awareness, emotions, and heart. New York, Oxford Univer. Press.

Bekoff, M. 2002b. Virtuous nature. New Scientist 13 July, 34–37.

Bekoff, M. 2002c. Self-awareness. Nature 419, 255.

Bekoff, M. 2003a. Consciousness and self in animals: Some reflections. Zygon Journal of Religion and Science) 38, 229–245.

Bekoff, M. 2003b. Empathy: Common sense, science sense, wolves, and well-being. Behavioral and Brain Sciences 25, 26–27.

Bekoff, M. 2004. The question of animal emotions: An ethological perspective. In F. McMillan (Hg.), Mental Health and Well-Being in Animals, Iowa State University Press, Ames, Iowa.

Bekoff, M. 2005, Wild justice and fair play: Cooperation, forgiveness and morality in animals. Univers. of Chicago Press, Chicago.

Bekoff, M. und Allen, C. 1992. Intentional icons: towards an evolutionary cognitive ethology. Ethology 91, 1–16.

Bekoff, M. und Allen, C. 1997. Cognitive ethology: Slayers, skeptics, and proponents. In R. W. Mitchell, N. Thompson und L. Miles (Hg.), Anthropomorphism, Anecdote, and Animals: The Emperor's New Clothes? SUNY Press, Albany, New York. S. 313–334.

Bekoff, M. und Allen, C. 1998. Intentional communication and social play: How and why animals negotiate and agree to play. In Animal Play: Evolutionary, Comparative, and Ecological Perspectives, Hg. M. Bekoff und J. A. Byers. Cambridge University Press, Cambridge and New York. S. 97–114.

Bekoff, M., Allen, C. und Burghardt, G. M. (Hg.) 2002. The cognitive animal. MIT Press, Cambridge, Massachusetts.

Bekoff, M. und Byers, J. A. 1981. A critical reanalysis of the ontogeny of mammalian social and locomotor play: An ethological hornet's nest.' In Behavioral Development: The Bielefeld Interdisciplinary Project, Hg. K. Immelmann, G. W. Barlow, L. Petrinovich und M. Main, Cambridge University Press, New York. S. 296–337.

Bekoff, M. und Byers, J. A. (Hg.) 1998. Animal Play: Evolutionary, Comparative, and Ecological Approaches (New York, NY: Cambridge University Press).

Bekoff, M. und M. C. Wells. 1986. Social behavior and ecology of coyotes. Advances in the Study of Behavior 16, 251–338.

Bernstein, I. S. 2000. The law of parsimony prevails: Missing premises allow any conclusion. Journal of Consciousness Studies 7, 31–34.

Bewley, T. 2003. Fair's fair. Nature 422, 125–126.

Boehm, C. 1999. Hierarchy in the Forest: The Evolution of Egalitarian Behavior. Cambridge: Harvard University Press.

Bond, A., A. C. Kamil und R. P. Balda. 2003. Social complexity and transitive inference in corvids. Animal Behaviour 65, 479–487.

Bowles, S. und Gintis, H. 2002. Homo reciprocans. Nature 415, 125–128.

Bradie, M. 1999. Evolutionary game theory meets the social contract. Biology and Philosophy 14, 607–613.

Bradley, B. J. 1999. Levels of selection, altruism, and primate behavior. Quarterly Review of Biology 74: 171–194.

Brosnan, S. F. und F. B. M. de Waal. 2003. Monkeys reject unequal pay. Nature 425, 297–299.

Burghardt, G. M. 2005. The genesis of play. MIT Press, Cambridge, Massachusetts.

Byers, J. A. 1977. Terrain preferences in the play of Siberian ibex kids (Capra ibex sibirica). Zeitschrift für Tierpsychologie 45, 199–209.

Byers, J. A. 1998. Biological effects of locomotor play: getting into shape or something else? Seiten 205–2 in Bekoff M, Byers JA, Hg. Animal Play: Evolutionary, Comparative, and Ecological Perspectives. New York: Cambridge University Press.

Byrne, R. 1995. The thinking ape. Oxford University Press, New York.

Church, F. 1959. Emotional reactions of rats to the pain of others. Journal of Comparative and Physiological Psychology 52, 132–134.

Damasio, A. 2003. Looking for Spinoza: Joy, sorrow, and the feeling brain. Harcourt, New York.

Darwin C. 1859. On the Origin of Species By Means of Natural Selection. London: Murray.

Darwin, C. 1871/ 1936. The Descent of Man and Selection in Relation to Sex. New York: Random House.

Darwin, C. 1872/ 1998. The Expression of the Emotions in Man and Animals, Dritte Ausgabe. New York: Oxford University Press (mit einer Einführung, einem Nachwort und Kommentaren von Paul Ekman).

Dawkins, R. 1976. The selfish gene. New York, Oxford University Press.

Dawkins, R. 2001. Sustainability doesn't come naturally: A Darwinian perspective on values. <www.environmentfoundation.net/richard-dawkins.htm>.

de Waal, F. 1991. Complementary methods and convergent evidence in the study of primate social cognition. Behaviour 18, 297–320.

de Waal, F. 1996. Good natured: The origins of right and wrong in humans and other animals. Harvard University Press, Cambridge, Massachusetts.

de Waal, F. 2001. The ape and the sushi master: Cultural reflections of a primatologist. New York, Basic Books.

de Waal, F. und P. L. Tyack (Hg.) 2003. Animal social complexity: Intelligence, culture, and individualized societies. Harvard University Press, Cambridge, Massachusetts.

Dolan, R. J. 2002. Emotion, cognition, and behavior. Science 298: 1191–1194. Douglas, K. 2001. Playing fair. New Scientist 10 March (No. 2281), 38–42.

Drea, C. M. und L. G. Frank. 2003. The social complexity of spotted hyenas. In de Waal, F. und P. L. Tyack (Hg.), Animal social complexity: Intelligence, culture, and individualized societies. Harvard University Press, Cambridge, Massachusetts, S. 121–148.

Dugatkin, L. A. 1997. Cooperation Among Animals: An Evolutionary Perspective. New York: Oxford University Press.

Dugatkin, L. A. und Bekoff, M. 2003. Play and the evolution of fairness: A game theory model. Behavioural Processes 60:209–214.

Dylan, B. 1983. Infidels. CBS Inc.

Fagen, R. 1981. Animal Play Behavior. New York: Oxford University Press.

Fagen, R. 1993. Primate juveniles and primate play. In Juvenile Primates: Life History, Development, and Behavior, Hg. M. E. Pereira und L. A. Fairbanks, Oxford University Press, New York. S. 183–196.

Fehr, E. und Gachter, S. 2002. Altruistic punishment in humans. Nature 415, 137–140.
Fehr, E. und B. Rockenbach. 2003. Detrimental effect of sanctions on human altruism. Nature 422, 137–140.
Field, A. 2001. Altruistically inclined? The behavioral sciences, evolutionary theory, and the origins of reciprocity. Ann Arbor, The University of Michigan Press.
Flack, J. C. und de Waal, F. 2000. Any animal whatever: Darwinian building blocks of morality in monkeys and apes. Journal of Consciousness Studies 7: 1–29.
Flack, J. C., L. A. Jeannotte und F. de Waal. 2004. Play signaling and the perception of social rules by juvenile chimpanzees. Journal of Comparative Psychology.
Frith, C. D. und Frith, U. 1999. Interacting minds—a biological basis. Science 286:1692–1695.
Gallese, V. 1998. Mirror neurons, from grasping to language. Consciousness Bulletin Fall, S. 3–4.
Gallese, V. und Goldman, A. 1998. Mirror neurons and the simulation theory of mind reading. Trends in Cognitive Science 2: 493–501.
Gould, S. J. und Lloyd, E. A. 1999. Individuality and adaptation across levels of selection: How shall we name and generalize the unit of Darwinism. Proceedings of the National Academy of Sciences 96: 11904–11909.
Griffin, D. R. 2001. Animal minds. University of Chicago Press, Chicago.
Gruen, L. 2002. The morals of animal minds. In Bekoff, Allen und Burghardt (2002).
Güzeldere, G. und Nahmias, E. 2002. Darwin's continuum and the building blocks of deception. In Bekoff, Allen und Burghardt, The cognitive animal.
Hauser, M. 2000. Wild minds. New York, Henry Holt.
Hill, H. L. und Bekoff, M. 1977. The variability of some motor components of social play and agonistic behaviour in Eastern coyotes, Canis latrans var. Animal Behaviour, 25, 907–909.
Hinde, R. A. 2002. Why good is good: The sources of morality. New York. Routledge.
His Holiness the Dalai Lama. 2002. Understanding our fundamental nature. In R. J. Davidson und A.
Harrington (Hg.), Visions of Compassion: Western Scientists and Tibetan Buddhists Examine Human Nature. Oxford University Press, New York. S. 66–80.
Horowitz, A. C. 2002. The behaviors of theories of mind, and a case study of dogs at play. Ph.D. dissertation, University of California, San Diego.
Hudson, S. D. 1986. Human character and morality: Reflections from the history of ideas. Routledge & Kegan Paul, Boston.
Hurd, J. P. 1996. (Hg.) Investigating the biological foundations of human morality. The Edwin Mellen Press, Lewiston, New York.
Jamieson, D. 2002. Sober and Wilson on psychological altruism. Philosophy and Phenomenological Research. LXV, 702–710.
Jamieson, D. und Bekoff, M. 1993. On aims and methods of cognitive ethology. Philosophy of Science Association 2, 110–124.
Kitchen, D. M. und Packer, C. 1999. Complexity in vertebrate societies. In Levels of Selection in Evolution, Hg. L. Keller, Princeton University Press, Princeton, New Jersey. S. 176–196.
Kropotkin, P. 1902. Mutual aid: A factor of evolution. New York, McClure, Philips & Co.
Kuczaj, S., Tranel, K., Trone, M. und Hill, H. 2001. Are animals capable of deception or empathy? Implications for animal consciousness and animal welfare. Animal Welfare 10, S161–173.
Leigh, Jr., E. G. 1999. Levels of selection, potential conflicts, and their resolution: Role of the „Common good". In Levels of Selection in Evolution, Hg. L. Keller, Princeton University Press, Princeton, New Jersey. S. 15–30.
Macintyre, A. 1999. Dependent rational animals: Why human beings need the virtues. Open Court, Chicago.
Markowitz, H. 1982. Behavioral enrichment in the zoo. New York, Van Reinhold Company.
Marler, P. 1996. Social cognition: Are primates smarter than birds? In Current Ornithology Volume 13, Hg. V. Nolan, Jr. und E. D. Ketterson, Plenum Press, New York. S. 1–32.
Mayr, E. 2000. Darwin's influence on modern thought. Scientific American 283: 67–71.
Mech, L. D. 1970. The Wolf Garden City, New York: Doubleday.

Mitchell, L. E. 1998. Stacked deck: A story of selfishness in America. Philadelphia, Pennsylvania, Temple University Press.

Motluk, A. 2001. Read my mind. New Scientist 169:22–26.

Neuman, Y. 2003. The logic of meaning-in-context. American Journal of Semiotics (special issue: Gregory Bateson).

Okamoto, K. und Matsumara, S. 2000. The evolution of punishment and apology: an iterated prisoner's dilemma model. Evolutionary Ecology 14, 703–720.

Poole, J. 1998. An exploration of a commonality between ourselves and elephants. Etica & Animali. 9/ 98, 85–110.

Panksepp J. 1998. Affective Neuroscience. New York: Oxford University Press.

Panksepp, J. 2000. The rat will play. In Bekoff M, Hg. The smile of a dolphin: Remarkable accounts of animal emotions. New York: Random House/ Discovery Books. S. 146–147.

Pellis, S. 2002. Keeping in touch: Play fighting and social knowledge. In Bekoff, Allen und Burghardt, 2002.

Peterson, G. R. 1999. The evolution of consciousness and the theology of nature. Zygon 34:283–306.

Peterson, G. R. 2000. God, genes, and cognizing agents. Zygon 35:469–480.

Pigliucci, M. 2002. Are ecology and evolutionary biology „soft“ sciences? Annals Zoologica Fennici 39, 87–98.

Power, T. G. 2000. Play and Exploration in Children and Animals. Hillsdale, New Jersey: Lawrence Erlbaum Associates.

Preston, S. D. und de Waal, F. B. M. (2002). Empathy: Its ultimate and proximate bases. Behavioral and Brain Sciences. 25, 1–72.

Ridley, M. 1996. The Origins of Virtue: Human Instincts and the Evolution of Cooperation. New York, Viking.

Ridley, M. 2001. The cooperative gene. New York, The Free Press.

Rilling, J. K., Gutman, D. A., Zeh, T. R., Pagnoni, G., Berns, G. S. und Kitts, C. D. 2002. A neural basis for cooperation. Neuron 36, 395–405.

Riolo, R. L., Cohen, M. D. und Zelrod, R. 2001. Evolution of cooperation without reciprocity. Nature 414, 441–443.

Schaller, G. B. und Lowther, G. R. 1969. The relevance of carnivore behavior to the study of early hominids. Southwestern Journal of Anthropology 25, 307–341.

Scott, J. P. und Fuller, J. L. 1965. Genetics and the Social Behavior of the Dogs. Chicago, Illinois: University of Chicago Press.

Skyrms, B. 1996. Evolution of the Social Contract. New York: Cambridge University Press.

Sheets-Johnstone, M. 1998. Consciousness: A natural history. Journal of Consciousness Studies 5: 260–294.

Sigmund, K., Fehr, E. und Nowak, M. A. 2002. The economics of fair play. Scientific American 286 (1), 83–87.

Sigmund, K. und Nowak, M. A. 2001. Evolution: Tides of tolerance. Nature 414, 403–405.

Singer, P. 1999. A Darwinian Left: Politics, Evolution, and Cooperation. New Haven: Yale University Press.

Siviy S. 1998. Neurobiological substrates of play behavior: Glimpses into the structure and function of mammalian playfulness. Seiten 221–242 in Bekoff M, Byers JA, Hg. Animal Play: Evolutionary, Comparative, and Ecological Perspectives. New York: Cambridge University Press.

Smuts, B. B. 2001. Encounters with animal minds. Journal of Consciousness Studies 8, 293–309.

Sober, E. und Wilson, D. S. 1998. Unto Others: The Evolution and Psychology of Unselfish Behavior. Cambridge, Massachusetts: Harvard University Press.

Sober, E. und Wilson, D. S. 2000. Summary of: Unto Others: The Evolution and Psychology of Unselfish Behavior, Journal of Consciousness Studies 7: 185–206. Solomon, R. 1995. A passion for justice: Emotions and the origins of the social contract. Lanham, Maryland, Rowman & Littlefield Publis hers, Inc.

Spinka, M., Newberry, R. C. und Bekoff, M. 2001. Mammalian play: Training for the unexpected. Quarterly Review of Biology 76, 141–168.

Thompson, P. R. 1975. A cross-species analysis of carnivore, primate, and hominid behavior. Journal of Human Evolution 4, 113–124.

Tinbergen, N. 1972. Introduction to Hans Kruuk, The Spotted Hyena. Chicago: University of Chicago Press.

Tomasello, M. und Call, J. 1997. Primate Cognition. New York: Oxford University Press.

de Waal, F. 1996. Good-natured: The origins of right and wrong in humans and other animals. Cambridge, Massachusetts, Harvard University Press.

Watson, D. M. und Croft, D. B. 1996. Age-related differences in playfighting strategies of captive male red-necked wallabies (Macropus rufogriseus banksianus). Ethology 102, 33–346.

Wechlin, S., Masserman, J. H. und Terris, W. Jr. 1964. Shock to a conspecific as an aversive stimulus. Psychonomic Science 1, 17–18.

Wilson, D. S. 2002. Darwin's cathedral: Evolution, religion, and the nature of society. Chicago, University of Chicago Press.

Wrangham, R. und N. Conklin-Brittain. 2003. Cooking as a biological trait. Comparative Biochemi-- stry and Physiology, Part A.

LUIS
35

Teil IV

Die menschliche Dimension: Wechselbeziehungen zwischen Menschen und Tieren

Vorbemerkung

Unsere Beziehungen zu Tieren werfen viele komplizierte Fragen darüber auf, wer wir Menschen im großen Gesamtzusammenhang sind und wie wir die Tiere, mit denen wir uns die Erde teilen, behandeln sollten. Sind wir bei unserer ständigen Einwirkung Hüter, verantwortungsvolle Forscher, verantwortungsbewusste Verwalter oder Eroberer? Unsere Beziehungen zu Tieren reichen von ziemlich direkt und ausgewogen (insbesondere bei unseren Haustieren, die unser Zuhause und unser Herz erobert haben), bis hin zu eher kompliziert und unausgewogen zu den Tieren, mit denen wir uns nicht sehr verbunden fühlen bzw. zu Individuen, die wir als Schädlinge oder Plagen bezeichnen, weil sie mit unseren oft engstirnigen und arroganten Interessen kollidieren. Einige dieser Themen werden im fünften Teil, Ethik, Mitgefühl, Arterhaltung und Aktivismus: Eine neue Sicht auf die Natur, behandelt. Der Einfluss des Menschen auf Tiere und die Umwelt wird als anthropogene Einwirkungen bzw. menschlicher Einfluss bezeichnet.

Die Essays in diesem vierten Teil handeln von der Natur der Wechselbeziehungen zwischen Menschen und Tieren und insbesondere davon, wie das Verhalten von Tieren durch unser Verhalten und unsere Einstellungen ihnen gegenüber beeinflusst wird. Diese Verhaltensänderungen führen zu ernstzunehmenden und unausweichlichen Konflikten, die verstanden und gelöst werden müssen.

Wie wir mit Tieren umgehen: *Können* heißt nicht *Müssen*

Wir beeinflussen das Leben von Tieren nicht nur auf direkte Art und Weise, sondern bewirken auch langfristige und dauerhafte Veränderungen in ihrem Verhalten und ihrer Physiologie. Zum Beispiel beeinflusst die globale Erwärmung die Verbreitung und das Verhalten von Tieren sowie der Ressourcen, von denen sie abhängig sind, wie Futter, Wasser und Ruheplätze. Abhängig von der Geschwindigkeit der Erwärmung wird vorausgesagt, dass zwischen 15 und 37 % der Arten bis zum Jahr 2050 aufgrund der Erderwärmung aussterben könnten. Spuren des vom Menschen produzierten, giftigen Decabromdiphenylether (Deca-BDE), einem in Fernsehern und Kunststoffen verarbeiteten Flammschutzmittel, lassen sich inzwischen bei Eisbären und Möwen in der Arktis nachweisen, und es wird Jahre dauern herauszufinden, welche Auswirkungen dies haben kann.

Eine weitere menschliche Aktivität, die Jagd, führt nicht nur zum Tod einzelner Tiere, sondern beeinflusst auch die gesamte Population auf unvorhersehbare Weise. Die Trophäenjagd reduziert beispielsweise die Durchschnittshorngröße von Dickhornschafen, weil die Jäger gezielt die großen Widder mit den großen Hörnern auswählen. Dadurch gibt es während der Brunftzeit weniger Kämpfe, bei denen die Widder mit den Hörnern gegeneinander prallen. Neben einer Veränderung des Fortpflanzungsverhaltens führt das möglicherweise zu Auswirkungen auf die Populationsgenetik dieser Bergmonarchen. Wir wissen es nur noch nicht.

Andere Studien haben gezeigt, dass Menschen auch schnell das Fressverhalten von Bären verändern können, die in der Nähe von Müllkippen leben: Um die Menschen zu meiden, werden sie nachtaktiv, statt tagsüber auf Nahrungssuche zu gehen. Diese Bären werden fettleibig und faul – Fastfood lässt sie fett werden. Außerdem kommt es zu einer Veränderung ihrer natürlichen Aktivitätsmuster: sie ziehen sich später im Herbst in ihre Höhlen zurück und bleiben kürzere Zeit darin als Bären, die sich nicht von Müllhalden ernähren. Hormone, die aus Viehweiden einsickern, können männliche Wildfische verweiblichen und weibliche Wildfische vermännlichen. Auch der Fischfang kann Geschlechtsumwandlungen bei Fischen bewirken. Tiere wie Pumas, Kojoten, Füchse und Hirsche können sich so an Menschen gewöhnen, dass sie, statt vor uns zu fliehen, unerschrocken und neugierig werden und in unsere Nachbarschaft vordringen. Diese Raubtiere werden als gefährlich für Kinder und Haustiere angesehen, daher sind sie häufig selbst in Gefahr. Hirsche, die auf Nahrungssuche durch teure Wohngegenden streifen, werden oft als Plage angesehen, die beseitigt werden muss. Es ist banal zu sagen, dass Menschen überall auf der Welt leben, aber es ist so. Daher müssen wir sehr vorsichtig darin sein, wie wir auf das Leben von Tieren einwirken, da wir große Veränderungen bewirken.

Der erste Essay im vierten Abschnitt fasst einige der Mechanismen zusammen, mit denen wir absichtlich oder unabsichtlich das Verhalten von Tieren beeinflussen. Das Wissen darum, wie wir das Verhalten von Tieren beeinflussen, wird uns helfen, sachkundigere und intelligentere Entscheidungen dahingehend zu treffen, ob wir uns in ihr Leben einmischen oder sie einfach in Ruhe lassen sollten.

Dabei beeinflussen wir Tiere nicht nur durch unsere Koexistenz, sondern auch, wenn wir sie studieren. Unsere Forschungsmethoden können auf vielerlei Weise das Verhalten der Tiere beeinflussen, für die wir uns interessieren, und als Ergebnis ziehen wir unter Umständen irreführende Schlussfolgerungen aus Daten, die von Anfang an verfälscht waren. Ich interessiere mich seit langer Zeit dafür, wie Forscher in das Leben der von ihnen studierten Tiere eingreifen, und ob sie es dadurch unmöglich machen, genau die Fragen zu beantworten, für die sie sich im Rahmen ihrer Forschung interessieren.

Zu den Verhaltensweisen von Tieren, bei denen Tiere empfindlich auf die reine Anwesenheit von Menschen oder auf aufdringliche Forschungsmethoden reagieren, gehören das Brutverhalten und die Fortpflanzungsmuster sowie Dominanzbeziehungen, Partnerwahl, Gebietsnutzung, Schutzlosigkeit gegenüber Raubfeinden und das Fress- und Pflegeverhalten. Daher können in der Tierverhaltensforschung erstellte Modelle irreführend sein, da sie davon ausgehen, dass die menschliche Einwirkung neutral ist. Wir sind in einer Art Zwickmühle, da das, was wir über Tiere erfahren, oft nützlich zur Entwicklung von Richtlinien für „zulässige" und „unzulässige" Forschungsmethoden ist. Daher sind eigene Forschungen in Bezug darauf erforderlich, welche Methoden das Leben der Tiere und die Daten, die wir sammeln möchten, nicht gefährden.

Wenn Verhaltens- und Aktivitätsmuster als Lackmustest für das verwendet werden, was wir als „normales arttypisches Verhalten" bezeichnen, müssen wir sicher sein, dass diese Verhaltensmuster wirklich widerspiegeln, wer das Individuum hinsichtlich seines Alters, Geschlechts und Sozialstatus ist. Wenn die zur Beurteilung des Wohlergehens herangezogenen Informationen falsch gewählt sind, werden unsere Schlussfolgerungen und die erstellten Tiermodelle wahrscheinlich ebenfalls unzuverlässig sein und aktuelle und zukünftige Forschungsprogramme in die Irre führen. Natürlich haben unsere Fehler außerdem entsetzliche Auswirkungen auf das Leben der studierten Tiere.

Unsere Forschungsethik sollte verlangen, dass wir das Normalverhalten und natürliche Variationen dieser Aktivitäten kennen, um zu erkennen, was wir den Tieren antun, an deren Erforschung wir interessiert sind. Wir müssen zukünftig die Validität der Tiermodelle in verhaltens- und verhaltensökologischen Studien noch detaillierter untersuchen.

Die Gewöhnung an Menschen bei Schwarzschwanz-Präriehunden und anderen Wildtieren

Wie viele andere Tierarten werden die Schwarzschwanz-Präriehunde von der Anwesenheit des Menschen beeinflusst. Mitte 1980 zeigte ich gemeinsam mit zwei Hochschulstudenten, Rick Adams und Brad Lengas, wie sich die Anwesenheit von Menschen auf das Verhalten dieser Nagetiere auswirkt, insbesondere auf den Schwellenwert ihres Meideverhaltens gegenüber störenden Menschen. Die Gewöhnung von Wildtieren an die Anwesenheit von Menschen ist weltweit ein großes Problem. Viele Tiere gewöhnen sich bekanntermaßen an die Anwesenheit von Menschen, statt vor ihnen zu fliehen. Sie werden unvorsichtiger und leben nicht mehr so versteckt. Wir entdeckten, dass die von uns in und um Boulder studierten Schwarzschwanz-Präriehunde in Stadtgebieten, wo sie viel Kontakt zu Menschen hatten, weniger vorsichtig waren und Menschen stärker tolerierten, als in den entlegeneren Habitaten, wo es zu weniger Kontakt mit Menschen kam. Städtische Präriehunde zeigten verringerte Fluchtdistanzen gegenüber Menschen und fühlten sich durch deren Anwesenheit allgemein weniger gestört. Andere Säugetiere, zum Beispiel Kojoten, Füchse, Berglöwen sowie Vögel wie Haubentaucher, Fischadler, Graugänse und der Amerikanische Graureiher (auch Kanadareiher genannt), zeigen in Gebieten mit ausgeprägter menschlicher Aktivität ebenfalls eine starke Gewöhnung.

Die Folgen der Umsiedlung von Präriehunden: Die Umgestaltung der Natur

Im zweiten Essay dieses Teils des Buches wird von dem ersten Versuch berichtet, etwas über die Konsequenzen der Umsiedlung einzelner Präriehunde zu erfahren. Tiere müssen allgemein häufig umgesiedelt werden, ein Prozess, der das Einfangen mittels Fallen, das Handling und den Umzug der Individuen in neue Habitate umfasst. John Farrar, Karin Coleman, Eric Stone und ich entdeckten, dass umgesiedelte Präriehunde empfindlicher auf menschliche Störungen reagieren als nicht umgesiedelte Präriehunde. Ob die gesteigerte Empfindlichkeit der einzelnen Präriehunde ihr Überleben und ihre Fortpflanzung beeinflusst, ist unbekannt. Trotzdem hat diese Studie, die als Klassenprojekt begann, einen sehr praktischen Aspekt. Bevor diese Studie durchgeführt wurde, war nur wenig darüber bekannt, was mit einzelnen Tieren passiert, wenn sie umgesiedelt werden, und unsere Ergebnisse haben die

Aufmerksamkeit darauf gelenkt, dass wir tatsächlich das Verhalten umgesiedelter Tiere beeinflussen und wissen müssen, welche Auswirkungen wir auf ihr Verhalten, ihre Fortpflanzung und ihr Überleben haben.

Konflikte zwischen Mensch und Tier: Die Menschen sind das Problem, nicht die Hunde

Die nächsten beiden Essays im vierten Abschnitt konzentrieren sich auf Menschen und ihre Hunde. In INTERAKTIONEN ZWISCHEN HUNDEN, MENSCHEN UND DER UMWELT VON BOULDER, COLORADO studierte ich gemeinsam mit Carron Meaney „störendes" Verhalten freilaufender Hunde, die sich in Begleitung einer Person befanden. Wir wollten unter anderem feststellen, wer das eigentliche Problem war, wenn Hunde als das Problem angesehen wurden. Die Leute in der Studie, sowohl die Hundebesitzer als auch die Nichthundebesitzer, stimmten darin überein, dass Menschen störender für die Umwelt waren als Hunde, und dass renitente Menschen ein größeres Problem darstellten, als Hunde mit schlechtem Benehmen. Die Studie wurde häufig zitiert und als Modell für andere Standorte verwendet, an denen Hunde und Menschen um einen eingeschränkten Platz konkurrieren.

Im letzten Essay VERHALTENSINTERAKTIONEN UND KONFLIKTE ZWISCHEN HAUSHUNDEN, SCHWARZSCHWANZ-PRÄRIEHUNDEN UND MENSCHEN IN BOULDER, COLORADO zeigen Robert Ickes und ich, dass Menschen noch in anderer Hinsicht ein Problem darstellen. Diese Studie demonstriert, dass Präriehunde, die von Hunden gestört wurden, wachsamer und vorsichtiger gegenüber Hunden wurden und weniger spielten als ungestört lebende Individuen. Wir haben sehr überrascht festgestellt, dass Menschen ihre Hunde nur in 25 % der Fälle davon abzuhalten versuchten, Präriehunde zu belästigen, und über die Hälfte der von uns Befragten – alle Hundebesitzer – nicht der Ansicht waren, dass Präriehunde geschützt werden sollten, selbst wenn Hunde ein Problem für sie darstellen würden. Bob und ich vertreten die Auffassung, dass auf empirischen Daten beruhende, proaktive Strategien entwickelt und in Boulder und anderswo umgesetzt werden müssen, damit die Interessen aller beteiligten Parteien berücksichtigt werden können.

Menschen *sind* ein Faktor in der Natur

Die in diesem Teil beschriebenen Studien waren relativ einfach durchführbar, und die Resultate haben wichtige Erkenntnisse darüber geliefert, wie

Menschen die Tiere beeinflussen, zu denen wir zahlreiche Wechselbeziehungen unterhalten. Sie als Leser können selbst auf einfache Weise einige empirische Daten sammeln, und diese könnten möglicherweise zur Lösung von Konflikten in Ihrer Region beitragen!

Natürlich haben Menschen Einfluss auf die Natur, und offensichtlich können wir bei einer Reihe verschiedener Spezies eine Vielzahl von Verhaltensänderungen bewirken. Oft machen es diese Veränderungen paradoxerweise schwierig, zuverlässige Antworten auf unsere wissenschaftlichen Fragen zu erhalten. Durch vorsichtiges Vordringen in das Leben von Tieren können wir ihre Gesellschaft genießen und etwas über ihr faszinierendes Leben erfahren, ohne sie für unser Interesse büßen zu lassen. Unsere Neugier darf ihnen nicht schaden. Die Koexistenz der Menschen mit anderen Tieren ist wichtig.

Die potenzielle Möglichkeit der Menschen, alles zu tun, was wir mit Tieren und der Natur insgesamt tun können, ist untrennbar mit der Verpflichtung verbunden, moralische Wesen zu sein, verantwortungsbewusste Verwalter und verantwortungsvolle Forscher. Die gesammelten empirischen Daten belegen nicht nur das Verhalten der studierten Tiere, sondern auch die Ähnlichkeiten und Unterschiede zwischen ihrem Verhalten und unserem. Ein wichtiges Ergebnis unseres bestmöglichen, unaufdringlichen Verhaltens ist, dass wir Menschen und alle Tiere davon profitieren werden.

Marc Bekoff

Menschliche Einflüsse auf das Verhalten von Tieren
(2004)

Menschen sind überall vertreten. Wir sind eine neugierige Spezies, und unsere absichtlichen und unabsichtlichen Einwirkungen haben erheblichen Einfluss auf eine Vielzahl von Tieren und Pflanzen, genauso wie auf das Wasser, die Atmosphäre und die unbelebte Natur. Wenn Menschen das Verhalten von Tieren beeinflussen, spricht man von „Auswirkungen anthropogenen Ursprungs". Oft haben wir einen feinen und langfristigen Einfluss auf das Verhalten von Tieren und das verursachte Ungleichgewicht in der Natur. Häufig stehen wir im Widerspruch zu genau den Tieren, mit denen wir zusammen zu leben beschlossen haben, nämlich dann, wenn sie lästig oder gar gefährlich für uns und unsere Haustiere werden oder aber unsere Gärten und Parks zerstören.

Viele der Tiere, die wir erforschen, schützen und erhalten möchten, haben tiefe Emotionen, und wenn wir in ihre Welt eintreten, können wir ihnen nicht nur körperliche, sondern auch seelische Schäden zufügen. Sie sind empfindungsfähige Wesen mit einem reichen Gefühlsleben. Nur weil psychologische Schäden nicht immer offensichtlich sind, bedeutet das nicht, dass wir keine Schäden anrichten, wenn wir uns in das Leben von Tieren einmischen.

In meinem Bundesstaat, Colorado, genießen viele Menschen ihre Zeit im Freien, und viele Leute arbeiten daran, eine Vielzahl von Tieren zu schützen. Viele von uns leben an einem Ort und reisen an andere Orte, um die Natur zu erleben. Unser Verständnis und unsere Wertschätzung der Tier- und Pflanzenwelt basiert auf verschiedenen Forschungsmethoden und darauf, „einfach dort draußen zu sein".

Einige Beispiele für durch verschiedene Forschungsmethoden und andere Formen menschlicher Einwirkung beeinflusste Verhaltensmuster sind das Brutverhalten und andere Fortpflanzungsverhalten (Aufgeben von Nestern, vermehrter Eiverlust, Zerrüttung der Paarbindungen), die Partnerwahl, Dominanzbeziehungen, die Gebietsnutzung, Schutzlosigkeit gegenüber

Raubfeinden, Wachsamkeitsmuster, die Nahrungssuche, sowie das Ruhe-, Fress- und Pflegeverhalten. Oftmals sind Tiere so gestresst, dass sie nicht genug Energie aufbringen, um sich gut zu entwickeln und zu überleben. Unsere Einwirkungen umfassen Aktivitäten wie die Verwendung verschiedener Vorrichtungen und Instrumente zur Verhaltensforschung, das Markieren und Behandeln von Tieren, die Zählung von Tierpopulationen, das Aufsuchen der Nester, die Verstädterung (Stadtentwicklung und -ausdehnung, die Entwicklung der Gewässer, die Veränderungen der Vegetation, die Verlegung von Stromleitungen), Freizeitaktivitäten (z.B. die Nutzung von Schneemobilen und anderen Offroadfahrzeugen), Umweltverschmutzung (z.B. Ölteppiche), aber auch Fotografie und Tourismus, insbesondere auch der Ökotourismus. Im November 2003 wurde berichtet, dass nur zwei Jahre, nachdem eine neue Finkenart, Carrizal-Pfäffchen oder Carrizal-Körnerfresser genannt, in Venezuela entdeckt wurde, dessen Habitat durch den Bau eines Stausees zerstört wurde!

In vielen Studien wird der menschliche Einfluss immer noch als „neutral" eingestuft. Die auf so einer Grundlage entwickelten Modelle können also irreführend sein. Ironischerweise schließen unsere Einwirkungen oft die Sammlung von Daten aus, die wir zur Beantwortung bestimmter Fragen benötigen würden. Ich habe repräsentative Studien ausgewählt, um zu zeigen, wie weit verbreitet menschliche Einflüsse sein können, und um die Vielfalt und die Verschiedenartigkeit der betroffenen Tierarten aufzuzeigen. Viele dieser Erkenntnisse sind auch auf andere Situationen und Spezies übertragbar. Das Thema der Wechselbeziehungen zwischen Menschen und Tieren ist insbesondere für Studien der angewandten Verhaltensforschung relevant. Detaillierte ethologische Studien sind vonnöten, da wir berücksichtigen müssen, wie unsere Forschungen Verhaltensweisen von Tieren beeinflussen, andernfalls riskieren wir, die falschen Schlussfolgerungen zu ziehen. Auch für Naturschutzprojekte wird es zunehmend wichtiger zu verstehen, wie Menschen das Verhalten von Tieren beeinflussen und verändern.

Auswirkungen verschiedener Forschungsmethoden

Die Verhaltensmuster der Futtersuche können durch den menschlichen Eingriff beeinflusst werden. Die Nahrungssuche von Zwergpinguinen (Durchschnittsgewicht 1.100 Gramm) wird durch das Tragen eines kleinen Geräts (ca. 60 Gramm) beeinflusst, das die Geschwindigkeit ihrer Tauchgänge und ihre Tauchtiefe misst. Das an ihnen befestigte Gerät vermindert ihre

Effizienz bei der Nahrungssuche. Solche Verhaltensänderungen werden „Instrumenteneffekt" genannt. Bei einer anderen Studie entdeckten Forscher, dass der Tourismus und das Aufsuchen von Brutgebieten von Pinguinen Veränderungen sowohl im Verhalten der Tiere als auch in ihrem Hormonhaushalt bewirken.

Das Markieren von Tieren beeinflusst ihr Verhalten ebenfalls. Das Befestigen einer Markierung am Flügel einer Schwarzkopfruderente führt zu einem verminderten Werbungsverhalten und längeren Schlaf- und Pflegezeiten. In diesem Fall wären Daten zu Paarungsverhalten, Aktivitätsmustern und Pflegeverhalten irreführend.

Die Partnerwahl bei Zebrafinken wird durch die Farbe der zur Markierung von Individuen verwendeten Beringung beeinflusst, und möglicherweise gibt es zahlreiche andere Einflüsse, die noch nicht dokumentiert wurden. Weibchen mit schwarzen Ringen und Männchen mit roten Ringen hatten bessere Fortpflanzungserfolge als Vögel mit anderen Farben. Blaue und grüne Ringe waren besonders unattraktiv. Die Farbe der Beringung kann die Wahl der Gesangsvorbilder bei Zebrafinken ebenso beeinflussen wie das Hüteverhalten von Blaukehlchen.

Auch das Anbringen von Funkhalsbändern kann das Verhalten von Tieren beeinflussen. So wirkt sich das Gewicht des Funkhalsbandes auf die Dominanzbeziehungen adulter weiblicher Wiesenwühlmäuse aus. Wenn die Mäuse ein Halsband tragen, das über 10 % ihres Körpergewichts wiegt, führt das zu einem signifikanten Dominanzverlust. Hier würden in Unkenntnis dieser Tatsache irreführende Daten zu Dominanzbeziehungen generiert. Halsbänder mit Funksendern können sich auch auf die Paarbindung und den Bruterfolg von Schneegänsen auswirken. Wenn jedoch weibliche Tüpfelhyänen Funkhalsbänder tragen, die unter 2 % ihres Körpergewichts wiegen, scheint das nur wenig Auswirkungen auf ihr Verhalten zu haben. Ähnliche Erkenntnisse gibt es für kleine Nagetiere, bei denen kleine Funkhalsbänder das Risiko, Raubvögeln zum Opfer zu fallen, nicht erhöhen.

Ebenso können Fangmethoden zu verfälschten Ergebnissen führen. Fangmethoden können die Daten zu Alters- und Geschlechterverhältnissen von Vögeln verfälschen. Zum Beispiel wird beim Netzfang ein größerer Anteil an Jungtieren gefangen, während in Fallen mehr adulte Tiere registriert werden. Außerdem scheinen dominante Männchen mit Futter bestückte Fallen für sich zu beanspruchen, was zu irreführenden Daten bezüglich des Geschlechterverhältnisses führt. Das sind extrem wichtige Erkenntnisse, weil Alters- und Geschlechterverhältnisse wichtige Daten für verschiedene, an Verhalten, Verhaltensökologie und Populationsbiologie interessierte Forscher liefern.

Auch ist bekannt, dass das Einfangen bzw. wiederholte Einfangen von Ichneumonen Auswirkungen auf deren Gebietsnutzung hat. Es ist wichtig zu fragen, ob die *beobachtete* Gebietsnutzung tatsächlich mit der Nutzung durch Individuen, die Fallen und menschliche Beobachter meiden, korrespondiert. Wenn beispielsweise für die Gefangenhaltung Käfige entwickelt werden, die die Bewegungs- und Aktivitätsmuster der Tiere berücksichtigen, müssen die Daten zur Entwicklung der Gehege auf Informationen beruhen, die zuverlässig widerspiegeln, was die Tiere in der Wildnis tatsächlich nutzen und brauchen.

Verschiedene Forschungsmethoden beeinflussen nicht nur zahlreiche Verhaltensmuster, sondern sie können sich auch auf die Anfälligkeit für Infektionen auswirken. Zum Beispiel führten Ohrmarkierungen bei Weißfußmäusen zu einem erhöhten Zeckenbefall, weil die Markierungen den Tieren die Pflege erschwerten. Daher könnte das Vorhandensein von Ohrmarkierungen die Ergebnisse verfälschen, die sich auf das Pflege- und Putzverhalten beziehen.

Die Auswirkungen menschlicher Einflüsse zu erkennen, selbst solcher, die Tieren helfen sollen, kann extrem kompliziert sein. Ein höchst umstrittenes Beispiel für mögliche Auswirkungen menschlicher Eingriffe auf Wildpopulationen betrifft die verzweifelte Lage der Afrikanischen Wildhunde. Der Eingriff in das Leben der Wildhunde beinhaltete ihre Impfung gegen Tollwut und Staupe. Während einige Wissenschaftler behaupten, dass das Handling der Hunde und das Impfen direkt für ihren Rückgang verantwortlich sei, weil durch das Berühren ihr Immunsystem geschwächt wurde (was ihre Stressresistenz herabsetzte), kamen andere zu genau dem gegenteiligen Schluss, nämlich, dass das Handling und die Impfung nicht die Ursache ihres Rückgangs sei. Dies ist ein Beispiel für äußerst kompetente Wissenschaftler, die sich alle zutiefst um die Afrikanischen Wildhunde sorgen, und nicht in der Lage sind festzustellen, was zum Rückgang der Population führte.

Das liegt daran, dass die Probleme so unglaublich kompliziert sind. Einige der Fragen dieser Forscher lauteten: Sollten die Forscher sich einmischen und möglicherweise das Leben der Tiere aufs Spiel setzen oder der Natur ihren Lauf lassen? Wenn Tollwut und Staupe von Haushunden eingeschleppt wurden, die ohne Menschen nicht dort wären (eine anthropogene Einwirkung), sind wir dann eher verpflichtet, den Wildhunden zu helfen, als wenn Tollwut und Staupe von Natur aus vorkämen? Es gibt keine einfachen Antworten auf diese Fragen, und sie sind ein gutes Beispiel für die Art von Fragen, die immer dann aufkommen, wenn Menschen auf das Leben von Tieren Einfluss nehmen.

Die obigen Beispiele entstammen Forschungen an Säugetieren und Vögeln, doch es gibt auch Anzeichen dafür, dass durch Menschen verursachte Störungen die Verhaltens- und Bewegungsmuster zahlreicher Insekten (Wanzen, Termiten, Hornissen und Ameisen) und Skinke (Eidechsen) beeinflussen oder auch die Fortpflanzung von Schlangen hemmen können. Zweifellos werden zukünftige Studien zeigen, dass Menschen das Verhalten vieler verschiedener Spezies beeinflussen.

Die bloße Anwesenheit

Nicht nur die Berührung durch den Menschen hat Auswirkungen, sondern unter Umständen auch seine bloße Anwesenheit. Im frühen 19. Jahrhundert lernten Meisen in England, die Deckel der Milchflaschen zu öffnen, die die Menschen nach Hause geliefert bekamen. Elche und viele andere Tiere meiden Skifahrer. Von meinen Studenten und mir durchgeführte Studien zeigten, dass Menschen einen großen Einfluss auf Präriehunde haben. So sind zum Beispiel Individuen, die viel Kontakt zu Menschen haben, weniger wachsam gegenüber deren Anwesenheit, als Individuen, die weniger Kontakt haben. Das gleiche gilt für verschiedene Hirscharten. Genauso verbringen nicht an Menschen gewöhnte Elstern so viel Zeit mit dem Meiden von Menschen, dass dadurch die für wichtige Aktivitäten wie das Fressen erforderliche Zeit verringert wird. Am Fressverhalten interessierte Forscher müssen sicherstellen, dass ihre Anwesenheit nicht das arttypische Verhalten verändert, also genau die Informationen, die sie sammeln möchten.

Viele Menschen beobachten gerne Tiere vom Auto, von Booten oder von Flugzeugen aus. Doch der Krach und die Anwesenheit der Fahr- und Flugzeuge kann zu Veränderungen der Bewegungsmuster (Elche), des Fressverhaltens (Bergschafe) und des Brutverhaltens führen. Bei Schwänen führen die Geräusche und die Anwesenheit von Autos zu einer erhöhten Mortalität der Eier und frisch geschlüpften Küken. Noch einmal, diese Auswirkungen sind bei ihrem Auftreten nicht offensichtlich, doch sie werden durch empirische Daten belegt.

Adeliepinguine, die Flugzeugen und Menschen ausgesetzt waren, zeigten enorme Verhaltensänderungen, zum Beispiel Abweichung von einem direkten Weg zurück zu einem Nest und vermehrte Nestaufgabe. Aufgrund der Flugzeuge, die die nach Nahrung suchenden Pinguine daran hinderten, zu ihren Nestern zurückzukehren, kam es zu einem Rückgang von 15 % in der Vogelpopulation einer Kolonie und einer Nestmortalität von 8 %. Außerdem konnte eine starke Erhöhung der Herzfrequenz der Pinguine verzeichnet werden. Hier wären Modelle in Bezug auf den Fortpflanzungserfolg und den elterlichen Aufwand irreführend. Trompeterschwäne zeigen keine derartigen Reaktionen auf Flugzeuge. Doch der Krach und die sichtbare Anwesenheit stehender Fahrzeuge verursachte Veränderungen in ihrem Brutverhalten, was zu einer Abnahme der Produktivität aufgrund einer erhöhten Mortalität der Eier und der frisch geschlüpften Küken geführt haben könnte.

Viele Menschen lieben Jungtiere und versuchen, nahe an Nester oder Höhlen heranzukommen, ohne die Bewohner dabei zu stören. Bei verschiedenen Forschungsprojekten ist es wichtig, das Brutpflegeverhalten zu beobachten und die Eier und Jungtiere zu zählen, um etwas über die Überlebensmuster und die Mortalität zu erfahren. Doch wenn die Nester einiger Vögel (beispielsweise Weißstirnschmätzer und Enten) regelmäßig von Menschen aufgesucht werden, fallen diese Vögel häufiger Räubern zum Opfer, als wenn ihre Nester selten besucht werden. Es wird vermutet, dass einige Tiere sich so an Menschen gewöhnen, dass sie anschließend anderen Tieren, einschließlich solchen, die sie töten, erlauben, ihnen zu nahe zu kommen.

Aktivitäten wie das Bergsteigen haben ebenfalls Auswirkungen. Bergsteiger können die Aktivitätsmuster von Vögeln beeinflussen, so dass sie mehr fliegen und weniger sitzen und folglich Energie verschwenden. In Boulder, Colorado, und an anderen Orten ist das Bergsteigen während der Brutzeit verboten. In einer Studie zu den Auswirkungen von Bergsteigern auf Grizzlybären im Glacier National Park, Montana, wo sich die Bären von Motten ernähren, entdeckten die Forscher, dass von Bergsteigern gestörte Bären 50 % weniger Zeit mit der Suche nach Motten verbrachten und ca. 50 % mehr Zeit damit, Bergsteiger zu meiden. Es wurde empfohlen, dass die Bergsteiger um Gebiete herumgeleitet werden, in denen Bären leben, um die Störungen und den damit verbundenen Kalorienverlust zu minimieren.

Von Menschen angelegte Freizeitpfade werden ebenfalls mit Verhaltensänderungen und erhöhter Mortalität in Verbindung gebracht. In Boulder gibt es in den Ökosystemen des Waldes und der Übergangsprärie ein vermehrtes Nesträubertum in der Nähe von Wegen, doch wir wissen nicht, ob das an dem Pfad selbst, der Nutzung der Wege durch Menschen oder durch Raubtiere oder aber an der Summe all dieser Einwirkungen liegt.

Auch Lebensräume in Gewässern werden von schaulustigen menschlichen Eindringlingen besucht. Delfine sind zu „kultigen" Tieren avanciert, und viele Menschen möchten mit Delfinen schwimmen. Zahlreiche Studien haben ergeben, dass das Schwimmen mit Delfinen in der Wildnis schädlich für ganze Delfinschulen sein kann, insbesondere wenn Schwimmer die Nähe der Tiere suchen, die, (für die Schwimmer nicht erkennbar) ausruhen, fressen oder sich paaren. Diese Schwimmprogramme könnten möglicherweise auch für Menschen gefährlich sein. Selbst Experten stimmen darin überein, dass wir genauere Daten über das Schwimmen mit Delfinen benötigen. Viele Forscher vertreten die Ansicht, dass wir, solange wir die negativen Auswirkungen nicht kennen, zugunsten der Tiere entscheiden und sie in Ruhe lassen sollten.

Delfine und andere Tiere werden oft von Menschen gefüttert. Das Füttern (und andere Belästigungen) wild lebender Delfine ist in USA illegal, und es stehen schwere Strafen darauf, doch das gilt nicht für andere Länder. Es gibt dokumentierte Fälle, in denen Delfine mit Feuerwerkskörpern, Golfbällen, Kunststoffprodukten, Ballons und mit Haken versehenen Fischködern (damit die Delfine gefangen werden konnten) gefüttert wurden. Die Versorgung von Delfinen mit Fisch wird so z.B. mit einer Verhaltensänderung wild lebender Großer Tümmler im australischen Monkey Mia in Verbindung gebracht. Delfine, die gefüttert werden, ändern unter anderem ihr Fressverhalten und werden häufig in geschäftigen Häfen und Marinas beobachtet. Einige haben Zusammenstöße mit Booten; auch Menschen wurden bei dem Versuch, wild lebende Delfine zu füttern, schon ernsthaft verletzt. Der National Marine Fisheries Service und andere Organisationen führen umfangreiche Kampagnen durch, um die Fütterung und die Belästigung wild lebender Delfine zu stoppen.

Niederfrequente aktive Sonargeräte (*Low frequency active sonar = LFAS*), die von der US-Navy (und in anderen Ländern) zur Ortung von U-Booten eingesetzt werden, wirken sich ebenfalls fatal auf Meereslebewesen aus, zum Beispiel auf Wale, Schildkröten und einige Fischarten. Bei diesen Fernortungssonargeräten wird der Schall ca. 640 km weit getragen und die Tiere müssen einen Schalldruck von bis zu 140 Dezibel erleiden; das entspricht etwa der Lautstärke eines Erdbebens. Weniger leistungsstarke Sonargeräte waren für Walstrandungen auf den Bahamas verantwortlich. Es ist bekannt, dass Fische aufgrund von *LFAS* innere Verletzungen erleiden, Augen- und Ohrenschäden davontragen und durch vorübergehenden Gehörverlust beeinträchtigt sind.

In seinem Buch SPERM WHALES: SOCIAL EVOLUTION IN THE OCEAN schreibt der Walexperte Hal Whitehead, dass Pottwalpopulationen durch viele menschliche Aktivitäten bedroht sind. Unter anderem durch die zunehmende Verwendung von Harpunen zur Waljagd, durch Kollisionen mit Schiffen, aber auch durch Abfall, zum Beispiel Kunststoff, der Kalmaren ähnelt, von denen sich die Wale ernähren. Dazu kommen Verstrickung in Fanggeräte, Lärm, chemische Verschmutzung (einschließlich vieler Schwermetalle, die in der Nahrungskette landen), sowie die Erderwärmung.

Da Pottwale tradierte Informationen über ihre Umwelt nutzen, geht Whitehead davon aus, dass die Veränderungen des Ozeans aufgrund der Erderwärmung und anderer menschlicher Aktivitäten zur Folge haben könnten, dass diese Informationen veraltet oder irreführend geworden sind. Auch kleine Veränderungen können so Auswirkungen auf den Bestand der Pottwale haben. Viele anthropogene Einflüsse sind unvorhersehbar, und das führt zu Bedenken unter Wissenschaftlern, weil Menschen unwissentlich irreparable Schäden anrichten können. So wurde beobachtet, dass Menschen bei Besuchen in Seehund-Kolonien wilde Fluchten und damit das Herumtrampeln auf Seehundjungen verursachten. Manchmal stoßen Menschen mit ihren Booten auch mit einzelnen Tieren zusammen und verletzen sie dabei.

Gewöhnung und Verhaltensflexibilität durch die Anwesenheit von Menschen

Die Gewöhnung von Wildtieren an die Anwesenheit von Menschen ist ebenfalls ein großes Problem. Individuen vieler Spezies gewöhnen sich bekanntermaßen an die Anwesenheit von Menschen, statt vor ihnen zu fliehen. Sie werden unvorsichtiger, leben weniger versteckt und werden sichtbarer. So entdeckten wir, dass die von meinen Studenten und mir in und um Boulder studierten Schwarzschwanz-Präriehunde in Stadtgebieten, wo sie viel Kontakt zu Menschen haben, weniger vorsichtig sind und Menschen stärker tolerieren als in den entlegeneren Habitaten, wo es zu weniger Kontakt mit Menschen kommt. Städtische Präriehunde zeigen eine verringerte Fluchtdistanz gegenüber Menschen; sie erlauben Personen, sich ihnen weiter zu nähern und fühlen sich durch die Anwesenheit der Menschen allgemein weniger gestört. Vögel, wie etwa Haubentaucher, Fischadler, Graugänse und Amerikanische Graureiher (auch Kanadareiher genannt) zeigen ebenfalls eine starke Gewöhnung in Gebieten mit ausgeprägter menschlicher Aktivität.

Auch Pumas (Berglöwen), die in Regionen mit dichter menschlicher Besiedelung leben, zeigen zahlreiche Verhaltensänderungen. In seinem Buch THE BEAST IN THE GARDEN untersucht David Baron das Verhalten von Pumas, die wieder in ihr traditionelles Heimatgebiet in und um Boulder, Colorado, eingewandert sind. Traditionell waren Pumas sehr scheue, versteckt lebende Tiere. Sie mieden Menschen, neigten dazu, Hunde zu fürchten, und wurden tagsüber selten gesichtet. Seit Pumas in den späten 1980ern jedoch wieder begonnen haben, die offene Landschaft um Boulder zu besiedeln, haben Biologen und Ethologen viele Verhaltensänderungen wahrgenommen. Die Pumas von Boulder zeigen tendenziell weniger Furcht vor Menschen, kommen häufig in die Gärten und selbst auf die Terrassen der Wohnhäuser. Sie haben ihre Angst vor Hunden verloren und einige um Boulder herum lebende Pumas haben sogar angefangen, Hunde zu jagen.

Viele dieser Verhaltensänderungen stellen für Biologen und Tierverhaltensforscher keine Überraschung dar. Sie betonen, dass das Verhalten von Tieren formbar ist und vielen Veränderungen unterliegt. Zum Beispiel wissen Biologen, dass Tiere Opportunisten sind und neue Nahrungsressourcen ausfindig machen, wie es etwa einige Pumas getan haben, als sie begannen, Hunde als Beute anzusehen. Es fällt schwer zu verstehen, warum diese Pumas ihre traditionelle Angst vor Hunden verloren haben, obwohl der Biologe Maurice Hornocker glaubt, dass es daran liegen könnte, dass in den Gebieten, wo die Wölfe ausgerottet wurden, Pumas nicht mehr lernen, Kaniden zu fürchten, weil ihr traditioneller Feind, der Wolf, verschwunden ist.

Leicht zu verstehen ist jedoch, warum die Pumas von Boulder tendenziell tagsüber aktiver sind als ihre Vorfahren. Der deutsche Ethologe Eberhard Curio hat festgestellt, dass Raubtiere dazu neigen, ihr Raubverhalten an ihre Beute anzupassen. Weil die Hirsche von Boulder, Colorado, tagsüber aktiver sind als Hirsche in reinen Wildgebieten, sind auch die Pumas von Boulder tagsüber aktiver als nachts. Es ist auch nicht überraschend, dass die Pumas, die den Hirschen in das Tiefland von Boulder folgen, begannen, in den Wohngebieten von Boulder aufzutauchen und manchmal sogar in den Gärten der Leute Hirsche zu töten und zu verstecken.

Lee Fitzhugh, Wildtierbiologe an der University of California in Davis, hat ebenfalls die Wechselbeziehungen zwischen Pumas und Menschen studiert, einschließlich tödlich verlaufener Angriffe in Kalifornien und in anderen Regionen im Westen der Rocky Mountains. Er hat festgestellt, dass Pumas unter bestimmten Umständen anfangen, Menschen als Beute anzusehen, obwohl sie diese vorher gemieden haben. Opfer, die Angriffe überlebt haben, hatten bemerkt, dass die Pumas sich duckten und mit ihren Schwänzen schlugen, während sie sie anstarrten, was zeigt, dass die Angriffe räuberischer Natur waren und nicht der Verteidigung dienten. Die Pumas waren nicht ängstlich, territorial oder neugierig. Sie haben Menschen tatsächlich als potenzielle Mahlzeiten angesehen.

Dass das Verhalten von Pumas und anderen Tieren sich an sogenannten Schnittstellen zwischen Wildnis und Städten ändern kann, ist faszinierend, da es zeigt, dass Verhalten flexibel ist und durch soziale Faktoren, wie die Anwesenheit der Menschen, beeinflusst werden kann. Viele Tiere, einschließlich am Rande der Städte lebende Füchse, Bären, Kojoten, Pumas und Hirsche, zeigen Veränderungen in der Gebietsnutzung und in den Aktivitätsmustern, die ihr Jagdverhalten und ihr Paarungsverhalten beeinflussen. Trotzdem wissen wir bisher nur wenig darüber, wie sich das Verhalten von Tieren verändert, wenn sie gezwungen sind, mit in ihr Gebiet eindringenden Menschen zu konkurrieren.

Denn auch Raub- und Beutetiere zeigen Verhaltensflexibilität, und häufig sind ihre Aktivitätsmuster miteinander verknüpft. Beispielsweise sind die um Boulder herum lebenden Maultierhirsche tagsüber aktiver als Hirsche in Gebieten mit weniger Menschen. Die um Boulder herum lebenden Pumas, die sich hauptsächlich von Maultierhirschen ernähren, sind tagsüber ebenfalls aktiver. Die Hirsche haben sich ebenso wie die Pumas an die Menschen und Hunde gewöhnt. Ebenso können Vegetationsveränderungen bei Pflanzenfressern zu einer veränderten Gebietsnutzung führen, und diese Umweltveränderungen können weit reichende Auswirkungen auf eine Vielzahl von Tieren haben.

Viele Tiere zeigen auch aufgrund anthropogener Aktivitäten, die nicht mit der Gewöhnung an Menschen verbunden sind, Verhaltensänderungen oder Veränderungen in ihrer ökologischen Nische. Einige der betroffenen Spezies sind vielen Menschen unbekannt, daher werden diese Veränderungen nur von Forschern bemerkt. Zum Beispiel begannen Wiesenhüpfmäuse (*Zapus hudsonius peblei*) vor über 100 Jahren (mit dem Beginn der landwirtschaftlichen Bewässerung) von Menschen geschaffene Wasserwege zu nutzen. Die Nutzung der Wasserwege veränderte die räumliche Verbreitung dieser Mäuse und folglich ihre Wechselbeziehungen zu anderen Spezies.

Die Giant-Floater-Muschel in Colorado war gezwungen, ihre ökologische Nische zu wechseln, als Menschen anfingen Flüsse aufzustauen. Die Aufstauung führte zu einer verstärkten Sedimentbildung, und die Wasserqualität war für Muscheln nicht mehr geeignet. Heutzutage leben diese Muscheln nur noch in seit 1940 von Menschenhand geschaffenen Reservoirs. Auch sehr interessant ist, dass der einzige Weg, wie die Muscheln in diese Stauseen oder -becken gelangen können, darin besteht, dass ihre Larven in den Kiemen von Fischen transportiert werden, die an den Laichplätzen der Colorado Division of Wildlife groß gezogen und dann zu diesen Wasserspeichern transportiert und dort ausgesetzt werden. Das Schicksal der Muschel wurde also durch zwei separate anthropogene Aktivitäten beeinflusst.

Eine offensichtliche Schlussfolgerung, die aus diesem und weiteren Beispielen gezogen werden kann, ist, dass viele Verhaltensaspekte aufgrund unserer Präsenz im Leben der Tiere extrem flexibel sind. Das ist eine wichtige Lektion, die Menschen lernen müssen. Nur weil einige der in der Jagd und der Paarung eingesetzten Verhaltensmuster angeboren zu sein scheinen, bedeutet das nicht, dass sie nicht durch Umwelteinflüsse verändert werden können. Und Menschen sind Teil der Umwelt vieler Tiere.

Obwohl es viele Probleme gibt, die sowohl bei Forschungen im Labor als auch im Freiland auftreten, sind die Konsequenzen für Wildtiere möglicherweise anders und schwerwiegender als für in Gefangenschaft lebende Tiere, deren Leben bereits grundlegend durch die Bedingungen verändert wurde, unter denen sie leben. Das gilt auch für verschiedene Versuchsanordnungen, die nicht das Einfangen, Handling oder Markieren von Individuen beinhalten. Betrachten wir Versuchsverfahren, die Folgendes umfassen: (1) Besuche der Streifgebiete, Reviere oder Höhlen bzw. Baue von Tieren, (2) Manipulation des Nahrungsangebots, (3) Veränderung der Größe und Zusammensetzung von Gruppen durch Entfernen oder Hinzufügen von Individuen, (4) Wiedergabe von Lautäußerungen, (5) Anbringung von Geruchsmarkierungen, (6) Entstellen von Körpermerkmalen, (7) Verwendung von Attrappen und (8) Manipulation des Genpools.

Diese Eingriffe können das Verhalten von Individuen verändern, zum Beispiel die Bewegungsmuster, die Gebietsnutzung und die für verschiedene Aktivitäten aufgewendete Zeit, einschließlich der Jagd und der Reaktion auf Raubfeinde. Außerdem haben sie Auswirkungen auf verschiedene Arten sozialer Interaktionen, zum Beispiel auf das Pflegeverhalten, das Sozialspiel und die Dominanzbeziehungen. Diese Veränderungen können auch das Verhalten ganzer Gruppen verändern, zum Beispiel die Jagd in der Gruppe oder das

Fressverhalten, das Pflegeverhalten und die Dominanzbeziehungen. Außerdem beeinflussen sie Nicht-Ziel-Individuen. Und schließlich gibt es in der Reaktion auf die Einwirkung von Menschen individuelle Unterschiede von Tier zu Tier.

Alle diese Wechselwirkungen müssen bei der Auswertung von Studien berücksichtigt werden. Vielleicht sind es langfristige Veränderungen, die sich durch natürliche Auslese entwickeln werden.

Wie lassen sich Tiere effektiv studieren?

Wenn Verhaltens- und Aktivitätsmuster als Lackmustest für das verwendet werden, was wir als „normales arttypisches Verhalten" bezeichnen, müssen Forscher sicher sein, dass die beobachteten Verhaltensmuster wirklich widerspiegeln, wer das Individuum hinsichtlich solcher Variablen wie Alter, Geschlecht und Sozialstatus ist. Wenn die zur Beurteilung des Wohlergehens herangezogenen Informationen unzuverlässig sind, werden unsere Schlussfolgerungen und die erstellten Modelle mit ziemlicher Sicherheit ebenfalls unzuverlässig sein und aktuelle und zukünftige Forschungsprogramme in die Irre führen. Natürlich haben menschliche Fehler zudem entsetzliche Auswirkungen auf das Leben der studierten Tiere. Viele glauben, dass wir als Tierverhaltensforscher das Normalverhalten und die natürlichen Variationen dieser Aktivitäten kennen müssen, damit wir erkennen, wie wir die Tiere behandeln, an deren Erforschung wir interessiert sind.

Außer festzustellen, wie unser Einwirken das Leben von Tieren beeinflusst, ist es aber auch wichtig, diese Kenntnisse zu veröffentlichen, damit wir sie nicht unbeabsichtigt (weiter) beeinflussen. Die Verbreitung dieser Informationen umfasst auch die Weitergabe von Informationen in Bezug auf die „menschliche Dimension" an Zooverwaltungen, Wildparks, Aquarien und Bereiche, in denen sich Tiere frei bewegen, damit Besucher darüber informiert werden können, wie sie unter Umständen das Verhalten der Tiere beeinflussen, die sie sehen möchten. Tourismusunternehmen, Naturschutzvereine und -gesellschaften sowie Schulen können dasselbe tun.

Es sollte auch unbedingt betont werden, dass das, was auf der Ebene des Individuums relativ kleine Änderungen zu sein scheinen, sowohl kurz- als auch langfristig weit reichende Auswirkungen haben kann. Oft müssen an Ort und Stelle Entscheidungen hinsichtlich Studientechniken getroffen werden, und Kenntnisse bezüglich ihrer Auswirkungen auf das Leben der betroffenen Tiere verdienen unsere ganze Aufmerksamkeit. Viele Forscher glauben, dass ein Grundprinzip sein könnte, dass das Leben der Tiere, die von Menschen studiert werden, respektiert werden sollte. Wenn wir nicht sicher sind, wie unsere Aktivitäten sie beeinflussen, sollten wir zugunsten der Tiere entscheiden und keine Praktiken anwenden, deren Konsequenzen wir nicht kennen (oder deren Auswirkungen wir mangels sachkundiger Vorstellungen nicht beurteilen können). Dieses Vorsichtsprinzip wird uns und den Tieren einen guten Dienst erweisen.

Tatsächlich könnte diese Vorgehensweise bedeuten, dass exotische Tiere, die für Institutionen wie Zoos und Tierparks so attraktiv sind, sehr lange studiert werden müssen, bevor sie in Gefangenschaft gehalten werden können. Bei all jenen, die Daten zu neuen Spezies sammeln möchten, die mit anderen (vielleicht verbreiteteren) Tierarten verglichen werden sollen, wird die Zuverlässigkeit der Ergebnisse in Frage gestellt werden, wenn nicht genug empirische Daten zur Beschreibung des Normalverhaltens und arttypischer Variationen dieser Aktivitäten vorhanden sind.

Es besteht weiterhin Bedarf, Grundsätze für die Erforschung wild und in Gefangenschaft lebender Tiere zu entwickeln bzw. diese zu verbessern. Diese Richtlinien müssen alle verfügbaren Informationen berücksichtigen. Berufsverbände, Fachgesellschaften und wissenschaftliche Institutionen könnten eine wichtige Rolle bei der Erstellung und Durchsetzung von Richtlinien spielen, und viele Zeitschriften fordern inzwischen, dass die Autoren von Artikeln eine Erklärung abgeben, in der sie bestätigen, dass die Forschung gemäß anerkannter Vorschriften durchgeführt wurde. Die Richtlinien sollten fortschrittlich sein und eine regulierende Wirkung haben. Es wurden bereits große Fortschritte bei der Entwicklung von Grundsätzen erzielt, und die Herausforderung besteht nun darin, sie bindender, effektiver und spezifischer zu gestalten.

Natürlich haben Menschen Auswirkungen auf die Natur, und offensichtlich können wir eine Vielzahl von Verhaltensänderungen bei einer Reihe verschiedener Spezies bewirken. Oft machen es diese Veränderungen paradoxerweise schwierig, zuverlässige Antworten auf unsere wissenschaftlichen Fragen zu erhalten. Die Koexistenz mit Tieren ist wichtig. Durch vorsichtiges Vordringen in das Leben von Tieren können Menschen ihre Gesellschaft genießen und etwas über ihr faszinierendes Leben erfahren, ohne dass sie für unser Interesse und unsere Neugier büßen müssen. Unsere Neugier darf ihnen nicht schaden.

Die potenzielle Möglichkeit der Menschen, alles zu tun, was wir mit Tieren und der Natur insgesamt tun können, ist untrennbar mit der Verpflichtung verbunden, ethisch zu handeln und verantwortungsbewusste Verwalter und Forscher zu sein. Die gesammelten Daten belegen nicht nur das Verhalten der studierten Tiere, sondern auch die Ähnlichkeiten und Unterschiede zwischen ihrem Verhalten und unserem. Es ist von entscheidender Wichtigkeit, so zuverlässige Daten wie irgend möglich zu sammeln. Ein wichtiges Ergebnis des bestmöglichen unaufdringlichen Verhaltens ist, dass wir Menschen und alle Tiere davon profitieren werden.

Literaturhinweise

Baron, D. 2003. The Beast in the Garden: A Modern Parable of Man and Nature. W. W. Norton & Company, New York.

Bekoff, M. 2000. Field studies and animal models: The possibility of misleading inferences. In M. Balls, A.-M. van Zeller und M. E. Halder (Hg.), Progress in the Reduction, Refinement and Replacement of Animal Experimentation. Elsevier, S. 1553–1559.

Bekoff, M. 2002. Minding Animals: Awareness, Emotions, and Heart. Oxford University Press, New York.

Bekoff, M. und Jamieson, D. 1996. Ethics and the study of carnivores: Doing science while respecting animals. In J. L. Gittleman (Hg.), Carnivore Behavior, Ecology, and Evolution, Bd. 2. Cornell University Press, Ithaca, New York. S. 15–45.

Festa-Bianchet, M. und Apollonia, M. (Hg.). 2003. Animal Behavior and Wildlife Conservation. Island Press, Washington, D.C.

Goodall, J. und Bekoff, M. 2002. The Ten Trusts: What We Must Do to Care For the Animals We Love. HarperCollins, San Francisco.

Herrero, S. und Higgins, A. 1999. Human injuries inflicted by bears in British Columbia: 1960–97. Ursos 11, 209–218.

Herrero, S. und Higgins, A. 2003. Human injuries inflicted by bears in Alberta: 1960–98. Ursos 14, 44–54.

Traut, A. H. und Hosteller, M. E. 2003. Urban lakes and waterbirds: Effects of development on avian behavior. Waterbirds 26, 290–302.

John P. Farrar, Karin L. Coleman,
Marc Bekoff & Eric Stone

Auswirkungen der Umsiedlung auf das Verhalten von Schwarzschwanz-Präriehunden (Cynomys ludovicianus) (1998)

Einführung

Schwarzschwanz-Präriehunde (*Cynomys ludovicianus*) sind in der Prärie Nordamerikas heimisch. Seit der Ausweitung der Land- und Viehwirtschaft in ihr ursprüngliches Verbreitungsgebiet sind die Präriehunde umfangreichen Ausrottungskampagnen durch die Regierung ausgesetzt (Clark 1979). Sie bewohnen nur noch einen kleinen Prozentsatz ihres ursprünglichen Verbreitungsgebiets: 1960 waren es nur noch 600 000 Hektar, im Vergleich zu 100 Millionen Hektar im Jahr 1900 (Koford 1958, Miller et al. 1994). Doch selbst die Größe ihres aktuellen Verbreitungsgebiets schrumpft aufgrund der ständigen Entwicklungsbestrebungen der Menschen. Präriehunde werden heutzutage als wichtiger Teil eines intakten Ökosystems „Prärie" angesehen (Whickler/ Deitling 1988, Miller et al. 1994, Robinette et al. 1995). Naturschutzorganisationen wie Wild Places, Prairie Dog Rescue, Citizens Concerned for Wildlife, Loveland Prairie Dog Action und verschiedene Tierschutzorganisationen plädieren für Managementmethoden, die nicht den Tod der Tiere zur Folge haben.

Schwarzschwanz-Präriehunde reagieren normalerweise auf einen Eindringling, z.B. einen Menschen, mit Unterbrechung des Fressverhaltens oder von sozialen Interaktionen. Sie bellen zur Warnung, ziehen sich in ihre Erdhöhlen zurück und verstecken sich unter der Erde. Daher könnten Störungen von Präriehundkolonien den Fortbestand und das Überleben der Kolonie beeinträchtigen, wenn das Fressverhalten und das Sozialverhalten nachhaltig gestört werden.

In einer Vorgängerstudie von Adams et al. (1987) wurden die Unterschiede in der Reaktion von Präriehunden in städtischen und ländlichen Gebieten getestet. Dabei zeigte sich, dass ländlich lebende Präriehunde bereits in größerer Entfernung auf sich nähernde Menschen reagierten als die in städtischen Gebieten. In der vorliegenden Studie untersuchten wir, ob Präriehunde nach dem Einfangen, Anfassen und der Anpassung an das neue Habitat nach einer Umsiedlung empfindlicher auf menschliche Eindringlinge reagieren. Insbesondere überprüften wir die Hypothese, dass die Empfindlichkeit gegenüber Menschen in Kolonien größer ist, die umgesiedelte Präriehunde einschließen, als in unberührten, autochthonen Kolonien (Kolonien, die nur von Präriehunden bewohnt werden, die natürlich in die Kolonie eingewandert sind oder in der Kolonie geboren wurden). Die Umsiedlung ist eine beliebte Alternative, wenn der Ausbau von Wohn- und Gewerbegebieten Präriehundkolonien wahrscheinlich auseinander reißen oder zerstören würde. Die Auswirkungen der Umsiedlung auf das Verhalten der betroffenen Tiere sind jedoch bislang nicht bekannt.

Methoden

Studienstandorte

Aufgrund des bevorstehenden Baus eines Laboratoriums für die National Oceanic and Atmospheric Administration (NOAA) auf dem Gelände des United States Department of Commerce in Boulder, Colorado, arbeitete die Wild Places-Gruppe gemeinsam mit Phyllis Gunn vom Department of Commerce an der Umsiedlung eines Teils der Präriehundkolonie in ein Schutzgebiet von City of Boulder Open Space.

Wir studierten drei Kolonien, *Autochthon, Gemischt* und *Umgesiedelt* genannt. Die autochthone Kolonie bestand aus den in der Kolonie verbliebenen Präriehunden, die nicht aufgrund des Bauvorhabens umgesiedelt wurden. Diese Präriehunde bildeten unsere Kontrollgruppe. Die Kolonie grenzte an für Kraftfahrzeuge gesperrte Zufahrtsstraßen. Fußgänger benutzten diese Bereiche und Straßen regelmäßig, und ihre Hunde begleiteten sie, sowohl an der Leine als auch frei laufend. Daher waren die *autochthonen* Präriehunde an die Nähe von Fahrzeugen, Menschen und potenzielle Raubfeinde gewöhnt.

Der zweite Standort befand sich auf dem Boulder Reservoir Open Space (angrenzend an die 51. Straße). Achtunddreißig Präriehunde wurden vom 12. Juli bis zum 8. Oktober 1996 am Rand einer bestehenden Kolonie freigelassen. Diese Präriehunde stammten aus einem ca. 10 Kilometer entfernten Gebiet nahe der Wasseraufbereitungsanlage in der 63. Straße im Osten von Boulder. An dem Standort herrschte ein Verkehr, der dem an der autochthonen Kolonie ähnelte. Die Kolonie umfasste folglich ursprünglich dort beheimatete sowie umgesiedelte Präriehunde, und diente aufgrund ihrer längeren Anpassungszeit und gemischten Population als Zwischengruppe. Diese Population wird als *Gemischte Kolonie* bezeichnet. Nördlich der Kolonie befindet sich ein Modellflugplatz. Es wurde berichtet, dass Leute einige Erdhöhlen zur Vermeidung von Beeinträchtigungen für die Modellflugzeuge mit Zeitungen verstopften. Das und gelegentliche (zwischen einem und fünf pro Tag) Jogger oder Fahrradfahrer entlang der 51. Straße waren die einzigen menschlichen Interaktionen, die diese Präriehunde erlebten.

Präriehunde aus der *autochthonen* Kolonie wurden an einen dritten Standort umgesiedelt, den so genannten *Umsiedlungsstandort*. Die Stadt Boulder möchte die Lage dieser Kolonie aufgrund der Tatsache, dass es Fälle gab, in denen Menschen privat gefangene Präriehunde unerlaubt in offenem Gelände ausgesetzt haben, geheim halten (Clint Miller, persönliche Mitteilung). Vom 9. September bis zum 6. November 1996 ließ das Personal von Wild Places 117 Präriehunde in dem Gebiet einer Kolonie frei, die drei Jahre zuvor durch eine Seuche ausgerottet worden war. Die Präriehunde wurden an den gleichen relativen Höhlenpositionen freigelassen, an denen sie gefangen wurden. Diese Gruppe stellte unsere Testgruppe dar.

Datensammlung und -auswertung

Vom 19. Oktober bis zum 20. November 1996 zeichneten wir an jedem der Standorte gemäß der von Adams et al. (1987) verwendeten Methoden zu verschiedenen Zeitpunkten die Reaktionen der Präriehunde auf menschliche Eindringlinge auf. Die Datengewinnung begann, sobald alle Tiere umgesiedelt waren, und wurde durchgeführt, bis wir einundzwanzig Beobachtungen pro Standort hatten. In einigen Fällen wurden am gleichen Tag mehrere Beobachtungen gemacht. Infolge der Größe dieser Kolonien (>100 Hektar), dem Abstand der Beobachtungsstandorte innerhalb einer Kolonie und der Zeitdifferenz zwischen den Beobachtungsaufzeichnungen betrachten wir diese Beobachtungen als voneinander unabhängig. Jedoch sind Pseudoreplikationen nicht auszuschließen, und unsere Ergebnisse müssen vor diesem Hintergrund interpretiert werden.

Vor der Annäherung an die Kolonie wurde ein zu beobachtendes Fokustier ausgewählt, und wir versuchten, am jeweiligen Standort jedes Mal ein anderes Tier auszuwählen. Das wurde erreicht, indem die Seite für die Annäherung an die Kolonie gewechselt wurde und das dem menschlichen Eindringling am nächsten befindliche Tier ausgewählt wurde.

Wir zeichneten vier Verhaltenseinheiten auf: *1. Belldistanz* (BD) – Distanz zwischen Beobachter und Fokustier, wenn es das erste Warnsignal von sich gibt und sich zu seiner Erdhöhle begibt; *2. Rückzugsdistanz* (RD) – Distanz zwischen Beobachter und der Erdhöhle, wenn sich das Tier in die Höhle zurückzieht; *3. Sequenzdauer* (SD) – die Zeit, die das Individuum für das Meideverhalten benötigt, d.h. in der es zur Höhle rennt, am Eingang verharrt, sich flach in den Eingang drückt, mit dem Schwanz wedelt, bellt und sich unter der Erde versteckt; *4. Versteckdauer* (VD) – die Zeit ab dem Moment, in dem alle Individuen der Gruppe sich in den Höhlen verstecken, bis eines wieder auftaucht. An allen Standorten näherte sich J. P. Farrar zur Kontrolle der Variationen der Geschwindigkeit und der Natur des Reizes der Kolonie aus einer Entfernung von zweihundert Metern vom Rand der Kolonie. Alle Annäherungsrichtungen wurden mit Hilfe einer Zufallszahlentabelle festgelegt.

Alle gemessenen Reaktionswerte wurden logarhythmisch transformiert (n+1), um den Anforderungen einer Normalverteilung zu entsprechen und die Varianzhomogenität zwischen den Standorten zu verbessern. Wir analysierten die Daten mit multivariablen Varianzanalysen und separaten Varianzanalysen, um festzustellen, ob signifikante Unterschiede zwischen den Standorten auftraten. Fehlende Werte für einige Zeitmessungen gehen darauf zurück, dass die Präriehunde nicht wieder auftauchten.

Unser Beobachtungsschema war so ausgelegt, dass einzelne Tiere zugleich unsere Versuchseinheit darstellten. Für eine echte Wiederholung der Versuchseinheit hätten wir die Reaktionen der Präriehunde aus den verschiedenen Kolonien für jede Art (umgesiedelt, gemischt und autochthon) messen müssen, das war jedoch nicht möglich (siehe unten).

Ergebnisse

Signifikante Unterschiede in den Reaktionen auf einen menschlichen Eindringling wurden bei der multivariablen Varianzanalyse (Wilks Lambda=0,386, exakt F=6,858, $d.f.$=8,90, p<0,001) festgestellt. Individuelle Varianzanalysen der Distanzmessungen zeigten ausgesprochen signifikante Unterschiede zwischen den Standorten ({BD/ RD} p<0,001/ 0,001, F=3,150/ 3,150, $d.f.$=2,63/ 2,63). Die Präriehunde am Umsiedlungsstandort reagierten bei größeren Distanzen sowohl in Bezug auf die Versteck-, als auch auf die Belldistanzen. Die Sequenz- und die Versteckdauer variierten nicht signifikant zwischen den Kolonien ({SD/ VD} p=0,844/ 0,984, F=0,170/

0,016, *d.f.*=2,52/ 2,56). Natürliche Raubfeinde wurden an der umgesiedelten Kolonie, jedoch nicht an den anderen beiden Kolonien beobachtet. Die Präriehunde reagierten auf Rotschwanzbussarde (*Buteo jamaicensis*) und einen Kojoten (*Canis latrans*), indem sie sich unter die Erde zurückzogen.

Diskussion

Umgesiedelte Präriehunde reagierten auf Störungen mit der größten Distanz, *autochthone* Präriehunde mit der kürzesten und die Präriehunde der *gemischten* Kolonie auf dazwischenliegende Distanzen. Diese Ergebnisse unterstützen die Ansicht, dass umgesiedelte Präriehunde sensibler auf Störungen durch Menschen reagieren. Obwohl sich diese Empfindlichkeit gegenüber menschlichen Eindringlingen möglicherweise mit der Zeit verringert, verweist sie auf einen zusätzlich zu berücksichtigenden Faktor im Umgang mit Präriehunden hin.

Robinette et al. empfahlen das Aussetzen von Gruppen aus über 60 Mitgliedern in Gebiete ohne potenzielle Immigration, „um den Einfluss einer genetischen Drift und Inzucht zu vermeiden" (1995, S. 873). Die Zahl wurde am Umsiedlungsstandort weit überschritten. Obwohl der Schwerpunkt der Studie von Robinette et al. auf Populationsgenetik und der lebensfähigen Mindestpopulationsgröße lag, zeigen unsere Ergebnisse, dass eine erhöhte Empfindlichkeit gegenüber Störungen erklären könnte, warum die Sterblichkeit im ersten Jahr nach der Umsiedlung so hoch ist (Robinette et al. 1995). Obgleich die erhöhte Empfindlichkeit gegenüber Störungen unter Umständen die Prädation und folglich die Mortalität reduziert, bedeuten größere Reaktionsdistanzen möglicherweise, dass die Individuen mehr Zeit damit verbringen, potenzielle Räuber zu meiden, was wiederum die verfügbare Zeit für die Nahrungssuche und -aufnahme verringert. Derzeit existieren jedoch keine Daten, die das erhärten würden.

Eine genauest mögliche Erforschung der Umsiedlungsauswirkungen würde wiederholte Beobachtungen bei mehreren Versuchsgruppen, Genehmigungen von Behörden und Standorte mit ähnlichen physischen, topografischen und biologischen Merkmalen für das Einfangen und Freilassen erfordern. Wir konnten diese strengen Anforderungen nicht erfüllen. Trotzdem untersucht die vorliegende Studie erstmals die Auswirkungen der Umsiedlung auf Präriehunde; angesichts rückläufiger Populationszahlen eine wichtige und zeitgemäße Frage für den zukünftigen Umgang mit dieser Spezies.

Unsere Ergebnisse zeigen, dass umgesiedelte Präriehunde im Vergleich zu nicht umgesiedelten Individuen eine erhöhte Empfindlichkeit gegenüber menschlichen Eindringlingen zeigen. Wildhüter und Naturschutzorganisationen müssen diese erhöhte Empfindlichkeit gegenüber Menschen (und wahrscheinlich auch gegenüber anderen natürlichen Räubern) berücksichtigen, wenn sie Standorte für die Freilassung auswählen. Wie die erhöhte Empfindlichkeit das zukünftige Verhalten beeinflusst, zum Beispiel die Fortpflanzung und das Überleben der umgesiedelten Präriehunde, muss noch erforscht werden.

Danksagung

Wir danken Clint Miller und Mark Gershman von der City of Boulder Open Space, Phyllis Gunn vom United States Department of Commerce, Susan Miller von Wild Places und Joe Mantione von den Boulder Mountain Parks für ihre Beratung und Unterstützung im Verlauf dieser Studie.

Literaturhinweise

Adams, R. A., Lengas, B. J. und Bekoff, M. 1987. Variations in avoidance responses to humans by Black-tailed prairie dogs (Cynomys ludovicianus). Journal of Mammalogy 68: 686–689.

Clark, T. W. 1979. The hard life of the prairie dog. National Geographic 58: 270–281.

Koford, A. D. 1958. Prairie Dogs, White Faces, and Blue Grama. Wildlife Monographs 3: S. 78.

Miller, B., Ceballos, G. und Reading, R. 1994. The prairie dog and biotic diversity. Conservation Biology 8: 677–681.

Robinette, K. W., Andelt, W. F. und Burnham, K. P. 1995. Effect of group size on survival of translocated prairie dogs. Journal of Wildlife Management 59: 867–874.

Whickler, A. D. und Deitling, J. K. 1988. Ecological consequences of prairie dog disturbances. Bio Science 38: 778–785.

Marc Bekoff & Carron A. Meaney

Interaktionen zwischen Hunden, Menschen und der Umwelt in Boulder, Colorado

Eine Fallstudie

(1997)

„Die Umwelt ist kein Luxus. Wenn politische Bewegungen an Bedeutung verloren haben, wenn sich Wirtschaftssysteme geändert haben, wenn Ideologien abgelöst und vergessen wurden, wird die Umwelt immer noch wichtig sein."

Sylvan/ Bennett, 1994

„Dass Freizeitaktivitäten die Tier- und Pflanzenwelt durcheinander bringen, ist wohlbekannt, wird aber nur unzureichend verstanden. Die beliebtesten Freizeitaktivitäten in Naturlandschaften müssen noch genau untersucht werden."

Knight/ Cole, 1995

Einführung

In den USA und vielen anderen Ländern interessiert man sich zunehmend dafür, wie Menschen und Tiere am besten gemeinsam Orte nutzen können, die von allen Parteien für Erholung und zur Freizeitgestaltung genutzt werden können (siehe Knight/ Gutzwiller 1995). Obwohl sich die Überlegungen häufig auf das gemeinsame Wohlergehen von Menschen und Tieren konzentrieren, erhalten Menschen, wenn Prioritäten festgelegt werden müssen, im Allgemeinen eine Vorzugsbehandlung. Wenn es konkurrierende Interessen zwischen Menschen, Haushunden (*Canis familiaris*), Wildtieren und der Natur im Allgemeinen gibt, werden das Wohlergehen der Hunde und ihre Interessen außerdem oft missachtet, weil sie „lediglich Hunde" oder „bloß domestizierte Tiere" sind (vgl. Bekoff 1995, 1996a und Bekoff/ Jamieson 1996).

Im späten 18. Jahrhundert hatten die Menschen von Boulder, Colorado, in weiser Voraussicht ein großes Stück Land in den Gebirgsausläufern der

Bebauung vorenthalten. Seitdem wurde im Rahmen des Open-Space-Programms weiteres Land zugekauft, um einen Grüngürtel um die Stadt anzulegen und Lebensräume für Tiere und Pflanzen sowie Freizeitmöglichkeiten zu schaffen. Dieses Programm ist sehr erfolgreich und allgemein beliebt.

In den letzten Jahren nahm die Nutzung der Wege im Open Space von Boulder stark zu. Wie Roberts (1995) betont, lieben die Bewohner von Boulder ihre Parks durch ihre Freizeitaktivitäten zu Tode. Dieses Gemeindeland, das von Menschen und Tieren gemeinsam genutzt wird, umfasst ca. 100 Quadratkilometer und verfügt über ein ca. 240 Kilometer langes Wegenetz. Im Jahr 1993 kamen ca. 1,3 Millionen Besucher, eine Zunahme von 13 % verglichen mit den Vorjahren (Miller 1994). In einer Studie wurde berichtet, dass 21,3 % der Besucher von Boulder City Open Space ihre Hunde ausführten (Zeller et al. 1994). In Boulder wie auch in anderen Gemeinden sind Haustiere, insbesondere Hunde, für einige Leute sehr wichtig, für andere aber problematisch. Die sich daraus ergebenden Konflikte zwischen den verschiedenen Personengruppen (Hundeliebhabern und -gegnern) haben den Stadtrat von Boulder dazu gezwungen, verschiedene Verwaltungsentscheidungen zu erwägen. Dazu sind empirische Daten vonnöten; sie können helfen, kontroverse Themen wie dieses objektiver und eindeutiger anzugehen. Die Entwicklung vernünftiger Verwaltungsrichtlinien zur Maximierung des Wohlbefindens aller Parteien in Erholungsgebieten erfordert die eingehende Untersuchung vermeintlicher und tatsächlich bestehender Probleme. Trotz umfangreicher Literatur über die Einstellungen der Menschen zu Haus- und Wildtieren (z.B. Kellert 1994; Serpell 1995a,b und darin enthaltene Verweise) gibt es nur wenige Daten zur Unterstützung von Verwaltungsentscheidungen auf lokaler Ebene. Aufgrund steigender Zahlen von Menschen und Haustieren nehmen auch die bestehenden Probleme hinsichtlich der Nutzung von Land in Boulder (Roberts 1995; Zaslowsky 1995) und anderen Gemeinden zu.

Zu den Hauptsorgen in Bezug auf die Landnutzung in Boulder und an anderen Orten zählt, dass frei laufende Hunde andere Hunde, Menschen, Wildtiere und die Umwelt beeinträchtigen können. Einige Daten stützen diese Auffassung (siehe Lowry/ McArthur 1978, Gentry 1983, Mainini et al. 1993, Miller 1994, Knight/ Gutzwiller 1995 und darin enthaltene Verweise), wohingegen andere Daten entweder suggerieren, dass Hunde nur minimale nachweisbare Auswirkungen auf Wildtiere, wie beispielsweise Hirsche, haben (z.B. Progulske/ Baskett 1958; Sweeney et al. 1971; Scott/ Causey 1973) oder dass der Einfluss von Menschen einen gleichwertigen oder stärkeren Eingriff bedeutet (z.B. Yalden/ Yalden 1990). Die Frage betreffend des Einflusses von Hunden auf die Tier- und Pflanzenwelt und die unterschiedlichen Habitate erfordert eindeutig weitere und genauere Untersuchungen.

Methoden

Die Daten wurden von September 1995 bis April 1996 an sechs verschiedenen Standorten in und um Boulder (vier Open-Space-Standorte und auf dem Campus der University of Colorado, Boulder, sowie in der Pearl Street Mall) erhoben. Um mehr über das Verhalten von frei laufenden Hunden und die Einstellungen der Menschen zu Hunden und deren Wahrnehmung in der Öffentlichkeit zu erfahren, entwickelten wir eigens einen Fragebogen für die Menschen und sammelten detaillierte Informationen zum Verhalten der Hunde. Wir waren der Ansicht, dass eine Kombination dieser beiden Vorgehensweisen zur Klärung der Unterschiede zwischen vermeintlichen und tatsächlichen Konflikten zwischen Hunden, Menschen und der Natur am besten geeignet sei.

Fragebogen

Unser Fragebogen (Anhang 1) charakterisierte die Befragten nach dem Standort, dem Nutzungsverhalten von Open-Space-Land, ob sie einen Hund besaßen oder sich in Begleitung eines Hundes befanden, ihrer Einstellung zu Hunden und Menschen, ihrer Erfahrung mit Hunden und Menschen auf Open-Space-Land, ihren Ansichten bezüglich des Einflusses von Hunden und Menschen auf verschiedene Habitate sowie nach ihren Bedenken in Bezug auf die Zukunft des Open Space.

Der Fragebogen wurde unter Mitwirkung professioneller Meinungsforscher entwickelt und eingesetzt und an den gleichen vier Hundefreilaufstandorten des Open Space verteilt, an denen Daten zu verhaltensbedingten Störungen gesammelt wurden (Mt. Sanitas, Bobolink Trail, Chautauqua, Doudy Draw) sowie an den beiden anderen Standorten (Campus der University of Colorado, Boulder, und Pearl Street Mall), wo Hunde an der Leine zu führen sind. (Zwei weitere Gebiete, Sawhill und Walden Ponds, wurden zu geringfügig genutzt, um in die vorliegende Datenerhebung einbezogen zu werden.) Alle Besucher mit und ohne Hunde wurden gebeten, den Fragebogen auszufüllen, während die Forscher auf die Fertigstellung warteten. Die Fragebögen wurden von Market Research Services, Longmont, Colorado, analysiert, und es wurde eine Kreuztabellierung durchgeführt, damit die Antworten auf jede Frage mit denen auf andere Fragen gegenübergestellt werden konnten.

Verhaltensbedingte Störungen

In diesem Teil unserer Studie beschäftigen wir uns mit den folgenden kurzfristigen und direkten verhaltensbedingten Störungen (für eine Diskussion siehe Knight/ Cole 1995, S. 61) durch frei laufende Haushunde, die von Personen begleitet werden. Die Daten umfassen (1) Charakterisierung der Landnutzungsmuster durch einzelne, beobachtete Hunde; (2) Charakterisierung der Jagd und des Aufscheuchens von Wildtieren und Störung der Vegetation und Gewässer; (3) die Art der Begegnungen von Hunden mit anderen Hunden und (4) die Art der Begegnungen von Hunden mit anderen Hunden und Menschen zusammen.

Die Verhaltensdaten wurden an sechs Standorten erhoben (siehe oben). Beobachtungen wurden „vor Ort" oder von einem Aussichtspunkt aus vorgenommen, und es wurde versucht, die Auswirkungen durch die Anwesenheit der Forscher zu minimieren. Beispielsweise saßen die Beobachter ruhig an einem Platz, und die Hunde schenkten ihnen im Allgemeinen nur wenig Aufmerksamkeit. An jedem Standort wurde der Weg am Pfadanfang und an den ersten 500 Metern durch Markierungen in fünf lineare 100-m-Abschnitte eingeteilt. An weiteren 100-m-Abschnitten entlang des Wegs wurden willkürlich Stichproben genommen, um zu sehen, ob sich der Weganfang auf das Verhalten auswirkte.

Sieben verschiedene Leute sammelten Daten und verteilten die Fragebögen. Durch regelmäßige Besprechungen wurde die Übereinstimmung zwischen den verschiedenen Forschern sichergestellt. Es wurde die Fokustierbeobachtung (Altmann 1974) eingesetzt, bei der einzelnen Hunden auf ihrem Spaziergang innerhalb jeder der 100-m-Abschnitte gefolgt wurde. Alle Aktivitäten des Hundes und seine Positionen wurden auf vorbereiteten Berichtsbögen aufgezeichnet oder in einen Kassettenrekorder diktiert. Ein gleichmäßiges Zeitraster wurde mittels Stoppuhren erzielt. Für jeden 100-m-Abschnitt zeichneten wir die Häufigkeit und die Geschwindigkeit auf, in der Hunde sich „nicht auf dem Weg" und „auf dem Weg" befanden, die von den Hunden zurückgelegten Distanzen vom Weg und ob sie den Weg auf Aufforderung der Besitzer verließen (z.B. durch Werfen eines Frisbee oder Stocks).

Wir zeichneten alle Fälle auf, in denen Wildtiere sowohl durch das Fokustier als auch unabhängig vom Fokustier gejagt oder aufgescheucht wurden. Ebenso verfuhren wir mit den Fällen, in denen ein Hund scheinbar keine Wildtiere jagte oder aufscheuchte (unter Berücksichtigung der Tatsache, dass nicht beobachtbare physiologische Veränderungen durch die Anwesenheit von Hunden verursacht werden können; siehe für eine Diskussion Gabrielson/ Smith 1995). Die von uns beobachteten Säugetierspezies waren Maultierhirsche (*Odocoileus hemionus*), Gelbbäuchige Murmeltiere (*Marmota flaviventris*), Schwarzschwanz-Präriehunde (*Cynomys ludovicianus)*, Felsenziesel (*Spermophilus variegatus*), Hasen (*Lepus spp.*), Kaninchen (*Sylvilagus spp.*), Kojoten (*Canis latrans*) und Rotfüchse (*Vulpes vulpes*). Zu den Vögeln gehörten Elstern (*Pica pica*), Wanderdrosseln (*Turdus migratorius*), Juncos (*Junco hyemalis*), Stockenten (*Anas platyrhynchos*), Diademhäher (*Cyanocitta stelleri*), Gambelmeisen (*Parus gambeli*) und Schwarzkopfmeisen (*Parus atricapillus*).

Zur Generierung der Z-Statistik wurden die Daten mit dem Test auf Anteilswerte analysiert (Bruning/ Kintz 1977, S. 222 ff). Wir verwendeten $p<0,05$ (zweiseitiger Test, $Z_{krit}>1,96$), um signifikante Unterschiede zwischen zwei Prozentwerten anzuzeigen. Die Formulierung „kein signifikanter Unterschied" oder ähnliche Begriffe bedeuten, dass $Z<1,96$ und $p>0,05$ ist. Kritische Werte von Z für andere Stufen von statistischer Signifikanz sind 2,58 ($p < 0,010$) und 3,30 ($p < 0,001$).

Ergebnisse

Verhaltensbedingte Störungen

Es wurden ca. 800 verschiedene Hunde über einen Zeitraum von ca. 150 Stunden beobachtet. Das Verhalten der Hunde an den unterschiedlichen Standorten und am selben Ort variierte nicht signifikant (detaillierte Analysen für die verschiedenen Standorte finden sich in Bekoff 1996b). Freilaufende Hunde entfernten sich normalerweise für unter 1-2 Minuten weniger als 2–5 m vom Weg. Ein Beispiel: In einer Studie (n=100 Hunde) am Mt. Sanitas blieben 30 (=30 %) Hunde auf dem Weg und 45 (=45 %) Hunde entfernten sich für weniger als 1 Minute zwischen 1-5 m vom Weg. In einer zweiten Studie am Mt. Sanitas (n=80 Hunde) blieben 80 % der Hunde innerhalb von 1-3 m vom Weg (15 % blieben auf dem Weg und 40 % entfernten sich weniger als 1 m vom Weg), und in einer dritten Studie am Mt. Sanitas (n=100 Hunde) entfernten sich 93 (=93 %) der Hunde innerhalb eines Radius von 5 m vom Weg. Der allgemeine Eindruck der Beobachter war, dass

Hunde sich weit vom Weg entfernten, wenn sie von den für sie verantwortlichen Menschen dazu verlockt wurden (z.B. wenn Menschen Stöcke oder Frisbees warfen oder sich vom Weg entfernten und dann ihre Hunde riefen). Außerdem ist bemerkenswert, dass nur 2 „ernsthafte Hetzjagden" auf Wildtiere (1 Hirsch und 1 nicht genau identifiziertes Eichhörnchen) beobachtet wurden, bei denen eindeutig darauf geschlossen werden konnte, dass der Hund die Jagd initiiert hatte. Auch gingen die Hunde nur selten in Gewässer. Ähnliche Verhaltensdaten wurden am Chautauqua (n=272 Hunde) erhoben.

Außerdem zeigten die Daten zu Interaktionen zwischen Hunden, dass sich 20/ 26 (81 %) freundlich (die Hunde begrüßten sich, schnüffelten oder spielten miteinander) oder neutral (die Hunde gingen ohne Körperkontakt aneinander vorbei) verhielten und nur 6 (19 %; p<0,001) aggressive Komponenten (Drohungen) zeigten. Alle Beobachter bemerkten, dass frei laufende Hunde freundlicher waren als angeleinte Hunde, obwohl keine detaillierten Daten zu diesem Verhaltensaspekt gesammelt wurden. Wir beobachteten auch 172 Interaktionen zwischen Hunden und Menschen, von denen 146 (85 %) neutral verliefen und der Rest (n=26, 15 %; p<0,001) freundlich. Wenn ausreichend Daten gesammelt werden konnten, zeigten sie, dass es keine Unterschiede im Verhalten von Hunden in den verschiedenen Abschnitten des Weges gab (die ersten 100 m, die zweiten 100 m, die dritten 100 m).

Fragebögen

Es wurden 450 Fragebögen (n=450) ausgefüllt. Mehr Personen ohne Hund (53,2 %) als Hundebesitzer (46,8 %) wurden befragt. Von allen Befragten fühlten sich 96,4 % in der Gegenwart von Hunden wohl, und es gab keine signifikanten Unterschiede (p>0,05) zwischen den verschiedenen Standorten oder zwischen Hundebesitzern und Menschen ohne Hund. Die meisten Leute (p<0,01) vertraten die Ansicht, dass es eine Einschränkung ihres eigenen Vergnügens (68,3 %) und das ihres Hundes (82,2 %) bedeuten würde, wenn Hunde angeleint sein müssten. Im Allgemeinen fühlten sich die Menschen von großen Hunden mehr gestört; als bedrohlich empfundene Rassen waren (n=35 Befragte) beispielsweise: Rottweiler (35,3 %), Dobermänner (20 %), Pit Bull Terrier (17,1 %) und Chow Chows (14,3 %). Viele Leute berichteten, sie hätten beobachtet, dass Menschen Wildtiere (92,2 %), die Vegetation (78,0 %) und Gewässer (60,5 %) erheblich häufiger störten (p<0,001 für alle Vergleiche) als Hunde (49,7 %, 31,4 % bzw. 9,0 %).

Obwohl wir keine jahreszeitlich bedingten Unterschiede in der Nutzung von Gewässern durch Hunde bemerkten, stören sie möglicherweise in den heißesten Monaten des Jahres (Juni-August, in denen wir keine Feldbeobachtungen durchführten) die Gewässer häufiger als in der restlichen Zeit des Jahres.

Die Frage „Was ist Ihrer Ansicht nach das größte Problem für die Nutzung des Open Space?" wurde getrennt für Hundebesitzer und Menschen ohne Hund analysiert. Ein kleiner, aber signifikant höherer Prozentsatz von Menschen ohne Hund vertrat die Auffassung, dass es zu viele Hunde gäbe (10,6 %); im Vergleich dazu waren es unter Hundebesitzern nur 2,9 % ($p<0,01$). Ein signifikant höherer Anteil der Menschen ohne Hund (28,5 %) meinte, dass es zu viele Hundehaufen auf oder in der Nähe der Wege gäbe. Unter Hundebesitzern vertraten immerhin noch 19,5 % ($p<0,05$) diese Meinung. Ein ähnlicher Prozentsatz ($p>0,05$) von Menschen ohne Hund und von Hundebesitzern berichtete, dass es zu viele Menschen (Menschen ohne Hund: 47,3 %; Hundebesitzer: 53,4 %), zu viele Hunde mit schlechtem Benehmen (15,5 %; 8,0 %) und zu viele Menschen mit schlechtem Benehmen (32,4 %; 28,2 %) gäbe. Beide Gruppen stimmten überein, dass Menschen, nicht Hunde, das Hauptproblem darstellen. Unabhängig vom Standort gaben die Befragten an, dass es im Vergleich zur Anzahl von Hunden viel zu viele Menschen gäbe ($p<0,001$) und zu viele Menschen mit schlechtem Benehmen im Vergleich zur Anzahl von Hunden mit schlechtem Benehmen ($p<0,001$). Als Störungen durch Menschen wurden v.a. zu lautes Reden, das Zertrampeln der Vegetation und das Hinterlassen von Abfall genannt.

Menschen ohne Hund und Hundebesitzer wurden außerdem zu verschiedenen vermeintlichen Problemen mit frei laufenden Hunden befragt. Ähnlich viele ($p>0,05$) gaben an, dass es Standarderziehungstests für Hunde geben sollte (Menschen ohne Hund: 48,2 %; Hundebesitzer: 42,7 %), dass Hunde im Open Space nicht verboten werden sollten (93,3 %/ 98,2 %) und dass zusätzliche Gebiete als Hundefreilaufgebiete ausgewiesen werden sollten (72,3 %/ 64,3 %). Ein deutlich höherer Prozentsatz von Menschen ohne Hund (55,0 %), verglichen mit Hundebesitzern (37,3 %), war der Ansicht, es sollte eine Jahresgebühr für die Benutzung des Open Space für Hunde erhoben werden, dass ständiger Leinenzwang für Hunde herrschen sollte (30,5 %/ 19,0 %) und die Kontrolle der Hunde durch verbale Kommandos und Sichtzeichen besser durchgesetzt werden sollte (76,6 %/ 66,0 %).

Diskussion

Die vorliegende Studie beschäftigt sich mit den Interaktionen zwischen Haushunden, Menschen und der Umwelt von Boulder, Colorado. Es gibt wenige bemerkenswerte Unterschiede bei der Analyse der Daten nach Standorten. Obwohl einige der Ergebnisse spezifisch für dieses Gebiet sein mögen, scheint es eine allgemeine Tendenz zu geben, die die Aufmerksamkeit derer verdient, die in anderen Regionen leben. Zweifellos verlassen *einige* Hunde von Zeit zu Zeit unterschiedlich lange den Weg, und *einige* Hunde stören gelegentlich Menschen, Wildtiere und das Habitat im Allgemeinen. Doch verglichen mit Menschen schienen Hunde der Vegetation und den Gewässern nur wenig Schaden zuzufügen, und sie jagten nur selten Wildtiere. Begegnungen zwischen Hunden und Wildtieren sind wichtige Studienschwerpunkte; jedoch ist es oft schwierig festzustellen, welche Faktoren genau eine direkte Störung der Tier- und Pflanzenwelt bewirken (Gentry 1983). Menschen verursachten mehr Beeinträchtigungen als Hunde, und wenn Hunde sich weit vom Weg entfernten, wurden sie oft von Menschen dazu verlockt. Es gab keine besonderen Effekte zu Anfang des Weges, und das Verhalten der Hunde differierte nur wenig vom Ableinen über ihre Wanderung auf den dazwischen liegenden Abschnitten bis hin zum Ende ihres Spaziergangs.

Die Ergebnisse des Fragebogens stützen die Verhaltensdaten. Tatsächlich zeigen die Ergebnisse der Umfrage deutlich, dass Hundebesitzer und Menschen ohne Hund dieselben Hauptprobleme sehen – im Grunde nutzen zu viele Menschen und zu viele Menschen mit schlechtem Benehmen das Open Space von Boulder. Fast 97 % der Befragten fühlen sich in der Gegenwart von frei laufenden Hunden wohl. Die Leute berichteten auch (was durch direkte Beobachtungen bestätigt wurde), dass die Tier- und Pflanzenwelt häufiger durch Menschen als durch Hunde beeinträchtigt wird, und Menschen mehr Schäden an der Vegetation und an Gewässern verursachen. Weniger als ein Drittel der Befragten empfanden Hundekot als ein Problem. Hundekot kann aus vielen Gründen ein Problem darstellen (z.B. Hygiene, Umwelt, Ästhetik; Beck 1979), und vielleicht stellt er in Städten (Dumont 1996) ein größeres Problem dar als in den offenen Landschaften der Erholungsgebiete. Boulder reagiert auf dieses Problem mit dem Bereitstellen von Plastiktüten und Mülleimern am Beginn und entlang der Wege. Interessanterweise stellte das Bellen von Hunden für keine der Gruppen ein Problem dar, zumindest nicht, solange es sich nicht um ein Drohbellen handelte. Alle Beobachter bemerkten außerdem, dass freilaufende Hunde freundlicher waren als angeleinte

Hunde, obwohl keine detaillierten Daten zu diesem Verhaltensaspekt gesammelt wurden (siehe auch Thomas 1996).

Das Verhältnis zwischen Menschen und Hunden hat sich in den letzten 25 Jahren in Boulder stark verändert. In den frühen 1970ern liefen viele unkastrierte Hunde ohne ihre Besitzer herum. Die Hunde bildeten gelegentlich Rudel, jagten Hirsche und griffen in mindestens einem Fall ein Kind an. Seither scheint es ein verstärktes Interesse daran zu geben, gut erzogene Hunde zu haben. Im Jahr 1980 bot die Boulder Humane Society regelmäßig einen Hundeerziehungskurs an, und 1996 gab es zeitgleich 20 Kurse (Nana Wills, persönliche Mitteilung). Die Hundebesitzer sind verantwortungsbewusster geworden (lassen ihre Hunde z.B. kastrieren und geben gewissenhafter auf sie acht), und nur selten wird ein Hund ohne seinen Besitzer oder eine andere Aufsichtsperson gesichtet.

Wir kamen zu dem Schluss, dass nur wenig unternommen werden muss, um Hunde direkt in den Gebieten, in denen unsere Studie durchgeführt wurde, zu kontrollieren. Es wird immer „Problemhunde" und „problematische" Menschen geben. In Boulder und vielleicht auch in anderen Gegenden scheinen Berichte über Hunde mit schlechtem Benehmen viel Aufmerksamkeit zu erregen, aber natürlich berichten Menschen nicht darüber, wenn sich Hunde gut benehmen. Zusätzliche Maßnahmen könnten einige Probleme lösen, doch gibt es nur wenige Probleme, die nicht im Großen und Ganzen dadurch gelöst werden könnten, dass weiterhin ernsthafte Bemühungen unternommen werden, Menschen über Hundeverhalten, Manieren und Verantwortung aufzuklären (siehe auch Beck 1996; Dumont 1996), sowie durch die Verpflichtung der Menschen, mehr über Hundeverhalten und die Erziehung ihrer Hausgenossen zu lernen, da Menschen und ihre Haustiere im Grunde eine auf Kooperation beruhende soziale Einheit bilden (Sanders 1990).

Die Tatsache, dass Hundebesitzer und Menschen ohne Hund bei wichtigen Fragen Einigkeit zeigten (dass Standarderziehungstests Pflicht sein sollten und dass das Verbot von Hunden keine wünschenswerte Lösung ist), sollte ebenfalls berücksichtigt werden. Obwohl Standarderziehungstests durchführbar sind und für Hundebesitzer und Menschen ohne Hund gleichermaßen attraktiv erscheinen, wurde die Umsetzung einer solchen Praxis nicht ernsthaft in Erwägung gezogen. Es gäbe hingegen die Möglichkeit, die Menschen zu Kursen zu verpflichten, sie einen professionellen Hundetrainer kontaktieren zu lassen oder ihre Hunde selbst auszubilden, um dann mit ihrem

Hund eine entsprechende Prüfung abzulegen. Auch könnte eine festgelegte Gebühr für die Prüfungsabnahme und die Lizenzierung eingeführt werden.

Weiteren Bedenken könnte durch entsprechende Auflagen aufgrund verschiedener begangener Verstöße begegnet werden. Die folgenden Vorschläge könnten für die Einführung von Erziehungszertifikaten hilfreich sein: Menschen mit einmaligen Verstößen ohne eine Lizenz könnte eine gewisse Frist für die Durchführung des Standardtests eingeräumt werden und sie hätten eine geringe Strafgebühr zu zahlen. Ersttäter, die bereits eine Lizenz haben, müssten den Standardtest innerhalb eines bestimmten Zeitraums wiederholen, doch es gäbe keine Strafgebühr. Die Einführung eines Erziehungszertifikats würde aber zweifellos einen Vorteil für Hunde *und* Menschen bedeuten.

Wir sind der Meinung, dass die Interessen der Menschen und das Wohlbefinden der Hunde nicht beeinträchtigt würden, wenn Hunde und Menschen versuchen, das beschränkte Platzangebot gemeinsam zu nutzen. Die Methoden und Ergebnisse dieser Fallstudie können als Modell für andere Orte dienen, an denen Hunde und Menschen um eingeschränkten Raum konkurrieren.

Nachtrag

Eine neuere Studie zu Hunden auf dem Campus der University of Colorado, Boulder, (Dwyer/ Bekoff, unveröfftl. Daten) zeigt, dass angeleinte Hunde 5,5 Mal häufiger Kontakt zu Menschen aufnahmen als frei laufende Hunde und Menschen 3,8 Mal häufiger Kontakt zu angeleinten Hunden aufnahmen als zu unangeleinten Hunden. Im Allgemeinen ignorierten frei laufende Hunde Menschen und wählten andere frei laufende Hunde zur Interaktion, wenn sie nicht gerade ihre Umgebung erkundeten.

Danksagung

Wir danken Carrie Kull, Ed Leigh, Ron Hamilton, Kristen Gacek, Shelese Pratt, Gary Renne, David Fenyvesi und Deborah Sapienza für ihre Hilfe bei der Datenerhebung sowie Myanna Lahsen, Rosalind Yanishevsky, Clint Miller, Ann Wichmann und Andrew Smith für ihre Hilfe bei der Entwicklung des Fragebogens. Rosalind Yanishevsky, Colin Allen, Alan Beck, Robert Eckstein, Ann Wolfe und ein ungenannt bleiben wollender Rezensent lieferten hilfreiche Kommentare zu einer Vorgängerversion dieses Manuskripts. Rosalind Yanishevsky machte Vorschläge für die Einführung eines Standardtests. Wir erhielten finanzielle Unterstützung von einem anonymen Spender und dem Department of EPO Biology der University of Colorado in Boulder.

Literaturhinweise

Altmann, J. 1974. Observational study of behaviour: Sampling methods. Behaviour 49:227–267.

Beck, A. M. 1979. The impact of the canine clean-up law. Environment 28:28–31.

Beck, A. 1996. Ecological aspects of urban stray dogs. In Readings in Companion Animal Behavior, 259–263, Hg. V. L. Voith und P. L. Borchelt. Trenton, New Jersey: Veterinary Learning Systems.

Bekoff, M. 1995. Marking, trapping, and manipulating animals: Some methodological and ethical considerations. In Wildlife Mammals as Research Models: In the Laboratory and Field, 31–47, Hg. K. A. L. Bayne und M. D. Kreger. Greenbelt, Maryland: Scientists Center for Animal Welfare.

Bekoff, M. 1996a. Naturalizing and individualizing animal well-being and animal minds: An ethologist's naivete exposed? In Wildlife Conservation, Zoos, and Animal Protection: Examining the Issues, 63–129, Hg. A. Rowan. Medford, Massachusetts: Tufts University Press.

Bekoff, M. 1996b. Preliminary report on dogs and people in Boulder. Unveröffentlichte Abhandlung.

Bekoff, M. und Jamieson, D. 1996. Ethics and the study of carnivores: Doing science while respecting animals. In Carnivore Behavior, Ecology, and Evolution, Bd. 2. 15–45, Hg. J.L. Gittleman. Ithaca, New York: Cornell University Press.

Bruning, J.L. und Kintz, B. L. 1977. Computational Handbook of Statistics, Glenview, Illinois: Scott, Foresman and Company.

Dumont, G. 1996. A telephone survey on attitudes of pet owners and non-owners to dogs and cats in Belgian cities. Anthrozoos 9:19–24.

Gabrielson, G. W. und Smith, E. N. 1995. Physiological responses of wildlife to disturbance. In Wildlife and Recreation: Coexistence Through Management and Research, 95–107, Hg. R. L. Knight und K.J. Gutzwiller. Washington, D.C.: Island Press.

Gentry, C. 1983. When Dogs Run Wild: The Sociology of Feral Dogs and Wildlife, Jefferson, North Carolina: McFarland & Company, Inc., Publishers.

Kellert, S. R. 1994. Attitudes, knowledge and behaviour toward wildlife among the industrial superpowers: The United States, Japan and Germany. In Animals and Human Society: Changing Perspectives, 166–187, Hg. A. Manning und J. Serpell. New York: Routledge.

Knight, R. L. und Cole, D. N. 1995. Factors that influence wildlife responses to recreationists. In Wild life and Recreation: Coexistence Through Management and Research, 71–79, Hg. R. L. Knight und K. J. Gutzwiller. Washington, D.C.: Island Press.

Knight, R. L. und Gutzwiller, K. J. (Hg.) 1995. Wildlife and Recreation: Coexistence Through Management and Research, Washington, D.C.: Island Press.

Lowry, D. A. und McArthur, K. L. 1978. Domestic dogs as predators on deer. Wildlife Society Bulletin 6:38–39.

Mainini, B., Neuhaus, P. und Ingold, P. 1993. Behaviour of marmots Marmota marmota under the influence of different hiking activities. Biological Conservation 64:161–164.

Miller, C. K. 1994. Environmental impacts of passive recreational trails in riparian areas. Proceedings of the 6th Annual Colorado Riparian Association Conference, USA, 12 Seiten.

Progulske, D. R. und Baskett, T. S. 1958. Mobility of Missouri deer and their harassment by dogs. Journal of Wildlife Management 22:184–192.

Roberts, C. 1995. Boulderites love parks to death. Boulder Daily Camera, 6 November, 1C.

Sanders, C. R. 1990. Excusing tactics: Social responses to the public misbehavior of companion animals. Anthrozoos 4:82–90.

Scott, M. D. und Causey, K. 1973. Ecology of feral dogs in Alabama. Journal of Wildlife Management 37:253–265.

Serpell, J. (Hg.) 1995a. The Domestic Dog: its Evolution, Behaviour and Interactions with People, New York: Cambridge University Press.

Serpell, J. 1995b. From paragon to pariah: some reflections on human attitudes to dogs. In The Domestic Dog: its Evolution, Behaviour and Interactions with People, 245–256, Hg. J. Serpell. New York: Cambridge University Press.

Sweeney, J. R., Marchinton, R. L. und Sweeney, J. M. 1971. Responses of radiomonitored white-tailed deer chased by hunting dogs. Journal of Wildlife Management 35:707–716.

Sylvan, R. und Bennett, D. 1994. The Greening of Ethics: From Anthropocentrism to Deep-Green Ecology, Tucson: University of Arizona Press.

Thomas, E. M. 1996. Canine liberation. New York Times, 1. May, Seite A19.

Yalden, P. E. und Yalden, D. W. 1990. Recreational disturbance of breeding golden plovers Pluvialis apricarius. Biological Conservation 15:243–262.

Zaslowsky, D. 1995. The battle of Boulder. Wilderness Summer: 25–33.

Zeller, M., Zinn, H. C. und Manfredo, M. J. 1994. Boulder Open Space Visitation Study. Unveröffentlichtes Manuskript.

Anhang 1: Fragebogen

Wahrnehmung des Einflusses von Hunden auf Open-Space-Land

Wir möchten mehr darüber erfahren, wie Hunde und Menschen das Open-Space nutzen, so dass das Vergnügen von Hunden und Menschen in der freien Natur bei begrenztem Platzangebot maximiert werden kann. Wir würden uns freuen, wenn Sie sich die Zeit nehmen würden, die nachfolgenden Fragen zu beantworten.

Datum: Ort: Uhrzeit: Geschlecht: Alter: Kinder?

(1) Leben Sie in Boulder? Stadt___
Gemeinde ___ Wie lange bereits? ___ Nein ___

(2) Wie oft besuchen Sie Open Space? (a) täglich, (b) 5 Mal pro Woche, (c) 2-4 Mal pro Woche, (d) 2-4 Mal pro Monat, (e) seltener als 1 Mal pro Monat, (f) 2-4 Mal pro Jahr oder seltener, (g) nie

(3) Wie lange schon besuchen Sie diesen Bereich von Open Space?
____

(4) Warum kommen Sie ins Open-Space? (a) Sport/ Spazieren gehen, (b) Meinen Hund ausführen, (c) Tierwelt beobachten, (d) Alleine sein, (e) Natur genießen, (f) Andere Gründe

Bitte geben Sie die für Sie wichtigsten drei Gründe nach Priorität geordnet mit Hilfe der entsprechenden Buchstaben an:
___ ___ ___

(5) Welchen Aktivitäten gehen Sie üblicherweise nach? (Mehr als eine Angabe möglich.)
(a) Spazieren/ Wandern, (b) Joggen/ Laufen, (c) Fahrrad fahren, (d) Reiten, (e) Hund ausführen

(6) Sind Sie Hundebesitzer? Ja ___ Nein ___

(7) Fühlen Sie sich in der Gegewart von Hunden wohl?
Ja ___ Nein ___

(8) Haben Sie jetzt einen Hund dabei?
Ja ___ Nein ___

An der Leine ___ Frei laufend ___
Verbal kontrollierbar ___
Den Hauptteil der Zeit unter Kontrolle ___
Nicht gut unter Kontrolle ___

(9) Sind Sie der Meinung, dass Hunde Folgendes sein sollten: (a) immer an der Leine, (b) immer frei laufend, wenn der Hund keine Gefahr für Menschen darstellt, (c) frei laufend in bestimmten Gebieten und zu bestimmten Zeiten, (d) andere Bedingungen?

(10) Würde es für Sie eine Einschränkung bedeuten, wenn Ihr Hund angeleint sein müsste? Ja ___ Nein ___
Inwiefern: ______________________________

(11) Würde es für Ihren Hund eine Einschränkung bedeuten, wenn er angeleint sein müsste? Ja ___ Nein ___
Inwiefern ____________________

(12) Wurden Sie im Open-Space jemals von einem Hund angegriffen? (a) 2 Mal oder öfter, (b) 1 Mal, (c) nie. Welches Ausmaß hatten die Verletzungen?

____

(13) War Ihnen jemals unbehaglich zumute, als Sie an einem fremden Hund vorbeigingen? (a) 2 Mal oder öfter, (b) 1 Mal, (c) nie.

(14) Weshalb fühlten Sie sich unbehaglich? (a) es stört mich, (b) es stört Kinder, (c) es stört meinen Hund, (d) es stört Wildtiere, (e) zu viele Hunde, (f) Hund nicht unter Kontrolle

(15) Stören Sie bestimmte Hundetypen mehr als andere?
Ja ___ Nein ___

Wenn Ja, weshalb: Bitte machen Sie neben Ihrer Auswahl weitere Angaben
(a) Rasse ____________________
(b) Größe ____________________
(c) Farbe ____________________
(d) Verhalten ____________________
(e) Geschlecht ____________________
(f) Das Verhalten der Begleitperson?

____

(16) War Ihnen jemals in Open Space in Gegenwart anderer Menschen unbehaglich zumute?
(a) 2 Mal oder öfter, (b) 1 Mal, (c) nie.

(17) Haben Sie beobachtet, wie andere Menschen von Hunden gestört wurden? (a) 2 Mal oder öfter, (b) 1 Mal, (c) nie.

(18) Haben Sie beobachtet, wie Wildtiere von Hunden gestört wurden?
Ja ___ Nein ___
Wenn Ja, (a) oft, (b) selten, (c) nie.

(19) Haben Sie beobachtet, wie Wildtiere von Menschen gestört wurden?
Ja ___ Nein ___
Wenn Ja, (a) oft, (b) selten, (c) nie.

(20) Haben Sie beobachtet, wie Vegetation von Hunden beschädigt wurde?
Ja ___ Nein ___
Wenn Ja, (a) oft, (b) selten, (c) nie.

(21) Haben Sie beobachtet, wie Vegetation von Menschen beschädigt wurde?
Ja ___ Nein ___
Wenn Ja, (a) oft, (b) selten, (c) nie.

(22) Haben Sie beobachtet, wie Gewässer von Hunden geschädigt wurden?
Ja ___ Nein ___
Wenn Ja, (a) oft, (b) selten, (c) nie.

(23) Haben Sie beobachtet, wie Gewässer von Menschen geschädigt wurden?
Ja ___ Nein ___
Wenn Ja, (a) oft, (b) selten, (c) nie.

(24) Was ist Ihrer Ansicht nach das größte Problem für die Nutzung des Open Space?
Zu viele Hunde: ___
Zu viele Hunde mit schlechtem Benehmen: ___

Zu viele Menschen: ___
Zu viele Menschen mit schlechtem Benehmen: ___
Zu viel Hundekot: ___

Andere Ursachen: ____

Bemerkungen:
____

____

____

____

(25) Wenn die Ergebnisse zeigen, dass Hunde Probleme bereiten, stimmen Sie dann Folgendem zu?
(a) Standardisierte Pflichterziehungstests für freilaufende Hunde:
Ja ___ Nein ___
(b) Jahresgebühr und Marken für Hunde, die Open Space besuchen:
Ja ___ Nein ___
(c) Jederzeit Leinenpflicht für alle Hunde:
Ja ___ Nein ___
(d) Strengere Durchsetzung der Kontrolle über Stimme oder Handzeichen:
Ja ___ Nein ___
(e) Verbot aller Hunde:
Ja ___ Nein ___
(f) Bereitstellung von Gebieten für Hunde an der Leine und für frei laufende Hunde?
Ja ___ Nein ___
(g) Andere Vorschläge: ________________________________

Bemerkungen:

____

Marc Bekoff & Robert W. Ickes

Verhaltensinteraktionen und Konflikte zwischen Haushunden, Schwarzschwanz-Präriehunden und Menschen in Boulder, Colorado

(1999)

Einführung

Weltweit interessiert man sich zunehmend dafür, wie sich Menschen und Tiere am besten das teilen können, was inzwischen zu einer beschränkten Ressource geworden ist: Platz, der von allen Parteien für eine Vielzahl von Aktivitäten genutzt werden kann (siehe Knight/ Gutzwiller 1995 für weitere Informationen). In Boulder, Colorado, und an anderen Orten zählt zu den zahlreichen Problemen bezüglich der Landnutzung die Sorge, dass frei laufende Haushunde (*Canis familiaris*) die Tier- und Pflanzenwelt stören könnten. Doch es gibt nur wenige detaillierte Studien zum Verhältnis zwischen Hunden und der Tier- und Pflanzenwelt (Miller 1994, Knight/ Gutzwiller 1995, Bekoff/ Meaney 1997 und darin enthaltene Verweise). In Boulder nutzen Hunde und Präriehunde gemeinsam Gebiete, die von Menschen und ihren Haushunden als Erholungsgebiet genutzt werden. Konflikte treten reichlich auf, weil einige Menschen die Auffassung vertreten, dass Hunde unangeleint sein können sollten, unabhängig von ihrem Einfluss auf Präriehunde, während andere meinen, dass Präriehunde geschützt und Hunde angeleint werden oder anderswo Freilauf genießen sollten. Uns sind keine offiziellen Studien zur Natur der Interaktionen zwischen Hunden und Schwarzschwanz-Präriehunden (*Cynomys ludovicianus*) bekannt, insbesondere zu von Präriehunden gezeigtem Meideverhalten als Reaktion auf die Annäherung von und die Belästigung durch Hunde. Zwei Vorgängerstudien zeigten, dass Präriehunde in ländlichen und unberührten Gegenden sensibler auf Menschen und andere Störungen reagierten als Präriehunde in städtischer Umgebung (Adams/ Lengas/ Bekoff 1987, Farrar et al. 1998).

Fragen bezüglich der Auswirkungen von Hunden auf Habitate, einschließlich der von Präriehunden, müssen genauer untersucht werden. Hunde und Präriehunde interagieren regelmäßig in unterschiedlichen Kontexten miteinander, und es besteht aufgrund der potenziellen Beeinträchtigungen, die Hunde bei Präriehunden bewirken können, großes Interesse an der Verwaltung von Präriehundkolonien in und um Boulder sowie auf nationaler Ebene. Es besteht ein großes öffentliches Interesse an Präriehunden (z.B. Dold 1998, Long 1998; Reading/ Miller/ Kellert 1999), und es gibt ernsthafte Anstrengungen, Schwarzschwanz-Präriehunde nach dem Artenschutzgesetz als „gefährdet“ einstufen zu lassen, weil nur ca. 1 % ihrer ursprünglichen Population ca. 1 % ihres historischen Verbreitungsgebiets bewohnt. Präriehunde sind außerdem wichtig für das Überleben zahlreicher (vielleicht bis zu 200) anderer Arten, die mit Präriehund-Kolonien in Verbindung stehen, zum Beispiel dem gefährdeten Schwarzfußiltis (*Mustela nigripes*; Miller/ Reading/ Forrest 1996), und einige glauben, dass sie eine Schlüsselspezies sind (Davitt et al. 1996, siehe auch Stapp 1998). Wenn sie als gefährdet eingestuft würden, wären Präriehunde vor Gift, Freizeitjägern, Bulldozerschaufeln und der stetigen Ausbreitung menschlicher Landnutzung sicher.

In dieser Studie konzentrieren wir uns auf Interaktionen zwischen freilaufenden Haushunden, Schwarzschwanz-Präriehunden und Menschen am Dry Creek, einem von der Stadt Boulder als Naturschutzgebiet ausgewiesenen Gebiet, in dem versucht wird, die natürliche Artenvielfalt der Tier- und Pflanzenwelt und die natürlichen Verschiebungen in der Nutzung durch Tiere und durch Vegetationsdominanz zu erhalten. Zusätzlich wurden Beobachtungen in einem Kontrollgebiet gemacht, das nur wenig von Menschen und fast gar nicht von Hunden genutzt wird. Unsere allgemeine Hypothese lautete, dass Präriehunde, die weniger von Menschen gestört werden, vorsichtiger sind als Präriehunde, die häufig von Menschen gestört werden. Diese Hypothese wurde von vorherigen Studien abgeleitet, bei denen sich gezeigt hatte, dass Präriehunde in ländlichen und unberührten Gebieten sensibler auf Menschen und andere Störungen reagierten als Präriehunde in städtischen Gebieten (Adams et al. 1987, Farrar et al. 1998). Wir gingen auch davon aus, dass Präriehunde, die sehr stark gestört wurden, verglichen mit Präriehunden, die weniger gestört wurden, ausgeprägtere Störungen der normalen Aktivitätsmuster zeigen würden. Folglich sind gestörte Präriehunde möglicherweise gestresster als ungestört lebende Individuen, und sie verbringen unter Umständen weniger Zeit damit, zu ruhen, Nahrung zu suchen und Sozialkontakte zu pflegen als ungestört lebende Präriehunde.

Methoden

Die Daten wurden durch direkte Beobachtungen der Hunde, Präriehunde und Menschen von September bis November 1998 am Dry Creek, einem Freizeit- und Erholungsgebiet in East Boulder, gesammelt. Die Präriehundkolonie erstreckt sich über ca. 5,5 Hektar. Wege fragmentieren das Präriehundhabitat. Die Beobachtungen wurden von 12 Forschern in ca. 250 Stunden durchgeführt; ca. 150 verschiedene Hunde wurden beobachtet. Die Beobachtungen wurden über den Tag verteilt bei Tageslicht angestellt, da die Nutzung des Dry-Creek-Gebiets im Verlauf des Tages variiert. Die Daten wurden entweder per Hand aufgezeichnet oder in einen Kassettenrekorder diktiert und später in Reinschrift übertragen. Zeiten wurden mit Stoppuhren und Distanzen mit Maßbändern gemessen bzw. anhand natürlicher Landmarken geschätzt, wenn die dazwischen liegenden Distanzen bekannt waren. Es wurden willkürlich verschiedene Gebiete am Dry Creek ausgewählt, um die Wahrscheinlichkeit zu minimieren, dass jeden Tag die gleichen Leute, Hunde und Präriehunde beobachtet werden. Die Reaktionen der Präriehunde auf Menschen am Dry Creek und im Kontrollgebiet (Marshall Area) ca. 1 km südöstlich von Dry Creek, in dem es wenige Menschen und keine Hunde gab, wurden ebenfalls studiert, um festzustellen, ob sich die Präriehunde am Dry Creek ähnlich verhielten wie andere Tierpopulationen, die gestört werden (Adams et al 1987, Farrar et al. 1998).

Wir setzten die Fokustierbeobachtung ein (Altmann 1974), nur in einem Fall wurde das One-Zero-Sampling eingesetzt. Die Beobachter wählten ein Fokustier (einen Hund) aus und folgten ihm ab dem Zeitpunkt, an dem er am Dry Creek ankam und während er dort herumstreifte. Gleichzeitig wurde ein Fokuspräriehund in der Nähe des Hundes ausgewählt und sein Verhalten vor, während und nach der Begegnung mit dem Hund aufgezeichnet. Wir versuchten, den dem Hund am nächsten befindlichen Präriehund als Fokustier auszuwählen. Der Fokushund wurde beobachtet, um festzustellen, ob er Präriehunde ignorierte oder sich ihnen oder ihren Höhlen näherte. Die Reaktion der Fokuspräriehunde auf diese Art von Störungen wurde ebenfalls festgehalten. Wir beobachteten auch, ob der Hund in die Nähe von oder zu einer Höhle ging, sich an einen Präriehund anpirschte, zu einer Höhle rannte, bevor oder nachdem sich ein Präriehund dorthin zurückgezogen hatte, einen Präriehund jagte oder versuchte, ein verstecktes Tier aus seiner Höhle herauszuholen. Das Verhalten der Menschen (mit und ohne Hund) wurde ebenfalls beobachtet, um zu sehen, ob sie versuchten zu verhindern, dass Hunde Präriehunde belästigen.

Zur Generierung der Z-Statistik wurden die Häufigkeitsdaten für alle Beobachtungszeiträume zusammengefasst und mit dem Test auf Anteilswerte analysiert (Bruning/ Kintz 1977, S. 222 ff). Wir verwendeten $p<0{,}05$ (zweiseitiger Test, $Z_{krit}>1{,}96$), um signifikante Unterschiede zwischen zwei Prozentwerten anzuzeigen.

Verhaltensreaktionen auf Störungen

In diesem Teil unserer Studie haben wir Messungen verwendet, die bereits in der Vergangenheit für Reaktionen von Präriehunden auf die Annäherung von Menschen eingesetzt wurden (Adams et al. 1987, Farrar et al. 1998). Wir haben uns nur mit physischem Eindringen beschäftigt, nicht mit dem Einfluss akustischer Faktoren. Die folgenden Verhaltensmessungen wurden aufgezeichnet:

(a) *Belldistanz* – Die Distanz zwischen der Fokusperson und dem Fokuspräriehund, wenn der Präriehund das erste Warnsignal von sich gibt und sich zum Eingang seiner Erdhöhle zurückzieht;

(b) *Rückzugsdistanz* – Die Distanz zwischen der Fokusperson und der Erdhöhle, wenn sich der Fokuspräriehund in der Höhle versteckt;

(c) *Sequenzdauer* – Die Zeit, die das Individuum für das Meideverhalten benötigt, d.h. um zur Erdhöhle zu rennen, am Eingang zu verharren, sich in die Höhle zu schieben, mit dem Schwanz zu wedeln, zu bellen und sich unter der Erde zu verstecken;

(d) *Versteckdauer* – Die Zeit ab dem Moment, an dem alle Individuen der Gruppe sich versteckt haben, bis eines wieder auftaucht.

Die Beobachtungen der Versteckdauer im Kontrollgebiet wurden nach 600 Sek. abgebrochen, da die Präriehunde bei Störungen nach Ablauf dieses Zeitraums nicht wieder auftauchten.

Wir zeichneten außerdem die Zeiten für verschiedene Verhaltensweisen bei Präriehunden am Dry Creek während Zeiträumen auf, in denen sie entweder relativ ungestört von Hunden waren oder im Gegenteil stärker gestört wurden als sonst. Die beobachteten Verhaltensmuster umfassten „alarmiert" bzw. „aufmerksam" sein (auf den Hinterbeinen stehend oder liegend Ausschau nach Hunden halten; kein anderes Landraubtier wurde während unserer Beobachtungen gesichtet und in nur fünf Fällen wurden Raubvögel beobachtet) und „spielen“. (Details zu diesen und anderen Verhaltensmustern von Schwarzschwanz-Präriehunden finden sich in Hoogland 1995.)

Zusätzlich zu den Interaktionen zwischen Hunden und Präriehunden beobachteten wir einige allgemeine Verhaltensmuster von Hunden, einschließlich die Häufigkeit, mit der sie den Hauptweg verließen und wie weit sie sich vom Weg entfernten.

Interaktionen zwischen Präriehunden und Menschen

Die Reaktion der Präriehunde auf Menschen am Dry Creek und im Kontrollgebiet wurde studiert, um festzustellen, ob sich die Präriehunde am Dry Creek ähnlich wie andere ungestörte Tierpopulationen verhalten.

Einstellungen der Menschen

Außerdem verteilten wir einen Fragebogen, der anders als der einer Vorgängerstudie zu Interaktionen zwischen Hunden und Menschen in Boulder auch Fragen zu Interaktionen zwischen Präriehunden und Hunden enthielt (siehe Bekoff/ Meaney 1997, Anhang 1).

Ergebnisse

Anzahl, Größe und Bewegungsmuster von Hunden

Es war schwierig, die Gesamtanzahl der im Verlauf der Studie beobachteten Hunden zu schätzen, da zahlreiche Hunde das Dry-Creek-Land frequentierten und verschiedene Beobachter keine detaillierten Informationen zu Besuchsmustern besaßen, insbesondere für Besuche von nicht namentlich bekannten Hunden und sich ähnelnden Hunden. Beispielsweise gab es zahlreiche Golden Retriever und mittelgroße Hunde, die nicht eindeutig identifiziert werden konnten. Trotzdem kann nach angemessener Schätzung davon ausgegangen werden, dass mindestens 150 verschiedene Individuen beobachtet wurden. Wir schätzten, dass ca. 70 % der Hunde, die Dry Creek besuchten, „groß“ (> ca. 25 kg) waren. Etwa 68 % aller Hunde entfernten sich weiter als 5 m vom Hauptweg. In elf Fällen wurden die Hunde durch Frisbee werfende Menschen vom Weg gelockt.

Hunde und Präriehunde

Etwa 60 % aller Hunde bellten Präriehunde an, rannten auf die Erdhöhlen zu, jagten Präriehunde oder jagten sie und versuchten versteckte Individuen aus den Höhlen herauszuholen. Einige Hunde belästigten wiederholt Präriehunde, während andere niemals Präriehunde störten. Eine detaillierte Verhaltensanalyse der 56 Hunde, für die wir zuverlässige Daten vom Anfang bis zum Ende einer Interaktion sammeln konnten, zeigte, dass acht (14,3 %) Hunde aus der Entfernung Präriehunde anbellten, 18 (32,1 %) zu den Erdhöhlen rannten, 18 (32,1 %) Präriehunde jagten und 12 (21,4 %) Präriehunde jagten und versuchten, einen versteckten Präriehund aus seinem Bau herauszuholen. Im Verlauf dieser Studie wurde unserer Erkenntnis nach kein Präriehund von einem Hund gefangen oder getötet.

Alle Beobachter berichteten unabhängig voneinander, dass große Hunde Präriehunde mehr störten als kleinere Hunde. Die Präriehunde warnten und flohen früher vor großen Hunden (wenn die Hunde ca. 11 m entfernt waren) als vor kleinen Hunden (die Hunde waren ca. 8,5 m entfernt).

Von Hunden gestörte Präriehunde waren insgesamt wachsamer und spielten weniger als ungestörte Individuen. Sie schlugen im Allgemeinen mit dem Schwanz, während sie nach Eindringlingen Ausschau hielten. Mit der One-Zero-Sampling-Methode fanden wir heraus, dass bei 24 Beobachtungssitzungen „Alarmbereitschaft" in 63 % der Sitzungen und „Spiel" in 38 % der Sitzungen während starker Störungen durch Hunde (> 60 % der Hunde störten die Präriehunde) beobachtet wurden. Wenn die Störungen gering waren (<15 % der Hunde störten die Präriehunde), wurde „Alarmbereitschaft" in 33 % der Beobachtungssitzungen und „Spiel" in 50 % von ihnen beobachtet. Der Anteil der Zeiträume, in denen „Alarmbereitschaft" *und* „Spiel" beobachtet wurden, unterschied sich signifikant im Vergleich zwischen den Zeiträumen starker und geringer Störungen (Test auf Anteilswerte, $p<0{,}05$).

Präriehunde und Menschen

Die Präriehunde von Dry Creek waren gegenüber Menschen weniger vorsichtig als die Präriehunde im Kontrollgebiet, in dem es wenige Menschen und keine Hunde gab. Es war schwierig, Daten zu vollständigen Sequenzen (von der Warnung bis zum Verstecken) der Reaktionen der Präriehunde auf Menschen zu sammeln, doch für die 16 Sequenzen, für die das gelang, zeigte sich, dass Präriehunde statistisch signifikante Unterschiede im Verhalten zwischen Dry Creek und dem Kontrollstandort zeigten (multivariable Varianzanalyse, Wilks Lambda=0,189, exakt $F_{5,10}=8{,}56$, $p=0{,}002$). Die Präriehunde von Dry Creek warnten bei einer erheblich geringeren Distanz als die Tiere am Kontrollstandort (Mittel=74±17 m [Standardabweichung] bzw. 12±12 m; $F_{1,14}=41{,}9$, $p<0{,}0001$), versteckten sich bei einer signifikant kürzeren Distanz (16±9 m bzw. 60±20 m; $F_{1,14}$=21,47, p=0,0004) und zeigten deutlich kürzere Versteckzeiten (334±237 Sek. bzw. 600±0 Sek.; $F_{1,14}$=15,15, p=0,0016).

Es gab keine Unterschiede in der Gesamtsequenzdauer für die Präriehunde von Dry Creek und am Kontrollstandort (83±60 Sek. bzw. 117±76 Sek.; $F_{1,14}$=0,814, p=0,382).

Eine separate Analyse dieser vier Messungen anhand eines größeren Datensatzes (n=60), in dem wir keine vollständigen Sequenzen aufzeichnen konnten, zeigte die gleichen Ergebnisse.

Die Menschen versuchten nur zu 25 % der Zeit, die Hunde davon abzuhalten, Präriehunde zu belästigen. Üblicherweise (ca. 90 % der Zeit) riefen die Leute ihre Hunde, holten sie jedoch nicht zurück. Wenn die Hunde den Weg einmal verlassen hatten, jagten die meisten von ihnen Präriehunde.

Die Einstellungen der Menschen zu Präriehunden, Hunden und Menschen

Unsere Umfragen (n=43, von denen 41 Befragte Hundebesitzer waren) zeigten, dass die Menschen am Dry Creek der Meinung waren, dass es zu viele Menschen mit schlechtem Benehmen gibt (29,4 %), statt zu viele schlecht erzogene Hunde (8,8 %). Die einzigen zwei Befragten ohne Hund stimmten dem zu. Über die Hälfte (51,2 %) berichtete, dass sie gesehen hatten, wie Präriehunde von Hunden gestört wurden, jedoch nur selten, nicht regelmäßig (88,9 % der Befragten, die berichteten, dass sie Störungen beobachtet haben). 17 % berichteten, dass sie gelegentlich gesehen hatten, wie Menschen die Präriehunde störten. 17 % gaben an, dass ihr Hund gelegentlich Präriehunde störe, und 50 % dieser Leute berichteten, dass sie versuchten, ihren eigenen Hund davon abzuhalten, Präriehunde zu stören, während 26,8 % sagten, dass sie versucht hatten, die Hunde anderer davon abzuhalten, Präriehunde zu stören. 21 % hatten versucht, Menschen davon abzuhalten, Präriehunde zu stören. Die größten von den Leuten am Dry Creek wahrgenommenen Probleme waren zu viele Menschen (11,8 %), zu viele unerzogene Hunde (8,8 %), zu viele Menschen mit schlechtem Benehmen (29,4 %) und zu viel Hundekot (20,6 %). Keiner der Befragten gab an, dass es zu viele Hunde gäbe. Alle Befragten meinten, dass Hunde nicht vom Dry Creek verbannt werden sollten, und 58,3 % (alle Hundebesitzer) vertraten die Auffassung, dass Präriehunde selbst dann nicht geschützt werden sollten, wenn Hunde ein Problem darstellen würden. Alle Befragten sagten, dass Leinenzwang sie und ihre Hunde in der freien Natur einschränken würde (siehe auch Bekoff/ Meaney 1997).

Diskussion

Hunde und Präriehunde

Es gibt ein starkes Interesse an Präriehunden und daran, welchen Einfluss die Anwesenheit von Menschen und Tieren und die damit verbundenen Störungen auf sie haben. Die Menschen von Boulder und anderswo sind in wichtigen Fragen zum Einfluss der Menschen und ihrer Haustiere auf die Tier- und Pflanzenwelt geteilter Meinung. Unser Hauptziel bestand darin, ein grundlegendes wissenschaftliches Verständnis zur Art der Interaktionen zwischen Präriehunden und Hunden zu entwickeln, ein für Boulder wichtiges Anliegen, weil einige Leute möchten, dass ihre Hunde frei laufen, selbst wenn sie Präriehunde stören, während andere Präriehunde unter Schutz stellen und Hunde mit Leinenzwang belegen oder für ihren Auslauf in andere Gebiete verbannen möchten. Es wäre für alle Beteiligten bedauerlich, wenn diese Fragen zu Streitpunkten würden und nicht öffentlich unter Einbeziehung vorhandener Daten diskutiert werden könnten. Der Versuch, Hunde oder Präriehunde zu regulieren, bevor relevante Daten erhoben wurden, wäre voreilig und würde die fraglichen Probleme wahrscheinlich nicht lösen.

Die Hunde am Dry Creek verließen den Weg öfter und weiter als Hunde an anderen Standorten von Boulder (für Vergleichsdaten siehe Bekoff/ Meaney 1997), wahrscheinlich weil es am Dry Creek Präriehunde gibt, an den anderen Standorten jedoch nicht.

Die gestörten Präriehunde waren weniger vorsichtig und mehr an Menschen gewöhnt als ungestört lebende Präriehunde, eine Erkenntnis, die sich mit dem deckt, was von anderen Standorten berichtet wurde (Adams et al. 1987, Farrar et al. 1998). Von Hunden gestörte Präriehunde waren wachsamer und spielten weniger als ungestört lebende Individuen. Das könnte auf mehr Stress bei den gestörten Individuen hinweisen. Präriehunde versuchen, sich gegen kleine Raubfeinde wie Schlangen zu wehren (Halpin 1983), doch sie vermeiden eine direkte Konfrontation mit Hunden. Ähnlich wie von Menschen gejagte Präriehunde (Vosburgh/ Irby 1998) verbrachten die Präriehunde mehr Zeit damit, zu wachen und nach Eindringlingen Ausschau zu halten.

Obwohl die Präriehunde von Hunden gestört werden, ist scheinbar niemandem bekannt (auch uns nicht), ob Hunde einen negativen Einfluss auf die Gesundheit, die Sterblichkeit oder den Fortpflanzungserfolg dieser Nagetiere haben. Auch ist nur wenig über die Auswirkungen nichttödlicher menschlicher Einflüsse auf die Gesundheit, die Sterblichkeit oder den Fortpflanzungserfolg von Präriehunden bekannt. Wenn Hunde (oder Menschen) negativen Einfluss haben, sind diese und ähnliche Kolonien möglicherweise gefährdet. Präriehunde haben außerdem einen ausgezeichneten Geruchssinn, aber wir wissen nicht, welche Auswirkungen die Gerüche von Hunden und Abfällen auf sie haben. Präriehunde reagieren jedoch empfindlich auf die Gerüche von natürlichen Raubfeinden wie etwa den Schwarzfußiltissen (Andelt/ Beck 1998). Außerdem ist nicht geklärt, ob Hunde, die von einer Kolonie zur anderen wandern, auf diesem Wege Seuchen in den Kolonien verbreiten können. Derzeit ist nicht bekannt, ob die Stadt Boulder diese wichtigen Forschungsvorhaben weiter unterstützen wird.

Hunde beeinflussen eindeutig das Verhalten der Präriehunde von Dry Creek. Präriehunde sind die bevorzugte Beute vieler Raubtiere, doch es sind keine Fälle bekannt, in denen welche von Hunden getötet wurden. Obwohl die Anwesenheit von Menschen bekanntermaßen zu einem Rückgang einiger Raubvögel führen kann (Berry/ Bock/ Haire 1998, und darin enthaltene Verweise), ist nicht bekannt, ob die Anwesenheit von Hunden natürliche Raubfeinde abschreckt.

Präriehunde und Menschen

Die Menschen versuchten nur 25 % der Zeit, die Hunde davon abzuhalten, Präriehunde zu belästigen. Unsere Umfrage zeigte, dass 58 % der am Dry Creek befragten Menschen (alle Hundebesitzer) nicht der Meinung waren, dass Präriehunde geschützt werden sollten, selbst wenn Hunde ein Problem darstellen würden. Die einzigen zwei Befragten ohne Hund teilten diese Auffassung. Sicherlich könnten Hundebesitzer und andere Leute eine aktivere Rolle dabei spielen, Präriehunde vor Belästigungen durch Hunde zu schützen. Eine verstärkte Verantwortungsbereitschaft der Menschen würde wahrscheinlich einen großen Beitrag dazu leisten, die bestehenden Konflikte zwischen den Menschen, die Präriehunde schützen möchten, und denen, die kein Interesse daran haben, zu reduzieren.

In der vorliegenden Studie und bei unseren vorangegangenen Forschungen haben wir herausgefunden, dass sich die Menschen, Hundebesitzer und Nichthundebesitzer gleichermaßen, einig waren, dass das größte Problem der Erholungsgebiete von Boulder zu viele Menschen mit schlechtem Benehmen (Menschen, die ihre Hunde nicht kontrollieren oder sie vom Weg weglocken, und Leute, die selbst den Weg verlassen) sind, nicht zu viele schlecht erzogene Hunde.

Entwicklung proaktiver Strategien

Wir müssen noch viel über die Wechselbeziehungen zwischen Menschen und der Tier- und Pflanzenwelt lernen, damit wir alle von dem Glück profitieren können, Freizeit-, Erholungs- und Wildtiergebiete in unserer Nähe zu haben. Diese Informationen sind für die Entwicklung proaktiver Strategien von großer Bedeutung. Können alle Interessengruppen berücksichtigt werden? Kann ein Schutzgebiet sowohl der Freizeit und Erholung als auch dem Naturschutz dienen? Sollten Wildtiere stärker berücksichtigt und geschützt werden als domestizierte Tiere? Können Tiere und kann Land vor ständiger Zerstörung und Entwicklung geschützt werden? Selbst Experten streiten sich über die Fakten und mögliche Lösungen. Es gibt keine schnellen Antworten auf diese extrem schwierigen Fragen.

Die in der vorliegenden Studie gesammelten Daten sollten dazu dienen, die allgemeine Öffentlichkeit darüber zu informieren, dass es tatsächlich Konfliktbereiche gibt, die sorgfältige und sachkundige Lösungen erfordern, was wiederum den Dialog zwischen den Parteien erleichtern würde. Unsere Daten wurden an die Behörden der Stadt Boulder und die Menschen verteilt, die das Gebiet von Dry Creek zur Erholung nutzen. Derzeit (Juni 1999) ist geplant, die Präriehunde am Dry Creek durch einen Zaun vor Hunden zu schützen. Obwohl dieser Plan entwickelt wurde, bevor unsere Daten verfügbar waren, scheint es sich um eine vernünftige vorläufige Managementmaßnahme zu handeln, zumindest bis weitere Informationen zu den Auswirkungen von Hunden auf die Gesundheit und das Fortpflanzungsverhalten von Präriehunden verfügbar sind.

Zukünftig sollten unsere Daten zur Maximierung des Wohlbefindens von Präriehunden (und anderen Wildtieren), Hunden und Menschen in Boulder und anderswo von Nutzen sein – dank der Erkennung spezieller Bereiche potenzieller Konflikte (zum Beispiel der Unstimmigkeiten zwischen Menschen, die Präriehunde – und andere Tiere – schützen möchten, und jenen, die Hunde unabhängig von deren Einfluss auf Präriehunde frei laufen lassen möchten). Unsere Daten sollten auch dazu dienen proaktive Regulierungsstrategien auf empirischen Daten zu entwickeln.

Danksagung

Wir danken Mimi Lam, Taryn Flowers, Delia Bellina, Katie Chell, Lindsay Dosch, Eliza Eubank, Jennifer Garcia, Susie Graham, Nathan Inouye, Jordan McClelland, Brian Schopfer, Jessica Taylor, John Reed und Kyle Ashton für ihre Unterstützung bei dieser Studie. Kyle Ashton, Stan Godlovitch, Carron Meaney, Bill Merkle, John Reed, Penny Bernstein und ein nicht namentlich genannt werden wollender Rezensent lieferten Kommentare zu einer früheren Fassung dieser Abhandlung.

Literaturhinweise

Adams, R. A. Lengas, B. J. und Bekoff, M. 1987. Variations in avoidance responses to humans by Black-tailed prairie dogs (Cynomys ludovicianus). Journal of Mammalogy 68: 686–689.

Altmann, J. 1974. Observational study of behaviour: Sampling methods. Behaviour 49: 227–267.

Andelt, W. F. und Beck, T. D. I. 1998. Effect of black-footed ferret odors on behavior and reproduction of prairie dogs. Southwestern Naturalist 43: 344–351.

Bekoff, M. und Meaney, C. A. 1997. Interactions among dogs, people, and the environment in Boulder, Colorado: A case study. Anthrozos 10: 23–31.

Berry, M. E., Bock, C. E. und Haire, S. L. 1998. Abundance of diurnal raptors on open space grasslands in an urbanized landscape. Condor 100: 601–608.

Bruning, J. L. und Kintz, B. L. 1977. Computational Handbook of Statistics. Glenview, Illinois: Scott, Foresman and Company.

Davitt, K., Grandi, R., Neasel, C. und Skeele, T. Hg. 1996. Conserving Prairie Dog Ecosystems on the Northern Plains. Predator Project, Bozeman, Montana.

Dold, C. 1998. Making room for prairie dogs. Smithsonian Magazine 28: 60–68.

Farrar, J. P., Coleman, K. L. Bekoff, M. und Stone, E. 1998. Translocation effects on the behavior of black-tailed prairie dogs (Cynomys ludovicianus). Anthrozos 11:164–167.

Halpin, Z. T. 1983. Naturally occurring encounters between black-tailed prairie dogs (Cynomys ludovicianus) and snakes. American Midland Naturalist 109: 50–54.

Hoogland, J. L. 1995. The Black-Tailed Prairie Dog: Social Life of a Burrowing Mammal. Chicago, Illinois: University of Chicago Press.

Knight, R. L. und Gutzwiller, K. J. Hg. 1995. Wildlife and Recreation: Coexistence Through Management and Research. Washington, D.C.: Island Press.

Long, M. E. 1998. The vanishing prairie dog. National Geographic 193: 116–131.

Miller, B. J., Reading, R. P. und Forrest, S. 1996. Prairie Night: Black-footed Ferret and Recovery of an Endangered Species. Washington, D.C.: Smithsonian Institution Press.

Miller, C. K. 1994. Environmental impacts of passive recreational trails in riparian areas. Proceedings of the 6th Annual Colorado Riparian Association Conference, 12 Seiten.

Reading, R. P., Miller, B. J. und Kellert, S. R. 1999. Values and attitudes towards prairie dogs. Anthrozos 12: 43–52.

Stapp, P. 1998. A reevaluation of the role of prairie dogs in Great Plains grasslands. Conservation Biology 12:1253–1259.

Vosburgh, T. C. und Irby, L. R. 1998. Effects of recreational shooting on prairie dog colonies. Journal of Wildlife Management 62: 363–372.

Teil V

Ethik, Mitgefühl, Naturschutz und Aktivismus: Eine neue Sicht auf die Natur

Vorbemerkung

Diskussionen über Ethik in Bezug auf Tiere sind vielen Menschen unangenehm. Sie verweisen darauf, dass es sicherlich wichtigere und leichtere Gesprächsthemen gibt. Wichtigere? Nein. Leichtere? Sicherlich. Obwohl Unwissenheit Glückseligkeit bedeuten kann, gefährdet das Ignorieren von Fragen zur moralischen Verantwortung gegenüber Tieren nicht nur deren Leben und unsere Integrität, sondern auch die Qualität wissenschaftlicher Forschung. Fragen zur Ethik in Bezug auf Tiere werden nicht unwichtig werden, selbst wenn wir versuchen, sie zu ignorieren. Immer mehr Studenten und im Beruf stehende Wissenschaftler erkennen, dass diese Fragestellungen im Interesse „guter" Wissenschaft sind, und zunehmend interessieren sich auch Nichtwissenschaftler sehr für das Wohlergehen von Tieren. Die Wissenschaft und insbesondere die Wissenschaftler unterliegen einer immer genaueren Prüfung durch eine besorgte Öffentlichkeit, die sich fragt, wie öffentliche Forschungsgelder eingesetzt werden. Jedermann ist von den Ergebnissen der Wissenschaft betroffen, und Diskussionen zur Ethik können nicht länger zur Seite geschoben werden, nur weil sie heikel und philosophisch sind.

Der erste Essay in diesem fünften Teil, Die Bedeutung der Ethik in der Arterhaltungsbiologie, legt den Schwerpunkt auf dieses Thema, das sich im Übrigen durch dieses ganze Buch zieht. Ich stelle im Rahmen der folgenden Essays auch einige allgemeine und schwierige Fragen, wie z.B.: Wie sollten wir grundsätzlich unsere Interaktionen mit Tieren gestalten?

Ich stelle zudem einige Grundsätze vor, von denen ich glaube, dass sie als Richtlinie für unsere Interaktionen mit Tieren dienen sollten: Nicht absichtlich Schaden zufügen; jedes Lebewesen respektieren; alle Individuen mit Mitgefühl behandeln und nur vorsichtig in das Leben anderer Lebewesen, in Gewässer und in Landschaften eingreifen. Wir Menschen benutzen Tiere auf vielfältige Weise für unsere eigenen Zwecke, und die negativen Auswirkungen, die unser Einwirken – oft unabsichtlich – auf das Verhalten von Tieren hat, sind weitreichend.

Nach Auffassung von Ökopsychologen wie David Abram und Laura Sewall können solche Einflüsse auch negative Auswirkungen auf unser eigenes Wohlbefinden und unsere Psyche haben. Ihrer und meiner Meinung nach verlieren wir alle, wenn die Natur verliert.

Mein Ausgangspunkt und mein Ziel

Ich habe mich immer sehr für die Ethik in Bezug auf die Nutzung von Tieren interessiert. Ich brach ein Studium ab, weil ich keine Tiere sezieren oder Versuche mit lebenden Tieren mehr machen wollte. Meine Arbeit mit Dale Jamieson hat mir geholfen, die Bedeutung interdisziplinärer Zusammenarbeit und die Feinheiten vieler Argumente zu erkennen, die von Tierschützern und Umweltethikern vertreten werden. In unserem gemeinsam verfassten Essay, ETHIK UND DIE ERFORSCHUNG VON KARNIVOREN, vertreten wir die Ansicht, dass Menschen ein wesentlicher und maßgeblicher Bestandteil der Natur sind. Niemand kann sich den schädlichen Auswirkungen unserer egozentrischen Eingriffe in die Natur entziehen. Wenn wir die Natur zerstören, zerstören wir uns selbst.

Die Wissenschaft ist weder wertfrei noch perfekt, und es ist die Unvollkommenheit des Menschen, die uns dazu treibt, die Welt, in der wir leben, zu erforschen. Die Zeit arbeitet nicht für uns, und wir müssen proaktiv sein und unsere Tendenz zügeln, überall ohne Rücksicht leichtfertig oder gar mutwillig Zerstörungen zu verursachen.

Gegen „Speziesismus“: Die Begriffe *niedere* und *höhere* Spezies müssen verschwinden!

Bemühungen im Naturschutz legen ihren Schwerpunkt häufig auf menschliche Interessen, so als wären die betroffenen Tiere nicht ebenso wichtig oder wertvoll wie wir Menschen. Der Psychologe Richard Ryder prägte und definierte den Terminus *Speziesismus* als „Diskriminierung oder Ausbeutung bestimmter Tierarten durch Menschen aufgrund der angenommenen Überlegenheit des Menschen“. Speziesisten fällen Entscheidungen darüber, wie Menschen Tiere nutzen dürfen auf der Grundlage der Zugehörigkeit des Tieres zu einer bestimmten Tiergruppe, anstatt die einzigartigen Merkmale eines Individuums zu betrachten.

Speziesismus führt oft zur Anwendung von Begriffen wie „höhere“ oder „niedere“ Arten, eine Praktik, die negative Auswirkungen für vermeintlich niedere Tiere hat. Menschen stehen über den Tieren und werden von diesen abgegrenzt. Diese Aufteilung in wir (Menschen) und sie (Tiere) lässt jedoch das, was wir über die kognitiven Fähigkeiten und das Gefühlsleben von Tieren wissen, unberücksichtigt. Dieser Dualismus ignoriert darüber hinaus eine Unmenge von empirischen Daten, die Darwins Argumente für eine *evolutionäre Kontinuität* stützen, ein Thema, das in einigen der in diesem Buch vertretenen Essays schon erörtert worden ist. Auf den Punkt gebracht ist Speziesismus nichts anderes als fehlerhafte Biologie.

Ethik und die Erforschung von Karnivoren: Warum überhaupt Tiere erforschen?

In Ethik und die Erforschung von Karnivoren argumentieren Dale Jamieson und ich, dass die Beziehung des Menschen zur Natur eine doppeldeutige ist und Menschen sowohl Teil der Natur als auch getrennt von ihr sind. Wir konzentrieren uns auf die ethischen Fragen, die sich in der Erforschung von Karnivoren ergeben, doch natürlich gelten diese auch für andere Tiere und unsere Einwirkungen auf deren Leben. Menschen schalten sich bei Fragen der Ethik auf vielerlei Art ein, und fachkundige Diskussionen und Debatten sind vonnöten, um die Detailinformationen zu untermauern. Gemeinsam mit Dale vertrete ich die Ansicht, dass strenge Richtlinien für die Forschung an Tieren entwickelt, verbessert und eingeführt werden und Berufsverbände, Fachgesellschaften und wissenschaftliche Institutionen mehr Wert auf ethische Fragen legen müssen. Uns Wissenschaftlern würde es gut zu Gesicht stehen, wenn wir uns zeitgleich stärker in der Gesellschaft engagieren würden; nicht zuletzt unsere wissenschaftlichen Erkenntnisse sollten eine breitere Öffentlichkeit erreichen.

Die Sprache der Wissenschaft

Eine Frage der Ethik, die ich in keinem meiner Essays anspreche, ist die nach der in der Wissenschaft verwendeten Sprache. Die meisten wissenschaftlichen Abhandlungen werden noch immer in der dritten statt in der ersten Person geschrieben. In einer jüngst stattgefundenen Diskussion mit dem bekannten und umstrittenen Forscher Rupert Sheldrake wurde deutlich, dass die Verwendung der dritten Person – „der Forscher tat dies“ oder „die Versuchstiere wurden vom Forscher beobachtet“ – es Forschern einfach macht, sich von den von ihnen studierten Tieren zu distanzieren. Die Verwendung der dritten Person verstärkt auch die irrige Vorstellung, dass die Wissenschaft wertfrei sei. Wir sind aber ein Teil des Prozesses, ebenso wie die Ethik einen Bestandteil bildet. Wir erheben tatsächlich die Stimme für Tiere, die keine eigene Stimme haben, und die Art, wie wir für sie eintreten, kann unser Herz dafür öffnen, wer sie sind. So beleben wir möglicherweise auch die Wissenschaft, insbesondere die Tierverhaltensforschung und Forschungen zur Natur der Beziehungen zwischen Menschen und Tieren.

Die Bedeutung von mitfühlendem und proaktivem Aktivismus: Schweigen und Gleichgültigkeit bezahlen wir mit einem hohen Preis

Meiner Meinung nach ist es wichtig, den akademischen Elfenbeinturm zu verlassen und eigene Ansichten auch der allgemeinen Öffentlichkeit zugänglich zu machen. Ich habe das auf verschiedene Arten getan, trotz der Versuche von außen, mich zu demütigen oder meine Arbeit zu diskreditieren. Ethische Fragen erfordern häufig eine Art Aktivismus. Ich bin der Ansicht, dass Akademiker ihrem Herzen folgen und ihre Meinung vertreten sollten, wenn sie etwas wirklich bewegt.

Vor einigen Jahren organisierte ich eine Reihe friedlicher Proteste und unterstützte aktiv eine Kampagne zur Beendigung der Wiederansiedlung des Kanadischen Luchses im Südwesten von Colorado, weil vier der ersten fünf umgesiedelten Luchse unnötigerweise verhungert waren – ein schrecklicher, schmerzhafter Tod. Ich wurde zur Zielscheibe einer Schmutzkampagne, und der Projektleiter versuchte, die University of Colorado davon zu überzeugen, meine Veröffentlichungen nicht mehr zu unterstützen. (Ich hatte zuvor einen kritischen Essay über das Projekt geschrieben.) Glücklicherweise ließ sich niemand von falschen Anschuldigungen oder Versuchen, den Protest zu ersticken, irritieren, und die Universität unterstützte eindeutig mein Recht auf Redefreiheit. Die (durch friedlichen Aktivismus ausgelöste) öffentliche Empörung über das Wiederansiedlungsprojekt führte zu einer Änderung der Vorgehensweise bei der Wiederansiedlung der Luchse, und die Zahl der verhungernden Luchse nahm radikal ab.

Aktivismus erfordert natürlich etwas von der Zeit, die wir täglich für andere Aktivitäten benötigen. Zu sagen, was man denkt – eine aktive Rolle zu übernehmen, um seine Werte und Überzeugungen zu vertreten – ist wichtig zur Förderung eines Dialogs, an deren Ende hoffentlich fachkundige Entscheidungen stehen. Es gibt viele Formen von Aktivismus – Aktivismus bedeutet nicht gleich Radikalität. Noch erfordert Aktivismus Gewalt oder die

Zerstörung von Eigentum. Im Gegenteil: Boykotte, stille Nachtwachen und Lichterketten sind die eigentlichen Formen des Aktivismus.

Aktivismus erfordert außerdem Geduld. Protestieren Sie gemäßigt, aber überzeugend. Veränderungen, die durch übertrieben hartes oder rücksichtsloses, anmaßendes Auftreten herbeigeführt werden, sind normalerweise nur von kurzer Dauer und bewirken nicht viel. Oft sind viele Anstrengungen vonnöten, um tief greifende Änderungen der Einstellungen und Gefühle zu bewirken, die wirklich einen entscheidenden Unterschied bewirken. Es ist wichtig, alle Ansichten und Argumente der wichtigsten Gegner anzuhören. Nur durch Kenntnis der Taktiken und Argumente Ihrer Opponenten können Sie eine wirkungsvolle Strategie entwickeln. Ich fordere Studenten oft auf, einen Essay zu schreiben, in dem sie nicht die eigene, sondern die entgegengesetzte Position vertreten. Viele nörgeln zuerst, doch fast allen wird dadurch klar, dass sie, um Änderungen zu bewirken, mit ihrem Gegenüber sprechen und sich dessen Argumente genau anhören müssen. Offene Türen einzurennen ist normalerweise Zeitverschwendung. Sie bekommen Applaus, aber keine neuen Unterstützer für Ihre Sache.

Sich durch Bescheidenheit, Fürsorglichkeit, Respekt und Liebe auszeichnende, kreative, proaktive und mitfühlende Lösungen müssen entwickelt werden, um die vielfältigen Probleme zu lösen, mit denen wir uns derzeit konfrontiert sehen. Deren Formulierung und Umsetzung liegt oft eine Art Aktivismus zugrunde.

Jeder Einzelne zählt!

In meiner Arbeit mit Jane Goodall betonen wir, dass jedes Individuum zählt und jedes Individuum einen Unterschied macht. Jane verwendet häufig den Ausdruck „die Bedeutung des Einzelnen“ zur Unterstützung dieses Arguments. Wie Margaret Mead bemerkte: „Zweifle nie daran, dass eine kleine Gruppe umsichtiger, engagierter Bürger die Welt verändern kann. Tatsächlich ist dies das einzige, wodurch das je bewirkt wurde.“ Martin Luther King Jr. sagte einmal: „Es gibt eine Zeit, da Schweigen Verrat ist.“ Er hatte Recht. Schweigen und Gleichgültigkeit können Tieren und der Erde teuer zu stehen kommen.

Selbst wenn Sie nur eine Minute oder zehn Sekunden pro Tag haben, können Sie etwas bewirken. Reden Sie mit Freunden und Ihrer Familie, während Sie eine Pause machen, spazieren gehen oder sich ausruhen. Der kleine Teil, den wir alle beitragen können, kann zu einer großen Lösung führen.

Selbst eine kleine Welle – eine kleine Bewegung – kann sich weit und schnell ausbreiten. Selbst wenn Sie Zeit haben, nur einem Individuum zu helfen, können Sie schon einen Unterschied bewirken.

Seien Sie einfallsreich. Wir leben in einer Hightech-Welt, es gibt unzählige, fast sofort zugängliche Informationsquellen. Während ich mit Jane Goodall das Buch DAS LEBEN RETTEN schrieb, erzählte sie mir von einer eingeschleppten Pflanze, die sich in Buffalo, New York, ausbreitete, doch sie konnte sich nicht an den Namen erinnern. Ich rief eine kleine Pension in Buffalo an, da ich dachte, dass jemand in der Tourismusbranche mit ökologischen Problemen vertraut sein könnte, und, sie wussten Bescheid! Ich erfuhr, dass es sich um den Blutweiderich handelte und viele Menschen sehr besorgt waren, da diese Pflanze bereits in vielen Regionen einheimische Gewächse verdrängt hatte.

Eine neue Sicht auf die Natur: Wissenschaft, Natur, Herz und... ja, Liebe

Meine generelle Einstellung zu Themen wie „Wissenschaft", „Natur", „Herz" und „Liebe" ist folgende: Die Kinder von heute werden in einer Welt leben und arbeiten, in der (wie bereits bemerkt) die Wissenschaft zunehmend nicht als eine sich selbst rechtfertigende Tätigkeit, sondern als eine weitere menschliche Institution angesehen wird, deren Ansprüche auf öffentliche Gelder verteidigt werden müssen. Für Studenten ist es wichtiger als je zuvor zu verstehen, dass das Hinterfragen von wissenschaftlichen Forschungen nicht wissenschaftsfeindlich oder anti-intellektuell ist. Das Hinterfragen der Wissenschaft wird zu einer besseren, verantwortungsbewussteren Wissenschaft führen und damit dazu beitragen, sicherzustellen, dass wir in der Zukunft nicht die Fehler der Vergangenheit wiederholen, sondern vielmehr auf eine Welt hinarbeiten, in der Menschen und Tiere die endlichen Ressourcen des Planeten friedlich miteinander teilen.

Meine Zukunftsvision ist es, eine weltweite Gemeinschaft zu schaffen, in der Menschen sich als Teil der Natur sehen und nicht als von ihr getrennt; eine Gesellschaft, in der Menschen, die überfordert sind und deren Geist und Seele durch ein Leben in und umgeben von Stahl, Beton, Asphalt, Krach und zahlreichen Verletzungen ihres Individualbereichs ausgezehrt und unterdrückt sind, wieder in Kontakt zur reinen Natur treten – mit dem Wind im Gesicht, dem Duft von Wildblumen und den Geräuschen, dem Anblick, den Gerüchen und der Berührung von Tieren und der unbelebten Natur. Eine

Welt in der „Wahrnehmen“ *Fühlen* bedeutet. Die Natur ist ein bedingungsloser Freund, und die Rückkehr zur Natur kann helfen, Entfremdung und Einsamkeit zu überwinden. Die Kraft der Liebe darf bei unseren Kämpfen auf dem Weg zurück zur Natur nicht unterschätzt werden.

Unsere Gedanken und unser Herz öffnen

Die zahlreichen, von mir behandelten Themen sind zweifellos schwierig. Diskussionen über Mitgefühl, Ethik und Naturschutz in Verbindung mit Überlegungen zur Struktur der Wissenschaft und des Szientismus, zu sozialer Verantwortung, Reduktionismus, Ganzheitlichkeit (wer wir im großen Gesamtbild sind) und dem heiklen Begriff der Liebe können nicht auf einen einfachen Nenner gebracht oder in eindeutige Schubladen gesteckt werden.

Ich möchte diese lebenslange Anstrengung fortsetzen. In meinem NACHWORT wandere ich auch in fremden Gefilden, dringe in Disziplinen ein, die nicht die meinen sind. Ich fühle mich wohl als einer der ersten Pinguine, der in gefährliche Gewässer springt, der alles riskiert – da es meinen Kopf und mein Herz öffnet und mich zwingt, mich schwierigen, komplizierten, frustrierenden und wichtigen Themen zu stellen. Ein Großteil meines Denkens über die Bedeutung des Mitgefühls und der Liebe wurde von Seiner Heiligkeit dem Dalai Lama beeinflusst.

Marc Bekoff

Die Bedeutung der Ethik in der Arterhaltungsbiologie
Ethisch handeln statt zu ignorieren
(2002)

Renne ich offene Türen ein?

Ohne Frage ist die Ethik eine wichtige Komponente der Arterhaltungsbiologie. Tatsächlich sind ethische Fragen für alle Naturschutzprojekte sehr wichtig, einschließlich jener, die ihren Schwerpunkt auf Botanik, Wasserbiotope, Luft oder Böden legen. Während ich diesen Text schreibe, frage ich mich, ob das nicht so offensichtlich ist, dass ich nur offene Türen einrenne. Die Antwort dürfte lauten: teils, teils. Einige Leute scheinen (vielleicht unabsichtlich) jedoch Fragen der Ethik zu ignorieren und zu hoffen, dass sie unbedeutend werden, wenn sie den Kopf in den Sand stecken. Der vorliegende Essay ist auf eine frühere Ausgabe dieser Zeitschrift (Juli/ August 2001) zurückzuführen, deren Schwerpunkt der Schutz von Karnivoren war. Ich beschrieb gegenüber der Redaktion meine Überraschung, dass keiner der ausgezeichneten Beiträge zu diesem wichtigen Thema ethische Probleme berücksichtigte.

Die vielschichtigen, interdisziplinären Probleme, mit denen sich die meisten Naturschutzprojekte konfrontiert sehen, sind oft sehr schwer zu lösen, und erfordern häufig schnelle Lösungen. In unserer Hast und Aufregung bei dem Versuch, das Feuer zu löschen, bevor es sich ausbreitet – und einige würden richtigerweise darauf verweisen, dass sich das Feuer ebenso wie viele Krebserkrankungen metastatisch ausbreitet – übersehen wir oft grundlegende ethische Prinzipien, die die meisten von uns in ihrem täglichen Leben berücksichtigen.

Diese Ideale umfassen unter anderem folgende Prinzipien: Absichtliche Schäden vermeiden, alle Lebewesen respektieren, alle Individuen mit Mitgefühl behandeln und äußerst vorsichtig in das Leben anderer Lebewesen, in Gewässer, in die Luft und in Landschaften eingreifen.

Sicherlich sind diese Prinzipien politisch korrekt, doch sie sind auch aus ethischer und ökologischer Sicht richtig. Sie erfordern umfangreiche Überlegungen und sollten die Grundlage für jedes Naturschutzprojekt bilden. Sie werfen auch sehr schwierige Fragen auf, die schnell dazu führen können, dass Leute ärgerlich werden und sich gegenseitig beleidigen. Außerdem führen sie dazu, dass wir letztlich Richtlinien entwickeln und Entscheidungen zu konkurrierenden und zueinander im Widerspruch stehenden Programmen fällen müssen, selbst wenn alle beteiligten Parteien nur das Beste für die betroffenen Tiere wollen. Es gibt aber keine allgemein gültige Übereinstimmung darüber, was das Beste ist.

Nur sehr wenige Leute verursachen absichtlich Schäden in ihrem Bemühen, Ökosysteme zu retten oder wiederherzustellen und die Artenvielfalt zu erhalten oder zu erhöhen. Die anderen drei Ideale aber werden schnell missachtet, entweder wegen eines allgemeinen Durcheinanders oder weil es einfach zu schwierig ist, sich immer konsequent daran zu halten. In einigen Fällen führen die Versuchsanordnungen oder vielleicht einfach die Gegebenheiten von bestimmten Naturschutzprojekten unausweichlich dazu, dass einige Tiere leiden oder sterben, obwohl es eindeutig nicht beabsichtigt war. Ist es beispielsweise zulässig, ein Wiederansiedlungsprojekt durchzuführen, bei dem schon zu Beginn vermutet wird, dass 50 % der umgesiedelten Tiere sterben werden? Das war z.B. der zulässige „Standard" bei dem Versuch, den Kanadischen Luchs im Südwesten von Colorado wieder heimisch zu machen (Kloor 1999; Scott et al. 1999; Bekoff 2001). Ist es zulässig, Beutetiere wiederangesiedelten und für sie neuartigen Räubern auszusetzen? Ist es zulässig, ein Projekt durchzuführen, bei dem Nichtbeutetiere (z.B. die Kojoten im Yellowstone-Park) durch wieder eingeführte Konkurrenten (z.B. den Grauwolf) getötet werden?

Was passiert an *beiden* Standorten, wenn Individuen von einem Ort an einen anderen umgesiedelt werden? Meines Wissens gibt es keine Nachfolgestudien in Gebieten, aus denen Individuen für eine Umsiedlung entfernt wurden, um die Auswirkungen auf die verbliebenen Tiere – die Unversehrtheit ihres Sozialsystems – und die Unversehrtheit der verbliebenen ökologischen Gemeinschaft zu erforschen. Schädigen wir ein Ökosystem, um ein anderes zu retten oder wiederherzustellen? Bleibt unter dem Strich ein „Reingewinn"?

Während wir die Störanfälligkeit komplexer Netze in den meisten Ökosystemen erkennen, versuchen wir in vielen Fällen nicht, zu verstehen, wie empfindlich sie *genau* sind. Wir gehen davon aus, dass wir in den Gebieten, aus denen wir Tiere entfernen, keine Schäden anrichten, doch wissen tun wir das nicht. Mir ist klar, dass das schwierige Fragen mit vielen Implikationen in Bezug auf das, was wir wertschätzen, sind. Doch diese Fragen werden nicht unbedeutend, wenn wir sie ignorieren. Sicher wäre es das Beste, überzeugende Antworten zu finden.

Was sollen wir tun?

Was sollen wir also tun? Obwohl wir uns vielleicht nicht einig darüber sind, an welchen ethischen Grundsätzen unsere Bemühungen für den Naturschutz ausgerichtet werden sollen, scheint niemand abzustreiten, dass ethische Fragen bei allen Projekten berücksichtigt werden sollten. Das bedeutet unter Umständen, dass ein Projekt langsamer vorangeht, als sich das manche wünschen, oder dass es sich verzögert oder überhaupt nicht durchgeführt wird – zumindest nicht, bis ethischere Methoden zu seiner Durchführung entwickelt worden sind. Das ist möglicherweise frustrierend, aber vielleicht führt Geduld, besonders wenn das jeweilige „Problem“ keine sofortige Lösung erfordert, langfristig zu besseren und effektiveren Lösungen. Durch Weisheit und Zurückhaltung lernen wir mehr über die Komplexität der Natur. Wir müssen uns auch fragen, ob schnelle Lösungen die beste Vorgehensweise sind, insbesondere wenn wir die für ein Projekt entscheidenden Details nicht umfassend verstehen. Die vorschnelle Umsetzung eines vielschichtigen, interdisziplinären Projekts kann desaströse Auswirkungen haben.

In einer früheren Reihe von Essays (Bekoff 2000a, 2000b, 2001) habe ich einige der Fragen aufgezeigt, mit denen sich Arterhaltungsbiologen (und andere Biologen) beschäftigen müssen. Haben Tiere Rechte und wenn ja, welche Verpflichtungen ergeben sich daraus? Wie sollten Menschen Tiere behandeln? Was sollen wir tun? Können wir mit Tieren machen, was uns gefällt? Sollten wir in das Leben von Tieren eingreifen, wenn wir ihre Habitate ruiniert haben oder sie krank sind? Sollen wir Futter bereitstellen, wenn es nicht genug Nahrung zum Überleben gibt, oder sollen wir sie dann besser umsiedeln? Sollen unsere Interessen über den ihren stehen? Sollen wir uns überhaupt mit Individuen, Populationen, Spezies oder Ökosystemen beschäftigen? Sollen wir Tiere besser in Ruhe lassen und uns nicht absichtlich in ihr Leben einmischen, außer in ganz seltenen Fällen?

Als intelligente, allgegenwärtige, einflussreiche und vermeintlich allwissende Säugetiere müssen wir diesen Fragen die notwendige Aufmerksamkeit schenken. Dafür benötigen wir ein umfassendes Verständnis und eine Wertschätzung gegenüber der Verhaltens- und Sozialökologie der von unseren Aktivitäten betroffenen Tiere (z.B. Miller et al. 1996; Clemmons/ Bucholz 1997; Caro 1998; Sutherland 1998; Berger 1999; Gosling/ Sutherland 2000; Berger et al. 2001). Außerdem sollten wir ihre kognitiven Fähigkeiten (Berger 1998; Berger et al. 2001), ihr Gefühlsleben und ihre Ökosysteme verstehen. Diese Bestrebungen werden zu relevanteren, angemesseneren Vorgehensweisen und Lösungen führen. Weniger zu tun bedeutet, uns der Verantwortung uns selbst, den Tieren und der gesamten Erde gegenüber zu entziehen. Wir alle sind gerne in der freien Natur. Daher sollte mühsame, auf den ersten Blick langweilige Feldforschung etwas sein, worauf wir uns freuen.

Es gibt weder richtige noch falsche Antworten auf viele Fragen zum Thema, wie Menschen Tiere behandeln sollten. Es gibt allerdings bessere und schlechtere Antworten. Vielleicht ist in einigen Fällen das, was wir für richtig halten, falsch, wenn wir das Gesamtbild sorgfältiger analysieren. Eines meiner Hauptziele besteht darin, Diskussionen über diese Themen zwischen allen Parteien anzuregen, damit konkurrierende Programme überarbeitet und weiterentwickelt werden können. Personen mit gegensätzlichen Ansichten müssen kooperieren und sich an einer offenen Diskussion mit gut begründeten Argumenten beteiligen (Ehrlich 1997). Es sollten die Positionen kritisiert werden, nicht die Personen, die sie vertreten. Persönliche Angriffe sind kindisch und verhindern Kompromisse. Doch die Grundfrage bleibt: Welche Art von Behandlung von Tieren ist akzeptabel?

So erkannten die Herausgeber des Bandes, in dem mein Essay im Jahr 2001 veröffentlicht wurde, die Bedeutung der Ethik. Sie wollten einen Essay, der herausstreicht, wie komplex und vielschichtig diese Themen sind. Die Meinung einer Person darf nicht dazu führen, dass die einer anderen als ungerechtfertigt angesehen wird. In der Tat teilten nur zwei der vier Herausgeber des Bandes meine Ansichten. Wichtig war jedoch der allgemeine Konsens, dass die Ethik ein wichtiges Element der Arterhaltungsbiologie und aller anderen Wissenschaftsbereiche ist.

Auch andere haben die Bedeutung ethischer Diskurse erkannt. Ein Essay, den ich zusammen mit dem Philosophen Dale Jamieson (Bekoff/ Jamieson 1996) geschrieben habe, erhielt eine positive Besprechung in der Zeitschrift Ecology: Ein „gut geschriebener und überzeugender Appell an Wissenschaftler, den Versuchsaufbau im Hinblick auf die Techniken und Störungen der von ihnen studierten Spezies zu beurteilen und für diese sensibel zu sein (...). Dieser Essay sollte eine Pflichtlektüre für alle Biologen, Artenschützer und an Naturschutz Interessierten sein" (Geidt 1997).

Ich erwähne das nicht, um Werbung für mich zu machen, sondern vielmehr, um die Aufmerksamkeit auf die Tatsache zu lenken, dass, unabhängig vom jeweiligen vorliegenden Problem, ethische Überlegungen bei der Lösung unbedingt berücksichtigt werden müssen. Die Ethik ist genauso wichtig wie Versuchstechniken und Statistikanalysen. Alle Wissenschaftler sind für die Einhaltung der höchstmöglichen ethischen Standards verantwortlich. Wenn Menschen in das Leben von Tieren eingreifen, muss das vorsichtig, mit Bescheidenheit, Anstand, Respekt und Mitgefühl passieren. Wir müssen akzeptieren, dass ethische Bedenken möglicherweise die Durchführung bestimmter Projekte verhindern werden. Thomas Berry weist darauf hin, dass wir, wenn wir in die Natur gehen, unsere Anwesenheit freundlich gestalten müssen (Berry 1999). Dem kann ich nur zustimmen.

Tiere sind von unserem guten Willen und unserer Gnade abhängig. Jeder Mensch entscheidet sich dafür, aufdringlich, schädlich oder mitfühlend zu sein, und jeder ist für seine Entscheidungen verantwortlich. Wissenschaft, auch die Arterhaltungsbiologie, ist niemals wertfrei. Letztendlich sind wir alle Menschen mit persönlichen Weltanschauungen, die unsere Handlungen bestimmen. Verkompliziert wird die Situation durch die Tatsache, dass sich persönliche Werte und Ansichten mit der Zeit ändern und einem demografischen, politischen und sozioökonomischen Wandel unterliegen. Einige Themen unterliegen so häufig emotional bedingten Änderungen, dass ein rationaler Diskurs darüber noch unwahrscheinlicher scheint, als ein Gewinn im Lotto.

Ethische Aufklärung: Würden wir es wieder tun?

Es entspricht bester wissenschaftlicher Tradition, ethische Fragen zu stellen. Ebenso ist es nicht wissenschaftsfeindlich oder bedrohlich, Fragen hinsichtlich Forschungsmethoden zu stellen. Die Ethik kann unser Wissen über Tiere und die Welt, in der sie leben, bereichern und uns helfen, mehr Respekt für sie zu entwickeln. Diskussionen über ethische Fragen können uns helfen, Alternativen zu Methoden und Verfahren zu finden, die weder uns noch den Tieren gute Dienste leisten. Wenn wir ethische Überlegungen als überflüssige Hürden betrachten, vergeben wir viele Möglichkeiten, mehr über Tiere und uns selbst zu erfahren. Ihre Anwendung bietet auch für uns Vorteile. Große Entdeckungen sind möglich, wenn unsere ethischen Beziehungen zu Tieren respektvoll und nicht ausbeuterisch sind. Da Tiere unserem Eingriff in ihr Leben nicht zustimmen oder ihn ablehnen können, ist es sinnvoll, sich zu fragen, was sie sagen würden, wenn sie es könnten. Wir sollten uns auch fragen, ob wir das wiederholen würden, was wir getan haben, nach allem, was wir inzwischen wissen.

Tierrechtler geben oftmals den Individuen Vorrang, während *Tierschützer* eine utilitaristische Ansicht vertreten. Tierschützer geben Entscheidungen den Vorzug, bei denen der Nutzen für Menschen die angenommenen Nachteile für die Tiere übersteigt. In der Erhaltungsbiologie werden die Interessen von Individuen oft gegen die (vermuteten) Vorteile abgewogen, die sich auf höheren Organisationsstufen, zum Beispiel für Populationen, Spezies und Ökosysteme, ergeben (Estes 1998). Biozentriker und Anthropozentriker stehen häufig im Widerspruch zueinander, da diese Themen sehr von sozialen und persönlichen Ansichten bestimmt werden. Diese Themen werden außerdem davon bestimmt, welche Position dem Menschen in der Natur zugewiesen und was als „natürlich" angesehen wird (Bekoff 2001, 2002).

Spaß haben, die Welt retten und lehren

Am Ende müssen alle Ansätze und alle Organisationsstufen bei unseren Überlegungen in Bezug auf menschliche Eingriffe in die Natur berücksichtigt werden. Es ist unsere soziale Verantwortung, unser Bestes zu geben und alle „Wissenswege" zu nutzen (Berkes 1999; Bradshaw/ Bekoff 2001). Ich hoffe, dass wir das alle an unsere Studenten weitergeben, ein Punkt der von dem bedeutenden Ökologen Paul Ehrlich (Ehrlich 1997), hervorgehoben wird. In seinem wunderbaren, unmissverständlichen Buch A WORLD OF WOUNDS schrieb Ehrlich: „Viele der Studenten, die im letzten Jahrzehnt meinen Weg gekreuzt haben, wollten sehr viel mehr tun. Sie fühlten sich zur Ökologie hingezogen, weil sie umgeben von Wunden aufgewachsen sind und helfen wollten, diese zu heilen. Doch die derzeitige Struktur der Ökologie bringt sie häufig davon ab (...). Daher müssen wir die Ansicht vertreten, dass es die Verpflichtung jedes Wissenschaftlers ist, Entscheidungsträger und die allgemeine Öffentlichkeit über diesbezügliche Teile wissenschaftlicher Erkenntnisse zu informieren."

Zudem sollte uns unsere Arbeit Spaß machen. Spaß, Empfindsamkeit und solide Wissenschaft schließen sich nicht gegenseitig aus (Bekoff 2002). Um noch einmal Ehrlich (1997) zu zitieren: „Meiner Ansicht nach kann kein Wissenschaftszweig erfolgreich (oder mit Spaß verbunden) sein, ohne sich gegenseitig unterstützende Wechselwirkungen zwischen Theorie und Empirie (...). Diskutieren wir daher nicht weiter über Theorie versus Empirie und sorgen wir uns nicht mehr über die Grenzen unserer Wissenschaft. Vielmehr sollten wir verstärkt zusammenarbeiten, einige unserer Prioritäten ändern und Spaß haben, während wir versuchen, die Welt zu retten."

Achtung für Tiere

> „Die Erde ist in gewisser Weise unsere Mutter. Sie ist so freundlich, denn was wir auch tun, sie toleriert es. Doch jetzt ist eine Zeit gekommen, in der unsere zerstörerische Kraft so extrem geworden ist, dass Mutter Erde gezwungen ist, uns zur Vorsicht zu mahnen. Die Bevölkerungsexplosion und viele weitere Anzeichen machen das doch deutlich, oder? Die Natur hat ihre eigenen, natürlichen Grenzen“
>
> *Seine Heiligkeit der Dalai Lama, 1999*

Unsere Bemühungen für einen Naturschutz, der Menschen und Tieren Vorteile bringen soll, sehen sich oftmals vielen Widerständen gegenüber. Doch wir sollten den Versuch nie aufgeben. Wenn uns das nicht gelingt, fürchte ich, dass wir alle – einschließlich unserer Kinder und Kindeskinder – Verlierer sein werden, und ein Großteil der Begeisterung und des Elans, der unsere Versuche, die Welt zu verbessern, begleitet, wird nachlassen.

Glücklicherweise interessieren sich inzwischen viele Studenten für Fragen der Ethik, und es gibt in der Arterhaltungsbiologie zunehmende Tendenzen, mehr statt weniger Verantwortung für das Schicksal einzelner Tiere zu übernehmen. Wie wir die Anwesenheit von Tieren wahrnehmen und empfinden, beeinflusst direkt, wie wir mit ihnen umgehen (Abram 1996; Sewall 1999).

Wir können viel gewinnen und wenig verlieren, wenn wir Anstand, Bescheidenheit, Respekt, Mitgefühl und Liebe walten lassen. Sicherlich werden wir uns erfüllter fühlen, wenn wir tief in unserem Herzen wissen, dass wir das Bestmögliche getan haben, um das Wohlbefinden der wunderbaren Tiere zu berücksichtigen, mit denen wir die Erde teilen – den eindrucksvollen Wesen, die selbstlos unser Leben bereichern, es reizvoller und angenehmer machen, als es in ihrer Abwesenheit wäre. Durch die Achtung vor Tieren (Bekoff 2002) schenken wir uns selbst Achtung. Die potenzielle Möglichkeit der Menschen, alles zu tun, was wir mit Tieren und der gesamten Natur tun können, ist untrennbar mit der Verpflichtung verbunden, ethisch zu handeln.

Danksagung

Ich danke Jennifer Jacobus MacKay, Colin Allen, Wendy Keefover-Ring, Mark Derr und Gay Bradshaw für ihre Anmerkungen zu früheren Entwürfen dieses Essays. Die Entwicklung einiger in diesem kurzen Essay enthaltenen Ideen wurde durch Diskussionen mit meinen Studenten in Kursen zur Verhaltensökologie und Arterhaltungsbiologie und durch zahlreiche Diskussionen mit Gay Bradshaw, Laura Sewall und Joel Berger gefördert.

Zitierte Literatur

Abram, D. 1996. The Spell of the Sensuous; Perception and Language in a More-ThanHuman World. Pantheon Press, New York.

Bekoff, M. 2000a. Redecorating nature: Reflections on science; humility, community, reconciliation, spirit, compassion, and love. Human Ecology Review 7: 59–67.

Bekoff, M. 2000b. Deep science, feeling, and heart. BioScience 50: 635.

Bekoff, M. 2001. Human-carnivore interactions: Adopting proactive strategies for complex problems. S. 34–89 in J. L. Gittleman, S. M. Funk, D. W. Macdonald und R. K. Wayne, Hg. Carnivore Conservation, Cambridge University Press. London and New York.

Bekoff, M. 2002. Minding animals: Awareness, emotion, and heart. Oxford University Press, New York.

Bekoff, M. und D. Jamieson. 1996. Ethics and the study of carnivores. S. 16–45 in J. L. Gittleman, Hg. Carnivore Behavior, Ecology, and Evolution. Cornell University Press, Ithaca, New York.

Berger, J. 1998. Future prey: Some consequences of the loss and restoration of large carnivores. S. 80–100 in T. Caro, Hg. Behavioral Ecology and Conservation. Biology. Oxford University Press, New York.

Berger, J. 1999. Anthropogenic extinction of top carnivores and interspecific animal behaviour: Implications of the rapid decoupling of a web involving wolves, bears, moose, and ravens. Proceedings of the Royal Society of London B 266: 2261–2267.

Berger, J., J. E. Swenson und I. L. Persson. 2001. Recolonizing carnivores and naïve prey: Conservation lessons from Pleistocene extinctions. Science 291: 1036–1039.

Berkes, F. 1999. Sacred knowledge: Traditional ecological knowledge and resource management. Taylor and Frances, Philadelphia.

Berry, T. 1999. The Great Work: Our Way Into the Future. Bell Tower, New York. Bradshaw, G. A. und M. Bekoff. 2001. Ecology and social responsibility: The re-embodiment of science. Trends in Ecology and Evolution 16: 460–165.

Caro, T., Hg. 1998. Behavioral ecology and conservation biology. Oxford University Press, New York.

Clemmons, J. R. und R. Buchholz, Hg. 1997. Behavioral approaches to conservation in the wild. Cambridge University Press, New York.

Ehrlich, P. 1997. A world of wounds: Ecologists and the human dilemma. Ecology Institute. Oldendorf/ Luhe, Germany.

Estes, J. A. 1998. Concerns about rehabilitation of oiled wildlife. Conservation Biology 12: 1156–1157.

Geidt, G. A. 1997. Review of John Gittleman, (Hg.), Carnivore Behavior, Ecology, and Evolution. Cornell University Press, Ithaca, New York, Ecology 78: 1607.

Gosling, L. M. und W. J. Sutherland, Hg. 2000. Behavior and conservation. Cambridge University Press, New York.

His Holiness the Dalai Lama. 1999. The path to tranquility: Daily wisdom. Viking Arkana, New York.

Kloor, K. 1999. Lynx and biologists try to recover after disastrous start; Science 285: 320–321.

Miller, B. et al. 1996. Prairie night: Black-footed ferrets and the recovery of endangered species. Smithsonian Institution Press, Washington, D.C.

Scott, J. M., D. Murray und B. Griffith. 1999. Lynx reintroduction, Science 286: 49.

Sewall, L. 1999. Sight and Sensibility: The Ecopsychology of Perception. Jeremy P. Tarcher/ Putnan, New York.

Sutherland, W. J. 1998. The importance of behavioral studies in conservation biology. Animal Behaviour 56: 801–809

Marc Bekoff & Dale Jamieson

Ethik und die Erforschung von Karnivoren

Wissenschaft, die Tiere respektiert (1996)

Die Beziehung der Menschen zur Natur ist ambivalent. Die Menschen sind Teil der Natur, doch gleichzeitig besteht eine Trennung zwischen Mensch und Natur. Sie sind (ebenso wie andere Lebensformen) insofern Teil der Natur, als sie durch natürliche Vorgänge entstanden sind und auch ihr Überleben und ihr Erfolg von ihrer Umwelt abhängig sind. Andererseits sind Menschen auch nachdenkliche Lebewesen mit einem hoch entwickelten kulturellen System. Aufgrund ihrer Fähigkeiten und ihrer Möglichkeit, diese absichtsvoll einzusetzen, haben Menschen Pflichten und eine Verantwortung, die Tiere nicht haben (Bekoff/ Jamieson 1991).

Ein bemerkenswertes Merkmal von Menschen ist, dass sie neugierig sind, und diese Neugier hat einen großen Reichtum an Wissen über Menschen, Tiere, andere Lebensformen und die unbelebte Natur hervorgebracht. Mit der Erlangung dieses Wissens gingen zahlreiche Eingriffe in die Natur einher, selbst durch scheinbar harmlose Aktivitäten wie die Naturfotografie (Duffus/ Wipond 1992). Schon Cuthill (1991, S.1008) beobachtete: „Wir müssen in die Natur eingreifen, um sie zu verstehen". Obwohl es manchmal scheint, dass die Untersuchung eines Teilbereichs der Natur nicht schadet, stellt sich häufig heraus, dass etwas, was anfänglich ein kleinerer Eingriff schien, ernsthafte Konsequenzen hat (Caine 1992). Manchmal machen menschliche Einwirkungen es sogar schwierig, das angestrebte Wissen zu erlangen oder gut gemeinte Ziele zu erreichen (wie es bei den wild lebenden Pandas der Fall sein könnte, vgl. Bertram 1993, Schaller 1993).

In diesem Essay konzentrieren wir uns hauptsächlich auf Fragen der Ethik, die sich aus der Erforschung des Verhaltens und der Verhaltensökologie von Wildkarnivoren unter Freilandbedingungen ergeben (siehe auch Cuthill 1991, Kirkwood 1992). Es gibt viele wichtige Fragen, die wir nicht behandeln werden, einschließlich physiologischer Analysen von Karnivoren unter Freilandbedingungen (z.B. Überwinterung). Außerdem sagen wir nur wenig über Haushunde und -katzen, obwohl sie Karnivoren sind und in vielen Forschungsprojekten eingesetzt werden, insbesondere in einigen Bereichen der Verhaltensökologie (siehe auch Beck 1973, Daniels und Bekoff 1989a–c, Bradshaw 1992, Thorne 1992, Orlans 1993/ Kap. 13, Clutton-Brock 1996). Ein aus dem Jahr 1988 stammender Bericht des U.S. Department of Agriculture besagt, dass alleine in diesem Jahr 140.471 Hunde und 42.271 Katzen für zahlreiche unterschiedliche Versuche (Singer 1990, S.37) eingesetzt wurden, und Kew (1991, S.160) berichtet von Daten, die besagen, dass in Großbritannien jährlich ca. 10.000 Hunde und 5.000 Katzen für wissenschaftliche Zwecke getötet werden. Haushunde und -katzen werden auch für nichtwissenschaftliche Zwecke benutzt, zum Beispiel zur Zucht auf von Menschen gewünschte Merkmale, von denen viele für die Tiere schädlich sind (Daniels/ Bekoff 1990).

Zahlreiche Probleme, sowohl methodische als auch ethische, sind bei Feldforschungen an bestimmten Karnivoren bzw. anderen Spezies einzigartig. Trotzdem beschränken sich viele der von uns behandelten Themen nicht auf die Erforschung von Wildkarnivoren, und unser Essay sollte auch Anregungen für Diskussionen über andere Tieren bieten, vielleicht sogar über Insekten (Wigglesworth 1980, Eisemann et al. 1984, Fiorito 1986, Lockwood 1987). Das gilt insbesondere auch für die verschiedensten Aktivitäten von Menschen, die Tiere in Gefangenschaft in Zoos und Wildtierparks (Jamieson 1985a, 1995, Peterson 1989, Chiszar et al. 1990, Kiley-Worthington 1990, Bostock 1993) sowie in Forschungslaboren halten oder beobachten.

Unterschiedliche Ansichten zur Rolle der Ethik

Obwohl die Berücksichtigung ethischer Fragen, die sich darauf konzentrieren, wie Menschen Tiere in der Wissenschaft einsetzen, als wissenschaftsfeindlich angesehen werden könnten, sind sie in Wahrheit Teil der Wissenschaft. Ethische Fragestellungen stehen in der Tradition der wissenschaftlichen Skepsis, der Rationalität und der Forderung nach Beweisen. Tatsächlich könnte die Berücksichtigung ethischer Fragen, die sorgfältige Aufmerksamkeit bei Feldforschungen zum Verhalten von Karnivoren verlangt, zu einer Verbesserung der Wissenschaft führen. Aus diesem Grund hat Roger Ewbank (1993), Chefredakteur der Zeitschrift ANIMAL WELFARE, letztens um Abhandlungen gebeten, die sich speziell mit diesen Problemen befassen.

Es gibt starke Tendenzen zu einer gesteigerten Beachtung ethischer Fragen, die sich aus der „Nutzung“ von Tieren in einer Vielzahl von Kontexten ergeben (Huntingford 1984, Rowan 1984, 1988, Dickinson 1988, Rolston 1988, Hettinger 1989, Goodall 1990, Rachels 1990, Bekoff/ Jamieson 1990, 1991, Cuthill 1991, Elwood 1991, Bekoff et al. 1992, Hargrove 1992, Bekoff/ Gruen 1993, Benton 1993, Broom/ Johnson 1993, Cavalieri/ Singer 1993, Farnsworth/ Rosovsky 1993, Guillermo 1993, Orlans 1993, Peterson/ Goodall 1993, Preece/ Chamberlain 1993, Quinn 1993, Singer 1993a, Zimmerman et al. 1993, Wilkie 1993, Bekoff 1994a, für historische Belege siehe Carson 1972 und Ryder 1989).

Dieser Trend zeigt sich bei Menschen aus den verschiedensten Bereichen und Interessensgebieten (Plous 1991, Galvin/ Herzog 1992, McAdam 1992). Die an Tierschutz interessierten Menschen umfassen eine Gruppe, die ähnlich heterogen ist wie viele Berufsverbände (Bekoff et al. 1992). Wissenschaftler wie Richard Dawkins (1993) haben Rechtsansprüche für Schimpansen, Gorillas und Orang-Utans gefordert; selbst Desmond Morris (1990, S. 168f.) wurde zum Sprecher des Tierschutzes und stellte seine „Grundrechte für Tiere" vor. Hochgestellte Persönlichkeiten der USA, wie der Wissenschaftsberater von Präsident Clinton, John Gibbons, haben auf die Notwendigkeit ethischer Überlegungen in Bezug auf die Nutzung von Tieren in der Forschung hingewiesen. Heutzutage haben viele Berufsverbände, Fachgesellschaften und wissenschaftliche Institutionen Richtlinien, die ständig aktualisiert werden und z.B. von Autoren beachtet werden müssen, wenn sie in den von diesen Organisationen unterstützten Zeitschriften veröffentlicht werden möchten (American Society of Mammalogists 1987, Anonymous 1992, Stamp Dawkins und Gosling 1992, siehe auch Rollin 1989, Bekoff et al. 1992 und Bekoff 1993a für entsprechende Listen). Die Association for the Study of Animal Behaviour (Großbritannien) und die Animal Behavior Society (USA) haben sogar gemeinsam eine Spezialausgabe der Zeitschrift ANIMAL BEHAVIOUR über Fragen der Ethik in der Tierverhaltensforschung herausgebracht.

Trotz des großen Interesses am Tierschutz gibt es unterschiedliche Ansichten hinsichtlich dessen, welche Behandlung von Tieren in der Forschung und bei anderen Aktivitäten vertretbar ist. Außerdem ist klar, dass Menschen unterschiedliche Ansichten dazu haben, inwieweit verschiedene dieser Aktivitäten aus moralischer Sicht akzeptabel sind. Beispielsweise streiten in einer neueren Debatte über in einem Experiment verursachte Vogelkükentötung (Bekoff 1993a, Emlen 1993) die Autoren darüber, was hätte getan werden müssen, um weitere Schäden für die Jungvögel zu verhindern, die durch eindringende weibliche Tiere getötet wurden. Dabei muss nicht nur diese Frage unbedingt bedacht werden, sondern auch die Frage nach dem Wert des aus Studien dieser Art gewonnenen Wissens überhaupt.

Hier sei nur so viel gesagt: Menschen sind unterschiedlicher Meinung hinsichtlich der Vorteile der verschiedenen Forschungsmethoden. Angesichts des zunehmenden Interesses am Tierschutz ist es wichtig festzustellen, dass Cuthill (1991) bei den von ihm geprüften Freilandstudien keine ethischen Probleme erkennen konnte. Obwohl Elwood (1991, S. 847) bei seiner Durchsicht von Studien zu Nagetieren zu dem Schluss kam, dass „es eindeutig ist, dass viele der Versuche im Bereich der Kindstötung und der mütterlichen Aggression aus ethischer Sicht hätten verbessert werden können", bemerkt er auch „in den letzten Jahren eine Verringerung des Einsatzes zweifelhafter Experimentparadigmen". Trotzdem finden sich selbst in Besprechungen zu experimentellen Feldstudien, in denen Individuen aus Gruppen entfernt oder zu diesen hinzugefügt werden, oft keine Hinweise auf ethische Überlegungen, weder für die Zieltiere noch für die Nicht-Zieltiere (z.B. die Kritik von Sih et al. 1985 zu den Feldversuchen zur Erforschung von Konkurrenzverhalten; siehe auch Pimm 1991/ Kap. 12).

Außerdem gibt es noch jene, die behaupten, dass Überlegungen zu Fragen des Tierschutzes das Privileg derer seien, die „unabhängige Quellen des Reichtums, keine familiären Verpflichtungen und beklagenswert wenig konkrete Sorgen" (Hardy 1990, S. 11) hätten. Einige vertreten sogar die Ansicht, dass „die Nutzung von Tieren keine Frage der Moral oder Ethik" sei (White 1990, S. 43; für eine Erwiderung siehe Bekoff 1992). Jamieson (1985b) bezeichnete Leute, die Fragen bezüglich den Vorschriften zur Nutzung von Tieren nicht als moralische Themen ansehen, als „privatistisch in Sachen Moral". Diese Leute vertreten auch eine ethische Position, bekennen sich jedoch nicht offen dazu. Denn die Auffassung, dass es die Sache jedes Einzelnen sei, was er mit Tieren tut, ist ebenfalls bereits eine ethische Position.

In diesem Essay werden wir viele Fragen aufwerfen, jedoch nicht immer eindeutige Antworten anbieten. Wir hoffen, Ansatzpunkte für eine sachkundige, nicht von polarisierenden Standpunkten geprägte Debatte liefern zu können. Diese Vorgehensweise bedeutet jedoch nicht, dass diese Fragen nicht beantwortet werden können oder wir ihren Antworten neutral gegenüberstehen. Tatsächlich werden viele der von uns aufgeworfenen Fragen jeden Tag in Komitees zur Haltung und Nutzung von Tieren beantwortet, ebenso wie bei den von uns getroffenen Entscheidungen zu Versuchsanordnungen. Unser allgemeiner Standpunkt ist, dass wir die von uns studierten Tiere und die von ihnen bewohnten Habitate respektieren sollten und der Respekt für einzelne Tiere untrennbar mit einer tief greifenden Umweltethik verbunden ist (Ryder 1992). Viele Leute stimmen diesen generellen Ansichten zu, doch es bleibt noch viel zu tun, um sie in klare, präzise Handlungsanweisungen umzusetzen.

Philosophischer Hintergrund

Dieser Abschnitt soll nicht das Grundwissen zur Moralphilosophie vermitteln, doch ernsthafte Überlegungen zur Ethik der Karnivorenforschung müssen mit einer Diskussion des philosophischen Hintergrunds beginnen. Die Einstellung der Öffentlichkeit zu Tieren befindet sich im Wandel, teilweise auch aufgrund einer Veränderung philosophischer Meinungen. Angefangen mit Peter Singers ANIMAL LIBERATION (1975, 1990) gab es einen explosionsartigen Anstieg an Schriften und Aktivitäten zu Gunsten von Tieren (siehe Magel 1989, Bekoff/ Jamieson 1991, sowie Jamieson 1993a für Bibliographien und Finsen/ Finsen 1994 für eine Besprechung der Tierrechtsbewegung). Überlegungen über Tiere werden in Zukunft wahrscheinlich zunehmen. Die Verhaltensforschung ist vielleicht deswegen besonders anfällig für Kritik, weil sie nicht direkt zum Reichtum oder dem Wohlergehen der Menschen beizutragen scheint, und wenn die Forschungsgemeinde sich nicht effektiv selbst auf verbindliche Vorgehensweisen einigt, die den vorherrschenden Werten und Einstellungen der Öffentlichkeit entsprechen, wird sie wahrscheinlich zunehmend von außen (etwa durch Regierungsbehörden) reguliert werden. Daher ist es für Karnivorenforscher wichtig, einige der wichtigsten Denkströmungen in Bezug auf die Behandlung von Tieren durch Menschen zu kennen.

In den letzten Jahren haben sich Philosophen intensiv der Frage des moralischen Status von Tieren zugewandt. Obwohl diese Debatte leidenschaftlich geführt wurde, würden nur wenige Moralphilosophen unsere derzeitig verbreitete Behandlung von Tieren im wissenschaftlichen Kontext rechtfertigen. Wie DeGrazia (1991, S. 49) bemerkt: „Es gibt keine gut entwickelte Theorie speziell zum moralischen Status von Tieren, die die derzeitigen Praktiken der industriellen Massentierhaltung, der Tierversuche und der Jagd unterstützen.“ Obwohl es sehr gegensätzliche Meinungen zur theoretischen Grundlage für diese Ergebnisse und viele unterschiedliche Ansichten zu den

Details moralischer Erfordernisse gibt, würden die meisten zeitgenössischen Moralphilosophen erheblich restriktivere Regelungen für die Behandlung von Tieren als die derzeit gültigen unterstützen.

Die Argumente für den Tierschutz entstammen hauptsächlich der traditionellen (menschlichen) Moraltheorie. Die Grundstruktur solcher Argumente beginnt normalerweise mit einem Prinzip. Dann wird argumentiert, dass die Anhänger dieses Prinzips entweder dessen Anwendbarkeit auf Tiere übersehen oder aber eine Auffassung von Tieren vertreten, die wir heute als überholt ansehen.

Singer ist beispielsweise ein Utilitarist in der Tradition von Bentham und Mill. Er glaubt, dass die richtigen Handlungen jene sind, die den Gesamtnutzen für alle von den Handlungen betroffenen Beteiligten maximieren. Vieles von dem, was wir mit Tieren tun, erscheint aus utilitaristischer Sicht nur deshalb gerechtfertigt, weil wir die Konsequenzen dieser Handlungen für die Tiere ignorieren. Sobald wir die Interessen der Tiere ernst nehmen, wird deutlich, dass die von uns in der industriellen Massentierhaltung und in einigen Forschungsgebieten verursachte Qual schwerer wiegt als jegliche Vorteile, die wir aus ihrer Ausbeutung gewinnen können.

Tom Regan (1983) argumentiert aus der Sicht des Rechtsgedankens. Eine traditionelle Sichtweise der Moralphilosophie ist, dass Menschen Rechte haben und es daher falsch ist, sie zu töten oder zu foltern, selbst wenn sich daraus im Großen und Ganzen positive Konsequenzen ergeben würden. Regan zeigt dann auf, dass viele der Begründungen dafür, dass Menschen Rechte haben, auch implizieren, dass viele Tiere Rechte haben. Wenn wir konsequente Rechtstheoretiker sein wollen, müssen wir daher die Rechte vieler Tiere anerkennen. Folglich vertritt Regan die Ansicht, dass es falsch ist, Tiere so zu behandeln, selbst wenn das Menschen Vorteile einbringt (genauso wie es falsch ist, einen Menschen zu töten oder zu foltern, selbst wenn die sich daraus ergebenden Vorteile beträchtlich wären).

Andere Tierschutzbegründungen wurden auch schon auf einer neo-aristotelischen Grundlage (Rollin 1981), auf einer auf dem gesunden Menschenverstand beruhenden Moral (Sapontzis 1987) und auf Überlegungen zum Charakter (Midgley 1983) begründet. Das lässt darauf schließen, dass einige der profundesten Überlegungen in Bezug auf unsere Behandlung von Tieren relativ unabhängig von theoretischen Ausgangsannahmen sind. Dass die meisten Theorien von verschiedenen Ausgangspunkten aus auf die Überlegung hinauslaufen, dass wir unser Verhalten gegenüber Tieren ändern sollten, macht den Tierschutz aus der Sicht vieler Leute noch überzeugender.

Die in der Philosophie weit verbreitete Kritik an unseren Praktiken in Bezug auf Tiere könnte für viele Nichtphilosophen überraschend sein. Es wurden Anstrengungen unternommen, Philosophen wie Singer und Regan als exzentrisch oder radikal darzustellen und die Vorstellung zu unterstützen, dass Kritiker der Tierbefreiungsphilosophie wie Cohen (1986), Frey (1980, 1983) und Carruthers (1989, 1992) den eigentlichen philosophischen Konsens repräsentieren. Obwohl wir ihre Arbeit hier nicht detailliert erörtern können, waren die Schriften von Cohen, Frey und Carruthers Kritiken ausgesetzt, die von vielen als vernichtend angesehen werden (siehe u.a. McGinn 1980, Singer 1990, E. Johnson 1991, Bekoff/ Jamieson 1991, Jamieson/ Bekoff 1992, Jamieson 1993a, Pluhar 1993, Rothschild 1993). Carruthers (1992, S. 194) hat seine Ansicht über die Kraft seiner früheren Argumente mittlerweile revidiert.

Obwohl also in der Philosophie weitgehendst Einigkeit darüber herrscht, dass unser Umgang mit Tieren reformiert werden muss, besteht Uneinigkeit über das Ausmaß der benötigten Reformen. Regan ist ein „Abolitionist“; er ist der Meinung, dass invasive Tierforschung unmoralisch ist. Andere Philosophen wie Singer meinen, dass im Prinzip einige Formen der Forschung an Tieren vertretbar sind. Es gibt viele Feinheiten und komplexe Gedanken in dieser schlüssigen und gut begründeten Literatur, die hier nicht untersucht werden können, doch für ein ernsthaftes Umdenken in Bezug auf die Ethik der Erforschung von Karnivoren sollte diese Herausforderung angenommen werden.

Gründe für die Erforschung von Tieren

Vielleicht ist eine der wichtigsten Grundfragen an die Feldforschung die nach ihrer Notwendigkeit. Selbst die am wenigsten invasive Forschung kann sich störend auswirken und kosten- und zeitaufwändig sein. In den letzten Jahren hat die Anthropologie ihren Wissenschaftszweig einer Gewissensprüfung unterzogen, und wahrscheinlich ist es für die Verhaltensbiologie an der Zeit, es ihr gleich zu tun. Viele Menschen studieren Tiere aus sehr persönlichen Gründen – sie halten sich gerne im Freien auf, sie mögen Tiere, sie wissen nicht, was sie sonst mit ihrem Leben tun sollen – doch diese Gründe können wohl kaum als Rechtfertigung dienen. Häufig werden auch viele andere Gründe für diese Art von Forschung angegeben: sie orientieren sich meist an einer so genannten „Vorteilshaftigkeit“ für Menschen, Tiere und die Umwelt.

Die Erforschung zum Wohle des Menschen kann in zwei Kategorien unterteilt werden. In die eine Kategorie fällt jene Forschung, die der Gesundheit des Menschen zugute kommt; und in die andere jene, die wirtschaftliche Vorteile verspricht. Feldforschung an Karnivoren kann nur in geringem Umfang dadurch gerechtfertigt werden, dass sie zur Gesundheit des Menschen beiträgt. Tiermodelle für menschliche Erkrankungen lassen sich besser unter Laborbedingungen erstellen, und viele von ihnen sind aus wissenschaftlicher und moralischer Sicht ziemlich umstritten. Tierforschung für wirtschaftliche Zwecke betrifft häufig Themen wie etwa die Regulierung von Raubtierpopulationen. Ein Großteil dieser Forschungen setzt moralisch zweifelhafte Methoden ein und wirft Fragen dahingehend auf, wo die Forschung aufhört und die Wirtschaft beginnt. Die Kontrolle bzw. Regulierung von Raubtieren kann von der Wissenschaft geprägt werden, ist jedoch selbst nicht Teil der Wissenschaft. Wenn die Produktion direkter wirtschaftlicher Vorteile die einzige Rechtfertigung für die Erforschung von Tieren wäre, wäre nur ein geringer Teil der Verhaltensforschung gerechtfertigt.

Die Vorstellung, dass Verhaltensforschung Tieren und der Umwelt zugute kommt, ist reizvoll. Diese Vorstellung beinhaltet den Gedanken, dass wir nur durch die Erforschung von Karnivoren erfahren können, wie wir sie schützen können, und gleichzeitig nur durch diese Forschung auch die Umwelt schützen. So nobel diese Vorstellungen sind, sie bergen Gefahren. Denn diese Einstellung kann sehr schnell dazu führen, Wissenschaft in Wildtiermanagement zu verwandeln, und das Wildtiermanagement wirft ernste moralische Fragen auf.

Die derzeitige ökologische Krise ist teilweise auf die Versuche des Menschen zurückzuführen, die Natur zu kontrollieren, zu beherrschen und zu verwalten. Diese Versuche haben nicht nur zur Zerstörung wichtiger Aspekte der Natur geführt, sondern sogar zu ernsthaften Bedrohungen für das Wohlergehen der Menschen ganz allgemein. In der Einstellung und der Absicht gilt das auch für einen Großteil des Wildtiermanagements. Eine neue Generation scheint zu denken, dass wir, obwohl wir in der Vergangenheit inkompetente Manager waren, jetzt wissen, wie es richtig geht. Unsere bisherigen Leistungen liefern jedoch keinen Grund für diese Annahme (Mighetto 1991, für eine Diskussion über die verschiedenen Projekte und die Wildtierforschung im Allgemeinen siehe Gray 1993). Ludwig et al. (1993) stellen in Frage, dass wir Tierpopulationen nachhaltig managen können. Sie argumentieren, dass die Wissenschaft wahrscheinlich nicht in der Lage ist, nachhaltige Erträge für eine Tierpopulation vorherzusagen, und dass, selbst wenn solche Vorhersagen möglich wären, menschliche Kurzsichtigkeit und Gier uns davon abhalten würden, uns daran zu halten.

Andere wiederum argumentieren, dass menschliche Eingriffe bereits die natürlichen Prozesse gestört haben, dass wir folglich gar keine andere Wahl haben, als Populationen und Habitate zu managen. Die Entscheidung gegen das Managen wäre dann nur eine Form unreflektierten, irrationalen Managements. Außerdem sagen manche, dass Management Teil einer Strategie ist, um Menschen davon zu überzeugen, dass viel mehr getan werden muss, um Habitate zu schützen und die Tiere, die wir haben, zu retten. Zweifellos ist an diesen Argumenten etwas dran. Trotzdem sollten wir ihnen gegenüber misstrauisch sein, weil sie einen gewissen Selbstzweckcharakter beinhalten. Unabhängig davon, ob Menschen für oder gegen Naturschutz sind, sie scheinen sich einig zu sein, dass Menschen die Natur managen und manipulieren sollten. Doch wenn wir überzeugt sind, dass wir die Natur managen müssen, sollten wir bedenken, dass die besten Absichten kein Ersatz für die Minimierung von Schäden sind.

Das größte Problem beim Wildtiermanagement scheint die Tendenz zu sein, wissenschaftliche Vorstellungen mit philosophischen zu verwechseln. Wenn die Manager argumentieren, dass eine Population zum Abschuss freigegeben bzw. erlegt werden oder anderweitig verwaltet und kontrolliert werden soll, wie es beispielsweise für die Wölfe in Alaska vorgeschlagen wurde (vgl. Grooms 1993/ Kap. 12), wird ihre Sichtweise häufig als wissenschaftliche Empfehlung angesehen. Es wird auf das verwiesen, was wie unwiderlegbare wissenschaftliche Daten über die Interaktion zwischen Wölfen und ihrer Beute präsentiert wird. Doch die angewendeten Modelle sind oft vereinfacht (wichtige Variablen wurden vernachlässigt, einschließlich der Auswirkungen des Wetters und der Verfügbarkeit von Nahrung), und die Schätzungen der aktuellen Anzahl von vermeintlichen Problemraubtieren kann ungenau sein, ebenso wie die Zahl der jährlich von Sportjägern oder Wildhütern gejagten und getöteten Individuen. Möglich ist auch, dass nur ein kleiner Prozentsatz der in einer bestimmten Region lebenden Menschen tatsächlich möchte, dass Raubtiere wie der Wolf kontrolliert werden (Grooms 1993). Daher könnten die dafür vorgebrachten Argumente bloße Schutzbehauptungen sein. Tatsächlich wurden die Einwohner Alaskas insgesamt „als eine der beiden demografischen Gruppen identifiziert, die die größte Zuneigung für Wölfe hegt“ (Grooms 1993, S.168). Wirtschaftliche Faktoren (z.B. Tourismus und Gebühren für Jagdlizenzen) sind häufig der Hauptgrund für die Kontrolle von Raubtierpopulationen, und ihre Überzeugungskraft kann dazu führen, dass nicht nach anderen Wegen gesucht wird, um mit Raubtier-Beutetier-Interaktionen umzugehen.

Doch am wichtigsten ist, dass die Empfehlungen zur Populationskontrolle verschiedene philosophische Positionen voraussetzen, jede mit ihren eigenen Voraussetzungen und Konsequenzen. Wenn diese Prämissen verdeutlicht werden, wird klar, dass nicht jedermann ihnen zustimmt. Wissenschaftliche Daten, selbst jene, die als exakt eingestuft werden, sind nicht die einzige relevante Art von Informationen für die Entwicklung von Managementpraktiken. Fragen zur Populationskontrolle gehen immer mit Festlegungen auf verschiedene Sichtweisen zu den Befugnissen von Menschen einher, dem „Wert" von Spezies gegenüber Individuen und der Bedeutung von menschlichen gegenüber nichtmenschlichen Interessen (Shapiro 1989, Jamieson 1995).

Die edelste Motivation für die Erforschung von Karnivoren ist vielleicht der Wunsch, sie zu verstehen. Doch selbst wenn das unsere Motivation ist, sollten wir vorsichtig und mit Bedacht vorgehen. Das Stillen unseres Wissensdurstes bringt Nachteile für die Tiere mit sich. In vielen Fällen würde es ihnen besser gehen, wenn wir bereit wären, unsere Unwissenheit zu akzeptieren und uns in der Sicherheit zu wiegen, dass sie ihr Leben auf ihre Art und Weise leben (eine ähnliche Sichtweise in Bezug auf Wale findet sich bei Jamieson/ Regan 1985). Wenn wir uns jedoch dafür entscheiden, Tiere zu erforschen, sollten wir uns eingestehen, dass wir es hauptsächlich für uns selbst und nicht für sie tun, und deshalb besonders respektvoll vorgehen und ihnen so wenig wie möglich schaden.

Der Kontext der Forschung

Feldforschungen werden immer innerhalb eines Kontextes durchgeführt, der beeinflusst, wie Daten gesammelt und verwendet werden. Diese Zusammenhänge beeinflussen dadurch zwangsläufig auch die Ergebnisse. Wenn Wissenschaftler „ins Feld gehen", begeben sie sich an einen bestimmten Ort, oft im Ausland, mit einer bestimmten menschlichen Bevölkerung, mit einer eigenen Regierung, Kultur, Lebensstil und Einstellungen sowohl zu Fremden als auch zu den von den Wissenschaftlern studierten Tieren. In der Vergangenheit marschierten viele Forscher in fremde Länder, studierten die Tiere, für die sie sich interessierten, und verschwanden wieder, oft ohne sich Gedanken um ihre Hinterlassenschaften zu machen. Ausländische Forscher müssen nicht nur die lokalen Bräuche in Bezug auf die Nutzung von Tieren beachten (z.B. Brenes 1988, Croft 1991, Rabinowitz 1986, 1991, Wenzel

1991, Freeman et al. 1992, Lynge 1992, Bekoff/ Gruen 1993, Schaller 1993), sondern sollten auch ihr Möglichstes tun, die wissenschaftlichen Fähigkeiten des Gastlandes zu fördern. Sie sollten sich bewusst sein, dass es ein Privileg ist, dort arbeiten zu dürfen, wo sie möchten, und anerkennen, dass Einheimische möglicherweise sehr viel über die Tiere wissen, die sie erforschen möchten. Außerdem sollten ausländische Forscher nicht grundsätzlich davon ausgehen, dass sie dem Gastland einen Gefallen tun, wenn sie dort auftauchen.

Es gibt viele Gründe dafür, lokale Bräuche und Fähigkeiten zu respektieren. Erstens wird die Wissenschaft langfristig verbessert, wenn verschiedene Wissenswege beschritten und Fachkenntnisse nach egalitären Prinzipien berücksichtigt werden. Zweitens hat die Tierverhaltensforschung, wie die Anthropologie auch, aus wissenschaftshistorischer Sicht ihre Wurzeln in westlicher Dominanz, Imperialismus und Kolonialismus (Haraway 1989). Einen Beitrag zu der Gesellschaft zu leisten, in der Forscher tätig sind, bedeutet, der Bevölkerung Respekt entgegenzubringen und zugleich eine kleine Wiedergutmachung für die Ausbeutung in der Vergangenheit zu leisten. Nicht zuletzt fördert die Unterstützung durch lokale Forscher das Verständnis lokaler Einstellungen und Bräuche.

Doch der Einsatz lokaler Kräfte kann auch zu Problemen führen, zum Beispiel aufgrund von Kommunikationsschwierigkeiten in Bezug auf das, was zu tun ist (z.B. Rabinowitz 1991, Schaller 1993, siehe auch Terborgh 1993), welche Daten gesammelt werden sollen, und führt möglicherweise zu Problemen hinsichtlich der Frage, wem die Daten gehören und wie sie veröffentlicht und genutzt werden sollen. Rabinowitz (1986, S.155), ein amerikanischer Wissenschaftler, der in verschiedenen Ländern gearbeitet hat, weist darauf hin, dass es oft schwierig ist, mit den Behörden des eigenen Heimatlandes zusammenzuarbeiten, die sich zu häufig in seine Forschungen im Ausland einmischen. Er erinnert sich an einen Vorfall bei seinen Forschungen an Jaguaren in Belize, bei dem ein Mitarbeiter einer US-Behörde bereit war, die Gesetze von Belize zu brechen, um einem Besucher, der „viele US-Dollar in diesem Land investiert", die Jagd auf Jaguare zu erlauben. Solche Vorfälle führen zu Konflikten zwischen Forschern, die die von ihnen erforschten Tiere schützen möchten, und den manchmal stark davon abweichenden Werten der Leute, deren Entscheidungen die Zukunft ihrer Forschung beeinflussen. Widersprüchliche Werte treten auch zwangsläufig zwischen den Menschen zu Tage, die in der Tradition westlicher Wissenschaft stehen, und denjenigen

Menschen in den Gastländern, die möglicherweise stark abweichende Einstellungen zu Wissen, Tieren und der Natur haben.

Die Verantwortung für die Erhebung, Analyse und Veröffentlichung von Daten

In den letzten Jahren haben die Bedenken hinsichtlich der wissenschaftlichen Integrität der Wissenschaft zugenommen (für eine Diskussion und Bezüge siehe Goodstein 1991, LaFollette 1992, Altmann 1993, Bulger et al. 1993, Dresser 1993). Angestoßen durch Anforderungen wie die des US-amerikanischen National Institutes of Health, dass alle Förderprogramme eine ethische Komponente haben müssen, beginnen diese Themen die Aufmerksamkeit praktizierender Wissenschaftler zu erregen. Ein kürzlich veröffentlichtes Buch mit Nachdrucken von Artikeln zum Tierverhalten beginnt sogar mit einem Abschnitt, der die Integrität in der Wissenschaft zum Thema hat (Sherman/ Alcock 1993). Außerdem widmete die Zeitschrift ETHICS AND BEHAVIOR (1993, Hf.3) dem standeswidrigem Verhalten in der Wissenschaft eine vollständige Ausgabe.

Vertrauen ist ein wichtiger Bestandteil praktisch aller wissenschaftlicher Bestrebungen (Woolf 1988, Hardwig 1985, 1991, Kitcher 1993, Webb 1993). Die Wissenschaft umfasst das Vertiefen, Theoretisieren oder Verwerfen eigener und fremder Erkenntnisse. In vielen Wissenschaftsgebieten, einschließlich den Feldstudien, sind Replikationen jedoch schwierig und in einigen Fällen sogar unmöglich. Vor diesem Hintergrund kann schon das bloße Zitieren eines Berichts als Vertrauensbeweis gewertet werden. Die Nutzung von Berichten zu neueren Arbeiten anderer Wissenschaftler, zum Beispiel in Buchrezensionen enthaltene Informationen, hat ebenfalls mit Vertrauen zu tun. Obwohl es normalerweise keinen Grund gibt anzunehmen, dass jemand wissentlich seine Ansicht zur Arbeit eines Kollegen ändert, passiert es: Der federführende Autor des vorliegenden Essays hat neulich von einem Fall erfahren, in dem ein Buch aufgrund des schlechten Gesundheitszustands des Buchautors eine vorteilhaftere Kritik erhielt, als das andernfalls der Fall gewesen wäre. Vertrauen wird auch in Zeitschriftenherausgeber und –redakteure gesetzt, doch auch das ist manchmal nicht gerechtfertigt: Es gibt beispielsweise Fälle von geheimen Absprachen, um zu beeinflussen, wann bestimmte Ergebnisse veröffentlicht werden (Collins/ Pinch 1979, S.258).

Vertrauen spielt auch eine Rolle, wenn Forscher oder Projektleiter, die eine wichtige Rolle beim Verfassen eines Forschungsvorhabens spielen, nicht einen maßgeblich Teil der Arbeit im Feld durchführen, über die später in veröffentlichten Artikeln berichtet wird. Daher klafft häufig eine Lücke zwischen der Versuchsanordnung und den tatsächlich zur Datenerhebung eingesetzten Verfahren. Individuen verschwinden im Feld und tauchen mit Daten wieder auf, doch die während des Prozesses der Datenerhebung gebotene Anleitung ist häufig widersprüchlich oder fehlt sogar gänzlich und kann nur selten von der Öffentlichkeit nachvollzogen werden. Diese Probleme können Feldstudien erheblich beeinträchtigen, weil es schwierig ist, die vielen Variablen vor Ort zu kontrollieren und Entscheidungen oft schnell gefällt werden müssen, damit Daten nicht verloren gehen: Wildtiere warten normalerweise nicht darauf, bis Wissenschaftler Entscheidungen treffen.

Die Tatsache, dass die Feldforschung häufig ein hohes Maß an Zusammenarbeit erfordert, wirft Fragen zur Autorenschaft auf (eine allgemeine Diskussion dazu bei Bulger et al. 1993, Kap. V). Federführende Forscher werden häufig als Autoren genannt, selbst wenn sie mit der Datenerhebung an sich wenig zu tun hatten. Die Tatsache, dass der federführende Forscher die Gelder für die Forschung beschafft hat und an der Datenanalyse beteiligt war, ist oft ausreichend, damit er als Hauptautor angesehen wird. In den letzten Jahren wurden in der Literaturforschung interessante Diskussionen zur Autorenschaft geführt (z.B. Foucault 1984), und diese Diskussionen reichen in den Bereich der Ethik hinein. Professionelle Forschungsassistenten, Studenten und Doktoranden haben keinen guten Stand, wenn es darum geht, ihren Anspruch auf ihre Autorenschaft geltend zu machen. Sie haben unter Umständen einen Großteil oder gleich die gesamte Datenerhebung durchgeführt und wichtige Beiträge zum konzeptionellen Rahmen geleistet und werden trotzdem möglicherweise nur als nachrangige Mitautoren genannt, in der Danksagung erwähnt oder bleiben gar vollständig unerwähnt.

Es gibt aber auch Risiken für die federführenden bzw. hauptverantwortlichen Forscher, deren Namen in jeder Veröffentlichung ihres Laboratoriums oder Forschungsinstitus erwähnt wird, ganz abgesehen von einem wachsenden Misstrauen gegenüber ihrer tatsächlichen Beteiligung an der Autorenschaft. Denn wenn ein Mitautor keinen großen Anteil an der Datenerhebung hatte, auf der der Bericht basiert, kann er nicht sicher sein, dass alle Behauptungen darüber, was getan wurde, auch den Tatsachen entsprechen. Es wird also immer großes Vertrauen in alle Teilnehmer des Feldforschungsprojekts gesetzt.

Obwohl diese Probleme nicht nur in der Feldforschung auftreten, können sie sich bei dieser Art von Forschung besonders stark auswirken. Alle an solchen Projekten Beteiligten müssen sich des Vertrauens bewusst sein, das in alle Mitarbeiter gesetzt wird. Außerdem müssen sie sich vor Augen führen, dass jeder Einzelne Mitverantwortung für die Integrität des Projektes als Ganzes und seiner Ergebnisse trägt.

Beobachtung und Manipulation

Feldforschungsprojekte sind von einer Reihe von Problemen in Bezug auf Beobachtungen und Manipulationen gekennzeichnet, die üblicherweise bei Forschungsvorhaben im Labor nicht auftreten (Cuthill 1991), obwohl beide Forschungsmethoden ein Eindringen in die Privatsphäre der Tiere bedeuten können. Die bei Feldforschungen am offensichtlichsten auftretenden Probleme sind jene, die auf eine fehlende Kontrolle in Bezug auf das Verhalten der studierten Tiere, auf Variablen, die das Verhalten der studierten Tiere beeinflussen, und (wie oben erwähnt) auf eine mangelhafte Kontrolle über die Personen, die die Studien durchführen, zurückzuführen sind. Da wild lebende Tiere in der Regel schwieriger zu beobachten sind als eingesperrte Tiere, werden die Tiere außerdem oft auf vielfältige Weise manipuliert, um sie für die Studie besser verfügbar zu machen (siehe Mills 1996). Das beinhaltet zum Beispiel das Anfassen, Einfangen (und damit erneutes Anfassen), die Verwendung einer Reihe mechanischer Vorrichtungen (zum Beispiel zum Anlocken mit Lebendköder) und Markieren (und erneutes Markieren) von Individuen. Nichts davon findet nur in der Feldforschung Anwendung, doch es kann wichtige und verschiedenste Auswirkungen auf Wildtiere haben, die nicht an die Anwesenheit von Menschen oder zumindest nicht daran gewöhnt sind, von Menschen angefasst zu werden.

Bereits die Anwesenheit des Menschen und das Aufsuchen von Individuen, Gruppen, Nestern, Höhlen, Bauen oder Streifgebieten kann signifikante Auswirkungen auf das Verhalten der Tiere haben (für eine Diskussion und Bibliographien siehe Michener 1989, Bekoff/ Jamieson 1991, Cuthill 1991, Bekoff et al. 1992, Caine 1992, Shackley 1992, Isbell/ Young 1993, Mainini et al. 1993). Kennedy/ Knight (1992) fanden heraus, dass Elstern, die nicht an die Anwesenheit von Menschen gewöhnt sind, so viel Zeit damit verbringen, Menschen zu meiden, dass dadurch die Zeit für wichtige Aktivitäten, wie etwa das Füttern, verringert wird. Burley et al. (1982) zeigten, dass die Partnerwahl bei Zebrafinken durch die Farbe der zur Markierung von Individuen verwendeten Beringung beeinflusst wird, und möglicherweise gibt es zahlreiche andere von Menschen verursachte Einflüsse, die noch nicht dokumentiert wurden. Für die meisten Karnivoren liegen bisher keine Daten dieser Art vor (siehe jedoch Laurenson/ Caro 1994). Außerdem kann das Filmen negative Auswirkungen auf die gefilmten Tiere haben; Spiegelungen von Kameragehäusen, die Geräusche motorbetriebener Kameras und anderer Geräte sowie die Wärme und Helligkeit von Scheinwerfern (A. Pusey, persönliche Mitteilung) können störend sein.

Obwohl viele Probleme sowohl bei Forschungen im Labor als auch im Freiland auftreten, sind die Konsequenzen für Wildtiere möglicherweise andere und schwerwiegendere als die für in Gefangenschaft lebende Tiere, deren Leben bereits durch die Bedingungen verändert wurde, unter denen sie leben. Das kann unabhängig davon gelten, ob Versuche das Anfassen, Einfangen und Markieren von Individuen mit sich bringen. Denken Sie beispielsweise an Versuchsverfahren, die Folgendes beinhalten: (1) Besuche der Streifgebiete, Reviere oder Höhlen bzw. Baue von Tieren, (2) Manipulation des Nahrungsangebots und anderer Ressourcen, (3) Veränderung der Größe und Zusammensetzung von Gruppen (Alter, Geschlechterverhältnis, Verwandtschaftsverhältnis) durch Entfernen oder Hinzufügen von Individuen, (4) Wiedergabe von Lautäußerungen, (5) Anbringung von Geruchsmarkierungen, (6) Veränderung von Phänotypen, (7) Verwendung von Attrappen und (8) Manipulation des Genpools.

Alle diese Manipulationen können das Verhalten von Individuen verändern, zum Beispiel ihre Bewegungsmuster, die Gebietsnutzung, die für verschiedene Aktivitäten aufgewendete Zeit, einschließlich der für die Jagd und die Reaktion auf Raubfeinde. Außerdem haben sie Auswirkungen auf verschiedene soziale Interaktionen, z.B. auf das Pflegeverhalten, das Sozialspiel und die Dominanzbeziehungen. Diese Veränderungen können wiederum das Verhalten ganzer Gruppen verändern, zum Beispiel die Jagd in der Gruppe oder das Fressverhalten, das Pflegeverhalten und die Dominanzbeziehungen. Außerdem beeinflussen sie Nicht-Ziel-Individuen (Cuthill 1991, siehe auch Hofer et al. 1993 für eine Diskussion darüber, wie das Fangen in Schlingen von wandernden Pflanzenfressern die Populationsdynamik und Demografie von Tüpfelhyänen beeinflussen kann).

Obwohl wir verschiedene Aspekte des Verhaltens von Tieren vor unserer Ankunft vor Ort oftmals nicht kennen können, scheint unsere Anwesenheit zu beeinflussen, was Tiere tun, zumindest anfangs, wenn wir mit einer gewissen Regelmäßigkeit in ihre Welt eindringen. Zum Beispiel verbrachten in einer Langzeitstudie beobachtete Kojoten (Bekoff/ Wells 1986) anfangs viel Zeit damit, Beobachter, die einen Mindestabstand von 1 bis 2 Kilometern einhielten, anzustarren und anzubellen, doch schließlich beruhigten sie sich und schienen ihren täglichen Geschäften nachzugehen, ohne sich weiter um die Beobachter zu kümmern. Ihr Verhalten kehrte zu dem zurück, was wir als typisches Verhalten vor unserer Ankunft ansehen. Außerdem können Veränderungen im Verhalten von Individuen und Gruppen, einschließlich das von Tieren, die in einem bestimmten Gebiet (wieder) angesiedelt werden, weit reichende Auswirkungen sowohl auf lokale als auch auf entfernte Ökosysteme haben. Denken Sie zum Beispiel an die Wiederansiedlung der Rotwölfe in Gebieten, in denen bereits Kojoten leben (Wayne/ Gittleman 1995).

Tatsache ist, dass das, was auf der Ebene des Individuums eine relativ kleine Änderung zu sein scheint, sowohl kurz- als auch langfristig drastische und weit reichende Auswirkungen haben kann. Bestimmte Aktivitäten, die im Vorfeld geplant wurden, können in der konkreten Feldforschungssituation möglicherweise nicht umgesetzt werden. Andere, die zwar umgesetzt werden können, haben unter Umständen unerwartete negative Auswirkungen auf die Tiere, und wieder andere, die als nicht umsetzbar galten, erweisen sich möglicherweise als durchführbar und weniger störend als die vorher geplanten Manipulationen. Oft müssen an Ort und Stelle Entscheidungen getroffen und Erwartungen in Bezug auf die Auswirkungen der Änderungen auf das Leben der Tiere berücksichtigt werden. Auch inwieweit moralische Überlegungen diese Entscheidungen beeinflussen können, muss sorgfältig erwogen werden.

Unser Grundprinzip sollte sein, dass wir, wenn wir nicht sicher sagen können, wie unsere Aktivitäten sich auf das Leben der untersuchten Tiere auswirken werden, zugunsten der Tiere entscheiden und diese Praktiken nicht einsetzen sollten, bevor wir deren Konsequenzen kennen. Kürzlich wurde angeregt, dass wir diese Haltung selbst in Bezug auf Insekten einnehmen sollten (Wigglesworth 1980, Eisemann et al. 1986). Eisemann et al. (1986, S.167) vertreten die Ansicht, dass diese Einstellung „dem Experimentator hilft, eine angemessen respektvolle Einstellung zu dem lebenden Organismus zu haben, dessen Physiologie, obwohl anders und vielleicht einfacher als unsere eigene, noch lange nicht komplett verstanden wird."

Offene Fragen

Feldforscher beschäftigen sich mit vielen verschiedenen Tätigkeiten, und wir können hier nicht auf alle eingehen. Die folgende Liste von Fragen soll daher eher zum Nachdenken und zu offenen Diskussionen anregen. Sie ist sicherlich nicht erschöpfend, und die gestellten Fragen sind nicht nach ihrer relativen Wichtigkeit sortiert, obwohl einige Fragen als wichtiger als andere angesehen werden sollten. Die Tatsache, dass zur Zeit möglicherweise wenig Einigkeit hinsichtlich der Antworten auf diese Fragen herrscht, bedeutet nicht, dass es nicht bessere oder schlechtere Antworten gibt. Als Faustregel sollten wir zugunsten der Tiere entscheiden und nie vergessen, dass Respekt gegenüber Tieren von entscheidender Wichtigkeit ist. Einen wirklichen Fortschritt in der Zukunft wird aber erst die Entwicklung präziserer Richtlinien darüber bewirken, was zulässig ist.

Wir stellen hier 13 Fragen, wobei einige Themenbereiche unausweichlich mehrfach abgedeckt werden. Die ersten vier Fragen betreffen allgemeine Themen in Bezug auf moralische Verpflichtungen gegenüber Wild- und Haustieren, gegenüber Zuchtprogrammen in Gefangenschaft sowie Überlegungen hinsichtlich der Probleme von Individuen gegenüber Gruppen und die Gültigkeit von Daten aus Studien mit in Gefangenschaft lebenden Tieren und mit Individuen, die bei Feldforschungen studiert und manipuliert werden. Die Fragen 4, 5 und 6 betreffen Forschungsmethoden und die Beziehungen zwischen den Forschern und zu den von ihnen genutzten Tieren. Die Fragen 7, 8 und 9 betreffen das Thema, ob Forscher sich in natürliches räuberisches Verhalten einmischen sollten, indem sie etwa Begegnungen zwischen Räubern und Beute organisieren oder ob sie für arrangierte Begegnungen in Studien zu Kindstötung oder Dominanz sorgen sollten. Die zehnte Frage beschäftigt sich mit dem Zusammenhang zwischen tierischer Wahrnehmung und Tierschutz, die elfte fragt, nach welchen moralischen Grundsätzen wir uns richten sollten, und die Fragen 12 und 13 betreffen die Verantwortung der Forscher dafür, wie ihre Ergebnisse genutzt werden und wie ihre Reaktionen auf unmoralisches Verhalten ausfallen sollte.

(1) Besitzen Wildtiere einen anderen moralischen Status als Haustiere?

Das ist eine wichtige Frage, weil Feldforschungsprojekte sowohl an domestizierten als auch an wilden Karnivoren durchgeführt werden, oftmals im gleichen Habitat. Callicott (1980/ 1989, S.30) schreibt, dass „Haustiere eine Schöpfung des Menschen sind. Sie sind lebendige Kunstprodukte, (...) und bieten eine weitere Möglichkeit, den Einfluss des Menschen auf das Ökosystem auszuweiten“ (siehe auch Katz 1993). Howard (1993, S. 234f.) meint: „Haustiere sind genetisch so programmiert, dass ihre sichere Existenz vom Menschen abhängt, und glücklicherweise sterben sie alle relativ human, statt einen natürlichen brutalen Tod zu erleiden." (Für eine Entgegnung auf Howard siehe Bekoff/ Hettinger 1994.) Da diese Tiere unter Umständen länger leben, eine höhere Lebensqualität besitzen und weniger schmerzhaft sterben als Wildtiere, kommt Howard zu dem Schluss, dass die Tierforschung sogar „zu einer Verbesserung des Lebens einiger Individuen dieser Spezies führt" (S. 235, für ähnliche Ansichten ohne jegliche empirische Untermauerung siehe Gallup/ Suarez 1987, Lansdell 1988, Greenough 1992, Grandin 1992, Raynor 1992, für eine Widerlegung siehe Singer 1992a). Greenough (1992, S.9) geht so weit, Folgendes zu behaupten: „Tatsächlich werden Tiere in der Forschung sehr selten erheblichen Schmerzen ausgesetzt. Für die meisten Tiere ist das Leben im Labor erheblich komfortabler als das ihrer wilden Verwandten." Colwell (1989, S.33) verficht die Ansicht, dass „unsere moralische Verpflichtung für die angemessene Betreuung und Haltung von *individuellen Organismen* in der Landwirtschaft, in Zoos oder Tiergärten nicht davon abhängt, ob es sich um Wild- oder Haustiere handelt". Er schreibt auch: „Ich behaupte jedoch, dass die Rolle von domestizierten *Spezies* als sich in wechselseitiger Bedingtheit entwickelter Mitglieder unserer ursprünglichen Komponentengemeinschaft (...) sie in eine biologisch und moralisch von „wilden" Spezies getrennte Kategorie einordnet".

(2) Sind wir jemals berechtigt – und wenn ja, unter welchen Umständen – Wildtiere in Gefangenschaft zu halten?

Der am häufigsten genannte Grund für die Haltung von Tieren in Gefangenschaft ist der zur Erhaltung einer gefährdeten Art. Dabei leben Individuen in einer geschützten Umgebung, um ihre Fortpflanzung zu erleichtern, wodurch der Genpool der Spezies erhalten bleibt. Manchmal wird gesagt, dass diese Programme letztenendes die Rückkehr dieser Tiere in die Wildnis zum Ziel haben, doch das wirft ernsthafte philosophische Fragen auf. Haben Tiere beispielsweise ein Recht auf Freiheit? Haben ganze Spezies Rechtsansprüche? Kann das Wohlergehen von einzelnen Individuen dem Interesse von ganzen Spezies untergeordnet werden (eine Diskussion hierzu in Regan 1983, Jamieson 1985a, 1995, Rachels 1989, Shapiro 1989, Singer 1990, 1993a, DeBlieu 1991, Varner/ Monroe 1991, Bekoff/ Gruen 1993, Norton et al. 1995)? Es ist bemerkenswert, dass einige der schärfsten Kritiker von Zuchtprogrammen in Gefangenschaft selbst zu den Wissenschaftlern gehören, die ihr Leben diesen Anstrengungen widmen und an deren Erfolg ernsthaftes Interesse haben.

Um Schaller (1993, S. 233f.) zu zitieren: „Die Erkenntnis, dass der Panda so leiden musste und seine Zahl rückläufig war, während wir sein Leben aufzeichneten, ist mir eine schmerzhafte Last. Begeisterung und guter Wille zählen wenig, wenn der Feind eine gewaltige Bürokratie mit lokalen Beamten ist, die kurzsichtig Behinderungen, Ausflüchte, veraltete Konzepte, uneinsichtige Aktivitäten und andere tragische Anstrengungen unternehmen, um Richtlinien der Zentralregierung zu umgehen und ein ökologisches Missmanagement von bestürzendem Ausmaß zu schaffen." In Bezug auf das, was er das „Rent-a-Panda"-Programm nennt, schreibt Schaller (S. 249): „Die Politik und die Gier, gepaart mit beschämender Gleichgültigkeit gegenüber dem Wohlergehen der Pandas, die den Großteil des Vermietungsgeschäfts kennzeichnet, wird nicht abgelegt werden." Peterson (1989) steht Zuchtprogrammen in Gefangenschaft ebenfalls skeptisch gegenüber. Er konzentriert sich auf das Arterhaltungsprogramm für Sibirische Tiger. Er meint, dass zum Zeitpunkt, wo er dies schreibt, noch vorhandene Gruppen von Sibirischen Tigern in Gefangenschaft „in Bezug auf ihr Geschlechterverhältnis und ihre Altersstruktur" schlecht verteilt sind (S. 301), dass nur wenigen Individuen tatsächlich erlaubt werden kann, sich fortzupflanzen, und dass andere möglicherweise „entfernt – wahrscheinlich getötet (oder, um den bevorzugten Ausdruck zu verwenden, „euthanasiert")" werden müssen (S. 301).

Peterson betont auch, dass das Ziel der meisten Zuchtprogramme in Gefangenschaft – die Rückkehr gefährdeter Tiere in die freie Natur – wahrscheinlich nie erreicht werden wird. Rabinowitz zweifelt ebenfalls an vielen Zuchtprogrammen in Gefangenschaft, weil „sie kein umfassendes Management von in Gefangenschaft gehaltenen Populationen und keine Folgeprogramme zur Wiederansiedlung von Jungtieren in der Wildnis bieten" (1991, S.165). Außerdem verweist er darauf, dass „selten die richtigen Techniken zur Wiederansiedlung zum Einsatz kommen". Schaller (1993) steht Versuchen kritisch gegenüber, die die „Rettung" von Pandas zu deren Schutz und zur Entwicklung eines Zuchttierbestandes zum Ziel haben. Er weist auf die erbärmlichen Bedingungen in einem Forschungszentrum hin und erklärt, dass „die Panda-Rettung, ein Vermächtnis des Bambussterbens von 1983, bis weit in das Jahr 1987 fortgeführt wurde, bis zu einem Zeitpunkt also, zu dem es schon lange keine Rechtfertigung mehr dafür gab" (S. 223). Er behauptet: „Wenn die meisten Pandas, die nach dem Bambussterben gerettet wurden, ihre Freiheit zurückerhielten, würden sie vielleicht den Wald wieder füllen" (S. 224). Hier gibt es Spannungen zwischen dem scheinbar vertretbaren Akt der Rettung von Tieren, die andernfalls möglicherweise aufgrund von Nahrungsmangel verhungert wären, sowie der Motivation, ihnen weiterhin zu helfen um Wildpopulationen aufzustocken.

Jedoch sollte niemand die große Bedeutung der Ziele von Zuchtprogrammen in Gefangenschaft abstreiten. Trotz der logistischen und finanziellen Schwierigkeiten bei der Einführung von Zuchtprogrammen in Gefangenschaft und von Wiederansiedlungsprogrammen kommt Rabinowitz (1991, S.166) zu dem Schluss, dass „kein Preis für die Rettung selbst einer einzigen Spezies festgelegt werden kann, die andernfalls möglicherweise verloren wäre. Doch eine halbherzige oder wahllose und ungeeignete Vorgehensweise ist sowohl eine Ressourcenverschwendung als auch eine Quelle potenziellen Schadens für die betroffenen Tiere." Angesichts der Tatsache, dass viele Experten extrem skeptisch sind, ob die Ziele von Zuchtprogrammen in Gefangenschaft erreicht werden können (insbesondere was den Aufbau einer gesunden und sich selbst erhaltenden Tierpopulation betrifft, die in Freiheit erfolgreich wieder angesiedelt werden kann), müssen wir unser Handeln und unsere Gründe dafür neu bewerten (siehe auch den Artikel von Schaller in Gittleman 1996).

(3) Welcher Zusammenhang besteht zwischen guter Wissenschaft und Tierschutz?

Diese Frage stellt sich insbesondere in Bezug auf die Forschung an Tieren in Gefangenschaft. Vieles von dem, was wir beispielsweise über in Zoos lebende Tiere erfahren, gilt nur für diese Art von Umgebung und kann aufgrund der Art und Weise, wie die Individuen untergebracht, gefüttert und insgesamt gehalten werden nicht verallgemeinert werden. Daher müssen wir vorsichtig sein, wenn wir Feldforschungsprojekte ausschließlich anhand von Daten von in Gefangenschaft lebenden Individuen planen, da die Art der gestellten Fragen einen großen Einfluss auf die Nützlichkeit der erhobenen Daten haben wird. Zum Beispiel scheinen Daten zum Duftmarkieren von in Gefangenschaft lebenden Katzen (z.B. Asa 1993, Mellon 1993) nützlich für die Förderung unseres Verständnisses dessen zu sein, was in der Wildnis passiert, und detaillierte Studien zur Verhaltensentwicklung können auch Informationen für Feldforschungen an Raubtieren liefern (Bekoff 1989).

Verschiedene Techniken bei Feldforschungen können das Verhalten und Wohlergehen beeinträchtigen und darüber hinaus unter Umständen die Gültigkeit der gesammelten Daten beeinflussen. Feldforscher sollten die Auswirkungen der bei der Erforschung von Wildtieren eingesetzten Techniken (z.B. das Einfangen der Tiere, das Markieren von Individuen oder das Anbringen von Funkhalsbändern) auf das Verhalten studieren, um festzustellen, ob die sich daraus ergebenden Verhaltensänderungen die Gültigkeit der gesammelten Daten beeinflussen.

Diese Informationen könnten auch bei Entscheidungen, die dem Tierschutz dienen, berücksichtigt werden. Beispielsweise erforschten Laurenson/ Caro (1994) die forschungsbedingten Auswirkungen auf frei lebende Geparden, einschließlich dem Tragen von Funkhalsbändern, ihrer Verfolgung aus der Luft und die Untersuchung ihrer Baue, und fanden keinen erkennbaren Einfluss auf das Verhalten der Geparden. Doch sie betonen, dass sich, obwohl sich ihre subjektiven Einschätzungen als richtig erwiesen, Forscher nicht ausschließlich auf ihre Intuition verlassen dürfen. Laurenson/ Caro weisen auch darauf hin, dass nur wenige Studien zum Einfluss der Präsenz von Forschern und deren experimentellen Manipulationen auf das Verhalten der studierten Tiere für andere Säugetiere durchgeführt wurden (z.B. Ramsay/ Stirling 1986, Orford et al. 1989).

Doch in einer Langzeitstudie an Kojoten (Bekoff/ Wells 1986) stellte sich beispielsweise heraus, dass glänzende Kameras und Fernrohre die Tiere beunruhigten. Daher wurden die Kameragehäuse und Fernrohre matt schwarz gestrichen, damit sie weniger Licht reflektierten. Außerdem trugen wir, wenn wir die Baue besuchten, immer die gleichen Kleidungsstücke, so dass wir den Kojoten einen fast gleich bleibenden Geruch und ein gleich bleibendes optisches Bild boten. Viele Studien in Bezug auf den menschlichen Einfluss wurden an Vögeln durchgeführt (z.B. Pietz et al. 1993), und wer Karnivoren studieren möchte, kann viel von diesen Studien lernen (für Literaturhinweise siehe Bekoff/ Jamieson 1991, Laurenson/ Caro 1994).

Wer Verhalten und Verhaltensökologie im Freiland studiert, kann wichtige Beiträge zum Tierschutz leisten, doch leider spielen diese häufig nur eine untergeordnete Rolle bei der Gesetzgebung im Bereich des Tierschutzes (Cuthill 1991). Feldforscher können helfen, Richtlinien in Bezug auf Ernährungsanforderungen, Platzbedarf und Habitatansprüche für die Haltung in Gefangenschaft zu entwickeln, die am besten dazu beitragen würden, die natürlichen Verhaltensmuster der in Gefangenschaft gehaltenen Tiere zu gewährleisten. Außerdem könnten sie Informationen über soziale Bedürfnisse in Bezug auf Gruppengrößen und Alters- und Geschlechterstrukturen und die Beschaffenheit der Bindungen, die üblicherweise zwischen den Tieren und menschlichen Forschern eingegangen werden, liefern (Rollin 1981, Davis/ Balfour 1992).

(4) Sollten wir Individuen schädlichen, schmerzhaften oder störenden Erfahrungen aussetzen, damit wir herausfinden, wie Tiere dieser spezifischen Art mit diesen bestimmten Situationen umgehen und wie sie ihr Verhalten beeinflussen?

Verschiedene Studien an Karnivoren beinhalten das Fangen von Individuen in Beinfallen oder Lebendfallen (Mills 1996). Ist diese Praxis gerechtfertigt, um mehr darüber zu lernen, wie Tiere in Fallen gefangen und die Fallen überwacht werden können, damit das Erlebnis, gefangen zu werden für die Tiere weniger schädlich oder schmerzhaft wird? Es ist höchst unwahrscheinlich, dass jemand, der bereits mit in Fallen gefangenen Tieren gearbeitet hat, behaupten kann, dass diese Erfahrung für die betroffenen Individuen nicht schädlich oder schmerzhaft sei – sowohl für den Körper als auch die Psyche. Weitere Forschungen zur Entwicklung von Alternativen zu Beinfallen und anderen Vorrichtungen, die die Bewegungsfreiheit eines Tieres einschränken, sind vonnöten. Forscher sollten überzeugende Beweise vorlegen müssen, dass es keine Alternativen zu den verwendeten Fangmethoden gibt, und sie sollten darlegen können, dass sie die humansten verfügbaren Methoden anwenden. Außerdem ist es die Pflicht der Forscher zu zeigen, dass der Stress durch das Einfangen die Verhaltensmuster der studierten Tiere nicht beeinflusst, womöglich genau die Verhaltensmuster, die in der Studie erforscht werden sollen.

(5) Wie können wir die Anzahl der verwendeten Tiere minimieren?

Elwood (1991) weist darauf hin, dass es bei bestimmten Arten von Studien unerlässlich ist, sich streng an das Versuchsprotokoll zu halten, und dass der Stress der studierten Tiere minimiert werden muss. Wenn Studien Ergebnisse liefern, deren Gültigkeit zu Recht in Frage gestellt werden können, weil zum Beispiel die Daten von gestressten Tieren stammen, dann führen Versuche, die Studien auf die eine oder andere Art zu wiederholen, dazu, dass noch mehr Tiere verwendet werden, vielleicht ohne weiteren Nutzen für die Forschung. In Fällen, in denen Tiere wiederholt aufgespürt werden müssen, stellt sich die Frage, ob es nicht ausreicht, ein einzelnes Individuum zu markieren oder mit einem Funkhalsband auszustatten, wenn alle anderen eindeutig anhand zuverlässiger Verhaltens- oder anderer Merkmale identifiziert werden können. Das würde nicht nur zu weniger Umgang mit den Individuen führen, sondern dieses minimale Markieren der Tiere würde auch zu weniger Unterbrechungen des „natürlichen" Verhaltens führen.

In den letzten Jahren gab es eine Bewegung in der Laborforschung, die Anzahl der verwendeten Tiere durch Verbesserung der Versuchstechniken zu reduzieren. Viele dieser Verbesserungen betreffen den Einsatz verschiedener Instrumente oder Schmerzmittel, doch in einigen Fällen können Änderungen am Versuchsaufbau und statistische Methoden ebenso zur Verwendung von weniger Tieren führen. Forscher in der Feldforschung und im Labor sollten bei der Planung von Projekten miteinander kooperieren und dafür sorgen, dass so wenig Tiere wie möglich benutzt werden müssen.

(6) Wie sieht die angemessene Beziehung zwischen Forschern und den von ihnen studierten Tieren aus?

Da eine Form von Bindung zwischen den studierten Tieren und den Forschern wahrscheinlich unausweichlich ist (Davis/ Balfour 1992, Bekoff 1994b, c), sollten diese Bindungen zugunsten der Tiere genutzt werden. Wie L. E. Johnson (1991, S. 122) anmerkt: „Es erscheint wie ein schmutziges, falsches Spiel, eine auf Vertrauen und Zuneigung basierende Beziehung mit einem Wesen einzugehen, das eine solche Beziehung eingehen kann, und dann an seiner vorsätzlichen und vorzeitigen Tötung beteiligt zu sein."

Bindungen können auch zu einer „besseren" Wissenschaft führen. „Besser" bedeutet für unterschiedliche Menschen unterschiedliche Dinge, doch der Begriff umfasst sicher Praktiken, die helfen, die Datenerhebung zu beschleunigen, zu einem vollständigeren Verständnis der Tiere beizutragen, die Anzahl der studierten Tiere zu reduzieren und fundiertere Erklärungen für beobachtete Verhaltensmuster zu liefern (Bekoff 1993b). Egal, was man letzten Endes aus wissenschaftlicher Sicht von volkstümlich-psychologischen Zuschreibungen von Fähigkeiten und „Charaktermerkmalen" an bestimmte Tierarten denkt, sind solche Zuschreibungen fraglos hilfreich bei der Entwicklung von Hypothesen (Dennett 1987), und Menschen mit engeren Beziehungen zu den fraglichen Tieren sind wahrscheinlich motivierter, solche Zuschreibungen auch vorzunehmen.

Wir können uns auch die Frage stellen, ob Menschen den von ihnen genutzten Tieren Namen geben sollten und ob das Auswirkungen auf derzeitige Forschungen haben könnte (Montgomery 1991, Bekoff/ Allen 1996). Wir halten die Namensgebung für eine gute Idee, und insbesondere in der Primatenforschung ist dies die Regel. Außerdem setzen wir uns dafür ein, Tiere nicht als sächlich, sondern als männlich oder weiblich zu benennen und befürworten daher die Verwendung der Worte „sie", „er", „der" und „die", anstelle von „es", „das" usw. Ob Tiere sich gemäß der ihnen gegebenen Namen benehmen (z.B. Brutus, Samson, Dumbo, Mausi, Dicker) und ob Forscher durch Namen voreingenommen sind, bleibt eine offene Frage. Die Namensgebung beeinflusst mit Sicherheit die Art und Weise, wie die einzelnen Tiere behandelt werden (Bekoff 1993b), weil Tiere mit Namen üblicherweise eher als Subjekt denn als Objekt behandelt werden, also eher als Individuen mit Persönlichkeit und einzigartigen Merkmalen (Bekoff/ Gruen 1993) angesehen werden. Enge Beziehungen zu Individuen, die einen Namen haben, laden zur Nutzung von Anekdoten über sie ein. Wenn diese mit Bedacht eingesetzt werden, können sie eine Rolle bei der Beschreibung und Deutung des Verhaltens von Tieren spielen und empirische Forschungen in Bereichen wie der Wahrnehmung von Tieren bereichern und anregen (Burghardt 1991, Bekoff 1995, Bekoff/ Allen 1996).

(7) Sollten Menschen in das natürliche räuberische Verhalten eingreifen?

Zuerst sollte angemerkt werden, dass die meisten Raubtiere nur eingeschränkten bis mittelmäßigen Erfolg bei ihren räuberischen Bemühungen haben, und in vielen Fällen, in denen sie in dieser Richtung aktiv werden (z.B. bei Nacht, in unzugänglichen Habitaten, opportunistisch, etc.), könnten Menschen sich selbst dann nicht einmischen, wenn sie es wollten. Trotzdem ist es interessant festzustellen, dass in einem Fall, über den in einer populären ornithologischen Zeitschrift berichtet wurde (Bonta 1991), der Hauptteil der Zuschriften von Nichtwissenschaftlern (siehe BIRD WATCHER'S DIGEST Sep./ Okt. 1991, Nov./ Dez. 1991, März/ April 1992) die Meinung vertrat, dass eine Familie, die beobachtete, wie eine Natter einige Jungvögel fraß, das hätte verhindern sollen. Sapontzis (1984, S.36) behauptet, dass wir, obwohl nicht jedes räuberische Verhalten vermeidbar ist, „wo wir Prädation verhindern können, ohne mehr oder genau soviel Leid zu verursachen wie wir verhindern würden, prinzipiell verpflichtet sind, unvermeidbares tierisches Leid zu mildern" (siehe auch Sapontzis 1987/ Kap. 13). Sapontzis verweist darauf, dass Fragen der Durchführbarkeit bei ethischen Überlegungen berücksichtigt werden müssen und es nicht sofort offensichtlich ist, wie „unnötiger Prädation" vermieden werden kann. Angesichts dieser Ansichten ist es interessant, dass nicht ein einziger Feldbiologe, der räuberisches Verhalten bei Wildtieren studiert hat und auf diese Frage eingegangen ist, der Meinung war, dass natürliches räuberisches Verhalten beeinflusst werden sollte. Obwohl es scheint, als ob die meisten Wissenschaftler der Ansicht von Sapontzis und der Leser von Bird Watcher's Digest widersprechen, ist es interessant zu spekulieren, warum das wohl so ist. Denn normalerweise wollen sich Studenten der Verhaltenskunde nicht aus der Natur heraushalten. Wenn das der Fall wäre, würden sie überhaupt nicht in die Feldforschung gehen.

Kirkwood (1992) präsentiert einen durchdachten Essay zum Tierschutz bei Wildtieren und berücksichtigt solche Fragen wie, ob wir zugunsten frei lebender Wildtiere eingreifen sollten, und wenn ja, in welchem Umfang und wie das geschehen sollte. Obwohl er eingesteht, dass es viele unterschiedliche Ansichten gibt, behauptet er (S. 143), dass „die meisten wahrscheinlich zustimmen würden, dass es, wenn Wildtiere (aus evolutionärer Sicht) durch die vor kurzem durch den Menschen verursachten Veränderungen der Umwelt (zum Beispiel Ölteppiche, Stromleitungen, Straßen und Umweltverschmutzung) geschädigt werden, aus Sicht des Tierschutzes angemessen ist, einzuschreiten". (Entsprechende Abhandlungen finden sich bei Ferrer/ Hiraldo 1992 und McOrist/ Lenghaus 1992.) Kirkwood schreibt auch über die Eingriffe von Tierärzten bei der Behandlung verletzter oder kranker Wildtiere. Er fordert „einen internationalen Code für Eingriffe aus Gründen des Tierschutzes bei Wildtieren zur Festlegung von Richtlinien in Bezug auf die Ethik, die Methoden und die Standards" (S. 151). Obwohl wir hier nicht näher auf diese Punkte eingehen können, glauben wir, dass es Umstände gibt, unter denen Menschen zugunsten des Wohlergehens von Wildtieren eingreifen müssen, einschließlich unter einigen der oben aufgelisteten Umstände (siehe auch Schaller 1993). Es muss auch sorgfältig berücksichtigt werden, dass wir, wenn auf die Forschung zurückzuführende Manipulationen – einschließlich der bloßen Anwesenheit von Forschern – schädlich für das Zieltier oder (indirekt) ein anderes Individuum sind, verpflichtet sind, zugunsten des Tieres bzw. der Tiere einzugreifen.

(8) Sollten Studien erlaubt sein, bei denen es zu arrangierten Begegnungen zwischen Raub- und Beutetieren kommt oder bei denen die Bildung und Aufrechterhaltung von Rangordnungsbeziehungen potenziell schädlich für eines oder mehrere der Individuen sein könnte (Huntingford 1984)?

Die allgemeine Fragestellung ist hier, ob Forscher absichtlich räuberische, agonistische oder andere Arten von Begegnungen initiieren sollten, die andernfalls nicht stattfinden würden und deren Ausgang für die Teilnehmer schädlich sein könnte. Das ist keine Frage, auf die es eine einfache Antwort gibt. Ich selbst habe in den 1970ern solche Studien zur Entwicklung von räuberischem Verhalten an in Gefangenschaft lebenden Kojoten durchgeführt, fand es jedoch nach einigem Nachdenken unmöglich, sie zu rechtfertigen, und entschied für mich, dass ich solche Studien nicht mehr durchführen wollte (Bekoff/ Jamieson 1991, S.26, Anmrk. 20). Meine Entscheidung stützte sich auf die psychische Qual und das Leid der Beute (Mäuse und Küken), die in einen kleinen Raum platziert wurde, wo sie nicht entkommen konnte, sowie auf die physischen Konsequenzen des Anpirschens, Fangens, Verstümmelns und Tötens. Ein Ergebnis meiner Entscheidung war, dass keine detaillierten Informationen über die Entwicklung von räuberischem Verhalten gewonnen werden konnten, weil solche Daten nicht unter nicht arrangierten Feldbedingungen gesammelt werden können. Studien mit organisierten Begegnungen werden auch im Freiland durchgeführt. Zum Beispiel setzten in einer neueren Studie Small/ Keith (1992) mit Funkhalsbändern versehene Polarhasen und Schneeschuhhasen aus, um herauszufinden, wie sie von Polarfüchsen erbeutet werden.

(9) Sollten sich Menschen bei Infantizid einmischen oder inszenierte Begegnungen zur Erforschung von Kindstötungen einsetzen?

Ein Meinungsaustausch zwischen Bekoff (1993a) und Emlen (1993) über Forschung, über die in Emlen et al. (1989) berichtet wurde, hebt einige der wichtigen Punkte in Bezug auf experimentelle Studien zum Infantizid hervor (siehe auch Elwood 1991). Bekoff stellte in Frage, dass die Forschung auf die Art und Weise durchgeführt werden musste, wie das geschehen war, nämlich indem Küken durch eindringende weibliche Tiere verstümmelt oder getötet wurden, nachdem die Mütter der Küken von den Forschern getötet worden waren. Ein interessanter Aspekt der Reaktion Emlens ist, dass er und seine Kollegen ihre Experimente tatsächlich einstellten, als die Verstümmelung und das Töten von Blatthühnchenküken durch andere Weibchen als deren Muttertiere anfing, sie zu stören. Es wäre hilfreich gewesen, wenn dieses Missfallen in der Originalabhandlung erkennbar gewesen wäre. Eine in der Debatte ebenfalls angesprochene Frage war, ob die experimentelle Studie zum Infantizid in Bezug auf die „Kosten“ der betroffenen Tiere und die „Vorteile“ des gewonnenen Wissens gerechtfertigt werden kann. Von den von Marc Bekoff zum Wert dieser Art von Studien befragten Personen gab es eine paritätische Aufteilung bei der Frage, ob die Studie überhaupt hätte durchgeführt werden sollen. Jeweils die Hälfte der Befragten stimmte dafür oder dagegen. Die Begründung für die meisten Nein-Stimmen war, dass wir nicht genug über Infantizid wissen, um Feldexperimente wie die von Emlen et al. zu rechtfertigen (siehe z.B. Dagg 1982, Bartlett et al. 1993).

(10) Wie kann uns das Wissen, das wir durch Studien an Wildkarnivoren gewinnen, in Bezug auf ihre kognitiven Fähigkeiten und unsere ethischen Verpflichtungen ihnen gegenüber weiterhelfen?

Einige Forscher sind so weit gegangen zu behaupten, dass, selbst wenn wir die Erkenntnisse über die kognitiven Fähigkeiten von Wildtieren nur erlangen, um die Debatte über den Tierschutz mit Sachkenntnissen zu untermauern, diese Bestrebungen bereits lohnenswert seien (z.B. Byrne 1991, siehe auch Bekoff/ Jamieson 1990, 1991, Duncan/ Petherick 1991, Bekoff 1995, Bekoff/ Allen 1996). Doch Studenten der Verhaltenskunde haben Schwierigkeiten bei der Begriffsbildung in der kognitiven Verhaltensforschung. Viele scheinen anzunehmen, dass Verhalten das ist, was beobachtet wird, und dass „kognitive Zustände" nur abgeleitet werden können; und dass aus diesem Grund die Kognition außerhalb der Reichweite der empirischen Wissenschaft liegt. Obwohl wir der Ansicht sind, dass diese Sichtweise nicht richtig ist, bereitet die Entwicklung einer theoretischen Grundlage für die kognitive Verhaltensforschung Probleme (Jamieson/ Bekoff 1993). Selbst wenn eine solche Grundlage entwickelt werden kann, bleiben die Beziehungen zwischen Wahrnehmungsfähigkeit und moralischem Status von Tieren kompliziert. Es ist folgerichtig einerseits die Meinung zu vertreten, dass wir *möglicherweise* Kreaturen ohne Wahrnehmungsfähigkeit moralischen Respekt schulden, und andererseits zu behaupten, dass wir *möglicherweise* Kreaturen *mit* Wahrnehmungsfähigkeit diesen Respekt *nicht* schulden.

Fragen zum Verhältnis zwischen dem, wie Tiere sind und wie sie behandelt werden sollten, bilden häufig den Hintergrund von Diskussionen über die Komplexität des Verhaltens und das „Innenleben" von Tieren. Diese Fragen müssen aus dem Hintergrund in den Vordergrund treten und offen diskutiert werden. Manchmal scheinen wir in der Tierforschung mit einem Paradoxon konfrontiert zu sein: Durch Forschungsarbeiten, bei denen Tiere behandelt werden, als ob sie keine moralische Bedeutung besäßen, entdecken wir manchmal, dass sie ein reiches, komplexes kognitives Innenleben und zugleich ein reiches Gefühlsleben haben. Tatsächlich kann das, was wir unter Umständen in einigen Fällen entdecken, uns davon überzeugen, dass die Behandlungsweisen, die diese Entdeckungen erst ermöglicht haben, falsch sind.

(11) Welche Grundsätze sollten wir als ethische Richtlinien anwenden?

Wenn durch Menschen verursachte Schmerzen bei Tieren geringer oder gleich denen sind, die das Tier in der Natur erleiden würde, ist es dann zulässig, Schmerzen zuzufügen (Rolston 1988, Hettinger 1994)? Für viele Tiere kann nur schwer gesagt werden, ob diese Bedingung zutrifft, da wir nicht wissen, wie die meisten Individuen in der Natur Schmerzen erfahren. Aus diesem Grund müssen wir sorgfältig darauf achten, dass diese Grundsätze nicht nur zu einer Vereinfachung für Forscher werden, damit diese das, was sie wirklich tun möchten, mit einer anderen Begründung ausführen können. Viele weitere Prinzipien wurden vorgeschlagen, die möglicherweise Richtlinien für unseren Umgang mit Tieren bilden sollten: utilitaristische, auf Rechten basierende usw. Außerdem handeln Wissenschaftler oft nach impliziten, nicht genannten Prinzipien und Richtlinien. Alle diese Prinzipien müssen ans Licht gebracht und ausdrücklich diskutiert werden.

(12) Sind Wissenschaftler dafür verantwortlich, wie ihre Ergebnisse verwendet werden?

Wenn wir beispielsweise feststellen, wie Wölfe leben, sind wir dann dafür verantwortlich sicherzustellen, dass diese Informationen nicht dazu verwendet werden, Wölfen zu schaden? Das ist keine rein „akademische" Frage, da ein Großteil der Forschung zu Karnivoren von Behörden finanziert wird, die ihre Populationen reduzieren oder ihr Verhalten kontrollieren möchten. Informationen zum Verhalten von Tigern oder Wölfen kann auch jenen nutzen, die einfach nur Teppiche aus ihrem Fell herstellen möchten. Bei der Erforschung von Meeressäugern stellt das bereits seit mindestens einem Jahrzehnt ein Problem dar. Rein wissenschaftliche Informationen über Populationen, Migrationsrouten und Verhalten können von jenen verwendet werden, die an der kommerziellen Ausbeutung der studierten Tiere beteiligt sind. Selbst wenn Jagdverbote und -beschränkungen gelten, sind diese unter Umständen nicht von Dauer.

Es sollte die Idee berücksichtigt werden, dass ein Wissenschaftler, der eine bestimmte Tierart studiert, möglicherweise moralisch verpflichtet ist, so für diese Tierart einzutreten, wie Ärzte das für ihre Patienten tun. Aus dieser Sicht sollte das Wohlergehen der von einem Wissenschaftler studierten Tiere an erster Stelle rangieren. Es sollte vielleicht sogar über dem Ziel stehen, von Kollegen begutachtete wissenschaftliche Ergebnisse zu erhalten. Einige Wissenschaftler, zum Beispiel Jane Goodall und Dian Fossey, dienen als Beispiel für diese Ethik, doch sie haben viele Kritiker in der Wissenschaftsgemeinde.

(13) Welche Verantwortung trägt die Forschungsgemeinschaft dafür, unmoralisches Verhalten zu verhindern, und wie sollte dieser Verantwortung nachgekommen werden?

In den letzten Jahren haben verschiedene Forschungsgesellschaften Schritte zur Bekämpfung von unmoralischem Verhalten unternommen, indem sie Grundsätze zum Berufsethos aufgestellt haben und sich weigern, Abhandlungen zu veröffentlichen, die gegen ethische Grundsätze verstoßen. Gleichzeitig haben sich Forscher zu häufig wie Ärzte verhalten, indem sie zögerten, Schritte gegen Kollegen zu unternehmen. Bei Konflikten gab es bei vielen Wissenschaftlern die Tendenz, sich zu Ungunsten der weniger mächtigen Mitglieder der Gemeinschaft auf die Seite der mächtigeren Mitglieder zu schlagen (z.B. Lang 1993). Leider herrscht noch immer wenig Einigkeit darüber, wie die allgemeine Ethik in Bezug auf viele der von uns gestellten Fragen aussehen sollte, und wenige haben den Eindruck, dass die Forschungsgemeinschaft verpflichtet sein sollte, höhere moralische Standards innerhalb der eigenen Gemeinschaft zu fördern (für eine Diskussion dieser Punkte siehe ETHICS AND BEHAVIOR 1993, Hf. 3, das sich mit Informationen über Missstände und mit standeswidrigem Verhalten in der Wissenschaft beschäftigt). In vielen akademischen Zirkeln herrscht sogar eine gewisse Selbstgefälligkeit im Hinblick auf das Fehlverhalten in der Forschung. Andererseits hat die bis heute umfangreichste empirische Studie zu gemeldeten Fällen von standeswidrigem Verhalten von Swazey et al. (1993) gezeigt, dass Berichte von Täuschungen, Fälschungen und Plagiaten überraschend häufig veröffentlicht werden. Die Autoren kommen zu dem Schluss, dass es sich um ein ernsthaftes Problem handelt, das sofortige Aufmerksamkeit erfordert.

Abschließende Bemerkungen

Es besteht auch weiterhin Bedarf, Grundsätze für die Erforschung frei lebender und in Gefangenschaft gehaltener Karnivoren (und anderer Tiere) zu entwickeln bzw. zu verbessern. Diese Richtlinien sollten ehrgeizig sein und eine regulierende Wirkung haben. Wie Quinn (1993, S.130) schreibt: „Wir zerstören die Welt durch unsere Unbeholfenheit. Wir zerstören die Welt, weil wir buchstäblich und bewusst auf Kriegsfuß mit ihr stehen.“ Wir sollten uns nicht damit zufrieden geben, dass die Dinge besser stehen als in den schlechten alten Zeiten, und wir sollten an einer Zukunft arbeiten, in der selbst diese aufgeklärten Zeiten als die schlechten alten Zeiten angesehen werden.

Es wurden bereits große Fortschritte in der Entwicklung von Grundsätzen erzielt. Die Herausforderung besteht nun darin, sie bindender, effektiver, überzeugender und spezifischer zu gestalten. Wenn möglich sollten wir auch einen breiten Konsens mit anderen Ländern anstreben; so ist etwa die Forschung in einigen Ländern (z.B. den USA) immer noch weniger reguliert als in anderen Ländern (Gavaghan 1992). Dieser Entwicklungsprozess erfordert interdisziplinäre Beiträge sowohl von Feldforschern als auch von Philosophen; keine Einzeldisziplin kann diese Aufgabe alleine bewältigen (Farnsworth/ Rosovsky 1993, Shrader-Frechette/ McCoy 1993). Forscher, die solchen Fragen ausgesetzt sind, über sie nachdenken und sich an offenen und ernsthaften Debatten darüber beteiligen, können diese Lektionen in ihre Forschungsprojekte tragen und ihr diesbezügliches Wissen an Kollegen und Studenten vermitteln. Die Feinheiten philosophischer Argumente nicht zu kennen – zu Details, über die sogar bei Berufsethikern keine Einigkeit besteht – sollte weder ein Stolperstein noch ein unüberwindliches Hindernis für das Lernen darstellen; sich in dem Dilemma zu befinden und nichts zu tun, ist keine Lösung. Nur wenige Feldforscher wissen, wie Ferngläser oder Funksender funktionieren, doch das hindert sie nicht daran, sie zu benutzen. Dasselbe sollte für die Details der philosophischen Tradition und ihrer Argumente gelten.

Schnoddrige, allzu simple und nicht begründete Ablehnungen von engagierten Tierschützern werden lediglich dazu führen, jene zu entzweien, deren Beiträge benötigt werden, wenn wir unser Verhalten in Bezug auf Tiere verbessern wollen. Aber wir sollten Überlegungen zum Tierschutz nicht aufgrund von oberflächlichen anthropozentrischen Argumenten ablehnen, oder weil die Reaktion darauf zeit- oder kostenaufwändig wäre. Wir sollten so wenig Tiere wie möglich ausnutzen und die am wenigsten invasiven Methoden anwenden. Wir sollten, wenn möglich, Daten austauschen und die verfügbare Literatur sorgfältig auswerten, so dass unnötige Wiederholungen vermieden werden. Der Häufigkeit, mit der Tiere besucht werden, den Arten der verwendeten Fallen, der Art, Farbe, Gewicht und Form von Markierungen für Individuen, den Anbringungsstellen von Markierungen, dem Gewicht von Funksendern, dem Verhalten der Forscher, der Konsistenz und der Farbe ihrer Kleidung, der Farbe und dem Geräusch der Kamera und anderer Ausrüstungsgegenstände sollten viel Aufmerksamkeit geschenkt werden.

Wie wir unsere Forschungspraktiken beschreiben, muss ebenfalls bedacht werden. Wir sollten Worte verwenden, die unsere Handlungen genau beschreiben und keine Euphemismen, die sie nur verhüllen. Wenn Tiere getötet werden, sollte ausdrücklich gesagt werden, dass sie getötet werden; Wörter wie „euthanasieren“, „aussortieren“, „opfern“ und „einsammeln“ werden häufig verwendet, um die Aufmerksamkeit vom Akt des Tötens abzulenken und ein falsches Gefühl von ethischer Tragbarkeit zu vermitteln. Wir müssen Forschungsprojekte ausschließen, die überhaupt nicht durchgeführt werden sollten. Viele vorgeschlagene Projekte werden nicht durchgeführt, weil sie keinen wissenschaftlichen Wert besitzen, doch mangelnder moralischer Wert ist genauso wichtig. Natürlich können solche Entscheidungen uns auf dünnes Eis führen, und es ist nicht einfach zu wissen, wo die Grenze zu ziehen ist. So erwägt Hauser (1993) die interessante und schwierige Frage, ob junge Grüne Meerkatzen blinden Alarm schlagen, um elterliche Fürsorge zu erhalten. Die im Freiland gesammelten Daten sind nicht eindeutig, und Hauser meint, dass es „eine nützliche Vorgehensweise zur Lösung dieser Frage wäre, den physischen Zustand der Mutter oder des Jungen zu manipulieren" (S. 1243). Hauser erklärt jedoch nicht, worin diese Manipulationen bestehen sollten. Offensichtlich wären einige Experimente moralischer als andere, und sie nach der Abwägung des zu erlangenden Wissens gegen die Manipulationen, die durchgeführt würden, zu sortieren, wäre sehr schwierig. Doch bloß weil solche Entscheidungen schwierig sind, heißt das nicht, dass es nicht bessere und schlechtere Antworten gibt.

Obwohl es für die Debatte wichtig ist, so konstruktiv wie möglich zu sein und nicht zu polarisieren, sollten wir uns nicht scheuen, ehrlich gegensätzliche Meinungen zu vertreten (z.B. Bekoff, 1993a; Emlen 1993). Wir werden nur einen Konsens im Hinblick auf die Ethik bestimmter Praktiken erreichen, wenn wir unsere unterschiedlichen Ansichten offenlegen und die fraglichen Themen offen diskutieren.

Kürzlich behauptete Slater (1993, S. 188), dass „die Annahmen, die bei der Planung von Experimenten zugrunde gelegt werden, nicht notwendigerweise denen entsprechen, die bei der Entscheidung über die Behandlungsweise von Tieren zum Tragen kommen sollten". Slater reagierte auf die Ansichten von Kennedy (1992), der, nach Auffassung Slaters, an die Probleme des Tierschutzes „zu sehr wie ein Wissenschaftler" heranging. Im Grunde sind Kennedys Ansichten zum Tierschutz von seiner Angst vor schädlichen Auswirkungen falscher Annahmen geprägt. Daher hat er Bedenken angesichts mangelnder harter Fakten, die zu dem Schluss führen würden, zugunsten der Tiere sicherzugehen (siehe auch Crockett 1993). Slaters Behauptung muss weiter für jene untermauert werden, die sich für Tierschutz interessieren. Wir müssen mehr über die für die Entscheidungen zur Behandlung von Tieren gewählten oder zu wählenden Annahmen wissen und in welcher Verbindung sie zu den Annahmen, die die experimentelle Forschung beeinflussen (die vermeintlich objektiver ist), stehen bzw. in welcher Verbindung sie stehen *können*. Es ist sehr wahrscheinlich, dass jene, die harte Fakten in Bezug auf den Tierschutz fordern, sich von Slaters Ansicht nicht überzeugen lassen, und sehr wahrscheinlich, dass sie sich weiteren Diskursen verschließen, da Slaters Position nur geäußert und nicht mit Argumenten untermauert wurde. Trotzdem stellt Slaters Aussage eine Herausforderung dar und sollte erhebliche Diskussionen unter Tierschützern auslösen.

Ein offensichtlicher und wichtiger Zusammenhang zwischen den Annahmen, die wissenschaftlichen Forschungen und Ansichten zum Tierschutz zugrunde liegen, ist, dass sie nicht gänzlich objektiv sind. Jeder von uns bringt vorgefasste Meinungen in die Wissenschaft mit ein, genauso wie jeder von uns Voreingenommenheit in Bezug auf unterschiedliche Ansichten über Tiere aufweist. Slater bemerkt (wie viele andere), dass die Untersuchung des Tierschutzes aus einer objektiven wissenschaftlichen Sicht schwere Probleme aufwirft. Wie Fumento (1993, S. 366) beobachtet hat, „sehen Wissenschaftler nicht gerne eine Vermischung von Naturwissenschaft, Werten und Sozialwissenschaft, weil das unausweichlich zur Unterordnung wissenschaftlicher Wahrheit führt". Möglicherweise sind die mit der Untersuchung des Tierschutzes aus objektiver wissenschaftlicher Sicht verbundenen Probleme unlösbar, weil einer der Gründe, warum keine objektive Sichtweise erreicht werden kann, der ist, dass es womöglich grundsätzlich unmöglich ist, der Nutzung von Tieren durch Menschen objektiv gegenüberzustehen.

Wenn das der Fall sein sollte, was können wir dagegen tun? Sicherlich können wir Tiere nicht einfach leiden lassen, weil wir unfähig sind, die Tatsache zu akzeptieren, dass eine objektive Untersuchung des Tierschutzes unmöglich ist (Bekoff/ Jamieson 1991). Wir sollten stattdessen bei unseren Interaktionen mit Tieren unseren gesunden Menschenverstand einsetzen (Bekoff 1992, 1993c). Wer kann daran zweifeln, dass die Schmerzen und das Leid von Karnivoren real ist und diese Erkenntnis unseren Umgang mit ihnen prägen muss? Weder die Ablehnung der Vorstellung, dass Menschen Verpflichtungen gegenüber den Tieren haben, die sie in der Forschung einsetzen, noch das Ignorieren der sich daraus ergebenden Fragen werden dazu führen, dass sich diese Probleme in Wohlgefallen auflösen.

Außerdem sollten wir unsere Kinder und unsere Studenten gut unterrichten (siehe bspw. Dickinson 1988). Sie werden in einer Welt leben und arbeiten, in der die Wissenschaft zunehmend nicht mehr als eine sich selbst rechtfertigende Tätigkeit, sondern als eine der menschlichen Institutionen angesehen werden wird, deren Ansprüche auf öffentliche Gelder gerechtfertigt werden muss (Jamieson 1993b). Es ist für Studenten wichtiger als jemals zuvor, sich vor Augen zu führen, dass das Hinterfragen der Wissenschaft nicht wissenschaftsfeindlich oder anti-intellektuell ist und die Frage, wie

Menschen mit Tieren interagieren nicht automatisch bedeutet, dass Menschen Tiere nie nutzen sollten. Das Hinterfragen der Wissenschaft führt zu einer besseren, verantwortungsvolleren Wissenschaft, und Fragestellungen zu der Art und Weise, wie Menschen Tiere nutzen, werden zu fachkundigeren Entscheidungen über die Nutzung von Tieren führen. Durch das verantwortliche Fällen solcher Entscheidungen auf der Grundlage von Fakten, können wir auch helfen sicherzustellen, dass wir in der Zukunft nicht die Fehler der Vergangenheit wiederholen und uns vielmehr auf eine Welt zubewegen, in der Menschen und Tiere die endlichen Ressourcen des Planeten friedlich miteinander teilen können.

Danksagung

Wir danken Susan Townsend, Lori Gruen, Tom Daniels, Hal Herzog, Dan Blumstein, Gordon Burghardt und insbesondere Ned Hettinger dafür, dass sie diese Themen mit uns diskutiert haben, und Ann Pusey, David Scheel, Hal Herzog und Tom Daniels dafür, dass sie sich die Zeit genommen haben, detailliert auf unsere Fragen zu natürlichem räuberischen Verhalten zu antworten. Michael Mooring war so freundlich, uns an seinen Erfahrungen als ausländischer Forscher in Simbabwe teilhaben zu lassen. Ned Hettinger, Elizabeth J. Farnsworth, Susan Townsend, Colin Allen, Gordon Burghardt, Lewis Petrinovich und John Gittleman lieferten hilfreiche Kommentare zu einer früheren Version dieses Essays.

Literaturhinweise

Altmann, S. 1993. Professional ethics: The ABS code of ethics. Anim. Behav. Soc. Newsletter Fall:3–5.

American Society of Mammalogists. 1987. Acceptable field methods in mammalogy: Preliminary guidelines approved by the American Society of Mammalogists. J. Mammalogy 68 (4, Suppl.): 1–18.

Anonymous. 1992. Guidelines for the protection of bat roosts. J. Mammal. 73:707–710. Asa, C. S. 1993. Relative contributions of urine and anal-sac secretions in scent marks of large fields. Amer. Zool. 33:167–172.

Bartlett, T. Q., Sussman, R. W. und Cheverud, J. M. 1993. Infant killing in primates: A review of observed cases with specific reference to the sexual selection hypothesis. Amer. Anthropol. 95:958–990.

Beck, A. M. 1973. The Ecology of Stray Dogs: A Study of Free-Ranging Urban Animals. Baltimore: York Press.

Bekoff, M. 1989. Behavioral development of terrestrial carnivores. In: J. L. Gittleman, Hg. Carnivore Behavior, Ecology, and Evolution, S. 89–124. Ithaca, N.Y.: Cornell Univ. Press.

Bekoff, M. 1992. Scientific ideology, animal consciousness, and animal protection: A principled plea for unabashed common sense. New Dir. Psychol. 10:79–94.

Bekoff, M. 1993a. Experimentally induced infanticide: The removal of birds and its ramifications. Auk 110:404–406.

Bekoff, M. 1993b. Should scientists bond with the animals whom they use? Why not? Psychology 4(37): 1–8.

Bekoff, M. 1993c. Common sense, cognitive ethology and evolution. In: P. Cavalieri und P. Singer, Hg. The Great Ape Project: Equality beyond Humanity, S. 102–108. London: Fourth Estate.

Bekoff, M. 1994a. Cognitive ethology and the treatment of non-human animals: How matters of mind inform matters of welfare. Anim. Welfare 3:75–96.

Bekoff, M. 1994b. Scientists, animals, and their social bonds. New Sci. 21. May:44–45.

Bekoff, M. 1995. Cognitive ethology and the explanation of nonhuman animal behavior. In: J.-A. Meyer und H. L. Roitblat, Hg. Comparative Approaches to Cognitive Science, S. 119–149. Cambridge, Mass.: MIT Press.

Bekoff, M. und Allen, C. 1996. Cognitive ethology: Slayers, skeptics, and proponents. In: R. W. Mitchell, N. Thompson und L. Miles, Hg. Anthropomorphism, Anecdotes, and Animals: The Emperor's New Clothes? Albany, N.Y.: SUNY Press.

Bekoff, M. und Gruen, L. 1993. Animal welfare and individual characteristics: A conversation against speciesism. Ethics and Behavior 3:163–175.

Bekoff, M., Gruen, L., Townsend, S. E. und Rollin, B. E. 1992. Animals in science: Some areas revisited. Anim. Behav. 44:473–484.

Bekoff, M. und Hettinger, N. 1994. Animals, nature, and ethics. J. Mammal. 75:219–223.

Bekoff, M. und Jamieson, D. 1990. Cognitive ethology and applied philosophy: The significance of an evolutionary biology of mind. Trends Ecol. Evol. 5:156–159.

Bekoff, M. und Jamieson, D. 1991. Reflective ethology, applied philosophy, and the moral status of animals. Persp. in Ethology 9:1–47.

Bekoff, M. und Wells, M. C. 1986. Social ecology and behavior of coyotes. Adv. Study Behav. 16:251–338.

Benton, T. 1993. Natural Relations: Ecology, Animal Rights, and Justice. New York: Verso.

Bertram, B. 1993. Prisoners of fate. Nature 363:219.

Bonta, M., 1991. Snake attack. Bird Watcher's Digest July/ August:96. Bostock, S. St. C. 1993. Zoos and Animal Rights. New York: Routledge.

Bradshaw, J. W. S., Hg. 1992. The Behavior of the Domestic Cat. Wallingford, Conn.: CAB Intern..

Brenes, A., Hg. 1988. The Comparative Psychology of Natural Resource Management. Cosenza, Italien: University of Calabria.

Broom, D. M. und Johnson, K. G. 1993. Stress and Animal Welfare. London: Chapman and Hall.

Bulger, R. E., Heitman, E. und Reiser, S. J., Hg. 1993. The Ethical Dimensions of the Biological Sciences. New York: Cambridge Univ. Press.

Burghardt, G. M. 1991. Cognitive ethology and critical anthropomorphism: A snake with two heads and hognose snakes that play dead. In: C. Ristau, Hg. Cognitive Ethology: The Minds of Other Animals, S. 53–90. Hillsdale, N.J.: Lawrence Erlbaum Associates.

Burley, N., Krantzberg, G. und Radman, P. 1982. Influence of color-banding on the conspecific preferences of zebra finches. Anim. Behav. 30:444–455.

Byrne, R. W. 1991. Brute intellect. Sciences July:42–47.

Caine, N. G. 1992. Humans as predators: Observational studies and the risk of pseudoreplication. In:
H. Davis und D. Balfour, Hg. The Inevitable Bond: Examining Scientist-Animal Interactions, S. 357–364. New York: Cambridge Univ. Press.

Callicott, J. B. 1980/ 1989. Animal liberation: A triangular affair. In: J. B. Callicott, Hg. In Defense of the Land Ethic: Essays in Environmental Philosophy, S. 15–38. Albany, N.Y.: SUNY Press.

Carruthers, P. 1989. Brute experience. J. Philos. 86:258–269.

Carruthers, P. 1992. The Animals Issue: Moral Theory in Practice. New York: Cambridge Univ. Press.

Carson, G. 1972. Men, Beasts, and Gods: A History of Cruelty and Kindness to Animals. New York: Scribners.

Cavalieri, P. und Singer, P., Hg. 1993. The Great Ape Project: Equality beyond Humanity. London: Fourth Estate.

Chiszar, D., Murphy, J. B. und Illiff, W. 1990. For zoos. Psychol. Rec. 40:3–13.

Cohen, C. 1986. The case for the use of animals in research. New England J. Med. 315:865–870.

Collins, H. M. und Pinch, T. F. 1979. The construction of the paranormal: Nothing unscientific is happening. In: R. Wallis, Hg. On the Margins of Science: The Social Construction of Rejected Knowledge, S. 237–272. Keele, U.K.: Keele Univ. Press.

Colwell, R. K. 1989. Natural and unnatural history: Biological diversity and genetic engineering. In: W. R. Shea und B. Sitter, Hg. Scientists and Their Responsibilities, S. 1–40. Canton, Mass.: Watson Pub. International.

Crockett, C. M. 1993. Rigid rules for promoting psychological well-being are premature. Amer. J. Primat. 30: 177–179.

Croft, D. B., Hg. 1991. Australian People and Animals in Today's Dreamtime: The Role of Comparative Psychology in the Management of Natural Resources. New York: Praeger.

Cuthill, 1. 1991. Field experiments in animal behaviour: Methods and ethics. Anim. Behav. 42: 1007–1014.

Dagg, 1. 1982. Harems and other horrors: Sexual bias in behavioral biology. Waterloo, Ont.: Otter Pr..

Daniels, T. J. und Bekoff, M. 1989a. Spatial and temporal resource use by feral and abandoned dogs. Ethology 81:300–312.

Daniels, T. J. und Bekoff, M. 1989b. Population and social biology of free-ranging dogs, Canis familiaris. J. Mammal. 70:754–762.

Daniels, T. J. und Bekoff, M. 1989c. Feralization: The making of wild domestic animals. Behav. Processes 19:79–94.

Daniels, T. J. und Bekoff, M. 1990. Domestication, exploitation, and rights. In: M. Bekoff und D. Jamieson, Hg. Interpretation and Explanation in the Study of Animal Behavior, Bdl. II: Explanation, Evolution, and Adaptation, S. 345–377. Boulder, Colo.: Westview Press.

Davis, H. und Balfour, D., Hg. 1992. The Inevitable Bond: Examining Scientist-Animal Interactions. New York: Cambridge Univ. Press.

Dawkins, R. 1993. Gaps in the mind. In: P. Cavalieri und P. Singer, Hg. The Great Ape Project: Equality beyond Humanity, S. 80–87. London: Fourth Estate.

DeBlieu, J. 1991. Meant to Be Wild: The Struggle to Save Endangered Species through Captive Bree--ding. Golden, Colo.: Fulcrum Pub.

DeGrazia, D. 1991. The moral status of animals and their use in research: A philosophical review. Kennedy Inst. of Ethics J. März:48–70.

Dennett, D. 1987. The International Stance. Cambridge, Mass.: MIT Press.

Dickinson, P. 1988. Eva. New York: Dell Publishing.

Dresser, R. 1993. Defining scientific misconduct: The relevance of mental state. J. Amer. Med. Assoc. 269:895–897.

Duffus, D. A. und Wipond, K. J. 1992. A review of the institutionalization of wildlife viewing in British Columbia, Canada. Northwest Env. J. 8:325–345.

Duncan, I. J. H. und Petherick, J. C. 1991. The implications of cognitive processes for animal welfare. Unpublished paper presented at symposium on „Cognition and Awareness in Animals: Do Farm Animals' Perceptions Affect Their Production or Well-Being?" Lexington, Kentucky.

Eisemann, C. H., Jorgensen, W.K., Merritt, D.J., Rice, M.J., Cribb, B. W., Webb, P. D. und Zalucki, M. P. 1984. Do insects feel pain? A biological review. Experientia 40:164–167.

Elwood, R. W. 1991. Ethical implications of studies on infanticide and maternal aggression in rodents. Anim. Behav. 42:841–849.

Emlen, S. T. 1993. Ethics and experimentation: Hard choices for the field ornithologist. Auk 110:406–409.

Emlen, S. T., Demong, N. J. und Emlen, D. J. 1989. Experimental induction of infanticide in female wattled jacanas. Auk 106:1–7.

Ewbank, R. 1993. Editorial. Anim. Welfare 2:2.

Farnsworth, E. J. und Rosovsky, J. 1993. The ethics of ecological field experimentation. Conserv. Biol. 7:463–472.

Ferrer, M. und Hiraldo, F. 1992. Man-induced sex-biased mortality in the Spanish imperial eagle. Biol. Conserv. 60:57–60.

Finsen, L. und Finsen, S. 1994. The Animal Rights Movement. New York: Twayne.

Fiorito, G. 1986. Is there „pain" in invertebrates? Behav. Processes 12:383–388.

Foucault, M. 1984. The Foucault Reader (P. Robinow, Hg.). New York: Pantheon.

Freeman, M. M. R., Wein, E. E. und Keither, D. E. 1992. Recovering Rights: Bowhead Whales and Inuvialuit Subsistence in the Western Arctic. Edmonton, Alta.: Canadian Circumpolar Institute.

Frey, R. G. 1980. Interests and Rights: The Case against Animals. New York: Oxford Univ. Press.

Frey, R. G. 1983. Rights, Killing, and Suffering. Oxford: Blackwell.

Fumento, M. 1993. Science under Siege: Balancing Technology and the Environment. NY: Morrow.

Gallup, G. G. und Suarez, S. D. 1987. Antivivisection: Questions of logic, consistency, and conceptualization. Theoret. Philos. Psychol. 7:81–94.

Galvin, S. L. und Herzog, H. A., Jr. 1992. Ethical ideology, animal rights activism, and attitudes toward the treatment of animals. Ethics and Behavior 2:141–149.

Gavaghan, H. 1992. Animal experiments the American way. New Sci. 16 May:32–36.

Goodall, J. 1990. Through a Window. Boston: Houghton-Mifflin.

Goodstein, D. 1991, Scientific fraud. Amer. Scholar 60:505–515.

Grandin, T. 1992. Author's response to M. Bekoff's „Some thoughts about cattle restraint." Anim. Welfare 1:230–231.

Gray, G. G. 1993. Wildlife and People: The Human Dimensions of Wildlife Ecology. Urbana: Univ. Ilinois Press.

Greenough, W. T. 1992. More on monkeys. Discover June:9.

Grooms, S. 1993. The Return of the Wolf Minocqua, Wisconsin: North Word Press.

Guillermo, K. S. 1993. Monkey Business. Washington, D.C.: National Press Books.

Haraway, D. 1989. Primate Visions: Gender, Race, and Nature in the World of Modern Science. New York: Routledge.

Hardwig, J. 1985. Epistemic dependence. J. Philos. 82:335–349.

Hardwig, J. 1991. The role of trust in knowledge. J. Philos. 88:693–708.

Hardy, D. T. 1990. America's New Extremists: What You Need to Know about the Animal Rights Movement. Washington, D.C.: Washington Legal Foundation.

Hargrove, E., Hg. 1992. The Animal Rights/ Environmental Ethics Debate. Albany, N.Y.: SUNY Press.

Hauser, M. D. 1993. Do vervet monkey infants cry wolf? Anim. Behav. 45:1242–1244.

Hettinger, N. 1989. The responsible use of animals in biomedical research. Between the Species 5:123–131.

Hettinger, N. 1994. Valuing predation in Rolston's environmental ethics: Bambi lovers versus tree huggers. Env. Ethics 16:3–20.

Hofer, H., East, M. L. und Campbell, K. L. I. 1993. Snares, commuting hyaenas and migratory herbi--vores: Humans as predators in the Serengeti. In: N. Dunstone und M. L. Gorman, Hg. Mammals as Predators, S. 347–366. Oxford: Clarendon Press.

Howard, W. E. 1993. Animal research is defensible. J. Mammal. 74:234–235.

Huntingford, F. A. 1984. Some ethical issues raised by studies of predation and aggression. Anim. Behav. 32:210–215.

Isbell, L. A. und Young, T. P. 1993. Human presence reduced predation in a free-ranging vervet monkey population in Kenya. Anim. Behav. 45:1233–1235.

Jamieson, D. 1985a. Against zoos. In: P. Singer, Hg., In Defense of Animals, S. 108–117. New York: Harper and Row.

Jamieson, D. 1985b. Experimenting on animals: A reconsideration. Between the Species 1:4–11.

Jamieson, D. 1993a. Ethics and animals: A brief review. J. Agric. Env. Ethics 6 (Spec. Suppl. 1):15–20.
Jamieson, D. 1993b. What will society expect of the future research community. Unpublished paper presented at National Research Council's Commission on Physical Sciences, Mathematics, and Applications, 13–15 August.
Jamieson, D. 1995. Zoos revisited. In: B. G. Norton, M. Hutchins, E. F. Stevens, und T. L. Maple, Hg. Ethics of the Ark: Zoos, Animal Welfare, and Conservation, S. 52–66. Washington, D.C.: Smithsonian Institution Press.
Jamieson, D. und Bekoff, M. 1992. Carruthers on nonconscious experience. Analysis 52:23–28.
Jamieson, D. und Bekoff, M. 1993. On aims and methods of cognitive ethology. Philos. Sci. Assoc. 2:110–124.
Jamieson, D. und Regan, T. 1985. Whales are not cetacean resources. In: M. W. Fox und L. Mackley, Hg. Advances in Animal Welfare Science, 1984, S. 101–111. The Hague: Martinus Nijhoff.
Johnson, E. 1991. Carruthers on conscious and moral status. Between the Species 7:190–192.
Johnson, L. E. 1991. A Morally Deep World: An Essay on Moral Significance and Environmental Ethics. New York: Cambridge Univ. Press.
Katz, E. 1993. Artefacts and functions: A note on the value of nature. Env. Values 2:223–232.
Kennedy, J. S. 1992. The New Anthropomorphism. New York: Cambridge Univ. Press.
Kennedy, S. P. und Knight, R. L. 1992. Flight distances of black-billed magpies in different regimes of human density and persecution. The Condor 94:545–547.
Kew, B. 1991. The Pocketbook of Animal Facts and Figures. London: Green Print.
Kiley-Worthington, M. 1990. Animals in Circuses and Zoos: Chiron's World? Essex: Little Eco-Farms Pub.
Kirkwood, J. 1992. Wild animal welfare. In: R. D. Ryder und P. Singer, Hg. Animal Welfare and the Environment, S. 139–154. London: Duckworth.
Kitcher, P. 1993. The Advancement of Science: Science without Legend, Objectivity without Illusions. New York: Oxford Univ. Press.
LaFollette, M. C. 1992. Stealing into Print: Fraud, Plagiarism, and Misconduct in Scientific Publishing. Berkeley: Univ. California Press.
Lang, S. 1993. Questions of scientific responsibility: The Baltimore case. Ethics and Behavior 3:3–72.
Lansdell, H. 1988. Laboratory animals need only humane treatment: Animal „rights" may debase human rights. Internat. J. Neurosci. 42:169–178.
Laurenson, M. K. und Caro, T. M. 1994. Monitoring the effects of non-trivial handling in free-living cheetahs. Anim. Behav. 47:547–557.
Lockwood, J. A. 1987. The moral status of insects and the ethics of extinction. Florida Entomol. 70:70–89.
Ludwig, D., Hilborn, R. und Walters, C. 1993. Uncertainty, resource exploitation, and conservation: Lessons from history. Science 260:17.
Lynge, F. 1992. Arctic Waters: Animal Rights, Endangered Peoples. Hanover, N.H.: Univ. Press of New England.
Magel, C. 1989. Keyguide to Information Sources in Animal Rights. Jefferson, N.C.: McFarland.
Mainini, B., Neuhaus, P. und Ingold, P. 1993. Behaviour of marmots Marmota marmota under the influence of different hiking activities. Biol. Conserv. 64:161–164.
McAdam, D. 1992. Radicals and others. Science 255:1448–1449.
McGinn, C. 1980. Book review of Frey 1980. Times Lit. Suppl. 1 August:865.
McOrist, S. und Lenghaus, C. 1992. Mortalities of little penguins (Eudyptula minor) following exposure to crude oil. Vet. Record 22 February: 161–162.
Mellon, J. D. 1993. A comparative analysis of scent-marking, social and reproductive behavior in 20 species of small cats (Felis). Amer. Zool. 33:151–166.
Michener, G. R. 1989. Ethical issues in the use of wild animals in behavioral and ecological research. In: J. W. Driscoll, Hg. Animal Care and Use in Behavioral Research:Regulations, Issues, and Applications. Beltsville, Md.: Information Center.
Midgley, M. 1983. Animals and Why They Matter. Athens, Ga.: Univ. Georgia Press.

Mighetto, L. 1991. Wild Animals and American Environmental Ethics. Tucson: Univ. Arizona Press.
Montgomery, S. 1991. Walking with the Great Apes: Jane Goodall, Dian Fossey, Birute Galdikas. Boston: Houghton-Mifflin.
Morris, D. 1990. The Animal Contract. New York: Warner Books.
Norton, B. G., Hutchins, M., Stevens, E. F. und Maple, T. L., Hg. 1995. Ethics of the Ark: Zoos, Animal Welfare, and Conservation. Washington, D.C.: Smithsonian Institution Press.
Orford, H. J. L., Perrin, M. R. und Berry, H. H. 1989. Contraception, reproduction, and demography of free-ranging Etosha lions (Panthera leo). J. Zool. (Lond.) 216:717–734.
Orlans, F. B. 1993. In the Name of Science: Issues in Responsible Animal Experimentation. New York: Oxford Univ. Press.
Peterson, D. 1989. The Deluge and the Ark: A Journey in Primate Worlds. Boston: Houghton Mifflin.
Peterson, D. und Goodall, J. 1993. Visions of Calaban: On Chimpanzees and People. Boston: Houghton Mifflin.
Pietz, P. J., Krapu, G. L., Greenwood, R. J. und Lokemoen, J. T. 1993. Effects of harness transmitters on behavior and reproduction of wild mallards. J. Wildl. Mgmt. 57:696–703.
Pimm, S. L. 1991. The Balance of Nature? Ecological Issues in the Conservation of Species and Communities. Chicago: Univ. Chicago Press.
Plous, S. 1991. An attitude survey of animal rights activists. Psychol. Sci. 2:194–196.
Pluhar, E. B. 1993. Arguing away suffering: The neo-Cartesian revival. Between the Species 9:27–41.
Preece, R. und Chamberlain, L. 1993. Animal Welfare and Human Values. Waterloo, Ont.: Wilfrid Laurier Press.
Quinn, D. 1993. Ishmael. New York: Bantam.
Rabinowitz, A. 1986. Jaguar: Struggle and Triumph in the Jungles of Belize. New York: Arbor.
Rabinowitz, A. 1991. Chasing the Dragon's Tail: The Struggle to Save Thailand's Wild Cats. New York: Doubleday.
Rachels, J. 1989. Why animals have a right to liberty. In: T. Regan und P. Singer, Hg. Animal Rights and Human Obligations. Zweite Auflage, S. 122–131. Englewood Cliffs, N.J.: Prentice-Hall.
Rachels, J. 1990. Created from Animals: The Moral Implications of Darwinism. New York: Oxford Univ. Press.
Ramsay, M. A. und Stirling, I. 1986. Long-term effects of drugging and handling free ranging polar bears. J. Wildl. Mgmt. 50:619–626.
Raynor, M. E. 1992. Necessary suffering? N. Y. Rev. Books 13. August:664.
Regan, T. 1983. The Case for Animal Rights. Berkeley: Univ. California Press.
Rollin, B. E. 1981. Animal Rights and Human Morality. Buffalo, N.Y.: Prometheus Books.
Rollin, B. E. 1989. The Unheeded Cry: Animal Consciousness, Animal Pain, and Science. New York: Oxford Univ. Press.
Rolston, H., III. 1988. Environmental Ethics: Duties to and Values in the Natural World. Philadelphia: Temple Univ. Press.
Rothschild, M. 1993. Thinking about animal consciousness. J. Nat. Hist. 27:509–512.
Rowan, A. N. 1984. Of Mice, Models, and Men: A Critical Evaluation of Animal Research. Albany, N.Y.: SUNY Press.
Rowan, A. N., Hg. 1988. Animals and People Sharing the World. Hanover, N.H.: Univ. Press New England.
Ryder, R. D. 1989. Animal Revolution: Changing Attitudes towards Speciesism. Oxf.: Basil Blackwell.
Ryder, R. D. 1992. Painism: Ethics, animal rights and environmentalism. Cardiff, Wales: Centre for Applied Ethics.
Sapontzis, S. F. 1984. Predation. Ethics and Animals 5:27–38.
Sapontzis, S. F. 1987. Morals, Reason, and Animals. Philadelphia: Temple Univ. Press.
Schaller, G. B. 1993. The Last Panda. Chicago: Univ. Chicago Press.
Shackley, M. 1992. Manatees and tourism in southern Florida: Opportunity or threat? J. Env. Mgmt. 34:257–265.

Shapiro, K. J. 1989. The death of the animal: Ontological vulnerability. Between the Species 5:183–194.

Sherman, P. W. und Alcock, J., Hg. 1993. Exploring Animal Behavior: Readings from American Scientist. Sunderland, Mass.: Sinauer.

Shrader-Frechette, K. S. und McCoy, E. D. 1993. Method in Ecology: Strategies for Conservation. New York: Cambridge Univ. Press.

Sih, A., Crowley, P., McPeek, M., Petranka, J. und Strohmeier, K. 1985. Predation, competition, and prey communities: A review of field experiments. Ann. Rev. Ecol.System. 16:269–311.

Singer, P. 1975. Animal Liberation. New York: Avon.

Singer, P. 1990. Animal Liberation. Zweite Auflage. N. Y. Rev. Books.

Singer, P. 1992a. Reply. N. Y. Rev. Books 13. August:65.

Singer, P. 1992b. Reply. N. Y. Rev. Books 15. November:60–61.

Singer, P. 1993a. Practical Ethics. Zweite Auflage. New York: Cambridge Univ. Press.

Singer, P. 1993b. Reply. N. Y. Rev. Books 27 May:49–50.

Slater, P. 1993. Review of Kennedy 1992. Anim. Welfare 2:187–188.

Small, R. J. und Keith, L. B. 1992. An experimental study of red fox predation on arctic and snowshoe hares. Canadian J. Zool. 70:1614–1621.

Stamp Dawkins, M. und Gosling, L. M., Hg. 1992. Ethics in Research on Animal Behaviour: Readings from Animal Behaviour. London: Academic Press.

Swazey, J. P., Anderson, M. S. und Louis, K. S. 1993. Ethical problems in academic research. Amer. Sci. 81:542–553.

Terborgh, J. 1993. Solitary enigma: A review of Schaller 1993. N. Y. Rev. Books 23. September:12–14.

Thorne, C., Hg. 1992. The Waltham Book of Dog and Cat Behaviour. New York: Pergamon.

Varner, G. E. und Monroe, M. C. 1991. Ethical perspectives on captive breeding: Is it for the birds? Endangered Species Update 8:27–29.

Wayne, R. K. und Gittleman, J. L. 1995. The problematic red wolf. Sci. Amer.273:36–39.

Webb, M. O. 1993. Why I know about as much as you: A reply to Hardwig. J. Philos. 90:260–270.

Wenzel, G. 1991. Animal Rights, Human Rights, Ecology, Economy, and Ideology in the Canadian Arctic. Toronto: Univ. Toronto Press.

White, R. J. 1990. Letter. Hastings Center Report November/ Dezember:43.

Wigglesworth, V. B. 1980. Do insects feel pain? Antenna 4:8–9.

Wilkie, T. 1993. Perilous Knowledge: The Human Genome Project and Its Implications. Lond.: Faber.

Woolf, P. K. 1988. Deception in scientific research. Jurimetrics J. Fall.

Zimmerman, M. E., Callicott, J. B., Sessions, G., Warren, K. J. und Clark, J., Hg. 1993. Environmental Philosophy: From Animal Rights to Radical Ecology. Englewood Cliffs, N.J.: Prentice-Hall.

Nachwort

Achtung gegenüber Tieren und der Erde: Alte Gehirne in neuen Problemsituationen

Beenden wir eine sinnlose Spaltung: „Wir" und „Sie"

Menschen sind ein Teil der Natur. Wir stehen nicht über oder neben anderen Wesen oder natürlichen Prozessen. Es gibt keine Dualität, kein „sie" und „wir". Wenn wir versuchen, unsere Realität von der der restlichen Natur und der Erde zu trennen, führt diese Teilung zu einer großen Unzufriedenheit da sie so unnatürlich ist. Ich finde es beruhigend, mich als Teil der Natur zu verstehen und den Zauber und die Verwunderung darüber zu verspüren, dort zu sein. Das Leben mit all den Widersprüchen, denen wir ausgesetzt sind und die uns umgeben, macht das Leben für uns alle schwierig. Doch diese Herausforderungen sind bereichernd und sorgen für eine bessere Zukunft. Wir brauchen Tiere mehr denn je, weil wir uns vom Rest der Natur entfremdet haben. Tiere haben eine eigene Art und Weise des Wissens und Fühlens und sind Quellen der Weisheit. Wir haben zugelassen, dass dieses Wissen zur Seite geschoben und unterminiert wurde, während wir Tiere und die Erde mit noch nie dagewesener Geschwindigkeit und unerwarteten negativen Konsequenzen zerstören.

Wenn wir auf die Natur hören, werden wir vielleicht Frieden mit uns und anderen schließen und uns im Ergebnis schneller zu einer vereinten Gemeinschaft entwickeln, in der Vertrauen, Glück, Freude und Liebe die Oberhand über Misstrauen, Traurigkeit, Unzufriedenheit und Hass gewinnen. Den Samen für den Weltfrieden unter den Kindern zu säen ist unerlässlich, und Tiere helfen uns oft dabei. Das Vertrauen ist entscheidend, denn bei mangelndem Vertrauen können wir nicht mit einem starken Gefühl von Sicherheit und Einigkeit voranschreiten. Meiner Meinung nach müssen wir Frieden mit Unbekümmertheit und Begeisterung unter allen Menschen, allen Tieren und der gesamten Natur schaffen, denn in unserer turbulenten Welt sehnen sich viele entfremdete Menschen nach tiefen gegenseitigen Beziehungen zueinander und zum Rest der Natur. Doch zuerst muss jeder von uns als Individuum glücklich und zufrieden und im Frieden mit sich selbst sein. Tiere können uns dabei helfen, diesen Frieden zu finden. Sich wieder der Natur zuzuwenden kann helfen, Entfremdung und Einsamkeit zu überwinden.

Die von mir hier erörterten Themen sind nicht nur umfassend, weitreichend und tiefgreifend, sie stellen auch eine große Herausforderung dar; sie sind frustrierend und kompliziert. TUGEND UND LEIDENSCHAFT IM TIERREICH ist keine abgeschlossene Arbeit – es gibt noch viel mehr zu lernen. Daher lade ich Sie ein, weiterzulesen und mich freundlicherweise – mit Mitgefühl und Höflichkeit – zu informieren, worin Sie mit mir übereinstimmen oder mir widersprechen. Ein fortlaufender, fundierter Dialog, selbst oder vielleicht gerade zwischen „widerstreitenden Parteien“ ist notwendig. Ich finde es nützlich, so ziemlich jeden einzubeziehen, der darüber nachdenkt und sich darüber sorgt, wie wir mit unserer Erdengemeinschaft umgehen, solange derjenige auch an einem ernsthaften Dialog interessiert ist.

Ich finde es äußerst demütigend zu erkennen, dass niemand von unseren kollektiven Handlungen ausgeschlossen ist. Keiner, zukünftige Generationen eingeschlossen. Wir alle leiden, wenn andere Menschen, Tiere und die Natur leiden. Wir alle leiden, wenn wir der Erde und allen ihren Bewohnern Wunden zufügen. Ein wenig Demut würde bei unseren Bemühungen, „die Dinge richtig zu machen“ viel bewirken.

Meine Überlegungen und Gefühle in Bezug auf die komplexen und von Zwiespalt geprägten Wechselbeziehungen zu Tieren wurden durch eine Reihe wunderbarer Lehrer beeinflusst. Natürlich habe ich diesen Weg nicht als einziger beschritten – es ist auch Ihr Weg – und ich hoffe, dass noch viele sich anschließen werden, um unsere Erdengemeinschaft zu einem besseren Ort für alle Lebewesen und alle Landschaften zu machen.

Seit meiner Jugend habe ich über die Natur des Bewusstseins von Tieren nachgedacht und über unsere Aufgabe, uns um die Tiere zu kümmern. Durch ein vorsichtiges Vordringen in das Leben von Tieren können wir Menschen ihre Gesellschaft genießen, ohne sie gleichzeitig für unser Interesse büßen zu lassen. Wir müssen Tiere dafür würdigen, *wer* sie in ihren Welten sind, nicht dafür, *was* sie in unserer eigenen – oft beschränkten – Vorstellung sind. Unsere Neugier darf ihnen nicht schaden.

Dass auch viele andere ebenfalls erkannt haben, dass Menschen und die Natur untrennbar miteinander verbunden sind, spiegelt sich in dem schnellen Wachstum der Disziplin der Anthrozoologie und im zunehmenden Interesse an den Beziehungen zwischen Menschen und Tieren wider. Ich hoffe, dass diese interdisziplinäre Aufmerksamkeit für das Studium der Mensch-

Tier-Beziehungen nutzlose Dualismen, wie beispielsweise „wir versus sie“, „Labor (wo Tiere oft nummerierte Objekte sind) versus Zuhause“ (und anderen Orten, an denen wir mit Haustieren in Kontakt treten, an denen Tiere Namen haben und denen dort alle Arten von kognitiven und emotionalen Fähigkeiten zugesprochen werden) und „höhere (Menschen und vielleicht Primaten) versus niedere Tiere“, ein Ende setzen wird. Diese Dualismen können nicht funktionieren und fördern sicherlich nicht die Entwicklung und Wahrung tiefer, respektvoller und ausgewogener Wechselbeziehungen zwischen Menschen und Tieren.

Optimistisch auf ein achtsames Miteinander der Erdengemeinschaft zustreben

Tiere sind unsere perfekten Begleiter. Unsere tierischen Freunde ergänzen uns und wir ergänzen sie, insbesondere unsere treuen, bei uns lebenden Begleiter. Ich hoffe, es gelingt mir in meinen Essays, ein Gesamtbild von den komplexen Beziehungen zwischen Tieren, Kultur und der (menschlichen) Gesellschaft zu zeichnen. Ich habe versucht aufzuzeigen, wie wichtig es ist, Verhaltens-, Ökologie- und Erhaltungsbestrebungen durch integrativere, interdisziplinärere, sozial verantwortlichere, mitfühlendere, spirituellere und ganzheitlichere Bemühungen auszuweiten. Ich habe die große Bedeutung von Verhaltensstudien hervorgehoben – insbesondere die von ethologischen Forschungen zur Wahrnehmungsfähigkeit und zu den Emotionen von Tieren. Bei ihnen werden Tieren Namen gegeben und es wird berücksichtigt, dass sie eigenständige Persönlichkeiten und individuelle Temperamente besitzen. Sie helfen uns nicht nur, etwas über die Tiere zu erfahren, mit denen wir die Erde teilen, sondern auch dabei, mehr darüber zu lernen, wer *wir* sind. Sie zeigen uns viel über unseren Platz in der Natur und über unsere Menschlichkeit. Ich habe dargelegt, dass wir am besten durch unsere Beziehungen zu anderen verstanden werden können, und hierzu die Begriffe „Achtung gegenüber Tieren“ und „Tiefenethologie“ entwickelt. Wir müssen uns um die Erde kümmern und unseren Planeten schätzen, respektieren, schützen und lieben. Außerdem müssen wir erkennen, dass die Erde und alle ihre Bewohner aufgrund von Wechselbeziehungen – vielleicht auf rätselhafte Weise – intensiv miteinander verbunden sind.

Niemand kann die verheerenden Auswirkungen der Menschen auf die Erde ignorieren, und keines der Lebewesen der Erde, keine Landschaft und kein Habitat, einschließlich der Gewässer und der Luft, bleibt von unseren

Handlungen verschont. Wir müssen gegenüber einer Vielzahl von Fragen eine deutlich größere Perspektive einnehmen. Beispielsweise würden Fragen zur Wissenschaft erkunden, was Wissenschaft ist und wie sie durchgeführt wird, wie weitreichende holistische, interdisziplinäre Diskussionen gefördert werden können, wie der gesunde Menschenverstand und die Sichtweise der Wissenschaft miteinander in Einklang gebracht werden können, was Wissenschaftler ermutigen würde, mehr soziale Verantwortung zu übernehmen, und insbesondere, welche Rolle Mitgefühl, Freundlichkeit, Großzügigkeit, Respekt, Anstand, Bescheidenheit und Liebe bei dem spielen, was wir Wissenschaft nennen. Einige Wissenschaftler fühlen sich unbehaglich, weil sich Nichtwissenschaftler zunehmend über „die" Wissenschaft, wie sie normalerweise praktiziert wird, besorgt zeigen. Viele Menschen sind besorgt wegen der westlichen Voreingenommenheit in der Wissenschaft, und kürzlich habe ich von einem Fall erfahren, bei dem ein von einem Mann aus Simbabwe eingereichtes Essay von einem Wissenschaftsmagazin abgelehnt wurde, während dieselbe Abhandlung angenommen wurde, nachdem sie von der Oxford University in Großbritannien eingereicht worden war (Spinney 2004).

Während meines kurzen Lebens auf der Erde würde ich gerne eine Reihe von Zielen erreichen. Einige meiner Ideen habe ich in Artikeln und Büchern veröffentlicht, während ich auf andere ständig zurückgreife und sie überarbeite, während ich tiefgehender darüber nachdenke, was uns Tiere über die Weisheit der Natur beibringen können. Ich bin sicher, dass sich genau die Ideen, über die ich gerade schreibe, entwickeln und verwandeln werden, wenn ich dieses Nachwort erneut überdenke und es mit Kollegen diskutiere. Es sind genau diese dynamischen, oft frustrierenden und zugleich doch sehr reizvollen Themen, mit denen ich mich beschäftige, die mich fieberhaft daran arbeiten lassen, zumindest für eine kurze Zeit eine kohärente Sichtweise zu erlangen.

Viele Wege führen zur Weisheit der Natur und zum Wissen über ihre klugen Methoden, und ich hoffe, dass ich Sie davon überzeugen kann, dass einer dieser Wege direkt in die Herzen und das Bewusstsein unserer tierischen Verwandten führt und dass wir viel über die Weisheit der Natur lernen können, wenn wir unsere Herzen und unser Bewusstsein für die umsichtige Art und Weise der Natur öffnen. Angesichts dessen, was einige Leute Tieren antun, wünsche ich mir oft, dass Tiere nicht so empfindungsfähig und weise wären, wie sie es sind. Doch sie sind es, und wir müssen unsere Methoden ändern und Bindungen zu Tieren entwickeln und sie lieben, weil sie solch weise und gefühlvolle Wesen sind.

Es ist äußerst wichtig, dass eine mitleidlose und herzlose Wissenschaft durch eine mitfühlendere und mitleidsvollere abgelöst wird, und dass alle Wissenschaftler soziale Verantwortung übernehmen und Nichtwissenschaftler und die breite Öffentlichkeit über ihre Erkenntnisse informieren. Meiner Meinung nach benötigen wir viel mehr als eine herkömmliche Wissenschaft – womit ich eine Wissenschaft meine, die keine soziale Verantwortung übernimmt, die autonom und autoritär ist, die das Universum fragmentiert und Menschen und Tiere entkörperlicht und entfremdet – zum besseren Verständnis der Tiere und der Welt im Ganzen. Wir müssen die Wissenschaft ausweiten, um Gefühl, Herz, Geist, Seele und Liebe einschließen zu können. Wissenschaftler dürfen sich nicht nur von ihrer Logik, sondern müssen sich auch von ihren Herzen leiten lassen, und die Wissenschaft muss sich für Menschen öffnen, die die Welt lieben und Ehrfurcht vor allem Leben haben. Wissenschaftler sollten keine Angst davor haben, gefühlvoll zu sein. Wir benötigen eine Wissenschaft der Einigkeit, der Versöhnung und des Mitgefühls.

Ich habe auch darauf hingewiesen, dass einige Tiere eine Art von „tierischer Gerechtigkeit" praktizieren – dass sie beim Spiel kooperieren, dass es weise ist, ehrlich und gerecht zu sein, und dass es auch für sie ein gutes Gefühl ist, sich fair zu verhalten. Ich denke, dass „nett sein" eine natürliche Sache ist. Ich glaube, dass Verhaltensstudien, die die Frage stellen „Wie ist es, ein Tier zu sein?", nicht nur wichtig für unser Verständnis davon sind, wer Tiere als Individuen und Mitglieder einer bestimmten Spezies sind, sondern auch dafür, wer *wir* sind. Kürzlich habe ich entdeckt, dass Wissenschaftler die gleiche Frage in Bezug auf Menschen stellen, d.h. „Wie ist es, eine andere Person zu sein?", und damit anerkennen, dass jede Person die Welt auf unterschiedliche Weise wahrnimmt.

Mir ist klar, dass es unmöglich ist, perfekt zu sein, und dass wir alle gelegentlich scheinheilig sind. Doch wir könnten unseren Umgang mit der Natur und der Erde sicherlich sehr verbessern, wenn wir eine umfassendere, respektvollere und mitfühlendere Ethik in Bezug auf sie anstreben und gleichzeitig die Sichtweisen jener respektieren würden, die sich um die Natur und die Erde aus einer anderen Perspektive heraus sorgen. Einen umfassenden Konsens bei den meisten der hier angesprochenen Themen zu finden, wird sicher sehr frustrierend sein. Wenn wir jedoch miteinander reden, werden wahrscheinlich viele Probleme, die unlösbar scheinen, zu vernünftigen Kompromissen führen. Natürlich müssen wir sorgfältig darauf achten, das Wohlbefinden von Tieren nicht zugunsten unseres eigenen außer Acht zu lassen – wir sollten unsere egoistischen und kurzsichtigen Ziele nicht über ihre Interessen stellen.

Dies sind nur einige von vielen der zu erwägenden Fragestellungen, und viele angebotene Antworten werden notwendigerweise keine endgültigen Lösungen bieten, sondern in der Zukunft revidiert werden müssen. Trotzdem müssen diese schwierigen und oft frustrierenden Fragen jetzt behandelt werden, denn ein Aufschub führt nur zu einer weiteren Zerstörung der Erde. Wie Seine Heiligkeit der Dalai Lama uns ermahnt: „Mutter Erde" sagt uns – eigentlich warnt uns – sorgfältig mit ihr umzugehen und sie vorsichtig zu nutzen. Thomas Berry betont, dass unsere Beziehung zur Natur von Ehrfurcht und nicht vom Nutzungsgedanken geprägt sein sollte. Dem stimme ich zu.

Sicherlich wollen wir nicht als die Generation in Erinnerung bleiben, die die Natur getötet hat. Jetzt ist für alle die Zeit gekommen, an einem universellen Frieden auf diesem Planeten zu arbeiten. Es gibt keine gangbare Alternative zum Weltfrieden, und wir müssen ohne zu zögern den Samen dafür ausbringen. Es ist von entscheidender Wichtigkeit, dass wir es besser machen als unsere Vorfahren. Keiner kann die Ansicht vertreten, dass eine Welt mit erheblich weniger – hoffentlich *ohne* – Grausamkeit und dafür mit grenzenlosem Mitgefühl, Respekt, Anstand, Bescheidenheit, Spiritualität, Friede und Liebe nicht eine besser Welt wäre, um in ihr zu leben und Kinder großzuziehen. Wir alle sind Bewohner der Erde, Mitglieder einer globalen Gemeinschaft, in der enge gegenseitige und für alle vorteilhafte, friedliche Beziehungen zwingend erforderlich sind. Wir tragen die Verantwortung dafür, die Erde zu einem besseren und friedlicheren Lebensraum für alle Lebewesen zu machen und aufzuhören, uns überall nur egoistisch einzumischen. Die Zeit ist nicht auf unserer Seite. Wir müssen nachdenken und bei der Umgestaltung der Natur vorsichtig vorgehen. Die Erziehung zur Menschlichkeit ist entscheidend. Wir müssen unsere Kinder gut erziehen und sie in ihrer Entfaltung unterstützen, wo wir können (siehe Weil 2003). Dazu benötigen sie – wie wir alle – einen Platz in der freien Natur, an dem sie ganz aufgehen können.

Ich sehne mich nach Harmonie und Übereinstimmung, nach tiefen, gegenseitigen Freundschaften, in denen alle Individuen gleich wichtig sind, nach einer einzigen Gemeinschaft, in der jedes Individuum eins mit allen anderen ist, in der der Sehende und der Gesehene eins sind, in der es ein gutes Gefühl ist, anderen gegenüber nett zu sein, und in der es die Individuen glücklich macht, nett zueinander zu sein. Ich plädiere für die Entwicklung einer tief empfundenen, holistischen Wissenschaft, die Raum für Spaß, Freude und Spiel bietet. Die Wissenschaft darf Dingen, die sie nicht vollständig versteht, nicht misstrauisch gegenüber stehen. Wir dürfen nie unseren Blick oder unsere Sinne von den Augen und den Stimmen anderer Lebewesen – unseren Verwandten, unseren Freunden – abwenden, die eindringlich um unsere sofortige, uneingeschränkte und bedingungslose Hilfe und Liebe bitten und sie auch tatsächlich dringend benötigen. Wir sind verpflichtet, viel mehr zu tun, als wir bisher für die Tiere und die gesamte Erde getan haben.

Gestaltgewordene und erwachende Weisheit

Der berühmte Romanautor Henry Miller (1957, S. 93) meinte: „Wenn wir auch nicht immer die Natur als Ausgangspunkt nehmen, kommen wir in Zeiten der Not doch sicher auf sie zurück." Seine Worte klingen für mich wahr. Aber wieso wenden wir uns auf der Suche nach Führung ausgerechnet der Natur zu? Warum fühlen wir uns gut, wenn wir Tiere sehen, hören, riechen oder berühren, wenn wir Bäume ansehen und den Duft von Blumen riechen, wenn wir strömende Flüsse, einen ruhigen See oder die Meeresbrandung sehen? Eine neuere Studie belegt, dass 70 – 90 % der Befragten in Europa und den USA „das Existenzrecht der Natur anerkennen, selbst wenn sie Menschen in keinster Weise von Nutzen ist" (van den Born et al. 2001). Die Weisheit der Natur hat ein Recht darauf, geschützt zu werden. Dabei ist es gleichgültig, ob die Natur eine eigene, ihr inhärente Weisheit verkörpert, die aus ihr hervorgeht, die wir jedoch auch mit ihr gemein haben und die unsere Erwartungen dessen, worum es in der Natur geht, beeinflusst, oder ob wir solche Qualitäten lediglich auf die Natur projizieren und sie damit ausfüllen und es sich in Wahrheit nur um die Spiegelung unserer Seelenlage handelt. Ich finde, dass ich, wenn ich draußen in der Natur bin, nie alleine bin und mich nie einsam fühle. Ich unterhalte mich mit der Natur, und die Natur unterhält sich mit mir.

Der Theologe Thomas Berry (2000, S. 97) bemerkte: „Wir brauchen das Wunder des Sonnenaufgangs, das Wunder des Waldes, das Wunder eines Flusses, das Wunder einer Prärie." Oft können wir nicht in Worte fassen, warum die Natur eine solch positive Wirkung auf uns hat – warum wir, wenn wir uns in die Natur versenken, atemlos werden oder feststellen, dass sich unsere Herzfrequenz aufgrund der Schönheit der Natur, ihrer Großartigkeit, ihrer Rätselhaftigkeit, ihrer Einfachheit, ihrer Vielfalt und ihrer Großzügigkeit verlangsamt. Vielleicht bedeutet unsere Unfähigkeit auszudrücken, welche Wirkung die Natur auf uns hat, einfach nur, dass die hervorgerufenen Gefühle so tief gehen (vielleicht so ursprünglich sind), dass es keine Worte gibt, um angemessen auszudrücken, was wir empfinden. Normalerweise empfinden wir Freude, wenn wir wissen, dass es der Natur gut geht, und Trauer und Schmerz, wenn wir wahrnehmen, dass die Natur zerstört, ausgebeutet und verwüstet wird. Es schmerzt mich, wenn die Weisheit der Natur aufs Spiel gesetzt und gewaltsam aus dem Gleichgewicht gebracht wird. Mein primitives Gehirn, das neuen und sich schnell entwickelnden Kulturen und Technologien ausgesetzt ist, hält weiterhin meine große Verbundenheit mit der Natur aufrecht. Vielleicht ist die reine Freude, die wir über das Wohlergehen der Natur empfinden, die Freude, die wir empfinden, wenn wir fühlen, dass wir in die rätselhaften Zusammenhänge der Natur eingebunden sind, nichts anderes als eine Maßeinheit für die Liebe, die wir für sie empfinden.

Ich habe das Gefühl, dass die Natur uns darin vertraut, dass wir sie nicht verschmutzen, sie nicht erniedrigen wollen, daher sollten wir das auch nicht tun. Sicherlich muss es erhebliche Konsequenzen für unsere Vorfahren gehabt haben, wenn sie mit Mutter Natur „herumgespielt" haben, denn sie hatten noch nicht die heutige mechanische und intellektuelle Ausrüstung, um ihre Einmischungen in natürliche Prozesse ungeschehen zu machen. Wahrscheinlich waren sie so beschäftigt damit, überhaupt am Leben zu bleiben, dass sie nicht die Verwüstungen anrichten konnten, die wir auf der Erde angerichtet haben, ohne einen hohen Preis zu bezahlen. Es wäre wundervoll, wenn wir uns auf unsere alten Gehirne einstellen könnten, damit sie uns leiten, denn unsere Gehirne entsprechen ziemlich genau denen unserer Vorfahren, doch unsere soziokulturellen Milieus und die Erde haben sich in den letzten Jahrtausenden erheblich verändert. Die Zyklen der Natur sind noch immer bei und in uns, obwohl uns ihre Präsenz möglicherweise nicht bewusst ist, weil wir recht leicht so ziemlich alles „natürliche" durch Technologie und unsere Geschäftigkeit außer Kraft setzen können. Ein hoher Anteil an Technologie und nutzloser Geschäftigkeit entfremdet uns von der Natur, sie erzeugen einen Bruch, der wiederum zu einem leichtfertigen Missbrauch der Erde führt. Es ist so einfach, etwas zu zerstören, das wir nicht lieb gewonnen haben, oder ein anderes Wesen zu missbrauchen, zu dem wir keine Bindung aufgebaut haben.

Wenn ich über die Weisheit der Natur nachdenke, bin ich gezwungen, meine Position im großen Gesamtzusammenhang zu bestimmen. Obwohl ich normalerweise zu dem Schluss komme, dass ich sehr klein bin in einer sehr großen Welt, würdigt mich diese Schlussfolgerung nicht herab und führt nicht dazu, dass ich mich unbedeutender fühle. Tatsächlich befreit es mich und hüllt mich in einen großen Frieden ein, und ich erfreue mich daran, wer ich in diesem Gesamtzusammenhang bin – in all den willkürlichen Prozessen und vorhersagbareren Rhythmen der Natur. Wenn ich in die Natur eingetaucht bin, fühle ich tief in meinem Herzen ihre Wärme und mit allen meinen Sinnen nehme ich ihre strahlende Schönheit und Sinnlichkeit in mir auf.

Warnung vor einem stillen Frühling

Vor über vierzig Jahren warnte uns Rachel Carson in SILENT SPRING vor dem verheerenden Verlust des Vogelgesangs (Bekoff/ Nystrom 2004), und die von ihr geäußerten Bedenken klingen auch heutzutage noch glaubhaft. Bernie Krause (2002) beschreibt den Klang natürlicher Habitate und lebender Organismen als „die wunderbarste Musik auf dem Planeten. Es ist seine kollektive Stimme.“ Wir müssen darauf Acht geben, die Stimme der Natur nicht zu verlieren; wir müssen uns davor hüten, an durch zu stille Frühling, Sommer, Herbst und Winter verursachten Leiden zu erkranken. Der falsche Weg, die Weisheit der Natur anzuzapfen, besteht darin, das wertvolle Leben von Tieren zu stören und ihre Stimmen zum Schweigen zu bringen, oder die Blätter daran zu hindern, vom Wind verweht zu werden, oder Wasser daran zu hindern, überzuschwappen. Weil ich Tiere studiere, wünsche ich mir Orte auf der Erde, an denen Tiere vor durch Menschen verursachten Schäden sicher sind. In unserer Klugheit müssen wir solche Refugien schaffen. Beispielsweise hat Mexiko in einer echte Weisheit beweisenden Aktion eine Vereinbarung zum Schutz von Walen in seinen Gewässern unterschrieben. Das wird mit 25.000 km^2 das größte Wasserschutzgebiet der Welt. Trauriger- und unklugerweise schützen Schutzgebiete Tiere nicht immer. Auf Cape Cod in Massachusetts gibt es ein Naturschutzgebiet auf Momomoy Island, in dem Tiere vor menschlichen Störungen geschützt werden sollen, wo jedoch routinemäßig zahlreiche Kojoten getötet werden. Was für ein Naturschutzgebiet! In den USA dürfen Tiere in so genannten nationalen Schutzgebieten gejagt werden. Wenn wir natürlich Tiere nicht dort schützen, wo sie geschützt ihr Leben in Sicherheit leben sollen, riskieren wir ihre Stimmen, wir riskieren, den Klang der Natur zu verlieren.

Was ist Weisheit? Weiß es die Natur am besten?

> „Die Menschen haben die Erde nie zuvor so gut in Bezug auf ihre mechanischen Prozesse verstanden wie wir, doch noch nie waren die Menschen weniger vertraut mit dem Planeten. Unsere Seelen sind verkümmert."
>
> Thomas Berry in einem Interview, 2000

Im Oktober 2002 habe ich in der Nähe von Graz an einer von Seiner Heiligkeit dem Dalai Lama einberufenen Veranstaltung teilgenommen. Das Hauptthema lautete DER WEG ZUR WEISHEIT DER NATUR, und die Veranstaltung war Teil der Kalachakra für den Weltfrieden 2002 des Dalai Lama. Teilgenommen haben Wissenschaftler, Philosophen, Religionsgelehrte und Religionsführer sowie lokale Landwirte, und die interdisziplinären Diskussionen bei wunderbarem Bier und Wein waren eine unglaubliche Erfahrung.

Meine Aufgabe war es, über Tiere als ein Weg zur Weisheit der Natur zu sprechen, also begann ich mit der Frage, was wir unter dem Begriff „Weisheit der Natur" verstehen. Anton Moser (2000, S. 381) hat einen neuen Begriff verwendet, die *Ökosophie*, die „die Wissenschaft von der Weisheit der Natur" bezeichnet, den Kern einer ökologischen und holistischen Weltsicht. Seine Betrachtungsweise ist extrem interdisziplinär, mehrstufig und notwendigerweise weitreichend, und viele Leute finden sie besonders schwierig und vielleicht erschreckend und einschüchternd in ihrer Tragweite. Moser stützt sich auf eine holistische, makroskopische und integrierte Sichtweise, bei der die Vorstellung von „Weisheit" Folgendes mit einschließt: die Bedeutung der Intuition, die Nachhaltigkeit, die Vielfältigkeit, die Flexibilität, die Selbstorganisation, die Integration (eine „Tiefenwissenschaft", in der Wissenschaft, Ethik und Kunst in die Natur integriert werden), die Einheit oder das Einssein (die Natur wird als miteinander verbundenes, voneinander abhängiges und eingebettetes Ganzes angesehen), die Ästhetik, spirituelle und emotionale Dimensionen (im Gegensatz zu einer Abhängigkeit von rein experimentell erworbenen Daten), die in ethische Grundsätze eingebettete Wissenschaft sowie die Verwendung nichtinvasiver Manipulationen, die bei der Erforschung der Natur „ein Gefühl für andere Wesen" respektieren (S. 375).

Die Natur wird als „das Ganze" angesehen, und eine „Erdethik" fordert, dass wir die Unversehrtheit integrierter natürlicher Prozesse nicht beeinträchtigen dürfen. Die Natur ist ein Quell des Glücks, der Freude und

Schönheit, und Schönheit ist insgesamt ein Anzeichen für die Qualität der „Ganzheit“ der Natur, „des Glanzes der Gesamtheit“. Die Bedeutung von Sinneswahrnehmungen wird in Mosers Begriffsbildung der Weisheit der Natur hervorgehoben, ebenso wie die aktive Teilnahme an der Welt, in der wir leben. Unser Leben sollte voller Sinneswahrnehmungen, statt arm an Sinneseindrücken sein. Die Natur ist mehr als logische, physikalische, materialistische, mechanistische und mathematische Prinzipien und Gesetze.

Von der Weisheit der Natur zu reden suggeriert, dass die Natur sich und ihren rhythmischen Tanz durch Zeit und Raum selbst zu verstehen scheint, obgleich dieses Verständnis aus engstirniger oder kurzfristiger Sicht möglicherweise nicht offensichtlich ist. Dies bedeutet, dass es vielleicht wirklich ein sich selbstorganisierendes, auf das Konzept der Natur anwendbares Prinzip gibt, und dass wir in der kurzen Zeit, die jeder von uns auf der Erde verbringt, die zugrunde liegende Dynamik, die es der Natur erlaubt hat, über Jahrtausende fortzubestehen, nicht verstehen oder würdigen können, egal wie weise wir als Individuen sind, egal wie groß unsere kollektive Weisheit ist. Einer meiner Kollegen erwähnte mir gegenüber, er sorge sich, dass von der Weisheit der Natur zu reden anthropozentrisch sei und wir sehr vorsichtig sein müssten, wenn wir diskutieren, was wir unter dem Begriff verstehen wollen. Ich stimme ihm zu, doch ich glaube, dass es eine sehr nützliche Art ist, über die Natur zu reden. Und vielleicht weiß es tatsächlich die Natur am besten.

Obwohl es möglicherweise frustrierend ist, dass ein tiefes Verständnis von der Weisheit der Natur nie erreicht werden kann, empfinde ich die Herausforderung, es zu versuchen, als sehr verlockend, weil wir mit harter Arbeit die Erde tatsächlich zu einem besseren Ort für alle Lebewesen, für alle Lebensformen und die belebte und unbelebte Umwelt machen können. Ich habe das Gefühl, dass wir das Gesamtbild wirklich verstehen können, in dem alle Ereignisse miteinander in Verbindung stehen. Vielleicht gelingt uns das, indem wir eine holistische Sicht auf die Erde als eine Gemeinschaft von Subjekten statt als eine reine Ansammlung von Objekten wahrnehmen, um einen Begriff von Thomas Berry zu verwenden. Berry betont, dass kein Lebewesen sich selbst nährt; jedes ist bei seiner Ernährung und der für sein Überleben erforderlichen Unterstützung von jedem anderen Mitglied der Gemeinschaft abhängig.

Die Erde als weiser Ältester: Die Bedeutung von Glück, Frieden und Liebe in der Welt

> „Etwas fast unbeschreiblich Heiliges – ich weiß nicht, wie ich es sonst ausdrücken soll – liegt unserer Entdeckung und Bestätigung der tatsächlichen Details zugrunde, die unsere Welt geschaffen haben, und die auch, im Bereich des Möglichen, die Einzelheiten ihrer Erschaffung sichergestellt haben – in der von uns bekannten Weise und nicht auf eine der Trillionen anderen Arten, von denen fast keine die Entwicklung eines Schreibers zur Aufzeichnung der Schönheit, der Grausamkeit, der Faszination und des Mysteriums eingeschlossen hätte.“
>
> *Stephen Jay Gould,*
> *The Structure of Evolutionary Theory*

> „Sie müssen sich die Daten genau ansehen“, sagte der Mann, „und über die Wissenschaft nachdenken, doch wenn Sie in die Alaska North Slope-Region kommen, werden Sie hören, wie die Karibus vorbeidonnern, und Sie werden dieses Bauchgefühl bekommen, das Sie einfach nicht ignorieren können“.
>
> *Bill Streever,*
> *Science and Emotion, on Ice*

Die Menschen haben die Zukunft der biologischen Evolution verändert. Es wird geschätzt, dass allein schon aufgrund der Einwirkung von Menschen jedes Jahr zwischen 100 und 1.000 Spezies von jeweils einer Million Arten aussterben; die natürliche Rate des Aussterbens beträgt ca. eine Spezies pro einer Million Arten pro Jahr. Gleichzeitig wird jedes Jahr eine neue Spezies pro Million Arten geboren. Rechnen Sie selbst nach. Das ist keine gute Situation, da viel weniger Arten neu entstehen als aufgrund menschlicher Einflüsse verschwinden. Es ist sehr schwer festzustellen, was genau passiert, doch es besteht kein Zweifel, dass wir die Natur mit alarmierender und nie da gewesener Geschwindigkeit verlieren – und ein Großteil des Artensterbens bleibt sogar von uns Menschen unbemerkt.

Wir befinden uns mitten in der sechsten Hauptperiode biotischen Aussterbens. Sie wurde hauptsächlich durch menschliche Aktivitäten verursacht. Bei den letzten fünf Aussterbeperioden dauerte es fast zehn Millionen Jahre, bis die einstige Biodiversität wieder hergestellt war – dieses Mal könnte es aufgrund der beschleunigten Aussterberaten kein Zurück mehr geben. 250.000 Spezies sind allein im 20. Jahrhundert ausgestorben, und zehn bis zwanzig Mal so viele Arten werden im 21. Jahrhundert aussterben. Allein in

Nordamerika sind ca. 235 Arten durch Umweltverschmutzung, menschliches Vordringen in ihre Habitate und aggressive Erntemethoden gefährdet. Michael McKinney (2001) hat entdeckt, dass es einen positiven Zusammenhang zwischen der Bevölkerungsgröße und der Dezimierung der Anzahl von Vögeln und Säugetieren für Kontinentalnationen (jedoch nicht für Inselnationen) gibt und dass Säugetiere zu Anfang des menschlichen Einwirkens gefährdeter sind als Vögel. Seine Daten sind umfangreich; für Säugetiere wurden 149 Länder und für Vögel 154 Länder analysiert.

Vielleicht wird sich uns, wenn wir die Erde als eine Art „weisen Ältesten" ansehen, wir genau auf ihre Mitteilungen hören und sorgfältig auf sie achten (so wie es viele indigene Völker tun), die große Weisheit der Erde erschließen, und vielleicht werden wir ihre Weisheit dann besser als eine Kombination aus komplexen und einfachen Prozessen verstehen, die sie uns offen und großzügig zur Verfügung stellt. Ich frage mich oft, ob indigene Völker, die in enger Verbundenheit und in einer tiefen Beziehung zur Erde leben, in der Lage sind, Probleme zu lösen, die distanziertere „Wissenschaftler" nicht lösen können. Firket Berkes (1999) hebt hervor, wie wichtig es ist, traditionellem ökologischen Wissen ernsthaft Beachtung zu schenken, und bietet viele Beispiele dafür, wie eine westlich ausgerichtete Wissenschaft hilflos vor vielen lokalen Problemen in fremden Ländern steht. Er bemerkt beispielsweise, dass Wissenschaftler nicht wussten, dass eine Population von Eiderenten ganzjährig in der Hudson Bay lebte, während die Inuit es taten. Da es nicht „wissenschaftlich" war, wurde dieses Wissen der Inuit lange in Darstellungen der Avifauna dieser Region ignoriert. Genauso werden die Beobachtungen und Warnungen der Inuit zur globalen Erwärmung erst jetzt langsam auch von ausländischen Wissenschaftlern ernst genommen, die normalerweise eine kurzsichtigere und -fristigere Sicht auf die Situation vor Ort haben. Laut der WASHINGTON POST vom 28. Mai 2002 stieg die Durchschnittstemperatur in der westlichen Arktis Kanadas zwischen 1,5° C und 13,5° C, und die einheimischen Inuit „können das Wetter nicht mehr so lesen wie früher". Inuit-Jäger und -Älteste beschreiben einen Anstieg deformierter Fische und Karibus mit Lebererkrankungen. Kürzlich wurde eine Drossel gesichtet, wo noch nie eine gesehen wurde; es gibt gar kein Wort für „Drossel" in der Sprache der Inuit. Genauso tauchen Insekten auf, die die Inuit nie zuvor gesehen haben, und auch für diese gibt es bislang kein Wort in Inuktitut.

Berkes (1999) warnt auch, dass Wissenschaftler, die in einer Region zu Besuch sind, oft nur einen „jahreszeitlich begrenzten Forschungszeitraum" zur Kenntnis nehmen, wodurch sie nicht die für grundlegende Aussagen zu ökologischen Problemen benötigten langfristigen Informationen sammeln können. Er schreibt beispielsweise, dass im Keoladeo National Park in Indien Einheimische jahrelang argumentierten, dass die Beweidung mit Wasserbüffeln erlaubt sein sollte, weil sie im Einklang mit den Zielen des Naturschutzes stünden. Die Parkbehörden waren gegenteiliger Ansicht. Eine Langzeitstudie der Bombay Natural History Society unterstützte die Behauptung der Einheimischen. Die Beweidung half, der Tendenz der Umwandlung von Feuchtgebieten in Grasland entgegenzuwirken. Ein Verbot der Beweidung hatte die Feuchtgebiete und den Park beeinträchtigt, der für seine reiche Vogelwelt bekannt war. Die Beweidung mit Rindern war eine effektive Lösung. In einigen (wahrscheinlich sogar in vielen) Fällen sollte es vielleicht zulässig sein, traditionelles Wissen und überlieferte Weisheiten „wissenschaftlichen" Kenntnissen gleichzustellen, weil traditionelles Wissen oft auf systematischen Beobachtungen und langfristigen Untersuchungen beruht und ohne die ganze Propaganda, Autorität, Autonomie und Arroganz der „Wissenschaft" auskommt.

Die Wahl, die wir treffen

Angesichts der Tatsache, wer wir Menschen sind und dass wir auf der ganzen Erde verbreitet sind, haben wir tatsächlich die Fähigkeit, alle Tiere und Landschaften zu beherrschen, von denen einige wenig oder gar keinen Wert für uns zu haben scheinen. Wir essen Tiere, wir jagen sie, wir nutzen sie in der Bildung und Forschung und wir lassen uns von ihnen unterhalten und amüsieren. Wir verbreiten menschliche Krankheiten, wenn wir die Orte besuchen, an denen Tiere leben. Unsere Beziehungen zu Tieren sind normalerweise ziemlich einseitig und bieten ihnen nur wenige (wenn überhaupt) Vorteile.

Doch wir können wählen, ob wir aufdringlich, schädlich oder mitfühlend sein möchten. Wir müssen nichts tun, nur weil jemand anderes möchte, dass wir es tun. Wir müssen nichts tun, nur weil wir dazu in der Lage sind. Wir alle sind für unsere Entscheidungen verantwortlich. Hinsichtlich unserer Entscheidungen sollten wir unter anderem (1) Respekt, Mitgefühl und Bewunderung für Tiere an erste Stelle setzen; (2) die Sichtweise der Tiere ernst nehmen; (3) zugunsten der Tiere sichergehen, wenn unklar ist, ob sie Schmerzen empfinden oder leiden; (4) anerkennen, dass fast alle Methoden zur Erforschung von Tieren, selbst unter Freilandbedingungen, ein Eindringen in ihr Leben darstellen – dass ein großer Teil der Forschung im Grunde ausbeuterisch ist; (5) anerkennen, wie unangebracht speziesistische Ansichten in Bezug auf vage Vorstellungen wie Intelligenz, Kognition oder geistige Komplexität als Grundlage zur Beurteilung des Wohlergehens von Tieren sind; (6) uns auf die Bedeutung von einzelnen Tieren konzentrieren; (7) individuelle Variationen würdigen und die Vielfalt des Lebens verschiedener Individuen in den von ihnen belebten Welten schätzen; (8) nutzen, was einige fragwürdige Praktiken nennen, die deren Meinung nach keinen Platz in der wissenschaftlichen Praxis haben sollten, wie beispielsweise den Einsatz des gesunden Menschenverstands und der Empathie; und (9) im Grundsatz allgemeine Regeln der Glaubwürdigkeit und Nichteinmischung anwenden.

Eine große Herausforderung besteht darin, den gesunden Menschenverstand mit der Sichtweise der Wissenschaft in Einklang zu bringen. Unsere tierischen Verwandten sind jedoch abhängig von unserem guten Willen, unserer Gnade und unserer Weisheit.

Wahrscheinlich gibt es einige Studien, die wir durchführen möchten, die wir jedoch nicht durchführen sollten, weil sie nicht auf moralisch vertretbare Weise durchgeführt werden können, zumindest noch nicht. Und einige Orte müssen wir einfach in Ruhe lassen. Der Umweltethiker Holmes Rolston (2002, S. 134) schreibt über die Antarktis, einen Kontinent, der immer mehr Aufmerksamkeit auf sich zieht (ähnlich wie es ein unbekanntes oder reizvolles Tier in einem Käfig im Zoo oft tut) und der einfach von Menschen übernommen werden könnte: „Hier ist ein Kontinent auf unserem Heimatplaneten, auf dem wir nicht zu Hause sind, sein können oder sein sollten." Dem stimme ich zu. Lassen Sie uns die Integrität der Antarktis so gut es geht bewahren; lassen Sie uns die Weisheit dieses großartigen Kontinents achten. (Ich habe in den 1970ern Adeliepinguine und Raubmöwen in der Antarktis studiert. Während meiner Zeit dort wurde mein Interesse an Wissenschaft und Ethik geweckt, und diese Überlegungen sind seither wichtig für mich. Ich habe mich (während ich zwischen den Pinguinen herumlief) oft gefragt: „Was tue ich hier eigentlich?"

Wir sollten aufgeschlossen bleiben, ein offenes Herz behalten, neugierig und lebendig sein und ernsthaft Vorsichtsmaßnahmen ergreifen

Hier und anderswo habe ich dargelegt, dass wir, obwohl wir noch viel über das Leben von Tieren und darüber, was sie antreibt, lernen müssen, bereits ziemlich viel wissen, was unsere Entscheidung beeinflussen müsste, wie wir mit ihnen umgehen wollen. Ökologen und Umweltschützer haben ein

„Vorsichtsprinzip" entwickelt (Applegate 2000), das bei Entscheidungen in Bezug auf Umweltprobleme zum Einsatz kommen sollte. Dieses Prinzip besagt im Grunde, dass wir den Mangel an vollständiger wissenschaftlicher Sicherheit nicht als Entschuldigung für das Aufschieben von Aktionen zur Behebung eines Problems vorschieben sollten. Dieses Vorsichtsprinzip kann auch gut auf Studien zum tierischen Wahrnehmungsvermögen, zu tierischen Emotionen und der Entwicklung von sozialer Moral bei Tieren angewendet werden.

Ich glaube, dass wir es rechtfertigen können, uns jetzt vorliegende Informationen einzusetzen, um die leichtfertige Zerstörung des Lebens von Tieren, ihres Daseins und der Orte, an denen sie leben, zu stoppen. Zu behaupten, dass wir nicht genug wissen oder nie genug wissen werden und diese Unsicherheit als Entschuldigung für unsere zerstörerische Art zu verwenden, entspricht nicht unserer Menschlichkeit.

Die Bedeutung von Gemeinschaft, Hoffnung und grenzenloser Liebe: Niemand steht außen vor

Ich bin ein zuversichtlicher Mensch und ein Träumer, und obwohl ich den Eindruck habe, dass sich die Dinge bessern, habe ich auch das Gefühl, dass wir bessere Entscheidungen als bisher treffen müssen. Dies gilt insbesondere dafür, wie wir mit der Natur umgehen – und ich glaube nicht, dass die Zeit dabei auf unserer Seite ist. Es gibt viel zu tun und nicht viel Zeit, um es zu erreichen. Daher vertrete ich die Ansicht, dass wir alle zugeben müssen, dass niemand – lassen Sie mich das betonen, keiner – von der Verantwortung für die leichtfertige Zerstörung (sei sie beabsichtigt oder unbeabsichtigt) der Weisheit der Natur und ihres Geistes (und damit unseres eigenen) ausgenommen ist, egal wie reich jemand ist und egal wie sehr sich jemand von der Natur entfremdet. Wir alle bilden eine einzige Erdengemeinschaft.

Es ist wichtig, sich die Hoffnung zu erhalten, selbst wenn die Dinge trostlos erscheinen. Nicht die Vision, dass die Welt in hundert Jahren nicht mehr existieren wird, wenn wir Menschen unserer einzigartigen Verantwortung nicht nachkommen, empfinde ich als verstörend, sondern vielmehr die Idee, sich eine Welt vorstellen zu müssen, in der Menschen und andere Lebewesen ohne Vertrautheit miteinander und ohne wechselseitige Verbundenheit nebeneinander herleben.

Wenn wir vergessen, dass Menschen und Tiere voneinander abhängig und Teil einer gemeinsamen Welt – die „mehr als die menschliche Welt" (Abram 1996) ist – sind, und wenn wir vergessen, dass Menschen und Tiere auf vielen verschiedenen Ebenen durch Wechselbeziehungen eng miteinander verbunden sind, wenn Dinge in unserem Umgang mit Tieren falsch laufen (wie sie es sicherlich tun, so lange Tiere von Menschen abgegrenzt und unausweichlich als niedriger eingeordnet werden), habe ich das sichere Gefühl, dass wir die Tiere mehr vermissen werden, als die überlebenden Tiere uns Menschen. Die Vernetzung und der Geist der Welt werden für immer verloren sein, und diese Verluste werden zu einer großen Einsamkeit in einer stark verarmten Welt führen.

Am Ende läuft meiner bescheidenen Meinung nach alles auf Liebe hinaus. Wir müssen uns von der Liebe motivieren lassen, nicht von der Angst vor dem, was es bedeutet, wenn wir Tiere und die Erde dafür lieben, was sie sind. Wir können Tiere mehr lieben als bisher, ohne dabei uns Menschen weniger lieben zu müssen. Wir müssen das Universum und alle seine Bewohner – belebt wie unbelebt – lieben.

Reduktionismus versus Holismus, Mitgefühl und Herz: Das Streben nach Einheit

> „In der Realität gibt es eine einzige, alles umfassende Gemeinschaft der Erde (...) In dieser Gemeinschaft hat jedes Wesen seine eigene Rolle auszufüllen, seine eigene Würde, seine innere Spontanität. Jedes Wesen hat seine eigene Stimme... Wir haben kein Recht, die Grundfunktionen der Ökosysteme des Planeten zu stören. Wir können die Erde oder Teile der Erde nicht auf absolute Weise besitzen."
>
> *Thomas Berry, The Great Work*

Ich möchte kurz auf einige Themen zurückkommen, die ich bereits erwähnt habe. Viele meiner Überlegungen konzentrieren sich auf die tiefen und wechselseitigen Beziehungen, die ich zu zahlreichen Tieren hatte, die mit großer Weisheit selbstlos meine Lehrer und Heiler waren.

Es scheint wenig Zweifel daran zu bestehen, dass die reduktionistische Wissenschaft ein falsches Bild von der Welt der Menschen, der Welt der Tiere, ja, der gesamten eng vernetzten Gemeinschaft der Erde zeichnet. Das hat ernsthafte Auswirkungen auf die Qualität des von uns angesammelten Wissens und darauf, wie wir in und mit der Natur interagieren. Reduktionismus führt zu Entfremdung, Isolation und Abgrenzung. Er erzwingt eine Trennung zwischen Sehendem und Gesehenem – einen falschen Dualismus. Die

Wissenschaft erschwert oft unsere Fähigkeit, die wunderbare Welt, in der wir leben, in vollem Umfang wirklich wahrzunehmen, zu fühlen und zu verstehen. Wir leben, als ob wir mit großer Sicherheit wüssten, wie ganze Systeme funktionieren, doch unser Wissen ist weit davon entfernt, unfehlbar zu sein.

Ein Reduktionismus kann uns auch dazu verführen, die Welten der Tiere nicht so wie sie zu sehen, und er kann zu um sich greifender und zerstörerischer Anthropozentrik führen. Die Wissenschaft kann die Natur weniger majestätisch und weniger weise wirken lassen als sie in Wahrheit ist. Das sollten wir zukünftig nicht mehr zulassen.

Eine holistische und mehr vom Herzen bestimmte Wissenschaft ist vonnöten, durchzogen von Geist, Mitgefühl und Liebe. Die Forscher müssen aus ihrem stillen Kämmerlein heraustreten und auch ihre „ketzerischen" Ansichten darlegen. Eine ganzheitliche, von Herzen kommende Wissenschaft stärkt das Zusammengehörigkeitsgefühl und ein Gefühl von Beziehung, Familie, Gemeinschaft und Bewunderung. Sie fördert die Entwicklung von tiefen, gegenseitigen Freundschaften zwischen Menschen, Tieren und dem Rest der Natur. Sie hilft uns, in das Strahlen der Natur einzutreten, und verringert unsere Neigung zur Egozentrik, immer zu glauben, wir würden im Mittelpunkt von allem stehen. Thomas Berry (1999) schlägt vor, dass wir eine „wohlwollende Anwesenheit" in der Natur anstreben sollten. Die indianischen Ureinwohner sagen stolz, dass „alle Tiere unsere Verwandten sind". Tiere und Landschaften müssen für sich selbst sprechen, und wir müssen ihre Mitteilungen sorgfältig anhören. Auch Bäume und Felsen brauchen Liebe.

Wir benötigen eine Wissenschaft, die berücksichtigt, wer wir als Menschen der Wissenschaft sind. Eine solide Wissenschaft kann von unseren Herzen bestimmt werden. Eine von Geist und Mitgefühl erfüllte Wissenschaft wird helfen, die Wissenschaft selbst, die Natur und die gesamte Gesellschaft in ein harmonisches Ganzes zu verwandeln. Das Hinterfragen der Wissenschaft wird uns helfen sicherzustellen, dass wir nicht die Fehler der Vergangenheit wiederholen und statt dessen eine Welt anstreben, in der Menschen und Tiere friedlich die Wohltätigkeit der Natur miteinander teilen. Die großartige Natur – die Vielstimmigkeit, ihre tiefe und volle Sinnlichkeit – wird respektiert, in Ehren gehalten und geliebt werden.

Mitgefühl: Achtung gegenüber Tieren und der Erde

„Mitgefühl – sicherlich das, was die Erde am meisten in uns sucht."

Calvin Luther Martin, In the Spirit of the Earth

Alan Sponberg (1997, S. 366f.) stellt in seiner „Hierarchie des Mitgefühls" ein nützliches Modell des Mitgefühls vor. In dieser Hierarchie „ist vertikaler Fortschritt eine Frage des *Reichens der Hand*, aktiv und bewusst, um einen sich stetig erweiternden Kreis gegenseitiger Beziehungen zu bekräftigen; (...) Fortschritt auf diesem spiralförmigen Pfad verleiht keine erweiterten Privilegien gegenüber jenen, die sich weiter unten auf dem Pfad befinden. Ganz im Gegenteil, er führt zu einem ständig stärker werdenden Gefühl von Verantwortung (...) für einen ständig größer werdenden Kreis an Verwandtschaft (...) ausgedrückt durch den buddhistischen Begriff Karuna – Mitgefühl oder *Weisheit im Handeln*."

Sponbergs Ansichten zum Mitgefühl sind überzeugend, denn sie akzentuieren, dass wir Menschen verstehen müssen, *wer* wir in der Hierarchie des Mitgefühls sind. Sponberg betont auch, dass höher nicht „besser" bedeutet, sondern vielmehr verantwortlicher.

Wir müssen uns mit Anstand, Freundlichkeit, Großzügigkeit, Bescheidenheit, Respekt, Mitgefühl und Liebe bewegen. Durch Achtung gegenüber Tieren achten wir uns selbst. Durch Achtung gegenüber der Erde achten wir uns selbst und die gesamte, eine Einheit bildende Gemeinschaft der Erde.

Lassen Sie uns einen Pakt schließen, nicht absichtlich Schaden zuzufügen, alle Individuen mit Mitgefühl zu behandeln und vorsichtig mit dem Leben anderer Wesen, mit Gewässern, der Luft und den Landschaften umzugehen. Das wird schwierig, doch wenn wir uns ein weniger anspruchsvolles Ziel setzen, können wir sicher sein, dass wir keine für alle Betroffenen vorteilhaften Situationen erzielen werden. Moralischer Fortschritt erfordert moralische Entscheidungen. Lassen Sie uns unsere relativ geschlossene menschliche Gesellschaft auf die gesamte Erde und ihre Bewohner ausdehnen.

Während ich dies schreibe, lächle ich und fühle gleichzeitig ein wenig Traurigkeit, denn ich habe so viele Themen berührt und es bleibt noch so viel zu tun. Es ist beunruhigend, dass fast die Hälfte unseres großartigen Planeten durch uns Menschen so verwandelt wurde, dass es „tote Zonen" gibt, Bereiche in Küstengewässern, wo es wenig oder überhaupt keinen Sauerstoff mehr gibt. Es ist erschütternd, dass so viele Tiere von Menschen verletzt und getötet werden. Die vielleicht wichtigste und schwierigste Frage von allen ist, ob sich genug von uns dazu entscheiden werden, sich aufrichtig zu verpflichten, die Welt zu verbessern und eine mitfühlendere Welt zu schaffen, in der es reichlich Liebe gibt, bevor es zu spät dazu ist. Ich glaube, dass wir diese Pilgerfahrt bereits angetreten haben. Mein Optimismus führt mich in keine andere Richtung.

Vollkommene Weggefährten: Warum wir Tiere mehr brauchen denn je

> „Ein Mittel geistiger Gesundheit ist, an der natürlichen Welt festzuhalten und soweit wir es können, gute Tiere zu bleiben."
>
> *Wallace Stegner, Wilderness Letter*

> „Das Bild von der Welt um uns herum, das uns die Wissenschaft bietet, ist äußerst unzureichend. Es liefert viele sachbezogene Informationen und bringt all unsere Erfahrung in eine fabelhafte, zusammenhängende Reihenfolge, doch es bleibt schrecklich still in Bezug auf alles, was unserem Herzen nahe steht, auf alles, was wirklich zählt."
>
> *Max Schrödinger*

Wir sollten uns nicht weiter so verhalten, dass die Natur nicht respektiert und zerstört wird. Lassen Sie uns sehr vorsichtig sein, wenn wir in die Welt von Tieren eindringen, damit wir unsere tierischen Freunde nicht verlieren, unsere vollkommenen Weggefährten – und erst dann, wenn es zu spät ist entdecken, wie viel sie uns wirklich bedeuten, einfach nur aufgrund dessen, *wer* sie sind.

Ich hoffe, ich konnte Sie überzeugen, dass die Erforschung des Verhaltens von Tieren, einschließlich ihrer Gefühlswelt und ihrer Tugenden, entscheidend dafür ist, mehr über die Weisheit der Natur zu lernen. Hoffentlich konnte ich Sie auch überzeugen, dass Wissenschaft, Natur, Verwandtschaft, Ethik und Herz auf unserem Weg zur Weisheit der Natur miteinander vereinbar sind. Wir müssen unseren alten Gehirnen erlauben, das zu tun, was ihnen natürlich erscheint: uns zu tiefen, gegenseitigen, mitfühlenden und respektvollen Beziehungen zur Natur zurückzuführen.

> „Wären alle Tiere fort, so stürbe der Mensch an großer Einsamkeit des Geistes, denn was immer den Tieren widerfährt, widerfährt auch den Menschen. Alle Dinge sind miteinander verbunden. Was immer der Erde widerfährt, widerfährt auch den Söhnen der Erde."
>
> *Häuptling Seattle vom Stamm der Suwamish*
> *in einem Brief an Präsident Franklin Pierce*

Wir müssen die Natur von ganzem Herzen schätzen und lieben. Wir brauchen eine weise Natur, und wir brauchen weise Tiere.

Wir sind alle vollkommene Weggefährten. Wir ergänzen einander. Daher brauchen wir Tiere mehr denn je.

Literaturhinweise

Nachfolgend ist die Literatur für die in den Vorüberlegungen zu jedem der fünf Abschnitte des Buches, in meiner Einleitung und meinem Nachwort erörterten Forschungen angegeben. Des weiteren habe ich einige Quellen aufgelistet, die nicht direkt angesprochen wurden, die sich jedoch auf die jeweiligen Themen beziehen.

Einleitung
Wie fühlt es sich an, ein Fuchs zu sein?

Allen, C. und M. Bekoff. 1997. Species of Mind: The Philosophy and Biology of Cognitive Ethology. MIT Press, Cambridge, Massachusetts.

Auster, P. 1999. Timbuktu. Henry Holt, New York.

Beck, A. und A. Katcher. 1996. Between Pets and People: The Importance of Animal Companionship. Purdue University Press, West Lafayette, Indiana.

Beck, A. M. und N. M. Meyers. 1996. Health enhancement and companion animal ownership. Annual Review of Public Health 17: 247–257.

Beck, B. B. 1982. Chimpocentrism: Bias in cognitive ethology. Journal of Human Evolution 11: 3–17.

Becker, M. 2002. The Healing Power of Pets. Hyperion, New York.

Bekoff, M. 1994. Cognitive ethology and the treatment of non-human animals: How matters of mind inform matters of welfare. Animal Welfare 3: 75–96.

Bekoff, M. 1995. Naturalizing and individualizing animal well-being and animal minds: An ethologist's naiveté exposed? In A. Rowan (Hg.), Wildlife Conservation, Zoos, and Animal Protection: A Strategic Analysis. Tufts Center for Animals and Public Policy, Grafton, Massachusetts. S. 63–129.

Bekoff, M. 1998. Cognitive ethology: The comparative study of animal minds. In W. Bechtel und G. Graham (Hg.), Blackwell Companion to Cognitive Science. Blackwell, Oxford. S. 371–379.

Bekoff, M. 1998. Deep ethology, animal rights, and the Great Ape/ Animal Project: Resisting speciesism and expanding the community of equals. Journal of Agricultural and Environmental Ethics 10: 269–296.

Bekoff, M. (Hg.) 1998. Encyclopedia of Animal Rights and Animal Welfare. Greenwood, Westport, Connecticut.

Bekoff, M. 2000. Animal emotions: Exploring passionate natures. BioScience 50: 861–870.

Bekoff, M. (Hg.) 2000. The Smile of a Dolphin: Remarkable Accounts of Animal Emotions. Random House/ Discovery Books, Washington, D.C.

Bekoff, M. 2000. Strolling with Our Kin: Speaking for and Respecting Voiceless Animals. Lantern Books, New York.

Bekoff, M. 2002. Animal reflections. Nature 419: 255.

Bekoff, M. 2002. Minding Animals: Awareness, Emotions, and Heart. Oxford University Press, New York.

Bekoff, M. 2002. Virtuous nature. New Scientist 13 July, 34–37.

Bekoff, M. 2003. Consciousness and self in animals: Some Reflections. Zygon (Journal of Religion and Science) 38: 229–245.

Bekoff, M (Hg.) 2004. Encyclopedia of Animal Behavior. Greenwood, Westport.

Bekoff, M. 2004. The great divide: A review of Wynne, C. D. L. 2004. Do Animals Think? American Scientist 92: 481–482.

Bekoff, M. 2004. Wild justice, cooperation, and fair play: Minding manners, being nice, and feeling good. In R. Sussman und A. Chapman (Hg.), The Origins and Nature of Sociality. Aldine, Chicago. S. 53–80.

Bekoff, M., C. Allen und G. M. Burghardt. (Hg.) 2002. The Cognitive Animal: Empirical and Theoretical Perspectives on Animal Cognition. MIT Press, Cambridge, Massachusetts.

Bekoff, M. und D. Jamieson. (Hg.) 1996. Readings in Animal Cognition. MIT Press, Cambridge, Massachusetts.

Bshary, R., W. Wickler und H. Fricke. 2002. Fish cognition: A primate's eye view. Animal Cognition 5: 1–13.

Darwin, C. 1872/ 1998. The Expression of the Emotions in Man and Animals. Third edition. With an Introduction, Afterword, and Commentaries by Paul Ekman. Oxford University Press, New York

Francione, G. L. 2000. Introduction to Animal Rights: Your Child or the Dog? Temple University Press, Philadelphia.

Haraway, D. 2003. The Companion Species Manifesto: Dogs, People, and Significant Otherness. Prickly Paradigm Press, Chicago.

Horowitz, A. C. und M. Bekoff. 2004. Embracing and naturalizing anthropomorphism: Doing what comes naturally. Manuskript, Dateien des Autors.

Kaminski, J., J. Call und J. Fischer. 2004. Word learning in a domestic dog: Evidence for „fast mapping." Science 304: 1682–1683.

Randour, M. L. 2000. Animal Grace: Entering a Spiritual Relationship with Our Fellow Creatures. New World Library, Novato, California.

Regan, T. 1983. The Case for Animal Rights. Univers. of California Press, Berkeley.

Reuters, June 25, 2004. Friendly dog prevents killing spree.

Rivera, M. 2001. Hospice Hounds. Lantern Books, New York.

Rollin, B. E. 1989. The Unheeded Cry: Animal Consciousness, Animal Pain and Science. Oxford University Press, New York. (Nachdruck 1998, Iowa State University Press).

Rolston, H., III. 1999. Genesis, Genes, and God: Values and Their Origins in Natural and Human History. Cambridge University Press, New York.

Schoen, A. M. 2001. Kindred Spirits: How the Remarkable Bond between Humans and Animals Can Change the Way We Live. Broadway Books, N.Y.

Sewall, L. 1999. Sight and Sensibility: The Ecopsychology of Perception. Jeremy P. Tarcher/ Putnam, New York.

Singer, P. 1990. Animal Liberation. Zw. Ausgabe. NewYork Review of Books, N.Y.

Sneddon, L. U. 2003. The evidence for pain in fish: The use of morphine as an analgesic. Applied Animal Behaviour Science 83: 153–162.

Stach, S., J. Benard und M. Giurfa. 2004. Local-feature assembling in visual pattern recognition and generalization in honeybees. Nature 429: 758–760.

Warden, C. J. und L. H. Warner. 1928. The sensory capacities and intelligence of dogs, with a report on the ability of the noted dog „Fellow“ to respond to verbal stimuli. Quarterly Review of Biology 3: 1–28.

TEIL 1
Emotionen, Kognition und tierisches Selbst

Allen, C. 1992. Mental content. British Journal of the Philosophy of Science 43: 537–553.

Allen, C. 1992. Mental content and evolutionary explanation. Biology and Philosophy 7: 1–12.

Allen, C. und M. Bekoff. 1994. Intentionality, social play, and definition. Biology and Philosophy 9: 63–74.

Allen, C. und M. Bekoff. 1995. Natural design, function, and animal behavior: Philosophical and ethological considerations. Perspectiv. in Ethology 11: 1–46.

Allen, C. und M. Bekoff. 1995. Cognitive ethology and the intentionality of animal behaviour. Mind and Language 10: 313–328.

Allen, C. und M. Bekoff. 1997. Species of Mind: The Philosophy and Biology of Cognitive Ethology. MIT Press, Cambridge, Massachusetts.

Allen, C., M. Bekoff und G. Lauder. (Hg.) 1998. Nature's Purposes: Analyses of Function and Design in Biology. MIT Press, Cambridge, Massachusetts.

Allen, C. und M. D. Hauser. 1991. Concept attribution in nonhuman animals: Theoretical and methodological problems in ascribing complex mental processes. Philosophy of Science 58: 221–240.

Bekoff, M. 1994. Cognitive ethology and the treatment of nonhuman animals: How matters of mind inform matters of welfare. Animal Welfare 3: 75–96.

Bekoff, M. 1995. Naturalizing and individualizing animal well-being and animal minds: An ethologist's naivet exposed? In A. Rowan (Hg.), Wildlife Conservation, Zoos, and Animal Protection: A Strategic Analysis. Tufts Center for Animals and Public Policy, Grafton, Massachusetts. S. 63–129.

Bekoff, M. 1998. Deep ethology, animal rights, and the Great Ape/ Animal Project: Resisting speciesism and expanding the community of equals. Journal of Agricultural and Environmental Ethics 10: 269–296.

Bekoff, M. 2000. Animal emotions: Exploring passionate natures. BioScience 50: 861–870.

Bekoff, M. (Hg.) 2000. The Smile of a Dolphin: Remarkable Accounts of Animal Emotions. Random House/ Discovery Books, Washington, D.C.

Bekoff, M. 2000. Strolling with Our Kin: Speaking for and Respecting Voiceless Animals. Lantern Books, New York.

Bekoff, M. 2002. Animal reflections. Nature 419: 255.

Bekoff, M. 2002. Minding Animals: Awareness, Emotions, and Heart. Oxford University Press, New York.

Bekoff, M. 2002. Virtuous nature. New Scientist 13 July, 34–37.

Bekoff, M. 2003. Consciousness and self in animals: Some reflections. Zygon (Journal of Religion and Science) 38: 229–245.

Bekoff, M. 2004. Wild justice, cooperation, and fair play: Minding manners, being nice, and feeling good. In R. Sussman (Hg.), The Origins and Nature of Sociality. Aldine, Chicago. S. 53–80.

Bekoff, M. und C. Allen. 1992. Intentional icons: Towards an evolutionary cognitive ethology. Ethology, 91: 1–16.

Bekoff, M. und C. Allen. 1997. Cognitive ethology: Slayers, skeptics, and proponents. In R. W. Mitchell, N. Thompson und L. Miles (Hg.), Anthropomorphism, Anecdote, and Animals: The Emperor's New Clothes? SUNY Press, Albany, New York. S. 313–334.

Bekoff, M. und C. Allen. 1998. Intentional communication and social play: How and why animals negotiate and agree to play. In M. Bekoff und J. A. Byers (Hg.), Animal Play: Evolutionary, Comparative, and Ecological Perspectives. Cambridge University Press, Cambridge and New York. S. 97–114.

Bekoff, M., C. Allen und G. M. Burghardt. (Hg.) 2002. The Cognitive Animal: Empirical and Theoretical Perspectives on Animal Cognition. MIT Press, Cambridge, Massachusetts.

Bekoff, M., C. Allen und M. C. Grant. 1999. Feeding decisions by Steller's jays (Cyanocitta stelleri): The utility of a logistic regression model for analyses of complex choices. Ethology 105: 393–406.

Bekoff, M., C. Allen und A. Wolfe. 1998. Feeding behavior in Steller's jays (Cyan ocitta stelleri): Effects of food type and social context. Bird Behav. 12: 79–84.

Bekoff, M. und D. Jamieson. 1990. Cognitive ethology and applied philosophy: The significance of an evolutionary biology of mind. Trends in Ecology and Evolution 5: 156–159.

Bekoff, M. und D. Jamieson. (Hg.) 1990. Interpretation and Explanation in the Study of Animal Behavior. Bd. 1, Interpretation, Intentionality, and Communication. Westview Press, Boulder, Colorado.

Bekoff, M. und D. Jamieson. (Hg.) 1990. Interpretation and Explanation in the Study of Animal Behavior. Bd. 2, Explanation, Evolution and Adaptation. Westview Press, Boulder, Colorado.

Bekoff, M. und D. Jamieson. 1991. Reflective ethology, applied philosophy, and the moral status of animals. Perspectives in Ethology 9: 1–47.

Bekoff, M. und D. Jamieson. 1991. Sport hunting as an instinct: Another evolutionary „just-so-story"? Environmental Ethics 13: 375–378.

Bekoff, M. und Jamieson, D. 1996. Ethics and the study of carnivores: Doing science while respecting animals. In J. L. Gittleman (Hg.), Carnivore Behavior, Ecology, and Evolution, Bd. 2. Cornell University Press, Ithaca, N.Y. S. 15–45.

Bekoff, M. und D. Jamieson. (Hg.) 1996. Readings in Animal Cognition. MIT Press, Cambridge, Massachusetts.

Burghardt, G. M. 1991. Cognitive ethology and critical anthropomorphism: A snake with two heads and hognose snakes that play dead. In C. A. Ristau (Hg.), Cognitive Ethology: The Minds of Other Animals—Essays in Honor of Donald R. Griffin. Lawrence Erlbaum, Hillsdale, New Jersey. S. 53–90.

Burghardt, G. M. 1997. Amending Tinbergen: A fifth aim for ethology. In R. W. Mitchell, N. Thompson und L. Miles (Hg.), Anthropomorphism, Anecdote, and Animals: The Emperor's New Clothes? SUNY Press, Albany, New York. S. 254–276.

Burghardt, G. M. und M. Bekoff. (Hg.) 1998. The Development of Behavior: Comparative and Evolutionary Aspects. Garland, New York.

Cheney, D. L. und R. M. Seyfarth. 1990. How Monkeys See the World: Inside the Mind of another Species. University of Chicago Press, Chicago.

Cheney, D. L. und R. M. Seyfarth. 1992. Precis of How Monkeys See the World: Inside the Mind of Another Species. Behav. and Brain Sciences 15: 135–182.

Darwin, C. 1872/ 1998. The Expression of the Emotions in Man and Animals. Dritte Ausgabe. Mit einer Einführung, einem Nachwort und Kommentaren von Paul Ekman. Oxford University Press, New York.

Dennett, D. C. 1983. Intentional systems in cognitive ethology: The „Panglossian paradigm" defended. Behavioral and Brain Sciences 6: 343–390.

deWaal, F. 2001. The Ape and the Sushi Master. Basic Books, New York.

Goodall, J. und M. Bekoff. 2002. The Ten Trusts: What We Must Do to Care For the Animals We Love. HarperCollins, San Francisco.

Gould, S. J. 2000. A lover's quarrel. In M. Bekoff (Hg.). The Smile of a Dolphin: Remarkable Accounts of Animal Emotions. Random House/ Discovery Books, Washington, D.C. S. 13–17.

Griffin, D. R. 2001. Animal Minds. University of Chicago Press, Chicago.

Hauser, M. 2000. Wild Minds. Henry Holt, New York.

Heyes, C. 1987. Cognisance of consciousness in the study of animal knowledge. In W. Callebaut und R. Pinxten (Hg.), Evolutionary Epistemology. D. Reidel, Dordrecht, Netherlands. S. 105–136.

Irvine, L. 2003. George's bulldog: What Mead's canine companion could have told him about the self. Sociological Origins 3: 46–49.

Jamieson, D. und M. Bekoff. 1992. Carruthers on nonconscious experience. Analysis 52: 23–28.

Kennedy, J. S. 1992. The New Anthropomorphism. Cambridge Univ. Press, N.Y.

Long, William J. 1906. Brier-Patch Philosophy by „Peter Rabbit." Harper, N.Y.

MacLean, P. 1970. The Triune Brain in Evolution: Role in Paleocerebral Functions. New York, Plenum.

Miklosi, A., J. Topal und V. Csanyi. 2004. Comparative social cognition: What can dogs teach us? Animal Behaviour 67: 995–1004.

Panksepp, J. 1998. Affective Neuroscience. Oxford University Press, New York.

Panksepp, J. 2003. At the interface of the affective, behavioral, and cognitive neuroscience: Decoding the emotional feelings of the brain. Brain and Cognition 52: 4–14.

Panksepp, J. 2003. „Laughing" rats and the evolutionary antecedents of human joy? Physiology and Behavior 79: 533–547.

Ristau, C. 1991. Aspects of the cognitive ethology of an injury-feigning bird, the piping plovers. In C. A. Ristau (Hg.), Cognitive Ethology: The Minds of Other Animals – Essays in Honor of Donald R. Griffin. Lawrence Erlbaum, Hillsdale, New Jersey. S. 91–126.

Rollin, B. E. 1989. The Unheeded Cry: Animal Consciousness, Animal Pain and Science. Oxford University Press, New York. (Nachdruck 1998, Iowa State University Press).

Rollin, B. E. 1990. How the animals lost their minds: Animal mentation and scientific ideology. In M. Bekoff und D. Jamieson,(Hg.), Interpretation and Explanation in the Study of Animal Behavior. Bd. 1, Interpretation, Intentionality, and Communication. Westview Press, Boulder, Colorado. S. 375–393.

Siviy, S. 1998. Neurobiological substrates of play behavior: Glimpses into the structure and function of mammalian playfulness. In M. Bekoff und J. A. Byers (Hg.), Animal Play: Evolutionary, Comparative, and Ecological Perspectives. Cambridge University Press, New York. S. 221–242.

Washburn M. F. 1908. The Animal Mind: A Text-book of Comparative Psychology. Macmillan, London.
Wynne, C.D.L. 2004. Do Animals Think? Princeton University Press, Princeton, New Jersey.

Teil II
Das Sozialverhalten von Hunden und Kojoten

Bekoff, M. 1974. A General Bibliography on the Coyote, Canis latrans: Taxonomy, Anatomy, Pathology, Physiology, Disease, Behavior, Ecology, and Management. Coymar Press, Boulder, Colorado.
Bekoff, M. 1974. Social play and play-soliciting by infant canids. American Zoologist 14: 323–340. (Nachdruck in D. Miiller-Schwarze, [Hg.], Benchmark Papers in Animal Behavior, Bd. 10, 1978).
Bekoff, M. 1975. The communication of play intention: Are play signals functional? Semiotica 15: 231–239.
Bekoff, M. 1977. Social communication in canids: Evidence for the evolution of a stereotyped mammalian display. Science 197: 1097–1099.
Bekoff, M. (Hg.) 1978/ 1990. Coyotes: Biology, Behavior, and Management. Academic Press, New York. (Nachdruck 2001 von Blackburn Press, West Caldwell, New Jersey).
Bekoff, M. 1979. Coyote damage assessment in the West: Review of a report. BioScience 29: 754.
Bekoff, M. 1979. Scent marking by free-ranging domestic dogs: Olfactory and visual components. Biology of Behaviour 4: 123–139.
Bekoff, M. 2001. Cunning coyotes: Tireless tricksters, protean predators. In L. Dugatkin (Hg.), Model Systems in Behavioral Ecology. Princeton University Press, Princeton, New Jersey. S. 381–407.
Bekoff, M. 2001. Demonic dogs: The alleged truth about would-be jerks. Anthrozoos 14: 56–59.
Bekoff, M. und E. Gese. 2003. Coyote, Canis latrans. In J. Chapman und G. Feldhamer (Hg.), Wild Mammals of North America: Biology, Management, and Conservation. John Hopkins University Press, Baltimore, Maryland. S. 467–481.
Bekoff, M., H. L. Hill und J. B. Mitton. 1975. Behavioral taxonomy in canids by discriminant function analysis. Science 190: 1223–1225.
Bekoff, M. und M. C. Wells. 1981. Behavioural budgeting by wild coyotes: The influence of food resources and social organization. Animal Behaviour 29: 794–801.

Bekoff, M. und M. C. Wells. 1982. Behavioral ecology of coyotes: Social organization, rearing patterns, space use, and resource defense. Zeitschrift fur Tierpsychologie 60: 281–305.

Bekoff, M. und M. C. Wells. 1986. Social behavior and ecology of coyotes. Advances in the Study of Behavior 16: 251–338.

Bekoff, M., T. J. Daniels und J. L. Gittleman. 1984. Life history patterns and the comparative social ecology of carnivores. Annual Review of Ecology and Systematics 15: 191–232

Bekoff, M., J. Diamond und J. B. Mitton. 1981. Life-history patterns and sociality in canids: Body size, reproduction, and behavior. Oecologia 50: 386–390.

Berger, J. 1979. Social ontogeny and behavioral diversity: Consequences for bighorn sheep inhabiting desert and mountain environments. Journal of Zoology (London) 188: 251–266.

Berger, J. 1980. The ecology, structure, and function of social play in bighorn sheep. Journal of Zoology (London) 192: 531–542.

Berger, J. 1986. Wild Horses of the Great Basin: Social Competition and Population Size. University of Chicago Press, Chicago.

Berger, J. 1994. Science, conservation, and black rhinos. Journal of Mammalogy 75: 298–308.

Berger, J. 1999. Anthropogenic extinction of top carnivores and interspecific animal behaviour: Implications of the rapid decoupling of a web involving wolves, bears, moose, and ravens. Proceedings of the Royal Society of London B 266: 2261–2267.

Berger, J. und C. Cunningham. 1994. Bison: Mating and Conservation in Small Populations. Columbia University Press, New York.

Berger, J., A. Hoylman und W. Weber. 2001. Perturbation of vast ecosystems in the absence of adequate science: Alaska's Arctic refuge. Conservation Biology 15: 539–541.

Berger, J., J. E. Swenson und I.-L. Persson. 2001. Recolonizing carnivores and naïve prey: Conservation lessons from Pleistocene extinctions. Science 291, 1036–1039.

Boone, J. A. 1954. Kinship with All Life. HarperCollins, San Francisco.

Byers, J. A. 1983. Social interactions of juvenile collared peccaries, Tayassu tajacu. Journal of Zoology 201: 83–89.

Byers, J. A. 1998. American Pronghorn: Social Adaptations and the Ghosts of Predators Past. University of Chicago Press, Chicago.

Byers, J. A. 2003. Built for Speed: A Year in the Life of Pronghorn. Harvard University Press, Cambridge, Massachusetts.

Byers, J. A. und M. Bekoff. 1981. Social spacing and cooperative behavior of the collared peccary, Tayassu tajacu. Journal of Mammalogy 62: 767–785.

Daniels, T. J. 1983. The social organization of free-ranging urban dogs: I. Nonestrous social behavior. Applied Animal Ethology 10: 341–363.

Daniels, T. J. 1983. The social organization of free-ranging urban dogs: II. Estrous groups and the mating system. Applied Animal Ethology 10: 365–373.

Daniels, T. J. und M. Bekoff. 1989. Feralization: The making of a wild domestic animal. Behavioural Processes 19: 79–94.

Daniels, T. J. und M. Bekoff. 1989. Spatial and temporal resource use by feral and abandoned dogs. Ethology 181: 300–312.

Daniels, T. J. und M. Bekoff. 1990. Domestication, exploitation, and rights. In M. Bekoff und D. Jamieson (Hg.), Interpretation and Explanation in the Study of Animal Behavior. Bd. 2, Explanation, Evolution, and Adaptation. Westview Press, Boulder, Colorado. S. 345–377.

Darwin, C. 1859/ 1958. The Origin of Species. Mentor Book, New York.

Darwin, C. 1868. The Variation of Animals and Plants under Domestication. Bd. I und II. Murray, London.

Feddersen-Peterson, D. U. 2000. Vocalizations of European wolves (Canis lupus lupus L.) and various dog breeds (Canis lupus f. fam.). Archive Tierzucht Dummerstorf 43: 387–397.

Hare, B., M. Brown, C. Williamson und M. Tomasello. 2002. The domestication of social cognition in dogs. Science 298: 1636–1639.

Hare, B. und R. Wrangham. 2002. Integrating two evolutionary models for the study of social cognition. In M. Bekoff, C. Allen und G. M. Burghardt (Hg.), The Cognitive Animal: Empirical and Theoretical Perspectives on Animal Cognition. MIT Press, Cambridge, Massachusetts. S. 363–369.

Irvine, L. 2004. If You Tame Me: Understanding Our Connections with Animals. Temple University Press, Philadelphia. [dt. „Wenn Du mich zähmst. Über unsere beziehung zu Tieren“, animal learn Verlag, Bernau 2009]

Leonard, J. A., R. K. Wayne, J. Wheeler, R. Valadez, S. Guillen und C. Vila. 2002. Ancient DNA evidence for old world origin of new world dogs. Science 298: 1613–1616.

Limbaugh, R. H. 1996. John Muir's „Stickeen“ and the Lessons of Nature. University of Alaska Press, Fairbanks.

Miklosi, A., E. Kubinyi, J. Topal, M. Gacsi, Z. Viranyi und V. Csanyi. 2003. A simple reason for a big difference: Wolves do not look back at humans, but dogs do. Current Biology 13: 763–766.

Muir, J. 1981. Stickeen. Heydey Books, Berkeley, California.

Price, E. O. 2003. Animal Domestication and Behavior. Oxford University Press, New York.

Savolainen, P., Y. Zhang, J. Luo, J. Lundeberg und T. Leitner. 2002. Genetic evidence for an East Asian origin of domestic dogs. Science 298: 1610–1613.

Svartberg, K. und B. Forman. 2002. Personality traits in the domestic dog (Canis familiaris). Applied Animal Behaviour Science 79: 133–135.

Wells, M. C. und M. Bekoff. 1981. An observational study of scent-marking in coyotes, Canis latrans. Animal Behaviour 29: 332–350.
Wells, M. C. und M. Bekoff. 1982. Predation by wild coyotes: Behavioral and ecological analyses. Journal of Mammalogy 63: 118–127.
Wells, M. C. und P. N. Lehner. 1978. The relative importance of the distance senses in coyote predatory behavior. Animal Behaviour 26: 251–258.

Teil III
Sozialspiel, soziale Entwicklung und soziale Kommunikation: Kooperation, Fairness und tierische Gerechtigkeit

Allen, C. und M. Bekoff. 1994. Intentionality, social play, and definition. Biology and Philosophy 9: 63–74.
Bekoff, M. 1974. Social play and play-soliciting by infant canids. American Zoologist 14: 323–340. (Nachdruck in D. Müller-Schwarze [Hg.], Benchmark Papers in Animal Behavior, Bd. 10, 1978).
Bekoff, M. 1975. The communication of play intention: Are play signals functional? Semiotica 15: 231–239.
Bekoff, M. 1976. Animal play: Problems and perspectives. In P. P. G. Bateson und P. H. Klopfer (Hg.), Perspectives in Ethology. Bd. 2. Plenum Press, New York. S. 165–188.
Bekoff, M. 1977. Quantitative studies of three areas of classical ethology: Social dominance, behavioral taxonomy, and behavioral variability. In B. A. Hazlett (Hg.), Quantitative Methods in the Study of Animal Behavior. Academic Press, New York. S. 1–46.
Bekoff, M. 1978. A field study of the development of behavior in Adelie penguins: Univariate and numerical taxonomic approaches. In G. M. Burghardt und M. Bekoff (Hg.), The Development of Behavior: Comparative and Evolutionary Aspects. Garland, New York. S. 177–202.
Bekoff, M. 2002. Minding Animals: Awareness, Emotions, and Heart. Oxford University Press, New York.
Bekoff, M., D. Ainley und A. Bekoff. 1979. The ontogeny and organization of comfort behavior in Adelie penguins. Wilson Bulletin 91: 255–270.
Bekoff, M. und C. Allen. 1992. Intentional icons: Towards an evolutionary cognitive ethology. Ethology 91: 1–16.
Bekoff, M. und J. A. Byers. 1978. A critical reanalysis of the ontogeny and phylogeny of mammalian social and locomotor play: An ethological hornet's nest. In K. Immelmann, G. Barlow, M. Main und L. Petrinovich (Hg.), Behavioral Development: The Bielefeld Interdisciplinary Project. Cambridge University Press, Cambridge and New York. S. 296–337.

Bekoff, M. und J. A. Byers. (Hg.) 1998. Animal Play: Evolutionary, Comparative, and Ecological Approaches. Cambridge University Press, N.Y.

Bekoff, M., M. Tyrrell, V. E. Lipetz und R. A. Jamieson. 1981. Fighting patterns in young coyotes: Initiation, escalation, and assessment. Aggressive Behavior 7: 225–244.

Broom, D. 2003. The Evolution of Morality and Religion. Cambr. Un..Press, N.Y.

Brosnan, S. F. und F.B.M. de Waal. 2003. Monkeys reject unequal pay. Nature 425, 297–299.

Burghardt, G. M. 2004. The Genesis of Animal Play. MIT Press, Cambridge.

Carter, C. S., I. I. Lederhendler und B. Kirkpatrick. (Hg.) 1997. The Integrative Neurobiology of Affiliation. Annals of the New York Academy of Sciences, Bd. 807. New York Academy of Sciences, New York.

Damasio, A. 2003. Looking for Spinoza: Joy, Sorrow, and the Feeling Brain. Harcourt, New York.

de Waal, F.B.M. 1996. Good-Natured. Harvard University Press, Cambridge.

Drea, C. M. und L. G. Frank. 2003. The social complexity of spotted hyenas. In F. de Waal und P. L. Tyack (Hg.), Animal Social Complexity: Intelligence, Culture, and Individualized Societies. Harvard Univ. Press, Cambr., S. 121–148.

Drea, C. M., J. E. Hawk und S. E. Glickman. 1996. Aggression decreases as play emerges in infant spotted hyaenas: Preparation for joining the clan. Animal Behaviour 51: 1323–1336.

Dugatkin, L. A. and M. Bekoff. 2003. Play and the evolution of fairness: A game theory model. Behavioural Processes 60:209–214.

Fagen, R. M. 1981. Animal Play Behavior. Oxford University Press, New York.

Frith, C. D. und U. Frith. 1999. Interacting minds: A biological basis. Science 286: 1692–1695.

Gallese, V. 1998. Mirror neurons, from grasping to language. Consciousness Bulletin, Fall, 3–4.

Gallese, V. und A. Goldman. 1998. Mirror neurons and the simulation theory of mind-reading. Trends in Cognitive Science 2: 493–501.

Gese E. M., R. L. Ruff und R. L. Crabtree. 1996. Social and nutritional factors influencing the dispersal of resident coyotes. Animal Behav. 52: 1025–1043.

Goodenough, U. und T. W. Deacon. 2003. From biology to consciousness to morality. Zygon (Journal of Religion and Science) 38: 801–819.

Haraway, D. 2003. The Companion Species Manifesto: Dogs, People, and Significant Otherness. Prickly Paradigm Press, Chicago.

Harris, S. und P.C.L. White. 1992. Is reduced affiliative rather than increased agonistic behaviour associated with dispersal in red foxes? Animal Behaviour 44: 1085–1089.

Hinde, R. A. 2002. Why Good Is Good: The Sources of Morality. Routledge, N.Y.

Holekamp, K. E. und L. Smale. 1998. Behavioral development in the spotted hyena. BioScience 48: 997–1005.

Katz, L D. (Hg.) 2000. Evolutionary Origins of Morality: Cross-Disciplinary Perspectives. Imprint Academic, Bowling Green, Ohio.

Kropotkin, P. 1914. Mutual Aid: A Factor of Evolution. Expanding Horizons Press, Boston.

Meyer, S. und J.-M. Weber. 1996. Ontogeny of dominance in free-living red foxes. Ethology 102: 1008–1019.

Morrison, N. K. und S. K. Severino. 2003. The biology of morality. Zygon (Journal of Religion and Science) 38: 855–869.

Müller-Schwarze, D., R. Butler, P. Belanger, M. Bekoff und A. Bekoff. 1975. Feeding territories of South Polar Skuas at Cape Crozier. Antarctic Journal of the United States 10: 121–122.

Panksepp, J. 1998. Affective Neuroscience. Oxford University Press, New York.

Panksepp, J. 2003a. „Laughing" rats and the evolutionary antecedents of human joy? Physiology and Behavior 79: 533–547.

Panksepp, J. 2003b. At the interface of the affective, behavioral, and cognitive neuroscience: Decoding the emotional feelings of the brain. Brain and Cognition 52: 4–14.

Pellis, S. 2002. Keeping in touch: Play fighting and social knowledge. In M. Bekoff, C. Allen und G. M. Burghardt (Hg.), The Cognitive Animal. MIT Press, Cambridge, Massachusetts, pp. 421–427.

Power, T. G. 2000. Play and Exploration in Children and Animals. Lawrence Erlbaum, Mahwah, New Jersey.

Preston, S. D. und F.B.M. de Waal. 2002. Empathy: Its ultimate and proximate bases. Behavioral and Brain Sciences 25: 1–72.

Ridley, M. 1996. The Origins of Virtue: Human Instincts and the Evolution of Cooperation. Viking, New York.

Rooney, N. J., J.W.S. Bradshaw und I. H. Robinson. 2001. Do dogs respond to play signals given by humans? Animal Behaviour 61: 715–722.

Siviy, S. 1998. Neurobiological substrates of play behavior: Glimpses into the structure and function of mammalian playfulness. In M. Bekoff und J. A. Byers (Hg.), Animal Play: Evolutionary, Comparative, and Ecological Perspectives. Cambridge University Press, New York. S. 221–242.

Wilson, D. S. 2002. Darwin's Cathedral: Evolution, Religion, and the Nature of Society. University of Chicago Press, Chicago.

Woollard, T. und S. Harris. 1990. A behavioural comparison of dispersing and nondispersing foxes (Vulpes vulpes) and an evaluation of some dispersal hypotheses. Journal of Animal Ecology 59: 709–722.

Teil IV
Die menschliche Dimension: Wechselbeziehungen zwischen Menschen und Tieren

Adams, R. A., B. J. Lengas und M. Bekoff. 1987. Variations in avoidance responses to humans by black-tailed prairie dogs (Cynomys ludovicianus). Journal of Mammalogy 68: 686–689.

Arluke, A. und C. R. Sanders. 1996. Regarding Animals. Temple University Press, Philadelphia.

Baron, D. 2003. The Beast in the Garden: A Modern Parable of Man and Nature. W. W. Norton, New York.

Bekoff, M. 2000. Field studies and animal models: The possibility of misleading inferences. In M. Balls, A.-M. van Zeller und M. E. Halder (Hg.), Progress in the Reduction, Refinement, and Replacement of Animal Experimentation. Elsevier,. Amsterdam, S. 1553–1559.

Bekoff, M. 2002. Minding Animals: Awareness, Emotions, and Heart. Oxford University Press, New York.

Bekoff, M. und D. Jamieson. 1996. Ethics and the study of carnivores: Doing science while respecting animals. In J. L. Gittleman (Hg.), Carnivore Behavior, Ecology, and Evolution. Bd. 2. Cornell University Press, Ithaca, N.Y., S.15–45.

Bradshaw, I.G.A. und M. Bekoff. 2001. Ecology and social responsibility: The reembodiment of science. Trends in Ecology and Evolution 8: 460–465.

Goodall, J. und M. Bekoff. 2002. The Ten Trusts: What We Must Do to Care For the Animals We Love. HarperCollins, San Francisco.

Irvine, L. 2004. If You Tame Me: Understanding Our Connections with Animals. Temple University Press, Philadelphia.
[dt.: „Wenn Du mich zähmst: Über unsere Beziehung zu Tieren. animal learn Verlag, Bernau 2009]

Sanders, C. R. 1999. Understanding Dogs: Living and Working with Canine Companions. Temple University Press, Philadelphia.

Teil V
Ethik, Mitgefühl, Naturschutz und Aktivismus: Eine neue Sicht auf die Natur

Abram, D. 1996. The Spell of the Sensuous: Perception and Language in a More-ThanHuman World. Pantheon Press, New York.

Bekoff, M. 2000. Field studies and animal models: The possibility of misleading inferences. In M. Balls, A.-M. van Zeller und M. E. Halder (Hg.), Progress in the Reduction, Refinement, and Replacement of Animal Experimentation. Elsevier, Amsterdam .S. 1553–1559.

Bekoff, M. 2000. Strolling with Our Kin: Speaking for and Respecting Voiceless Animals. Lantern Books, New York.

Bekoff, M. 2001. Ethics and marine mammals. In W. Perrin, B. Wiirsig und H. Thewissen (Hg.), Encyclopedia of Marine Mammals. Academic Press, San Diego. S. 398–404.

Bekoff, M. 2002. Minding Animals: Awareness, Emotions, and Heart. Oxford University Press, New York.

Bekoff, M. und L. Gruen. 1993. Animal welfare and individual characteristics: A conversation against speciesism. Ethics and Behavior 3: 163–175.

Gittleman, J. L. (Hg.) 1996. Carnivore Behavior, Ecology, and Evolution. Bd. 2. Cornell University Press, Ithaca, New York.

Goodall, J. und M. Bekoff. 2002. The Ten Trusts: What We Must Do to Care For the Animals We Love. HarperCollins, New York.

Heidt, G. A. 1997. Review of J. L. Gittleman (Hg.), Carnivore Behavior, Ecology, and Evolution, Bd. 2. Cornell University Press, Ithaca, N.Y.. Ecology 75: 1607.

Mead, M. The source of her quotation on activism remains a mystery; see www.mead2001.org/ faq_page.htm#quote

Miller, H. 1957. Big Sur and the Oranges of Hieronymus Bosch. New Directions, New York.

Redmond, K. 2003. Retiring Cassandra. Conservation Biology 17: 1473–1474.

Ryder, R. 1998. Speciesism. In M. Bekoff (Hg.), Encyclopedia of Animal Behavior. Greenwood, Westport, Connecticut. S. 320.

Sewall, L. 1999. Sight and Sensibility: The Ecopsychology of Perception. Jeremy P. Tarcher/ Putnam, New York.

Sheldrake, R. 1991/ 1994. The Rebirth of Nature: The Greening of Science and God. Park Street Press, New York.

Sheldrake, R. 1999. Dogs That Know When Their Owners Are Coming Home. Crown, New York.

NACHWORT
Achtung gegenüber Tieren und der Erde

Abram, D. 1996. The Spell of the Sensuous: Perception and Language in a More-ThanHuman World. Pantheon Press, New York.

Allen, C. und M. Bekoff. 1997. Species of Mind: The Philosophy and Biology of Cognitive Ethology. MIT Press, Cambridge, Massachusetts.

Applegate, J. S. 2000. The precautionary preference: An American perspective on the precautionary principle. Human and Ecological Risk Assess. 6: 413–443.

Bekoff, M. 1998. Deep ethology, animal rights, and the Great Ape/ Animal Project: Resisting speciesism and expanding the community of equals. Journal of Agricultural and Environmental Ethics 10: 269–296.

Bekoff, M. (Hg.) 1998. Encyclopedia of Animal Rights and Animal Welfare. Vorwort von Jane Goodall. Greenwood, Westport, Connecticut.

Bekoff, M. 1998. Resisting speciesism and expanding the community of equals. BioScience 48: 638–641.

Bekoff, M. 2000. Animal emotions: Exploring passionate nature. BioScience 50: 861–870.

Bekoff, M. 2000. Redecorating nature: Reflections on science, holism, humility, community, reconciliation, spirit, compassion, and love. Human Ecology Review 7: 59–67.

Bekoff, M. (Hg.) 2000. The Smile of a Dolphin: Remarkable Accounts of Animal Behavior. Random House/ Discovery Books, Washington, D.C.

Bekoff, M. 2000. Strolling with Our Kin. Lantern Books, New York.

Bekoff, M. 2001. Human-carnivore interactions: Adopting proactive strategies for complex problems. In J. L. Gittleman, S. M. Funk, D. W. Macdonald und R. K. Wayne (Hg.), Carnivore Conservation. Cambridge University Press, London and New York, S. 179–195.

Bekoff, M. 2002. Minding Animals: Awareness, Emotions, and Heart. Oxford University Press, New York.

Bekoff, M. 2004. Conservation behavior is here to stay. Conservation Biology 18: 591–593.

Bekoff, M., C. Allen und G. M. Burghardt. (Hg.) 2002. The Cognitive Animal. MIT Press, Cambridge, Massachusetts.

Bekoff, M. und D. Jamieson. 1996. Ethics and the study of carnivores. In J. L. Gittleman (Hg.), Carnivore Behavior, Ecology, and Evolution. Cornell University Press, Ithaca, New York. S. 16–45.

Bekoff, M. und J. A. Byers. (Hg.) 1998. Animal Play: Evolutionary, Comparative, and Ecological Approaches. New York, Cambridge University Press.

Bekoff, M. und J. Nystrom. 2004. The other side of silence: Rachel Carson's views of animals. Zygon (Journal of Religion and Science) 39: 90–92.

Berkes, F. 1999. Sacred Ecology: Traditional Ecological Knowledge and Resource Management. Taylor and Francis, Philadelphia, Pennsylvania.

Berry, T. 1999. The Great Work: Our Way into the Future. Bell Tower, New York.

Berry, T. 2000. An interview with Thomas Berry. Wild Earth, Summer, 93–97.

Bower, B. 2004. Unsure minds. Science News 165: 90–92.

Bradshaw, G. A. und M. Bekoff. 2001. Ecology and social responsibility: The reembodiment of science. Trends in Ecology and Evolution 8: 460–465.

Carlson, A. und A. Berleant. (Hg.) 2004. The Aesthetics of Natural Environments. Broadview Press, Orchard Park, New York.

Darwin, C. 1859/ 1958. On the Origin of Species. Murray, London.

Darwin, C. 1872/ 1998. The Expression of the Emotions in Man and Animals. Dritte Ausgabe. Mit einer Einführung, einem Nachwort und Kommentaren von Paul Ekman. Oxford University Press, New York.

Drea, C. M. und K. Wallen. 1999. Low-status monkeys „play dumb" when learning in mixed social groups. Proceedings of the National Academy of Sciences 96: 12965–12969.

Goodall, J. 1990. Through a Window: My Thirty Years with the Chimpanzees of Gombe. Houghton Mifflin, Boston.

Goodall, J. 1999. Reason for Hope. Warner Books, New York.

Goodall, J. und M. Bekoff. 2002. The Ten Trusts: What We Must Do to Care For the Animals We Love. HarperCollins, San Francisco.

Gould, S. J. 2002. The Structure of Evolutionary Theory. Harvard University Press, Cambridge, Massachusetts.

Hampton, R. R. 2001. Rhesus monkeys know when they remember. Proceedings of the National Academy of Sciences 98 (9): 5359–5362.

Hare, B., J. Call und M. Tomasello. 2001. Do chimpanzees know what conspecifics know? Animal Behaviour 61: 139–151.

Harrington, A. 2002. A science of compassion or a compassionate science? What do we expect from a cross-cultural dialogue with Buddhism? In R J. Davidson und A. Harrington (Hg.), Visions of Compassion: Western Scientists and Tibe tan Buddhists Examine Human Nature. Oxford Univers. Press, N.Y. S. 18–30.

Hill, J. B. 2000. The Legacy of Luna. San Francisco, HarperCollins.

His Holiness the Dalai Lama. 1999. The Path to Tranquility: Daily Wisdom. Viking Arkana, New York.

His Holiness the Dalai Lama. 2002. Understanding our fundamental nature. In R.J. Davidson und A. Harrington (Hg.), Visions of Compassion: Western Scientists and Tibetan Buddhists Examine Human Nature. Oxford University Press, New York. S. 66–80.

Hollingham, R. 2004. In the realm of your senses. New Scientist, 31 January, 40–43.

Huffman, M. A. 1997. Current evidence for self-medication in primates: A multidisciplinary perspective. Yearbook of Physical Anthropology 40: 171–200.

Huffman, M. A. 2001. Self-medicative behavior in the African great apes: An evolutionary perspective into the origins of human traditional medicine. Bio Science 51:651–661.

Kitcher, P. 2004. Responsible biology. BioScience 54: 331–336.

Krause, B. 2002. The loss of natural soundscapes. Earth Island Journal 17 (1). www.earthisland.org/ eijournal/ new_articles.cfm?articleID=449&journalID=63.

Kumar, S. 2000. Simplicity for Christmas and always. Resurgence, November/ December, 3.

Lorenz, K. Z. 1991. Here I Am – Where Are You? Harcourt Brace Jovanovich, New York. Lorrimer, D. 1999. Einführung zu D. Lorrimer (Hg.), The Spirit of Science: From Experiment to Experience. Continuum, New York.

Martin, C. L. 1992. In The Spirit of the Earth: Rethinking History and Time. Johns Hopkins University Press, Baltimore, Maryland.

McComb, K., C. Moss, S. M. Durant, L. Baker und S. Sayialel. 2001. Matriarchs as repositories of social knowledge in African elephants. Science 292 (5516): 491–494.

McKinney, M. L. 2001. Role of human population size in raising bird and mammal threat among nations. Animal Conservation 4: 45–57.

Midgley, M. 2001. Science and Poetry. Routledge, New York.

Miller, H. 1957. Big Sur and the Oranges of Hieronymus Bosch. New Directions, New York.

Moser, A. 2000. The wisdom of nature in integrating science, ethics, and the arts. Science and Engineering Ethics 6: 365–382.

Moss, C. 2000. A passionate devotion. In M. Bekoff (Hg.), The Smile of a Dolphin: Remarkable Accounts of Animal Emotions. Random House/ Discovery Books, Washington, D.C. S. 134–137.

O'Hara, K. 2004. Trust: From Socrates to Spin. Icon Books, Cambridge, UK.

Phillips, M. T. 1994. Proper names and the social construction of biography: The negative case of laboratory animals. Qualitative Sociology 17: 119–142.

Poole, J. 1998. An exploration of a commonality between ourselves and elephants. Etica and Animali 9: 85–110.

Revel, J.-F. und M. Ricard. 1998. The Monk and the Philosopher: A Father and Son Discuss the Meaning of Life. Schocken Books, New York.

Rolston, H., III. 2002. Environmental ethics in Antarctica. Environmental Ethics 24:115–134.

Seeley, T. D. 2003. Consensus building during nest-site selection in honey bee swarms: The expiration of dissent. Behavioral Ecology and Sociobiology 53: 417–424.

Sewall, L. 1999. Sight and Sensibility: The Ecopsychology of Perception. Jeremy P. Tarcher/ Putnam, New York.

Skutch, A. 1996. The Minds of Birds. Texas A&M University Press, College Station. Spinney, L. 2004. Into Africa. New Scientist, 7 February, 44–45.

Sponberg, A. 1997. Green Buddhism and the hierarchy of compassion. In M. E. Tucker und D. R. Williams (Hg.), Buddhism and Ecology. Harvard University Press, Cambridge, Massachusetts. S. 351–376.

Stegner, W. 1960. Wilderness Letter. http://www.wilderness.org/OurIssues/Wilderness/wildernessletter.cfm

Streever, B. 2002. Science and emotion, on ice: The role of science on Alaska's north slope. BioScience 52 (2): 179–184.

Suzuki, D. und H. Dressel. 2002. Good News for a Change: Hope for a Troubled Planet. Stoddart, Toronto, Canada.

Trungpa, Chogyam. 1988. Shambhala: The Sacred Path of the Warrior. Shambhala, Boston.

van den Born, R.J.G., R.H.J. Lenders, W. T. de Groot und E. Huijsman. 2001. The new biophilia: An exploration of visions of nature in Western countries. Environmental Conservation 28: 65–75.

Weil, Z. 2003. Above All, Be Kind: Raising a Humane Child in Challenging Times. New Society Publishers, British Columbia, Canada.

Wiirsig, B. 2000. Leviathan lust and love. In M. Bekoff (Hg.), The Smile of a Dolphin: Remarkable Accounts of Animal Emotions. Random House/ Discovery Books, Washington, D.C.

Quellennachweise

Einleitung: Wie fühlt es sich an, ein Fuchs zu sein?
Teile dieses Essays enstammen dem Buch „Minding Animals: Awareness, Emotions and Heart", Oxford University Press, New York, 2002.

Teil I

Vorbemerkung

Teile dieses Essays enstammen folgenden Veröffentlichungen: Bekoff, M.: „Cognitive Ethology and the Treatment of Non-Human Animals", In: *Animal Welfare*, Bd 3 (1994), S. 75ff. / Bekoff/ Allen: „Cognitive Ethology: Slayers, Skeptics, and Proponents", In: Mitchell, Thompson, Miles (Hg.): *Anthropomorphism, Anecdote and Animals: The Emperor's New Clothes?*, SUNY Press, New York, 1997, S. 313ff./ Bekoff, M.: „Strolling with Our Kin: Speaking for and respecting Voiceless Animals", Lantern Books, New York 2000

Das Gefühlsleben der Tiere

Nachdruck von: „Beastly Passions", In: *New Scientist*, Hf. 166 (2000), S. 32ff.

Kognitive Verhaltensforschung: Die vergleichende Erforschung des tierischen Bewusstseins

Nachdruck von: „Cognitive Ethology. The Comparative Study of Animal Minds", In: Bechtel/ Graham (Hg.): *Blackwell Companion to Cognitive Science*, Blackwell Publishers, Oxford 1998, S. 371ff.

Ziele und Methoden der kognitiven Ethologie

Nachdruck von: Dale Jamieson & Marc Bekoff: „On Aims and Methods of Cognitive Ethology", In: *Philosophy of Science Association*, Bd. 2, S. 110ff.

Reflexionen über das tierische Selbst

Nachdruck von: Marc Bekoff & Paul W. Shermann: „Reflections on Animal Selves", In: *Trends in Ecology and Evolution*, Hf. 19 (2004), S. 176ff.

Teil II

Zur Sozialökologie bei Kojoten

Nachdruck von: Marc Bekoff & Michael C. Wells: „The Social Ecology of Coyotes". In: *Scientific American*, Hf. 242 (1980), S. 130ff.

Populations- und Sozialbiologie frei lebender Haushunde (*Canis familiares)*
Nachdruck von: „Population and Social Biology of Free-Ranging Domestic Dogs, Canis familiaris", In: *Journal of Mammalogy*, Hf. 70 (1989), S. 754ff.

Imponierscharren bei Haushundrüden: Ein zusammengesetztes Signal?
Nachdruck von: „Ground Scratching by Male Domestic Dogs: A Composite Signal?", In: *Journal of Mammalogy*, Hf. 60 (1979), S. 847f.

Beobachtungen zum Setzen von Duftmarken und zur Unterscheidung zwischen eigenem und fremden Urin beim Haushund (*Canis familiaris*)
Nachdruck von: „Observations of Scent-Marking and Discriminating Self from Others by Domestic Dog (Canis familiaris). Tales of Yellow Snow", In: *Behavioural Processes*, Hf. 55 (2001), S. 75ff.

TEIL III
Soziale Kommunikation bei Kaniden
Nachdruck von: „Social Communication in Canids: Evidence for the Evolution of a Stereotyped Mammalian Display", In: *Science*, Hf. 197 (1977), S. 1097ff.

Tugendhafte Natur
Nachdruck von: „Virtuous Nature", In: *New Scientist*, Hf. 13 (2002), S. 34ff.

Kooperation, Fairplay und Gerechtigkeit bei Tieren
Nachdruck mit kleinen Änderungen von: „Wild Justice, Cooperation and Fair Play: Minding Manners, Being Nice and Feeling Good", In: Sussman/ Chapman (Hg.): *The Origins and Nature of Sociality*, Chicago: W.de Gruyter 2004, S. 53ff.

TEIL IV
Menschliche Einflüsse auf das Verhalten von Tieren
Nachdruck von: „Human (Anthropogenic) Effects on Animal Behavior", In: Bekoff, M. (Hg.): *Encyclopedia of Animal Behavior*, Westport: Greenwood Publishing 2004, S. 669ff.

Auswirkungen der Umsiedlung auf das Verhalten von Schwarzschwanz-Präriehunden (*Cynomys ludoricianus*)
Nachdruck von: J.P. Farror, Karin L. Colemann, Marc Bekoff & Eric Stone: „Translocation Effects on the Bahavior of Black-Tailed Prairie Dogs (Cynomys ludovicianus)", In: *Anthrozoos*, Hf. 11 (1998), S. 164ff.

Interaktionen zwischen Hunden, Menschen und der Umwelt in Boulder, Colorado
Nachdruck von: Mark Bekoff & Carron A. Meaney: „Interactions Among Dogs, People, and the Environment in Boulder, Colorado: A Case Study", In: *Anthrozoos*, Hf. 10 (1997), S. 23ff.

Verhaltensinteraktionen und Konflikte zwischen Haushunden, Schwarzschwanz-Präriehunden und Menschen in Boulder, Colorado
Nachdruck von: Mark Bekoff & Robert W. Iches: „Behavioral Interactions and Conflict Among Domestic Dogs, Black-Tailed Prairie Dogs, and People in Boulder, Colorado", In: *Anthrozoos*, Hf. 12 (1999), S. 105ff.

TEIL V
Die Bedeutung der Ethik in der Arterhaltungsbiologie
Nachdruck von: „The Importance of Ethics in Conservation Biology: Let's Be Ethicists Not Ostriches", In: *Endangered Species Update*, Hf. 19/ 2 (2002), S. 23ff.

Ethik und die Erforschung von Karnivoren
Nachdruck von: Mark Bekoff & Dale Jamieson: „Ethics and the Study of Carnivores: Doing Science While Respecting Animals", In: Gittleman, J.L. (Hg.): *Carnivore Behavior, Ecology, and Evolution*, Bd 2, Ithaca, New York: Cornell Univ. Press 1996, S. 15ff.

NACHWORT: Achtung gegenüber Tieren und der Erde: Alte Gehirne in neuen Problemsituationen
Dieses Nachwort enthält Textauszüge aus folgenden früheren Publikationen:
„Minding Animals, Minding Earth", In: *Human Ecology Review*, Hf. 10 (2003), S. 56ff.
„Minding Animals: Awareness, Emotions and Heart", New York: Oxford University Press 2002.